热工测试技术

唐经文　编

重庆大学出版社

内 容 提 要

本书系统地叙述了热工过程中温度、压力、流量、流速等基本热工参数的力学、电学和光学测试方法、测量基本原理以及基本测量系统和测量传感器、误差分析的基础知识。着重介绍热工过程实验研究中电测技术和光测技术的现状和发展。全书共五章,内容包括热工测试基础知识,压力测试技术,温度及温度场测试技术,流体速度及速度场测试技术。

本书可作为热能与动力工程类有关专业本科学生的教材,也可供研究生、科研人员及工程技术人员参考。

图书在版编目(CIP)数据

热工测试技术/唐经文编.—重庆:重庆大学出版社,
2007.9(2022.1重印)
ISBN 978-7-5624-4233-2

Ⅰ.热… Ⅱ.唐… Ⅲ.热工测量 Ⅳ.TK31

中国版本图书馆CIP数据核字(2007)第117737号

热工测试技术
唐经文 编
责任编辑:彭 宁 文 鹏 版式设计:彭 宁
责任校对:夏 宇 责任印制:张 策
*
重庆大学出版社出版发行
出版人:饶帮华
社址:重庆市沙坪坝区大学城西路21号
邮编:401331
电话:(023) 88617190 88617185(中小学)
传真:(023) 88617186 88617166
网址:http://www.cqup.com.cn
邮箱:fxk@cqup.com.cn (营销中心)
全国新华书店经销
POD:重庆俊蒲印务有限公司
*
开本:787mm×1092mm 1/16 印张:16.75 字数:418千
2007年9月第1版 2022年1月第4次印刷
ISBN 978-7-5624-4233-2 定价:48.00元

前　言

《热工测试技术》课程是动力工程专业的主要专业课程之一。其教学目的与任务在于：学习有关热工测试中的力学测试技术、电学测试技术和光学测试技术的基本原理和测试方法。要求学生掌握一定程度的热工测试技能，熟悉实验数据的整理方法和测量误差的分析方法，同时对现代测试技术有一个初步了解，为培养学生今后在工作中解决工程问题和科学实验研究能力打好基础。

《热工测试技术》课程基本要求：

1. 掌握温度、压力、流速、流量等基本热工量的力学测试技术、电学测试技术和光学测试技术的基本原理。正确使用热工实验研究中所涉及的测试传感器与仪表。

2. 运用测试技术的基本原理，了解各种热工过程对测量的要求以及为满足测量要求所采用的合理措施和提高测量准确度的方法。

3. 能初步运用动态测量的基础知识，进行热工过程的动态性能测试。

4. 通过一定量的实验，掌握应用的测试技能，学会误差分析方法并能正确处理实验数据。

本书由重庆大学动力工程学院李友荣教授主审。在编写过程中得到了北京大学力学系盛森芝教授、清华大学工程力学系沈雄教授的帮助，在此致以深切的谢意。

由于本书涉及知识面较宽，教材内容关联面较广，编者限于水平、学识，书中错误和不当之处在所难免，恳请读者给予批评、指正。

编　者

2006 年 7 月

目录

第 1 章 绪论

1.1 测试的意义

人类进入 21 世纪，随着科学技术的迅猛发展，人类社会已从工业化社会推进到信息化社会，对于各种信息的检测、转换、存储和加工的技术显得日益重要。以检测、转换为主要内容的“测试技术”已形成一门专门的科学技术。作为认识客观世界必不可少的现代化手段，依靠各种先进的测量方法对工业过程实现自动控制，通过准确测量提供的可靠数据进行各种复杂的科学实验。即使在计算机和计算科学飞速发展的今天，各种数学模型和数值计算结果也需要测量提供的数据进行验证。

“测试”——包含着测量和试验两个内容。测量是人类认识客观事物本质不可缺少的基本手段。它将被测系统中的某种信息，如运动流体的速度、压力、流量、温度检测出来，并加以量度。试验则是通过某种人为的方法，把被测系统本身存在的许多信息中的某种“有用”信息，用专门的装置人为地把它激发出来，以便检测。总之，现代科学技术的发展离不开测试技术，测试技术的发展也离不开现代科学技术。测试技术在现代科学技术中占有重要位置。

1.2 热工测试的意义

1.2.1 热过程或热传递现象

热过程或热传递现象可以说无处不在。在工业生产中，如火力发电厂的锅炉、汽轮机、热力系统……；钢铁厂的炼铁、炼钢、轧钢……；石油化工企业的裂解、分馏……；水泥厂的烧结、烘焙等等生产过程中都存在着热过程或热传递现象；同时在热物理现象的科学研究，如：强化传热、生物力学、航天卫星、农业气象、人工温室、太阳能利用等诸多机理性研究中大量地存在着热过程或热传递现象。由于温差必然发生换热；由于流动、必然会有速度；由于存在梯度，就会产生迁移；这一切按系统归结起来无一例外地可分为燃烧、加热或冷却、流动、热力循环等热物理过程。

对于如此众多的热工对象和复杂的热工过程,必须有专门的测试技术去研究、掌握它。

1.2.2 典型的热力生产过程——火力发电厂生产过程

火力发电厂的生产过程是典型的热力过程之一。要保证发电厂安全、连续、经济运行和产品质量,就必须对热力过程中的热工参数进行测量,并靠监测和控制进行保证。

在热力生产过程控制系统中,测量是控制系统中的主要组成部分。依靠测量输出的信号,火力发电厂整个控制系统才能进行自动调节、程序控制、热工信号和连锁保护。

随着现代化热力发电厂日益向大容量、高参数发展,热工检测项目有上百个,测点多达千余个。这些热工参数不仅包括温度、压力、流量、液位分析、烟气分析外,还包括汽轮机的振动幅值测量、偏心度测量、轴位移、缸体膨胀、差胀等位移测量,转速测量及煤的称量等。遍布汽轮机、锅炉及附属设备各个部位。

图 1.1 以锅炉和汽轮机系统为例,给出了主要测点概况。据统计 200 MW 机组的测点数约为 600 个点。按照工艺过程的需要,检测到的信号作不同的处理,适应不同的用途。测点④用于测量汽包水位,作为调节给水量的主信号,是保证电厂安全生产的主要信号。分析主蒸汽含盐量信号测点⑫,测量主蒸汽温度测点⑬,压力测点⑭,流量测点⑮是为监视中间产品——蒸汽的质量和数量;测点⑲用于测量排烟温度,对了解锅炉设备的经济性及尾部受热面是否有结露有参考作用。

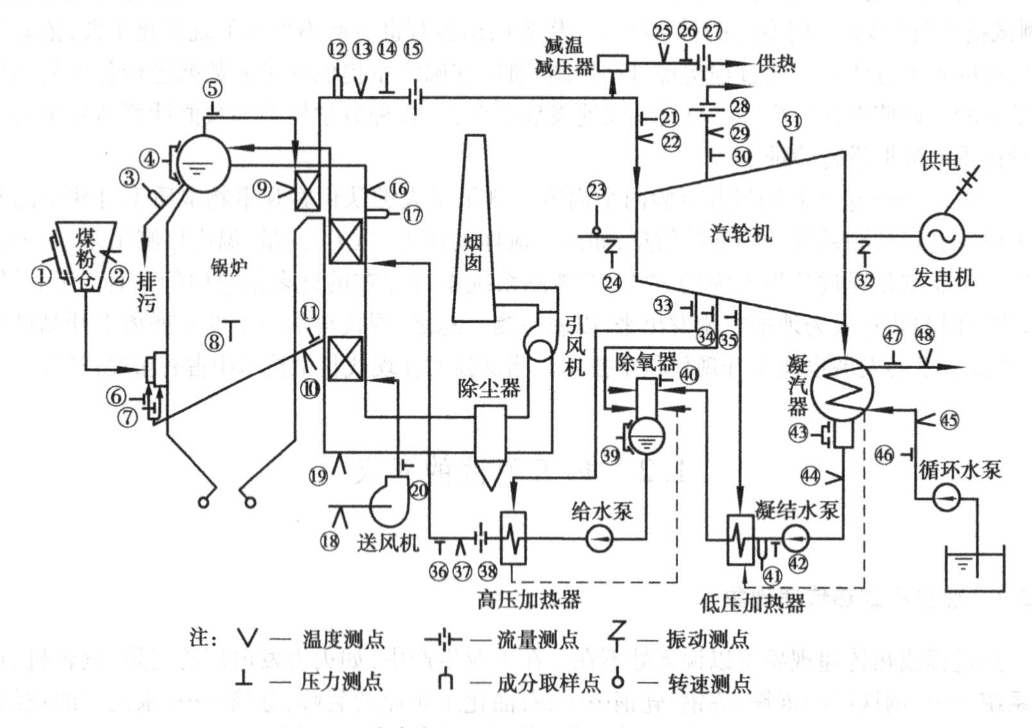

图 1.1 火力发电厂机、炉系统示意和测点举例

①、④、㊴、㊸—料位测点;②、⑨、⑩、⑬、⑯、⑱、⑲、㉒、㉕、㉙、㉛、㊲、㊹、㊺、㊽—温度测量点;③、⑫、⑰、㊶—成分分析取样点;⑤、⑥、⑦、⑧、⑪、⑭、⑳、㉑、㉖、㉚、㉝、㉞、㉟、㊱、㊵、㊷、㊻、㊼—压力测点;⑮、㉗、㉘、㊳—流量测量点;㉓—转速测量点;㉔、㉜—振动测量点。

1.2.3 现代化的热工测试技术

测试技术是一种随着现代技术发展而发展的技术。现代科学和技术的发展离不开测试技术,对测试技术不断提出新的要求,从而刺激着测试技术向前发展。另一方面各种学科领域的新成就,如新揭示的物理和化学原理、新发现的材料、新的微电子学和计算机技术等常常首先反映在测试方法和测试仪器设备的改进中。测试技术总是从其他关联的学科吸取营养而得以发展。

热工测试技术也与其他测试技术一样,一方面随着人们对自然界热现象认识的加深,需要测试提供更多、更准确、更可靠的数据;而另一方面,新技术、新材料、新工艺的引入,大大丰富了热工测试的技术和手段。

在热工参数的测量中,各种测量中的静态测量(被测量不随时间而变化)已愈来愈显示出其局限性。现代热物理过程的研究和热工过程都要求对动态量(被测量随时间而变化)加以测量。例如,由稳定的温度测量到脉动温度测量;稳定的压力测量到变化频率上千赫兹的脉动压力测量;稳定的速度测量到脉动速度的测量,等等。往往一个热工测试项目,就有上千个高频率的动态量,并需要远距离采集和实时控制。

现代化的热工测试技术由原来单一的力学测量方法(机械测量方法),进而发展成为电学测量方法(非电量的电量测试方法)和光学、声学等现代测试方法。由原来单一的用一次仪表读取数据,到现在的大量运用传感器技术、微电子技术和计算机技术组成的"实时"自动测试系统。其高精确度、高灵敏度、高响应速度、以及耗能少、结构小,可以连续测量,自动控制等特点,使热工测试技术产生了革命性的变化,达到以往测试中无法达到的水平。

1.3 热工测试技术的测量方法和测量手段

1.3.1 测量方法

测量方法取决于测量对象与测量要求。

1. 直接测量与间接测量

直接测量——用仪器、仪表测量,对读数不需作任何运算就可得到测试结果。其特点是简单、迅速,但精度较低。适用于要求较低的静态量的测量。例如用玻管式温度计测量流体温度,用弹簧管压力表测量管道中流体的压力等。

间接测量——测量与被测物理量有确定函数关系的量,由函数关系表达式运算,得到所需的被测物理量。其特点是精度较高,如热力过程的内能 U,焓 I,熵 S 的测量,需要测量热力系统的压力 P、温度 T、比热容 V。如测量电工学中的导体电阻率 ρ,需测量导体的几何参数:直径 d,长度 l 和电阻 R,通过 $\rho=\pi d^2R/(4l)$ 计算即可得到。

2. 接触测量与非接触测量

接触测量——仪器、仪表的敏感元件(如温度计的感温包、热线风速仪的热线等)必须与被测对象接触。

非接触测量——一般是采用光学测量原理。由于不与被测对象接触,从测量方法上避免了对被测物理场(如温度场、速度场等)的干扰,消除了由于“接触”而带来的方法误差。

3. 稳态测量与动态测量

稳态测量——认在在测量的时间域内,被测热物理量不随时间变化或随时间变化十分缓慢。这种测量认为是稳态测量,也叫静态测量。

动态测量——被测热物理量在测量的时间域内随时间变化很快。在现代热工测试中动态热物理量的测试将成为测试内容的主要部分。

4. 手动测量与远动、运动、自动测量

手动测量——手动采集测量数据,目测读取被测热物理量。显然,这种测量方法仅适合静态测量。

远动、运动、自动测量——对于日益深入研究的热物理量现象、复杂的被测对象、众多的热物理量,只有采用“实时采集”、“实量储存”的现代热物理测试技术才能满足测试要求。

5. 点的测量与场的测量

点的测量——在测量的空间域内,某个被测物体上某一点的温度,某个被测流体某处的速度等。对研究被测对象的热物理过程,点的测量有相当的局限性。

场的测量——在测量的空间域内,对整个热物理过程实施场的测量。如温度场的测量采用热成像技术和激光干涉测量技术;速度场、浓度场等的测量采用现代流动显示技术。

6. 单纯测量与组合系统测量

单纯测量——最基本的单一方法,测量后的后续工作需后一步完成。

组合系统测量——将微电子技术、计算机技术、控制技术、传感器技术等的应用有机地组合起来,拓展了功能。使测量、控制、诊断及图象显示、误差处理、分析融为一体,真正体现了“现代测试技术”。

1.3.2 测量手段

“工欲善其事,必先利其器”。在测试技术飞速发展的今天,由直接测量发展到间接测量;由接触式测量向非接触式测量发展;由静态测量发展到动态测量;由手动测量发展到远动、运动、自动测量;由点的测量向场的测量方向发展;由单纯的测量发展到组合系统的测量。现代科学技术的发展与进步,使得众多新技术,如计算机、激光、红外技术、系统分析技术、信号处理技术、图像处理技术大量应用于热工测试领域中,将热工参数转换成各种其他的物理量(如:力学量、电学量、声学量、光学量等)进行检测。开辟了热工测试技术新的领域,注入了许多新的内容。因此,热工测试技术的测量手段已经突破了传统热工测试的模式,成为一个集“声、光、热、电……”多种手段相互交叉的综合技术。

1. 力学测量手段

力学测量手段是将被测物理量转换成力学量加以测量。在热工参数的检测中,可将热工参数转换成位移、压缩、膨胀、拉伸、扭矩等力学量进行测量。如弹簧管式压力计,利用弹性敏感元件在被测量物理量—压力的作用下,产生弹性变形后的位移指示出的数值,达到测量压力的目的。同样,利用物质的热膨胀性质与温度的关系为基础制作的膨胀式温度计,将被测物理量—温度转换成感温液体体积与充液物体体积变化的差值,达到测量温度的目的。

力学测量手段简单、直观,易于操作,但测量精度差。对于随时间变化很快的被测物理量,从测量原理、测量精度、测量数据上讲,力学测量手段显然有所不适应。

2. **电学测量手段**

电学测量手段是将被测物理量转换成电学量加以测量。电学测量手段,又称之为非电量的电测技术。该技术是将被测的热物理量转换成了与之有确定对应关系的电学量之后,再进行测量的一种手段。

1)电学测量手段的基本测量原理

在利用电学测量手段来测量热物理量时,首先必须将输入的被测物理量通过与之相匹配的传感器转换成电学量输出而进行测量,如图1.2所示。

被测热物理量 ——→ 传感器 ——→ 电学量

(如压力、温度、速度等)　　(电流、电压、电阻、电容、电感、电磁等)

图1.2 电学基本测量原理

这里所说的传感器,从广义的角度来讲,是一种感受被测物理量,利用各种不同的物理效应,将被测物理量转换成易于测量、传输、转换的电学量的装置或器件。其信号变换形式如图1.3所示。

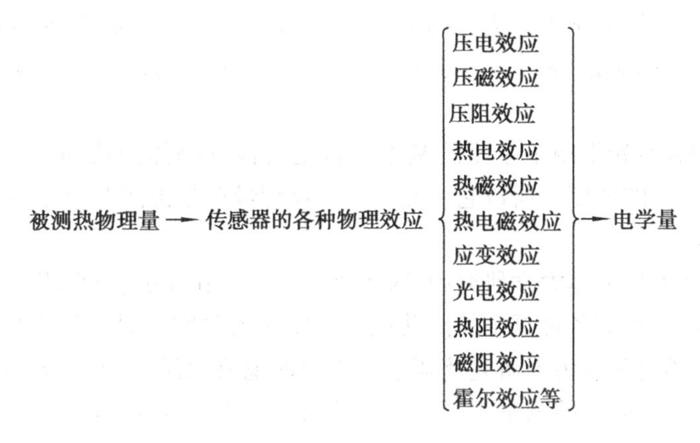

图1.3 传感器基本信号变换形式

2)电学测量手段的优点

随着微电子技术、半导体技术、计算机技术、控制技术的发展,电学测量手段的传感器技术发展日益成熟,对各种热物理量采用电测技术的手段,具有以下主要的优点:

①在极宽的被测振幅范围内能比较容易地改变仪器的灵敏度,并且有较宽的全量限;

②有极宽的频率测量范围。在此频率域内,测试仪器惯性较小,动态特性和动态响应特性好。不仅能测量随时间变化很慢的物理量,也可以测量随时间变化较快的物理量。

③由于输出信号为电信号,这使得信号加工、处理、传输、控制变得容易。这就可以实施远距离的自动测量。

④对测量结果可实施数字显示和进行数据处理,便于自动控制和分析。

3. **光学测量手段**

在流体力学,传热传质学和燃烧物理学中,常常需要对速度场、温度场和浓度场进行有关的测量和研究。在工业上广泛应用的各种燃煤、燃油锅炉、加热炉及窑炉燃烧系统;内燃机、柴油机、燃气轮机的燃烧系统;金属焊接与等离子喷涂以及国防工业中的爆炸、爆燃等实验中,都要求对其过程中的燃烧火焰温度进行测量。常规的接触式的测量方法往往因火焰温度太高(如:氧—乙炔火焰温度为3 060~3 135 ℃,氧—氢火焰温度为2 500~2 700 ℃,而有些低温等离子体温度可高达500 000 ℃)而无法测量。

热物理量的光学测量技术是近几年发展起来的一门全新的测试技术。它是利用热物理量所引起光学性质的变化来度量出该热物理量。或者更广泛地说是用光学手段来测量热物理量。

1)光学手段测量原理

由于流体折射率和流体的密度存在着一定的函数关系。而流体的密度又与其温度、压力、成分、浓度和马赫数等具有确定的函数关系。所以用光学诊断手段可以对流体的热力学状态参数,如温度和密度等参数的空间分布进行定性和定量的测量。

利用温度高于绝对零度的所有物体都会向外发射热辐射能的原理,通过测量物体发射的辐射能大小来度量物体的温度。这种测量温度的辐射学方法采用的是光学测量手段达到测量的目的。

利用运动流体中的微粒对光的散射作用。将激光束照射在流体上,测速系统中的光检测器接受微粒散射的光学量,经过两次多普勒频移和数字信号处理系统可得到流体的运动速度。

2)光学测量手段的优点

①非接触测量:采用光学手段进行测量,不会对被测物体的温度场、速度场、密度场等产生干扰引发"畸变",带来误差。同时可对远距离物体、高速运动的目标、带电物体以及无法接触的目标进行测量。

②动态、实时测量:光学测量手段的基本宗旨是将被测物体的热物理量转换为光学量输出,其传播速度就是光的速度。所以它所测到的热物理量正是被测对象在该时刻的热物理量,几乎没有滞后时间。

③场的测量:在近代流体力学研究中,对于紊流的形成和发展、分离流动、旋涡运动和高速流动中粘性、非粘性干扰等各种复杂的流动现象需要深入研究。对于作为热动力状态变化的火焰和热辐射进行燃烧和热传导研究及其他的热物理现象的研究,都需要对被测物体所呈现的状态进行时间域和空间域的测量。研究某一时刻该物体一切点的热物理量分布。称之为热物理量的测量。如温度场、速度场等。

④可视化技术:采用光学测量手段可以直观地显示现象。由直观的感性观察,到获得定量化的图像;得到清晰、准确的物理概念;从而提出描写测量过程的数字物理模型。

1.4 热工测试工作的任务

测试工作,一般意义上讲,是人们用专门的技术手段(技术是指具有深厚的数学、物理及相关专业的理论基础,需要多种学科知识的综合运用),运用一定的仪器、仪表(运用技术,组成系统),靠实验结果的后续,找到被测量的量值和性质的过程。

测试工作是为了获取相关研究对象的状态、运动和特征等方面的信息。对于热物理过程,信息是其客观存在或内、外部运动状态特征的反映。信号则是信息的载体。为了获取有用的信息,如何设计试验或检测方案以最大限度地突出所需要的信息,并以比较明显的信号形式表现出来,这无疑是测试工作的首要任务。在测试中,哪些信息是可以直接检测的,哪些信息需要由外界激励得到系统响应才能测试得到,这需要对测试对象进行分析。

在获取信息的过程中,被研究对象的信息量总是非常丰富的。测试工作不可能也不需要获取该事物的全部信息,而是力求用最简捷的方法获得和研究任务相联系的、最有用的、最能反映和表征事物本质特征的有关信息。在这里,则是根据一定的目的和要求,限于获取有限的、观察者感兴趣的某些特定信息。例如研究一支普通的热电偶用以测量某一动态温度时,我们感兴趣的是热电偶的时间常数以及系统的响应程度。可以通过对热电偶施加一定的激励而观察它的响应。这时,我们不用去研究热电偶材料的微观表现。而当我们要研究热电偶特性和材料的均匀性时,有关材料的性质和缺陷的信息又是非常重要的了。

另外在被测事物众多的信息面前,往往需要找出反映事物的主要特征的信息,而忽略其他一些次要的、不代表事物特征的信息,从而突出事物的主要信息。例如在接触式测温的误差分析中,对于低速高温气流的温度测量时,传热误差与速度误差相比,占据重要位置。误差的修正应着手从前者入手。而在高速低温的气流温度测量时,速度误差的修正又上升为主要矛盾。如此种种例子,则需灵活分析。

信号是信息的载体。信息总是通过某些物理量的形式表现出来,这些物理量就是信号。从信号的获取、变换、加工、传输、显示和控制等方面来看,以电量形式表示的电信号最为方便。这点在后面还要阐述。

信号中虽然携带信息,但是信号中既含有我们所需的信息,也常常会有大量不感兴趣的其他信息。后者统称干扰。相应对信号也有“有用”信号和“干扰”信号或“噪音”的提法,但这是相对的。在一种场合中,我们认为是干扰的信号,在另一种场合却可能是有用的信号。例如齿轮噪声对工作环境是一种“污染”。但是齿轮噪声是齿轮传动缺陷的一种表现,因此可以用来评价齿轮的运行水平并用作故障诊断。测试工作者的一个任务就是需要从复杂的信号中去伪存真,排除干扰提取有用的信息。

1.5 课程研究对象的性质

《热工测试技术》课程是热能与动力工程专业的主要专业课之一。其教学目的与任务是:在了解力学测试技术的基础上,进一步学习热工测试技术中的电测技术和光测技术的基本原理和测试方法。掌握一定程度的热工实验测试技能;熟悉实验数据的整理方法和测量误差的分析方法。同时对先进测试技术有个初步了解。为培养学生解决工程问题和科学实验研究能力打好基础。

《热工测试技术》课程的基本要求:

①熟悉温度、压力、流速等热物理量的力学测量方法;掌握温度、压力、流速等热物理量电测法和光测法的基本原理。正确使用热工测试实验研究中的测试仪表。

②测试技术是本课程的重点,应了解各种热物理过程研究对测试的要求以及为满足测试要求所采用的合理措施和提高测量准确度的方法。

③掌握静态测量的基本内容。初步能运用动态测量的基础知识,进行热物理量过程的动态性能测试和了解热物理量空间分布的测量方法。

④初步了解激光测量技术的应用。

⑤通过一定量的实验,掌握基本的应用测试技能,学会误差分析方法,并能正确地处理实验数据。

第 2 章 热工测试基础知识

2.1 基本概念

测试是具有试验性质的测量，是从客观事物取得有关信息的过程。在这一过程中，借助专门的设备组成测量系统，通过合适的实验方法和必要的数学处理方法，求得所研究现象的有关信息。

2.1.1 测试系统的组成

用仪器及装置组成测量系统将被测的物理量进行检出和变换，使之成为人们能感知的量，以便进行分析和研究。典型的测试系统如图 2.1 所示。

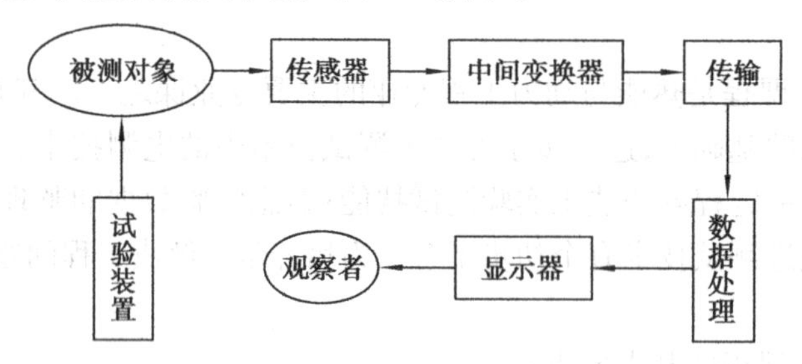

图 2.1 测试系统框图

需要指出的是，当测试的目的、要求不同时，测试系统的差别很大。简单的温度测试装置只需要一支液柱式温度计，而对于用热电偶温度计组成的温度测试系统就相对复杂一些。而较完整的动态温度测试系统，不仅具有图 2.1 所表示的各个框图的内容，而且这些框图所表示的装置其本身的组成就相当复杂。

在某一测量过程中，我们用一支热电偶配一台电位差计组成测温系统测量金属板 A 的表面温度，如图 2.2 所示。A 板表面的实际温度为 T_A，而通过测量系统我们所得到是电位差计的输出毫伏数值 E，用对应的热电偶分度表将输出毫伏数值 E 换算成测量温度。

对于该测量系统，我们称 T_A 为输入量，电位差计的输出示值 T_A' 为输出量。显然输入量 T_A

和输出量 T'_A 并不是同一数值。二者是否相等，接近程度如何，T_A 与 T'_A 的关系如何，这取决于测量的准确与否。同时被测 A 板的表面温度 T_A 处于稳定过程、不稳定过程，还是脉动过程，在上述任一状态下，T_A 与 T'_A 的关系又如何呢。要回答上述问题，必须要研究输入量（被测物理量）的形式和内容及输入量与输出量二者的关系。

测量的一般意义，就是把被测的物理量用仪器及装置组成的测量系统进行检出和变换，使之成为人们能感知的量。通常称被测的量为输入，称变换后的量为输出。正确地选择测量系统才能使输出正确地反映输入，若盲目地用测量系统进行测量，很可能输出是输入被歪曲的结果，这样的结果不但毫无意义甚至是有害的。为保证测量结果是正确的，要求测量者对所使用的测量系统输入和输出间具有怎样的关系即测量系统的特性如何，要心中有数。

通常的工程测试问题总是处理输入量 $x(t)$、系统的传输或转换特性 $h(t)$ 和输出量 $y(t)$ 三者之间的关系，如图2.3所示。

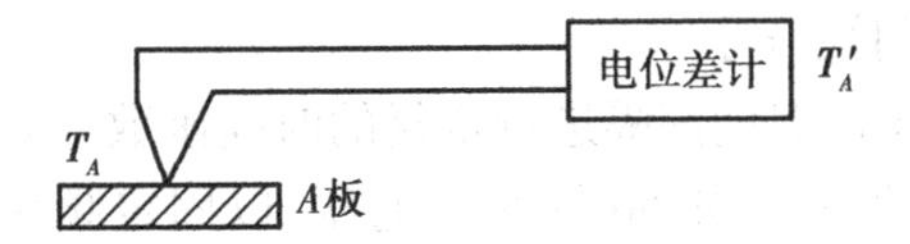

图2.2　简单的热电偶测温系统

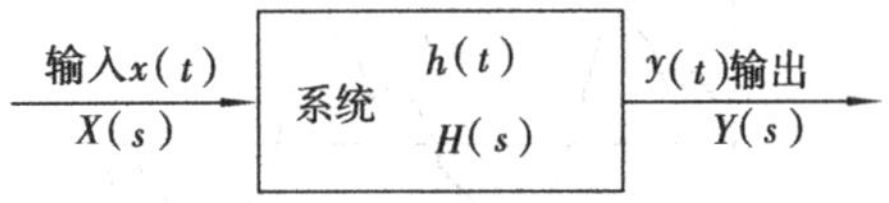

输入 $x(t)$
$X(s)$
系统
$h(t)$
$H(s)$
$y(t)$ 输出
$Y(s)$

图2.3　系统、输入和输出

①如果输入、输出是可以观察的量（已知），那么通过输入、输出就可以推断系统的传输或转换特性；

②如果系统特性已知，输出可测，那么通过该特性和输出可以推断导致该输出的相应输入量；

③如果输入和系统特性已知，则可以推断和估计系统的输出量。

本节中所称的"测试装置"或"装置"，既可能是在上述含义下所构成的一个复杂系统的测试装置，也可能是指该测试装置的各组成环节或小系统，例如传感器、放大器、中间变换器、记录仪甚至一个很简单的 RC 滤波单元，等等。

2.1.2　被测物理量——测试系统的输入量

1. 被测物理量（输入量）的定性描述

在研究被测物理量的形式和内容时，分类方法众多。以时间为尺度，可将输入量随时间变化的快慢分成稳态量和动态量。

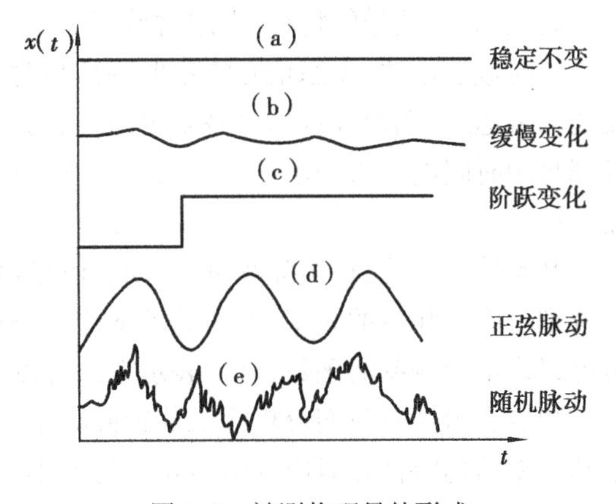

图2.4　被测物理量的形式

稳态量：在一定时间内不随时间变化或变化很慢的物理量。例如室温、人体温度，稳态过程金属板的温度，发动机在某一工作状态下的温度、压力等。其变化频率一般低于1～2赫兹，如图2.4中(a)，(b)所示。

测量稳态量时，输出量与输入量的变化是一致的而与时间无关，由测试系统的静态特性，通过记录输出量来确定输入量。测量仪器可以稳定下来再读数，也可以直接记录，不考虑由于输入量由一个数值变化到另一个数值的过渡过程。

动态量：随时间变化很快的物理量。如图 2.4 中(c)、(d)、(e) 所示。例如燃烧室的点火过程气流中紊流脉动、50 周交流电压和电子线路中的热噪声等。

测量动态量时，由于输入量变化很快，测量仪器来不及达到平衡状态而处于动态过渡过程之中(必须考虑过渡过程)。为了进行动态测量，必须用动态特性好的测量系统不失真地记录输入的动态量。

在进行动态测量时，研究动态信号本身的特性，研究测量装置或系统的动态特性及二者之间的关系，由动态信号本身的特性来选择具有适当动态特性的测量仪器和系统，才能达到正确测量的目的。

2. 动态信号的形式

1)动态信号的分类

实际测量中所遇见的动态信号大致可以分为三类：

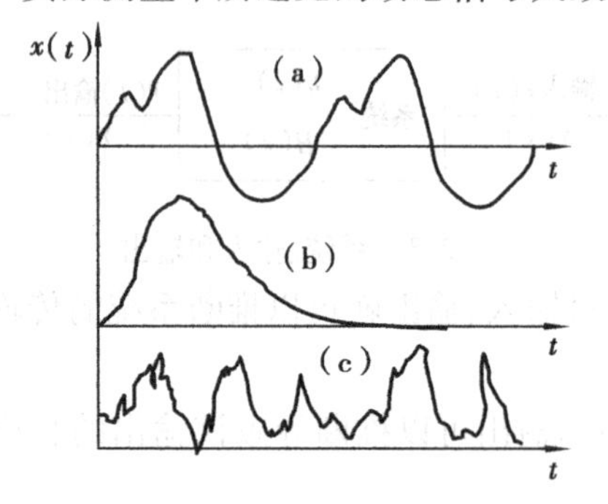

图 2.5　一般动态信号的形式

(a)周期性信号；(b)过渡态信号；(c)随机信号

①周期性信号

按固定的时间间隔进行重复的时间函数。如图 2.5(a)所示。如 50 周交流电压，以固定频率转动的内燃机压力变化等，正弦函数 $x(t)=A\sin\omega t$ 就是典型的周期性信号。

②过渡态信号

为一种非周期信号，它只在一段时间内出现变化，然后趋于稳定，如图 2.5(b)所示。由爆炸引起的压力波就是一种典型的过渡态信号。

③随机信号

随机信号是一种连续性信号。它无周期，无一定的频率、幅值。如果我们用示波器长时间观察某一随机信号，就会发现它永远不会重复，如图 2.5(c)所示。

前两类信号是有规律的，后一种随机信号是无规律的、连续的、无固定周期的信号。

2)动态信号的表示方法

研究、表征信号的特征，常用时域表示法和频域表示法进行分析。

①时域表示法：动态信号的主要特征是时间的函数，信号的特征可以用信号幅值随时间图变化的表达式、图形或数据表格来表达，从而表现出信号随时间变化的特征。图 2.5 所示的信号都是用时间的函数表示的。时域表示法简单、直观，但是不能明确揭示信号的频率成分和传输特性。

②频域表示法：在实际测量中，动态信号可以变换成不同频率的正弦信号之和，而每一正弦波则对应一相应的频率，不同的动态信号所包含的正弦波频率成分也不相同。因此，动态信号可以表示为频率的函数，这种表示方法可以表示信号的频率特征，故称为频域表示方法。

频域表示法对我们分析测试装置或测量系统的响应有很大的帮助。信号的频率特性，包括其频率结构特性和对应幅值与相位的大小。如果知道某一测试装置或测量系统对不同频率正弦信号的响应，就可预测该测试装置或测量系统对这一动态信号的响应。所以，除了了解信号随时间变化的特征外，还要了解信号的频率特征。时域表示的信号可以通过数学方法变换为频域表示的信号，反之，频域表示的信号也可变换为时域表示的信号。这种变换对测量系统的响应分析非常重要。

3）动态信号的数学描述

①周期性信号

周期信号是经过一定时间间隔而重复出现的信号，它完成一个循环所需要的时间称为周期，周期的倒数就是信号的基频，其函数表达式为：

$$X(t) = x(t+T) \tag{2.1}$$

式中　T—— 重复周期，s。

周期信号的时域表示法可以通过傅立叶级数展开变换为频域表示的信号。对于函数 $X(t) = x(t+T)$ 将其展开成傅立叶级数：

$$X(t) = \frac{a_0}{2} + \sum_{n=1}^{\infty}\left(a_n \cos\frac{2\pi}{T}nt + b_n \sin\frac{2\pi}{T}nt\right) \tag{2.2}$$

式中　$a_0 = \frac{2}{T}\int_{-T/2}^{T/2} x(t)\,\mathrm{d}t$

$a_n = \frac{2}{T}\int_{-T/2}^{T/2} x(t)\cos\frac{2\pi}{T}nt\,\mathrm{d}t$

$b_n = \frac{2}{T}\int_{-T/2}^{T/2} x(t)\sin\frac{2\pi}{T}nt\,\mathrm{d}t$

如果 $\omega_0 = \frac{2\pi}{T}$，则式(2.2)所表示的级数由时域表示变换为频域表示，即：

$$X(t) = a_0 + \sum_{n=1}^{\infty} C_n \cos(n\omega_0 t - \varphi_n) \tag{2.3}$$

式中　$C_n = \sqrt{a_n^2 + b_n^2}$；

$\varphi_n = -\arctan\frac{b_n}{a_n}$。

由式(2.3)可知：当 $X(t)$ 由时域变换为频域表示后，它所代表的是一系列不同频率的正弦函数之和，系数 C_n 即代表不同频率正弦波的幅值，而 φ_n 则代表不同正弦波的相位。

若以角频率 ω 为横坐标（频域表示法），分别画出 C_n—ω，φ_n—ω 图，则可得到幅频图和相频图，图2.6(a)表示不同频率正弦波的幅值 C_n，(b)表示不同频率正弦波的相位 φ_n。这样把时域信号完全用频域参数表达了，该频谱为离散型。

②过渡态信号

过渡态信号的特点是在一定时间内随时间变化，而后即趋于稳定。过渡态信号不是周期信号，所以不能展开为傅立叶级数，如果要将其时域表达式变换为频域表达，只能用傅立叶变换将其转变为频率的函数。

如果某一过渡态信号其时域表达式为 $F(t)$，则其傅立叶变换为：

$$f(\omega) = \int_0^{\infty} F(t)\mathrm{e}^{-\mathrm{i}\omega t}\mathrm{d}t \quad (0 \leqslant \omega \leqslant \infty) \tag{2.4}$$

因为 $\mathrm{e}^{-\mathrm{i}\omega t} = \cos\omega t - \mathrm{i}\sin\omega t$

则 $f(\omega) = \int_0^{\infty} F(t)\cos\omega t\,\mathrm{d}t - \mathrm{i}\int_0^{\infty} F(t)\sin\omega t\,\mathrm{d}t$

由于频域函数 $f(\omega)$ 是一个复函数，因此它既含有幅值信号又包含着相位信息。

$$f(\omega) = |f(\omega)|\,\mathrm{e}^{-\mathrm{j}\varphi(\omega)} = A(\omega) - \mathrm{j}B(\omega) \tag{2.5}$$

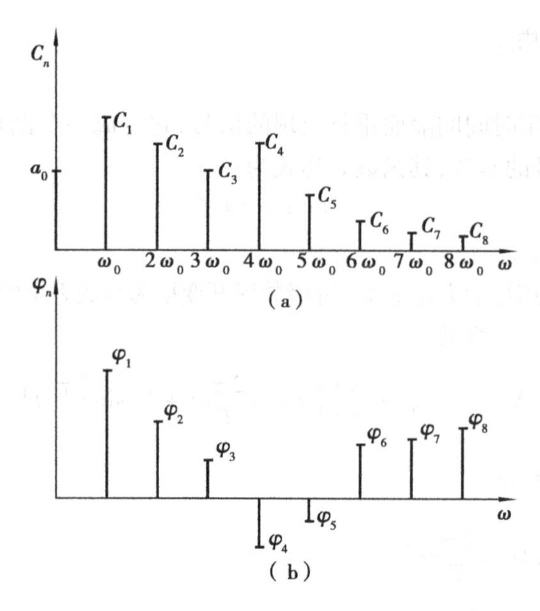

图 2.6　周期性信号的频谱

式中　$A(\omega) = |f(\omega)| \cos \varphi(\omega)$;

$B(\omega) = |f(\omega)| \sin \varphi(\omega)$;

$|f(\omega)|$——幅频特性;

$\varphi(\omega)$——相频特性。

则 $|f(\omega)| = \sqrt{A^2(\omega) + B^2(\omega)}, \varphi(\omega) = \arctan \dfrac{B(\omega)}{A(\omega)}$

由上可知:傅立叶变换可将过渡态信号 $F(t)$ 时域表达式变换为频域表达 $f(\omega)$,实现时域函数向频域函数转换,$f(\omega)$ 称为 $F(t)$ 的频谱。周期函数和非周期函数都可以用频域表示法表示,所不同的是:周期函数的频谱为分离频谱,而非周期函数的频谱则是连续频谱。

③随机信号

随机信号比周期性信号或过渡态信号更为复杂。它是连续信号,但又没有一定周期,不能预测也不能用少数几个参数来表现其特征。因此,随机函数既不能用时间函数表示,也不能用有限的参数来全面说明,随机信号只能用其统计特性来描述它。

2.1.3　测量系统和测量环节

在了解和分析了被测物理量即测量系统的输入量后,测量的目的在于要把被测物理量进行检出和变换,使之成为我们能感知的输出量。这个任务是由测量系统来完成的。

测量系统是由相应的仪器和装置组成各个测量环节构成的,是通过测量环节之间的信号传递和转换来实现未知物理量的测量、显示和记录的。一般而言,由测量装置、测量线路(或称信号适调器)和显示记录仪组成。信号适调器是起信号放大、变换作用,用于改善信号的质量。图 2.2 所示的简单热电偶测温系统中,热电偶即为传感器,测量线路和显示记录为电位差计。

要分析和研究测量系统的性质,首先要研究在输入物理量(被测物理量)的作用下测量系统或测量环节的输出物理量(显示或记录信号)是如何变化的。也就是要研究测量系统或测量环节的输入量和输出量二者之间的关系，该关系称为测量系统或测量环节的特性。

测量系统或测量环节的性质取决于输入信号和输出信号。如果输入信号和输出信号都是基本不随时间变化的常量或变化极慢、处于平衡状态的物理量，二者的关系称之为测量系统或测量环节的静态特性。当输入物理量（被测物理量）随时间变化时，输出物理量不仅受被测对象变动状态的影响，同时受到测量系统或测量环节变动状态的影响。这种变动状态时的关系称为动态特性。

将图 2.2 所示的简单热电偶测温系统进一步分析，对系统而言，输入量是被测金属板 A 的表面温度 T，输出量是热电偶的热电势 E。当金属板 A 的表面温度 T 不随时间变化且处于平衡状态时，T 等于热电偶热端的温度 T_e（由热电势 E 换算出的温度）。因此热电势 E 的数值反映了金属板 A 的表面温度 T 的高低。在平衡状态时热电势 E 和物体温度 T 之间的关系称为该热电偶的静态特性。当金属板 A 的表面温度 T 随时间变化时，由于热电偶的热端与金属板铆接，二者之间发生热交换过程，使热电偶热端 T_e 亦随之发生变化，而且 T_e 的变化能随时由热电势 E 反映出来。这种由于输入量随时间变化而造成输出量随之变化的关系称为环节（系统）的动态特性。

常用的热电偶测温系统框图的形式如下：

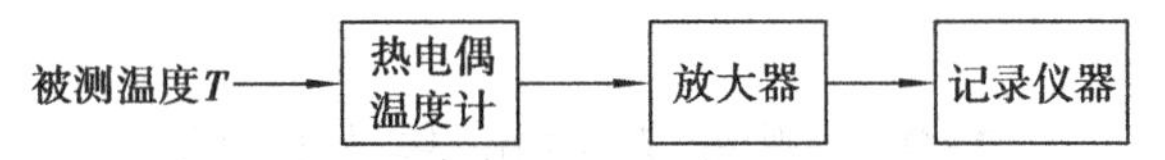

图 2.7　热电偶测温系统框图

从热电偶测温系统框图图 2.7 取出热电偶温度计环节：

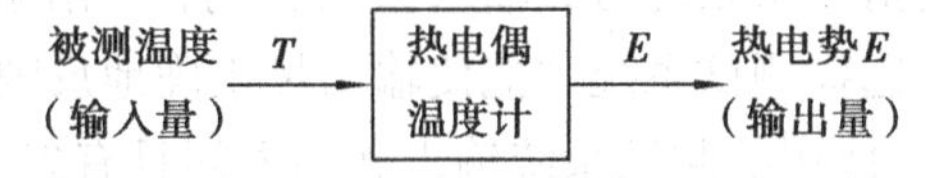

图 2.8　热电偶测温系统框图

热电偶温度计测温过程可分解成三个简单的环节：

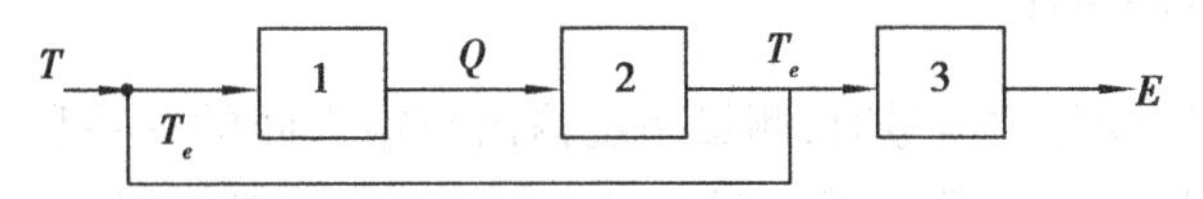

图 2.9　热电偶测温系统框图

1 环节：被测物体与热电偶热端之间，由于温差的原因所引起的热交换过程，其方程：

$$Q = \frac{1}{R}(T - T_e) \tag{2.6}$$

式中　Q——被测物体与热电偶之间的热流量；

R——被测物体与热电偶之间的传热热阻。

2 环节：被测物体向热电偶传送热流量 Q 引起热电偶热端温度 T_e 的变化，其方程：

$$T_e = \frac{1}{C_H}\int_o^\tau Q\mathrm{d}\tau \tag{2.7}$$

式中　C_H——热电偶及其保护套管热容。

3 环节：热电偶热端温度 T_e 的变化引起热电偶热电势 E 的变化，即

$$E = rT_e \tag{2.8}$$

式中　r——热电偶静态放大系数，即当热电偶处于平衡状态时（$T_e = T$）被测物体表面温度每改变 1 ℃，热电势的变化值。

由式(2.6)、式(2.7)、式(2.8)消去中间变量 Q，T_e 后即可得到：

$$C_H R \frac{\mathrm{d}E}{\mathrm{d}t} + E = rT \tag{2.9}$$

分析热电偶温度计测温过程的例子，可以看到：

①要研究某一系统或环节的特性，必须建立该物理过程构建的物理模型的数学模型，即用表示输入量与输出量之间的微分方程来描述其特性。

②式(2.9)为热电偶温度计的动态特性方程。由该微分方程可以看到，当输入量 T 随时间变化，输出量 E 则相应地随时间变化。由于热电偶的热惯性作用，输出量 E 所对应的 $T_e \neq T$，二者间的差值称为动态误差。因此，为了达到准确测量的目的，必须认真研究动态输入时输出与输入量之间的差异以及决定这些差异的因素，以便减小这些差异。

③当输入量 T 不随时间变化，输出量 E 则相应地不随时间变化。则方程式(2.9)中 $\frac{\mathrm{d}E}{\mathrm{d}t} = 0$，就得到了该环节的静态特性方程：$E = rT$。

2.2　测试系统的基本特性

测试系统的基本特性是指测试系统对其输入量的影响，常用测试系统的输出量与输入量之间的关系来描述。正确地选择测试系统才能使输出量正确地反映输入量。为了保证测试结果是正确的，要求测量者对所使用的测试系统输出和输入间具有怎样的关系，即测试系统的基本特性，做到正确掌握。

2.2.1　测试系统的静态特性

当输入为不随时间变化的信号时，测量系统输出与输入间的关系称为测量系统的静态特性。描述测量系统在静态测量条件下测量品质优劣与否，一般是用静态特性指标加以说明。常用的静态特性指标有：灵敏度、量程、精确度、线性度、滞后差等指标，但由于测量系统及组成测量系统的仪表等的多样性，各自静态特性的描述有其不同的侧重面，因而并无统一的标准。下面给出几个主要指标，对于选择、组成和深入了解测量系统是很有必要的。

1. 灵敏度

灵敏度有两种表示方法。

1)灵敏度为输出、输入之比。

①灵敏度为输出与输入之比，即如下式：

$$灵敏度 = \frac{输出信号的变化量}{输入信号的变化量} \tag{2.10}$$

例如差动变压器，输入信号的变化量是 1 mm 的位移，产生输出信号的变化量为 2 mV 输出电压变化，其灵敏度 K 等于

$$K = 2\ \mathrm{mV/mm}$$

对于长度测定器，往往输入和输出都是长度，其灵敏度常常也叫做扩大率或倍率。例如最小刻度值为0.01 mm的千分表，若其刻度线间隔是1 mm，则

$$扩大率(灵敏度)=100倍$$

②灵敏度为输入与输出之比，即如下式：

$$灵敏度=\frac{输入信号的变化量}{输出信号的变化量}$$

有些场合也用输入与输出之比表示灵敏度，以表述在给定指示量的变化下被测量变化的多少。例如笔式记录仪的灵敏度K：

$$K=0.05\ \text{V/cm}$$

又如电压表的灵敏度K：

$$K=0.1\ \text{V/1 刻度}$$

2)灵敏度为测量系统能检测出的最小量。

有些时候灵敏度用测量系统能检测出的最小被测量(或最小变化量)来表示。例如，电阻应变片的灵敏度等于10^{-6}，即应变片能检出的最小应变等于1微应变。

这种灵敏度是测量系统有确切的读数时所对应的被测值，因此它是在测量精度下限表示输出、输入间的关系。

综上所述，灵敏度虽有上述几种表示方法，但它们都是表示输出与输入间的对应关系。

2.线性度

输出与输入之间的关系曲线如图2.10所示，该曲线或称为标定曲线。在理想的情况下，输出与输入量之间的关系应为直线，即灵敏度为定值，然而实际上都是程度不同的曲线。把标定曲线与直线的接近程度称为测量系统的线性度，线性度表示在输出输入变化范围内两者的关系。

线性的好坏用线性度表示，线性度计算式为

$$线性度=\frac{B}{A}\times100\% \tag{2.11}$$

式中　A——输出信号的变化范围；

　　B——标定曲线与直线的最大偏差，用输出量计算。

图中的直线，是用回归分析方法确定的与标定曲线的最大偏差是最小的直线。

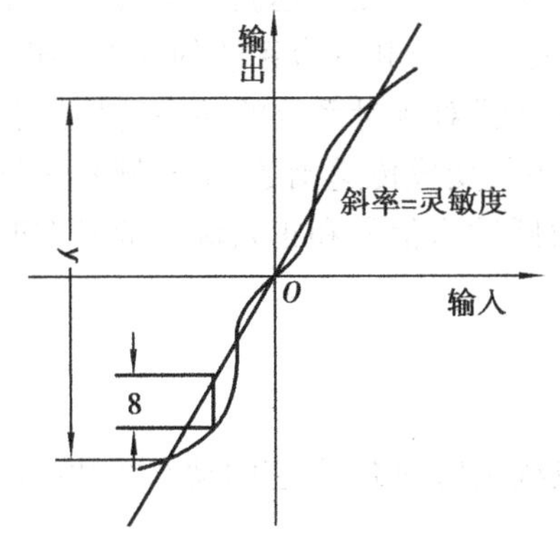

图2.10　测量系统的线性

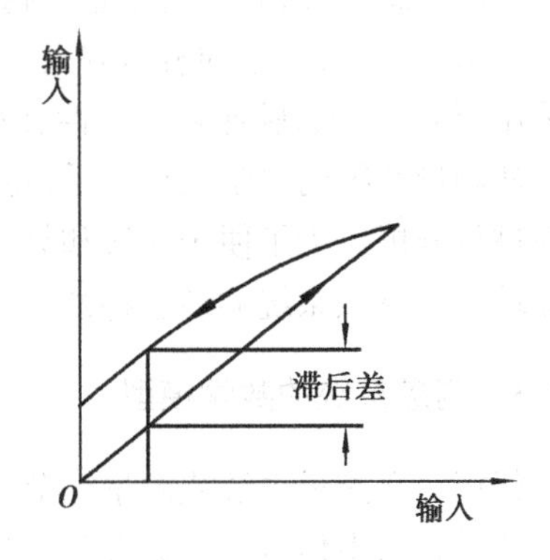

图2.11　滞后差

3. 滞后差

当输入信号逐渐增加后又逐渐减小时，对应同一输入信号值，会出现不同的输出信号，如图2.11所示。把对应同一输入信号的两输出信号的最大差值，称为滞后差。滞后差表示进回程之间输入与输出间的关系。

例如，把千分表的测杆从下向上压，然后又由上往下返回时，对应同一测杆位置常有不同的读数，进回程读数之差即为滞后差。滞后差产生的原因常是测量装置内的摩擦、齿隙、机械材料和电气材料的滞后特性等。

4. 静态特性的测定方法

对于表示测量系统静态特性的三个主要参数：灵敏度、线性度和滞后差应该如何测定及判定是否合乎测试要求？

为使测量结果正确，要求测量系统有足够的灵敏度，线性度与滞后差要尽可能小。

为达到这一要求，测量者必须测量所采用的测量系统的静态特性参数。静态特性参数的测定可以采用如下方法：对所采用的测量系统加一系列已知的输入信号，分别测出对应的输出信号；对这些数据，用回归分析法求出进回程的标定回归直线；由对应同一输入信号的两个输出信号的最大差求出滞后差；由标定曲线与回归直线求出线性度；由输出与输入之比，求出平均灵敏度 K。

若测量系统静态参数不符合测试要求，则应找到根源所在，设法排除或改善，甚至更换测量环节或系统。

2.2.2 测量系统的动态特性

测量系统的动态特性是一种衡量测量系统动态响应的指标。它表示被测对象（输入量）随时间快速变化时测量系统的输出指示值（输出量）是否能迅速、准确地随被测物理量的变化而变化，从而达到准确测量的目的。实际测量中，由于绝大多数的测量系统不同程度地存在着“惯性”，因此在测量时，系统的输出量往往与系统的输入量之间存在着延时和失真，二者将产生差值，形成了动态测量误差。为了能准确测量，就必须研究测量系统的动态特性。

测量系统的动态特性表征了系统在进行动态测量时，输出量与输入量之间的关系，揭示了输入信号和输出信号在变动状态时是由系统本身内在的物理结构所决定的关系。为了研究测量系统的动态特性，必须建立它的物理模型和数学模型。微分方程是表达测量系统或测量环节的最基本形式，但这种表达方式在测量系统分析中，不便于分析和综合系统的动态特性，而常采用“传递函数，脉冲响应特性，阶跃响应特性和频率特性”对测量系统的动态特性进行描述。从测量系统的数学模型入手，得到相应的微分方程，将其变成传递函数，从时域和频域两方面进行分析。为了便于求解和易于实现，工程上常用阶跃输入信号和正弦输入信号在时域和频域中研究该系统的动态特性。

2.2.3 测量系统的数学模型

任何一个测量系统或测量环节，不管它的内部物理过程是何种类型，它的动态特性可以用输入信号和输出信号之间的微分方程来描述。

为避免数学分析上的困难，一般忽略测量系统的非线性和随机变化等复杂因素，视测量系统的输出和输入关系为线性关系。应该指出，一些实际测量系统不可能在相当大的工作范围内都保持线性。作为这样的非线性测量系统，有时在非线性因素可以近似线性的条件下，即可忽略测量系统中某些影响较小的物理特性，通过适当的假设，可认为是线性，而有时则不可以，应视具体情况而定。一般测量系统输入量 $x(t)$ 与输出量 $y(t)$ 之间的关系可用线性测量系统的数学模型，即高阶常系数线性微分方程式进行描述。对该微分方程式求解，可获得输出信号 $y(t)$ 对输入信号 $x(t)$ 的动态响应，从而得到决定测量系统或测量环节的动态特性指标。

对于任意线性系统，下列数学模型：高阶常系数线性微分方程都是成立的。

$$a_n \frac{d^n y}{dt^n} + a_{n-1} \frac{d^{n-1} y}{dt^{n-1}} + \cdots + a_1 \frac{dy}{dt} + a_0 y = b_m \frac{d^m x}{dt^m} + b_{m-1} \frac{d^{m-1} x}{dt^{m-1}} + \cdots + b_1 \frac{dx}{dt} + b_0 x \quad (2.12)$$

式中 y——系统的输出信号，$y = y(t)$ 是时间 t 的函数；

x——系统的输入信号，$x = x(t)$ 是时间 t 的函数；

t——时间；

$a_0, a_1, \cdots, a_n$——输出量 y 的各项常系数；

$a_0, b_1, \cdots, b_m$——输入量 x 的各项常系数；

$\frac{d^n y}{dt^n}$——输出量 y 对时间 t 的 n 阶导数；

$\frac{d^m x}{dt^m}$——输入量 x 对时间 t 的 m 阶导数。

高阶常系数线性微分方程的任意阶次和各项系数的数值由测量系统或环节内部具体结构和物理参数决定。对一个具体的系统而言，它的某项系数也可能等于零。如果对微分方程求解，就可获得输出信号 y 对输入信号 x 的响应。

对于线性系统，它的两个重要性质在动态测试中具有重要的作用。一是频率保持性：若输入系统为某一频率的正弦（余弦）信号激励，则系统的稳态输出将有而且也只有该同一频率。换句话说，测量系统对正弦信号的响应仍然是一个正弦信号，即输入一个正弦信号，则输出仍为一个正弦信号（频率不变，辐值、相位不同的正弦信号）。二是线性系统服从叠加原理，即几个输入量叠加产生的总输出量等于各个输入量单独产生的输出之和。

从上节热电偶测温的例子可知，要找到某一测量系统或环节的输入信号和输出信号之间的内在联系，通常根据该系统具体的物理规律建立相应的物理模型，然后建立描述该测量系统或环节的微分方程，该方程就称为这一测量系统或环节的数学模型。

高阶常系数线性微分方程式(2.12)的解，就是测量系统对一定输入量的响应。对于此类方程的求解，已有成熟的方法。其中具有代表意义的有拉普拉斯变化方法和 D 算子方法。

所谓拉普拉斯变化，是将时域函数 $f(t)$（定义在 $t \geqslant 0$）转换成 s 域函数 $F(s)$ 的一种变换，定义为

$$L[f(t)] = F(s) = \int_0^\infty f(t) e^{-st} dt \quad (2.13)$$

式中 s——拉普拉斯算子；

L——拉普拉斯运算符号。

运用拉普拉斯变换，线性微分方程可以转换成复变函数的代数方程。微分方程的解则可以通过求因变量的拉普拉斯反变换来求得。

对于式(2.12)高阶常系数线性微分方程，如果所有初始条件均为零，则高阶常系数线性微分方程的拉普拉斯变换可以简单地用 s 代替 d/dt 得到下列代数方程：

$$(a_n s^n + a_{n-1} s^{n-1} + \cdots + a_1 s + a_0) Y(s) = (b_m s^m + b_{m-1} s^{m-1} + \cdots + b_1 s + b_0) X(s) \quad (2.14)$$

式中　$X(s)$，$Y(s)$——测量系统输入量 $x(t)$ 和输出量 $y(t)$ 的拉普拉斯变换。

解代数方程式(2.14)可以得到 $Y(s)$，而微分方程的时间解，即测量系统的输出量 $y(t)$ 则可将 $Y(s)$ 进行拉普拉斯反变换求得。拉普拉斯反变换定义为：若时域函数 $f(t)$ 的拉普拉斯变换是 $F(s)$，则 $F(s)$ 的拉普拉斯反变换为：

$$L^{-1}[F(s)] = f(t) = \frac{1}{2\pi j}\int_{c-j\infty}^{c+j\infty} F(s) e^{st} ds \quad (2.15)$$

实际上，在分析测量系统的动态特性时，一般直接运用拉普拉斯变换对照表进行计算。

高阶常系数线性微分方程的解也可用另一种方法，即 D 算子方法求解。如果用算子 D 代表微分方程中的 d/dt，式(2.12)可改写为 D 算子形式的高阶常系数线性微分方程。

$$(a_n D^n + a_{n-1} D^{n-1} + \cdots + a_1 D + a_0) Y(D) = b_m D^m + b_{m-1} D^{m-1} + \cdots + b_1 D + b_0) X(D) \quad (2.16)$$

用 D 算子法求解微分方程，方程式的解由通解和特解两部分组成：

$$y = y_1 + y_2$$

式中　y_1——通解(对应齐次方程的通解)；

y_2——特解(非齐次方程的特解)。

求通解，可由特征方程

$$a_n D^n + a_{n-1} D^{n-1} + \cdots + a_1 D + a_0 = 0 \quad (2.17)$$

求出其根有四种情况：

①根 $r_1, r_2, \cdots, r_n$ 都是实数且无重根，通解为

$$y_1 = k_1 e^{r_1 t} + k_2 e^{r_2 t} + \cdots + k_n e^{r_n t} \quad (2.18)$$

②根 $r_1, r_2, \cdots, r_n$ 都是实数，但其中有 P 个重根，因此有

$$r_1 = r_2 = \cdots = r_P$$

则通解为：

$$y_1 = (C_1 + C_2 t + \cdots + C_p t^{p-1}) e^{rt} + k_{p+1} e^{r_{p+1} t} + k_{p+2} e^{r_{p+2} t} + \cdots + k_n e^{r_n t} \quad (2.19)$$

③根 $r_1, r_2, \cdots, r_n$ 中无重根，但有共轭复根，并设 $r_1 = a + jb$，　$r_2 = a - jb$　则通解为：

$$y_1 = k e^{at} \sin(bt + \varphi) + k_3 e^{r_3 t} + k_4 e^{r_4 t} + \cdots + k_n e^{r_n t} \quad (2.20)$$

④含有 P 个共轭复根，即有：

$$r_1 = r_2 = \cdots = r_p = a + jb$$

$$r_{p+1} = r_{p+2} = \cdots = r_{2p} = a - jb$$

则通解：

$$y_1 = (k_1 + k_2 t + \cdots + k_p t^{p-1}) e^{at} \sin(bt + \varphi) + k_{2p+1} e^{r_{2p+1} t} + k_{2p+2} e^{r_{2p+2} t} + \cdots + k_n e^{r_n t} \quad (2.21)$$

上述各式中：$k_1, k_2, \cdots, k_n$ 为任意常数，对于 y_2 的求解，可用待定系数法求得。

如果令式(2.12)高阶常系数线性微分方程中，输入信号和输出信号对时间 t 的各阶导数均等于零，则有

$$a_0 y = b_0 x \quad (2.22)$$

式(2.22)为测量系统或环节的静态特性方程式。例外的是，测量系统或环节平衡状态是变动状态中的一种特殊情况。一旦输入信号保持不变，稳定的测量系统或环节最后必然趋向于某一数值，达到平衡状态。可以说测量系统或环节的静态特性总是包括在其动态特性之中。

为了研究测量系统或环节的动态响应特性，引入自动控制系统中常用的一个概念，即传递

函数。其定义表达了输出信号与输入信号之比,常用 H 表示。

1)传递函数

由式(2.14)将输出量和输入量两者的拉普拉斯变换之比定义为拉氏传递函数 $H(s)$

$$H(s)=\frac{Y(s)}{X(s)}=\frac{b_m s^m+b_{m-1}s^{m-1}+\cdots+b_1 s+b_0}{a_n s^n+a_{n-1}s^{n-1}+\cdots+a_1 s+a_0} \tag{2.23}$$

或者将式(2.16)输出量和输入量两者之比定义为 D 算子传递函数 $H(D)$

$$H(D)=\frac{Y(D)}{X(D)}=\frac{b_m D^m+b_{m-1}D^{m-1}+\cdots+b_1 D+b_0}{a_n D^n+a_{n-1}D^{n-1}+\cdots+a_1 D+a_0} \tag{2.24}$$

传递函数以代数式的形式表征了系统的传输、转换特性。其分母中 s 或 D 的 n 次幂代表了系统微分方程的阶数。如 n 为1或 n 为2,就分别称为是一阶系统或二阶系统的传递函数。

传递函数有以下几个特点:

①传递函数是由高阶常系数线性微分方程变换而来的,因此它与微分方程一样,代表了测量系统或环节的固有特性,而且比微分方程更为直观地揭示出输出量与输入量间的动态特性。

②在时间域内常用传递函数有两种形式:拉氏传递函数 $H(s)$ 和 D 算子传递函数 $H(D)$,表现的内涵相同。

③传递函数 $H(s)$ 或 $H(D)$ 和输入无关,即不因 $x(t)$ 而异。它只反映测量系统或环节的特性。

④传递函数 $H(s)$ 或 $H(D)$ 是通过把实际物理系统抽象成数学模型式(2.23)或式(2.24)后,经过拉普拉斯变换或 D 算子运算后得到的。它只反映测量系统或环节的响应特性而和具体的物理结构无关。同一个传递函数可能表征着两个完全不同物理系统,它们具有相似的传递特性。例如,液柱温度计和简单的 RC 低通滤波器同为一阶系统。动圈式电表、振子、简单的弹簧质量系统和 LRC 振荡电路都是二阶系统,具有相似的传递函数。

⑤传递函数 $H(s)$ 或 $H(D)$ 虽和输入无关,但它们所描述的测量系统或环节对任一具体的输入 $x(t)$ 都确定地给出了相应的 $y(t)$。而且由于 $y(t)$ 和 $x(t)$ 常具有不同的量纲,因而用传递函数描述的系统之传输、转换特性也应该真实地反映这种变换。这些都是通过系数(a_n,a_{n-1},…,a_1,a_0)和(b_m,b_{m-1},…,b_1,b_0)反映的。不仅不同的物理系统有不同的系数量纲,就是同一个系统,各系数的量纲也有所不同。

⑥传递函数 $H(s)$ 或 $H(D)$ 中的分母完全由系统(包括研究对象和测试装置)的结构所决定,而分子则和输入(激励)点的位置、所测的变量以及测点布置情况有关。

⑦用传递函数 $H(s)$ 或 $H(D)$ 来研究测量系统或环节间信号流向,直观、清楚。若测量系统间各环节的传递函数已知,则串联相乘、并联相加,系统的物理过程十分清晰。

如图2.12所示,两个传递函数各为 $H_1(s)$ 和 $H_2(s)$ 的环节,其串联联接后,前一环节的输出信号就是后一环节的输入信号。而任何一个输出信号都对以前各个环节没有任何反作用,因而所组成的系统的传递函数 $H(s)$ 为:

$$H(s)=\frac{Y(s)}{X(s)}=\frac{Z(s)}{X(s)}\cdot\frac{Y(s)}{Z(s)}=H_1(s)\cdot H_2(s) \tag{2.25}$$

类似地,对 n 个环节串联组成的系统,有

$$H(s)=\prod_{i=1}^{n}H_i(s) \tag{2.26}$$

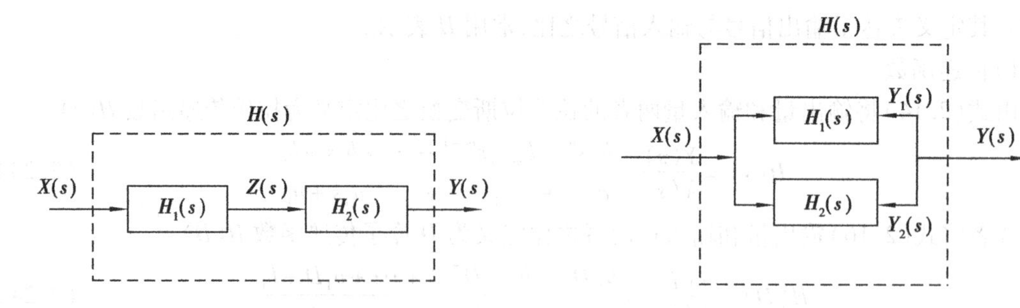

图 2.12　两个环节的串联　　　　图 2.13　两个环节的并联

如图 2.13 所示，若两个环节并联，则因

$$Y(s)=Y_1(s)+Y_2(s)$$

故

$$H(s)=\frac{Y(s)}{X(s)}=\frac{Y_1(s)}{X(s)}+\frac{Y_2(s)}{X(s)}=H_1(s)+H_2(s) \tag{2.27}$$

而由 n 个环节并联组成的系统，同样类似地有

$$H(s) = \sum_{i-1}^{n} H_i(s) \tag{2.28}$$

⑧传递函数 $H(s)$ 或 $H(D)$ 将微分运算简化为代数运算，大大方便了微分方程的求解。观察传递函数 $H(s)$ 或 $H(D)$ 表达式，注意到传递函数的分母式就是微分方程的特征方程。由此从传递函数就能十分方便地判断测量系统或环节动态过程的基本特征。因此是一种很有用的工具。

2）测量系统或环节的动态响应特性

传递函数揭示了系统的固有特性，描述了输入量、输出量间的相互关系。但是研究系统或环节的动态特性，必须使系统的状态发生变化，在变化中体现出“动态响应”的特性，这种响应（变化）是以输出量的变化反映出来的。

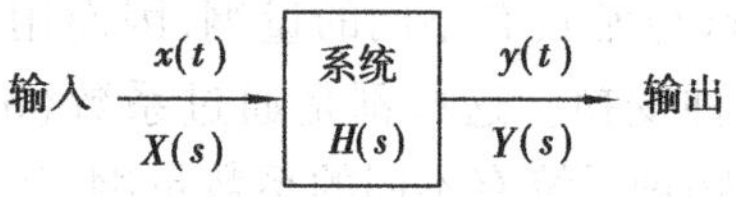

输入 $x(t)$ $X(s)$ → 系统 $H(s)$ → $y(t)$ $Y(s)$ 输出

图 2.14　测量系统或测量环节框图

如果已知某一个测量系统或环节的传递函数，并且输入量为 $x=x(t)$，相应的输出量为 $y=y(t)$。但具体 x 与 y 有何差异；y 与 x 接近的程度如何；输出以什么方式趋近输入、在趋近的过程中有无滞后、有无振荡。如果输入量为正弦信号，$x=A\sin\omega t$，由线性系统性质决定输出量也必为一正弦信号，且为：$y=B\sin(\omega t+\varphi)$。观察输出、输入信号，二者的幅值并不相同，相差多少；相位滞后，滞后多少；输出波形会否失真、畸变，要回答这些问题，必须考察环节在动态输入量的作用下发生的状态变化，在“动”中考察其响应。换句话说：即要对测量系统或环节输入一个动态量，考察在该动态量的作用下，测量系统或环节状态变化的情况。考察一般在时域和频域中进行。

同一测量系统或环节在不同形式的输入信号作用下，输出量的变化是不同的。广义地讲，输入量可以是任意的信号，用其对应的输出信号来研究测量系统或环节的动态特性，是没有普遍意义的。通常的作法是采用几种典型的标准信号作为输入信号作用于测量系统或环节来研究其动态特性。目前常用的标准输入信号，在时间域内用阶跃函数（或脉冲函数）；在频率域内用正弦函数等。在这些标准输入信号 $x(t)$ 各自作用下，分别记录输出信号 $y(t)$，即可求得测量系统或环节在时间域内的阶跃响应（或脉冲响应）特性和频率域内的频率响应特性。

①阶跃响应特性

在时域内，研究测量系统或环节的动态特性，常用阶跃信号（或脉冲信号）考察，其对应的输出量称为阶跃响应。换句话说，当测量系统或环节输入 $x=x(t)$ 为一阶跃信号，其对应的输出 $y=y(t)$ 为阶跃响应。阶跃响应的意义在于知道了系统的阶跃响应，实际上就知道了描述该系统的微分方程，在特定的输入函数（阶跃输入）和给定的边界条件下的解。由此推广可以得出任意随时间变化的信号对应的输出情况。

阶跃信号的形式如图2.15所示，阶跃高度为 A，其阶跃函数 $Au(t)$ 表达式如下

$$x(t)=Au(t)=\begin{cases}A & \text{当 } t\geqslant 0 \text{ 时}\\ 0 & \text{当 } t<0 \text{ 时}\end{cases} \tag{2.29}$$

它的拉普拉斯变换式为

$$x(s)=L[x(t)]=L[Au(t)]=\frac{A}{s} \tag{2.30}$$

环节的传递函数为 $H(s)$，则它的阶跃响应特性为

$$y(t)=L^{-1}[Y(s)]=L^{-1}[X(s)H(s)]=L^{-1}\left[\frac{AH(s)}{s}\right] \tag{2.31}$$

实际测试中，为了研究测量系统或测试环节的动态特性，常采用阶跃响应实验。具体的方法是在测量系统的输入端施加一阶跃信号（如将热电偶温度计由0 ℃的环境下，迅速插到A ℃的环境温度中，记录输出信号，如图2.15所示），由此可以判断热电偶温度计的动态响应性能。

由式（2.9）热电偶温度计的动态特性方程：

$$C_H R\frac{\mathrm{d}E}{\mathrm{d}t}+E=rT$$

令 $C_H R=T_c$，T_c 称为时间常数，代入上式，则

$$T_c\frac{\mathrm{d}E}{\mathrm{d}t}+E=rT \tag{2.32}$$

将热电偶温度计测温环节放在时间域内进行考察，考察它的动态特性及动态响应情况。

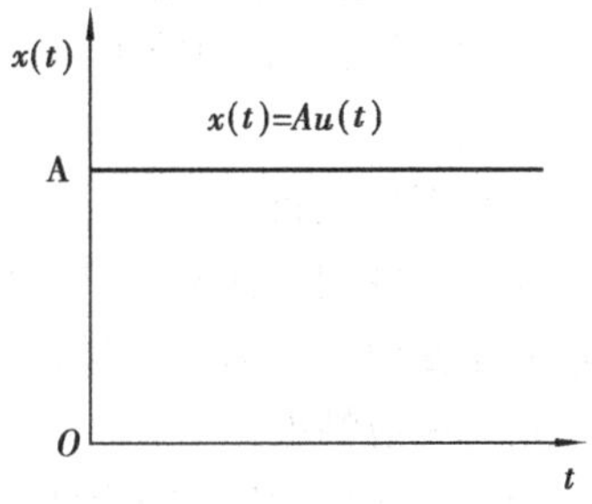

图2.15　高度为 A 的阶跃信号

对式（2.32）进行拉普拉斯变换，得到它的传递函数：

$$L\left[T_c\frac{\mathrm{d}E}{\mathrm{d}t}+E\right]=L[rT]$$

$$T_c sE(s)+E(s)=rT(s)$$

则传递函数为：

$$H(s)=\frac{E(s)}{T(s)}=\frac{r}{T_c s+1} \tag{2.33}$$

热电偶温度计的阶跃响应特性为

$$E(t)=L^{-1}\left[\frac{Ar}{s(T_c+1)}\right]=ArL^{-1}\left[\frac{1}{s}-\frac{T_c}{T_c+1}\right]=Ar(1-\mathrm{e}^{-\frac{t}{T_c}}) \tag{2.34}$$

由上式可见，热电偶温度计在阶跃输入函数作用下，其输出为指数曲线。

综合以上分析，可以得到以下结论：

a. 考察测量系统或测试环节的动态响应特性，首先要建立该系统或环节的微分方程，由特定的输入函数（阶跃输入）和给定的边界条件，求得该微分方程的解，得到输出函数 $y(t)$ 的函

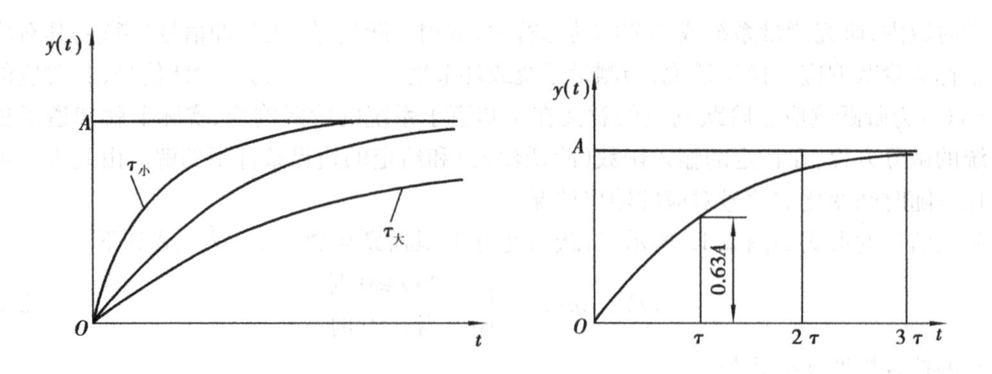

图 2.16　热电偶温度计的阶跃响应

数表达式。

b. 某一测量系统或测试环节在阶跃信号作用下，其输出 $y(t)$ 为指数曲线。如热电偶温度计的阶跃响应，显示记录的输出 $y(t)$ 是以指数曲线接近输入，以一定的时间趋近于输入值 A。可见，输出不能马上达到输入值，而是需要经过一段时间才能达到输入值。这种差异就造成了测量系统或测试环节的动态误差。

c. 观察热电偶温度计的阶跃响应曲线，指数曲线的变化率，取决于时间常数 T_c。T_c 值越大，曲线趋近输入值 A 的时间越长，输出与输入差异越大；反之，T_c 值越小，曲线趋近 A 的时间越短，输出与输入差异越小。时间常数 T_c 有决定响应速度快慢的重要作用。

由此可见，在时间域中，采用阶跃输入信号求得阶跃响应输出，完全可以表达测量系统的动态特性。

②频率响应特性

在频率域内如何考察测量系统或测试环节的动态特性？与时域考察一样，采用典型的标准信号正弦信号作为输入量，考察测量系统或测试环节的输出量的情况。即考察它的动态特性及动态响应情况。

当一个线性稳定的测量系统或测试环节的输入端加上一个幅值为 A，角频率为 ω 的正弦输入信号 $x(t)=A\sin\omega t$，此时的输出端会产生一个和输入信号有相同频率、幅值为 B，相位延迟为 φ 的强迫振荡正弦输出信号 $y(t)=B\sin(\omega t+\varphi)$。

将热电偶温度计插入温度呈正弦脉动的温度场中，此时相当于给电偶温度计测量环节输入一个正弦信号，记录其输出，见图 2.17。

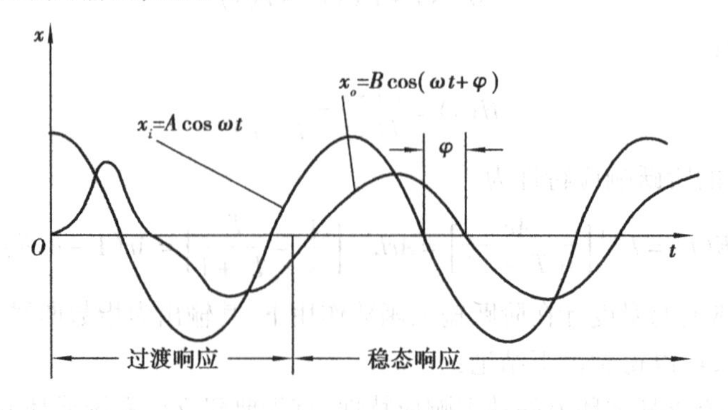

图 2.17　线性环节（系统）正弦输入，输出显示

当输入信号 $x(t)=A\sin\omega t$，输出信号 $y(t)=B\sin(\omega t+\varphi)$。如图2.17可见：

a. 对于线性系统，当输入信号为 $x(t)=A\sin\omega t$ 时，输出信号 $y(t)$ 由于暂态过渡部分的影响，输出信号并不成正弦波，但暂态过渡部分随着时间的增长，逐渐衰减以至消失。在某一时刻内进入稳态响应阶段，输出信号呈正弦曲线 $y(t)=B\sin(\omega t+\varphi)$，此阶段称为稳态阶段。

b. 输出信号 $y(t)=B\sin(\omega t+\varphi)$ 与输入信号 $x(t)=A\sin\omega t$，二者频率相同，幅值不等，并有一定的相位差。

c. 当输入信号的幅值 A 一定时，只要 ω 有所变化，输出信号的振幅 B、相位 φ 也会发生变化。当测量系统或测试环节进入稳定状态时，输出、输入信号的幅值比 B/A 与输入信号频率 ω 的关系及输出、输入信号的相位差 φ 与输入信号频率 ω 的关系称为测量系统或环节的频率特性，其中：B/A—ω 称为测量系统或环节的幅频特性；φ—ω 称为测量系统或环节的相频特性。这种频率域内表征测量系统或环节的动态特性称之为频率响应特性。

3）频率型传递函数

①频率型传递函数

如上所述线性稳定的测量系统或环节在正弦输入情况下，输出端会产生一个和输入信号有相同频率的强迫振荡正弦输出信号。为了在频率域内研究测量系统或环节的动态响应特性，与在时间域内研究一样，引入表达了输出信号与输入信号之比的传递函数。称之为频率型传递函数，记为 $W(\mathrm{j}\omega)$。

得到频率型传递函数的方法，是用 $\mathrm{j}\omega$ 代替式(2.23)中的 S 或式(2.24)中的 D 即可。

$$W(\mathrm{j}\omega)=\frac{y}{x}(\mathrm{j}\omega)=\frac{b_m(\mathrm{j}\omega)^m+b_{m-1}(\mathrm{j}\omega)^{m-1}+\cdots+b_1(\mathrm{j}\omega)+b_0}{a_n(\mathrm{j}\omega)^n+a_{n-1}(\mathrm{j}\omega)^{n-1}+\cdots+a_1(\mathrm{j}\omega)+a_0} \tag{2.35}$$

注意，用$(\mathrm{j}\omega)$代替 D 或 S 并不是一种随心所欲的作法，而是由同一描述测量系统或环节的动态特性的微分方程变换而来的，从不同的角度反映出测量系统或环节的动态特性。

高阶常系数线性微分方程式(2.12)，对于任意线性系统都是适用的：

$$a_n\frac{\mathrm{d}^n y}{\mathrm{d}t^n}+a_{n-1}\frac{\mathrm{d}^{n-1}y}{\mathrm{d}t^{n-1}}+\cdots+a_1\frac{\mathrm{d}y}{\mathrm{d}t}+a_0y=b_m\frac{\mathrm{d}^m x}{\mathrm{d}t^m}+b_{m-1}\frac{\mathrm{d}^{m-1}x}{\mathrm{d}t^{m-1}}+\cdots+b_1\frac{\mathrm{d}x}{\mathrm{d}t}+b_0x$$

将 $x=A\sin\omega t$，$y=B\sin(\omega t+\varphi)$代入上式

$$a_n\frac{\mathrm{d}^n}{\mathrm{d}t^n}B\sin(\omega t+\varphi)+a_{n-1}\frac{\mathrm{d}^{n-1}}{\mathrm{d}t^{n-1}}B\sin(\omega t+\varphi)+\cdots+a_1\frac{\mathrm{d}}{\mathrm{d}t}B\sin(\omega t+\varphi)+a_0B\sin(\omega t+\varphi)$$

$$=b_m\frac{\mathrm{d}^m}{\mathrm{d}t^m}A\sin\omega t+b_{m-1}\frac{\mathrm{d}^{m-1}}{\mathrm{d}t^{m-1}}A\sin\omega t+\cdots+b_1\frac{\mathrm{d}}{\mathrm{d}t}A\sin\omega t+b_0A\sin\omega t \tag{2.36}$$

正弦函数在其时间域内微分运算的结果，只改变它的幅值和相位并不改变它的 ω，每微分一次，其幅值增大 ω 倍，相位提前$\frac{\pi}{2}$，则式(2.38)变为

$$a_nB\omega^n\sin\left(\omega t+\varphi+n\frac{\pi}{2}\right)+a_{n-1}B\omega^{n-1}\sin\left(\omega t+\varphi+\frac{n-1}{2}\pi\right)+\cdots+a_1B\omega\sin\left(\omega t+\varphi+\frac{\pi}{2}\right)+$$

$$a_0B\sin(\omega t+\varphi)=b_mA\omega^m\sin\left(\omega t+\frac{m}{2}\pi\right)+b_{m-1}A\omega^{m-1}\sin\left(\omega t+\frac{m-1}{2}\pi\right)+\cdots+b_1A\omega\sin\left(\omega t+\frac{\pi}{2}\right)+$$

$$b_0A\sin\omega t \tag{2.37}$$

对于相同角频率的正弦函数可用指数形式的复数来表示。在正弦量的复数式中，复数的模等于正弦函数的最大幅值，复数的相角（与正实轴的夹角）等于正弦函数的初相位。

$$e^{+j\frac{\pi}{2}} = \cos\frac{\pi}{2} + j\sin\frac{\pi}{2} = j \tag{2.38}$$

由它们之间的对应关系：

$$B\sin(\omega t + \varphi) = Be^{j\varphi}$$

$$B\sin\left(\omega t + \varphi + \frac{n}{2}\pi\right) = Be^{j(\varphi + \frac{n}{2}\pi)} = Be^{j\varphi}e^{nj\frac{\pi}{2}} = Be^{j\varphi}(j)^n = (j)^n Be^{j\varphi}$$

$$A\sin\omega t = Ae^{j0}$$

$$A\sin\left(\omega t + \frac{m}{2}\pi\right) = Ae^{j\frac{m}{2}\pi} = Ae^{j0}e^{j\frac{m}{2}\pi} = (j)^m Ae^{j0} \tag{2.39}$$

则式(2.37)变为：

$$\begin{aligned}&[a_n(j\omega)^n + a_{n-1}(j\omega)^{n-1} + \cdots + a_1(j\omega) + a_0]Be^{j\varphi} = \\&[b_m(j\omega)^m + b_{m-1}(j\omega)^{m-1} + \cdots + b_1(j\omega) + b_0]Ae^{j0}\end{aligned} \tag{2.40}$$

令 $W(j\omega) = \dfrac{Be^{j\varphi}}{Ae^{j0}} = \dfrac{B}{A}e^{j\varphi}$ (2.41)

则得式(2.35)

$$W(j\omega) = \frac{b_m(j\omega)^m + b_{m-1}(j\omega)^{m-1} + \cdots + b_1(j\omega) + b_0}{a_n(j\omega)^n + a_{n-1}(j\omega)^{n-1} + \cdots + a_1(j\omega) + a_0} = M(\omega)e^{j\theta(\omega)} \tag{2.42}$$

式中 $W(j\omega)$——称为测量系统或环节的频率特性；

$M(\omega) = \dfrac{B}{A}$,表示幅值比与频率的关系,称之为测量系统或环节的幅频特性；

$\theta(\omega) = \varphi$,表示相位差与频率的关系,称之为测量系统或环节相频特性。

由此可见,测量系统或环节的频率特性 $W(j\omega)$ 是以 ω 为变量的复变函数。它的模 $M(\omega)$ 和相角 $\theta(\omega)$ 分别等于正弦输入信号与正弦输出信号之间的幅值比和相位差。它们的值随 ω 变化而变化。

②线性测量系统的频率特性

求线性测量系统的频率特性,与前面时域分析方法一样,由组成系统的各个环节,按信号传递的方式联接,构成线性测量系统的频率特性。

a. 环节串联的测量系统,在时域内,其传递函数如式(2.26)所示。

在频率域内,其传递函数

$$\begin{aligned}H(s) &= \prod_{i=1}^{n} H_i(s)\\W(j\omega) &= W_1(j\omega)\cdot W_2(j\omega)\cdots W_n(j\omega)\\W(j\omega) &= \prod_{i=1}^{n} W_i(j\omega)\end{aligned} \tag{2.43}$$

b. 环节并联的测量系统,在时域内,其传递函数如式(2.27)所示。

$$H(s) = \sum_{i=1}^{n} H_i(s)$$

在频率域内,其传递函数

$$W(j\omega) = W_1(j\omega) + W_2(j\omega) + \cdots + W_n(j\omega)$$

$$W(j\omega)=\sum_{i=1}^{n}W_i(j\omega) \tag{2.44}$$

总之研究测量系统的动态特性，首先应分析清楚测量环节的动态特性，然后根据组成系统的各环节的动态特性，按信号流向和传递方式求得整个测量系统的动态特性。

2.2.4　简单测量环节的动态特性

工程测量中，大多数测量系统的动态特性可归属于零阶系统、一阶系统和二阶系统三种基本类型。尽管实际测量中还存在着更复杂的高阶测量系统，但在一定条件下，它们都可以用这三种基本系统动态特性的某种适当组合形式去逼近。所以，研究基本测量系统的动态特性具有重要意义。

1. 零阶测量环节的动态特性

在高阶常系数线性微分方程式(2.12)所描述的测量系统中，由零阶环节的定义：方程中所有的常系数除 a_0，b_0 外其余都为零。由此，得到一个简单的代数方程

$$a_0y=b_0x$$

即

$$y=\frac{b_0}{a_0}x=kx \tag{2.45}$$

式中　k 为常数，它代表环节的灵敏度，即与单位输入量相当的输出量变化。

零阶测量环节又称比例环节(或称放大环节)。其输出信号能按一定比例，无延迟和无惯性地复现输入信号变化。由式(2.45)可见，零阶测量环节具有理想的动态特性，无论被测物理量随时间如何变化，输出量始终与输入量成确定的比例关系；并在时间上不滞后，无相位差($\varphi=0$)。

具有比例环节特性的测量元件或测量线路是大量存在的，例如：

①弹簧管压力表，将气压 $p(t)$ 线性地转换为角位移 $\theta(t)$。

②测量放大器，在一定频率范围内输出信号将正比于输入信号，输出量能不失真地放大输入量。

③电位器式位移传感器可认为就是一个零阶仪器。如图2.18所示。电位器长为 L，电阻呈线性分布，在 L 上有电压 V 作用，当滑动触头触点位移到 X 处，触头上的电压为 $U_{sc}=V/Lx=kx$，式中 $k=V/L$(V/cm)。

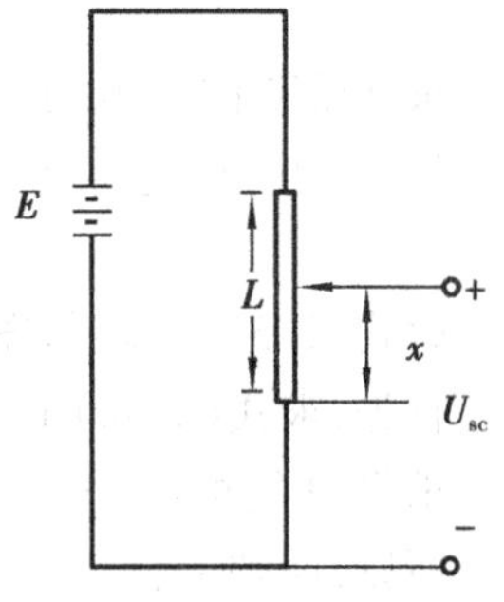

图2.18　位移测量电位器

上式表明，对于理想电位器位移传感器(认为电位器纯电阻输入测量值的变动速度不很高的情况下，电阻沿 L 呈线性分布)，位移量 x(输入量)与输出量 U_{sc}，(输出电压)成确定的比例关系。

2. 一阶环节的动态特性

在高阶常系数线性微分方程式(2.12)所描述的测量系统，根据一阶环节的定义，除系数：a_1，a_0，b_0 外，其余都等于0，则得到一阶环节的微分方程：

$$a_1\frac{dy}{dt}+a_0y=b_0x \tag{2.46}$$

方程式(2.46)中的三个系数 a_1，a_0，b_0 变换合并成两个基本系数。用 a_0 去除方程两边

$$\frac{a_1}{a_0}\frac{\mathrm{d}y}{\mathrm{d}t}+y=\frac{b_0}{a_0}x \tag{2.47}$$

令

$$\frac{a_1}{a_0}=T,\frac{b_0}{a_0}=k$$

由于 a_1/a_0 具有时间的量纲，称为“时间常数”，记为 T；b_0/a_0 具有输出/输入的量纲，称为“灵敏度系数”，记为 k。k 在线性系统中只起一个放大 k 倍的作用，且 k 为常数。于是方程式(2.47)则写成

$$T\frac{\mathrm{d}y}{\mathrm{d}t}+y=kx \tag{2.48}$$

写成 D 算子形式的传递函数：

$$y/x(D)=\frac{k}{TD+1} \tag{2.49}$$

写成拉氏形式的传递函数

$$y/x(s)=\frac{k}{Ts+1} \tag{2.50}$$

写成频率型传递函数

$$y/x(\mathrm{j}\omega)=\frac{k}{T(\mathrm{j}\omega)+1} \tag{2.51}$$

用阶跃输入与正弦输入信号，分别在时间域和频率域中，考察一阶环节的动态响应特性，分析决定该环节动态响应特性取决于什么参数。

1)阶跃响应

当输入为一阶跃信号，其函数表达式：

$$Au(t)\begin{cases}0 & t\leqslant 0\\ A & t>0\end{cases}$$

一阶环节 D 算子形式传递函数式(2.49)

$$\frac{y}{x}(D)=\frac{k}{TD+1}$$

求在阶跃信号 $Au(t)$ 的作用下一阶环节的阶跃响应。

将 $x=Au(t)$ 代入上式：

$$(TD+1)y=kAu(t) \tag{2.52}$$

解式(2.52)一阶非齐次线性微分方程：

首先，求式(2.52)的齐次方程的通解 y_1，其特征方程为：$TD+1=0$

求得 D 的根：　　$r=-1/T$

所以，通解 y_1：

$$y_1=\kappa \mathrm{e}^{rt}=\kappa \mathrm{e}^{-\frac{t}{T}} \tag{2.53}$$

接下来，求式(2.52)非齐次方程的特解 y_2，由于 $Au(t)$ 为零次多项式，用待定系数法求特解。令 $y_2=C(t>0)$ 代入式(2.52)，求得系数 $C=kA$。

所以式(2.52)的解为：

$$y=y_1+y_2=kA+\kappa \mathrm{e}^{-\frac{t}{T}} \tag{2.54}$$

利用初始条件 $t=0,Au(t)=0,y=0$ 代入式(2.54)

则 $\kappa=-kA$，最后得到微分方程式(2.52)在阶跃信号输入下的解

$$y=kA(1-e^{-\frac{t}{T}}) \tag{2.55}$$

式(2.55)为一阶环节的阶跃响应函数。

为直观起见，将式(2.55)用一阶测量系统的阶跃响应曲线表示，如图 2.19 所示。

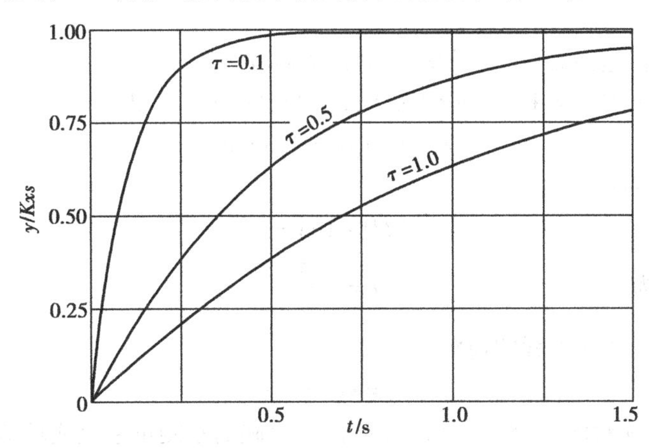

图 2.19　一阶测量系统的阶跃响应曲线

观察、分析一阶测量系统的阶跃响应曲线，注意该响应有如下性质：

①一阶测量系统的阶跃响应曲线是指数曲线。随着 t 的增加，由开始时初始值为 0，不断增大，最终趋于输入值 A。由此可以明显看出输出、输入间的差异。当输入为一阶跃曲线，输出则是一指数曲线，输出不能马上达到输入值，而需要一段时间，在时间上有一延迟，这种差异就造成了动态误差。

②一阶环节的动态特性只与时间常数 T 有关，图 2.19 表示出 $T=0.1$，0.5 和 1.0 s 时的响应曲线。由图可见，T 值决定了指数曲线的变化率。T 值越大，输出趋近输入的时间愈长，响应愈慢，动态误差愈大；反之 T 值越小，输出趋近输入的时间则愈短，响应愈快，动态误差愈小。时间常数 T 反映出阶跃响应速度的快慢和决定阶跃响应速度的重要作用。

③要多长时间，输出量 y 与输入量 x 才趋近一致呢？由式(2.55)可见，只有在 t/T 趋于 ∞ 时，$y=kA$，才能达到输入量。

当 $t=T$ 时　　$y=kA(1-e^{-\frac{t}{T}})=0.632kA$

当 $t=2T$ 时　　$y=kA(1-e^{-\frac{t}{T}})=0.865kA$

当 $t=3T$ 时　　$y=kA(1-e^{-\frac{t}{T}})=0.95kA$

当 $t=5T$ 时　　$y=kA(1-e^{-\frac{t}{T}})=0.9933kA$

实际上，由于式(2.55)中 $e^{-\frac{t}{T}}$ 这一项衰减很快，当 $t=5T$ 时，输出量已达到输入量的 99.33% 了。

通过以上分析，发现决定一阶测量系统阶跃响应性质的参数是时间常数 T。T 值数值的大小，决定了一阶测量系统输出、输入量之间差异；决定了一阶测量系统动态响应的快慢及产生动态误差的大小。因此一阶测量系统在时域范围内，用阶跃信号考察得到结论：一阶测量系统在进行动态测量时，尽可能采用时间常数 T 值小的系统或环节，达到减小动态误差的目的。

2）频率响应

如图2.11所示，当输入为正弦信号 $x=A\sin\omega t$，输出同样为正弦信号。不过输出信号的最初阶段呈暂态过程，并不是正弦波。暂态过程部分随时间增长而衰减以至消失。当进入某一时刻后，输出信号的记录曲线呈现稳定状态。稳态响应阶段的输出量呈正弦波，此时的正弦波为 $y=B\sin(\omega t+\varphi)$，显然，输出量的幅值和相位都发生变化。为此，频率响应只研究稳态阶段的频率特性。

用 D 算子形式传递函数研究一阶环节的频率响应。

与阶跃响应一样，将 $x=A\sin\omega t$ 代入式(2.49)，并令 $k=1$ 得

$$(TD+1)y=A\sin\omega t \tag{2.56}$$

由微分方程的特征方程

$$(TD+1)y=0$$

求得 D 的根 r 为
$$r=-\frac{1}{T}$$

式(2.56)对应的齐次方程的通解

$$y_1=\kappa e^{rt}=\kappa e^{e} \tag{2.57}$$

从测量的角度，观察图2.18，可以看出通解 y_1 反映的是测量系统或环节的暂态响应部分。称为系统或环节的的动态解。

分析暂态响应部分，在输入量为正弦信号时，输出按负指数规律变化。随着时间 t 的增大，输出 y_1 趋近0。暂态部分衰减直至为零的长短取决于时间常数 T。从测量的角度，希望暂态响应愈短愈好，即意味着 T 值越小越好。

研究一阶环节的频率响应，通常研究环节进入稳态响应阶段的状态。从数学的角度是指求式(2.56)的非齐次方程的特解 y_2，从测量的角度，此时输出已稳定，所以又称 y_2 为稳态解。求 y_2 可以直接运用式(2.51)频率型传递函数并令 $k=1$ 得

$$y/x(j\omega)=\frac{1}{T(j\omega+1)}=\frac{B}{A}e^{j\omega} \tag{2.58}$$

式中
$$\frac{B}{A}=\frac{1}{\sqrt{1+(\omega T)^2}}=\left|\frac{y}{x}(j\omega)\right| \tag{2.59}$$

B/A 为该复函数的模，其表达式为复数的实部的平方加虚部的平方之和再开方，称之为测量系统或环节的幅频特性。

$$\varphi=\arctan(\omega T) \tag{2.60}$$

复数的相角为输出、输入间的相位差 φ，它等于复数的虚部与实部之比的反正切，称之为测量系统或环节的相频特性。

通过以上分析并结合图2.20，2.21，可知一阶测量系统的频率响应有如下性质：

①当时间常数 T 值一定
$$\begin{cases}\dfrac{B}{A}\sim\omega & \dfrac{B}{A}=\dfrac{1}{\sqrt{1+(T\omega)^2}}\\ \varphi\sim\omega & \varphi=-\arctan(\omega T)\end{cases}$$

一阶测量系统的幅频特性与相频特性也随之确定了。幅值比 B/A 随频率增高而下降，相位角 φ 随频率增高而增大。

②当 ω 一定，辐值比 B/A 的衰减和相位角 φ 的滞后，随时间常数 T 的增加而增加。

③由图2.21可见，在 $\omega T\sim B/A$，$\varphi\sim\omega T$ 坐标图上，当 $\omega T=0.3$ 附近时，振幅和相位的失真

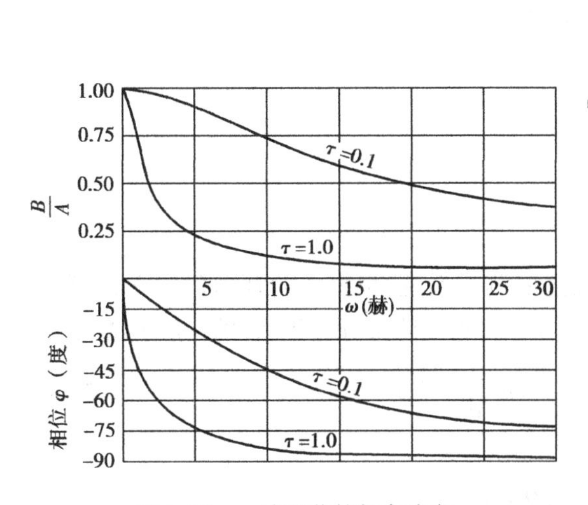

图2.20　一阶环节的频率响应

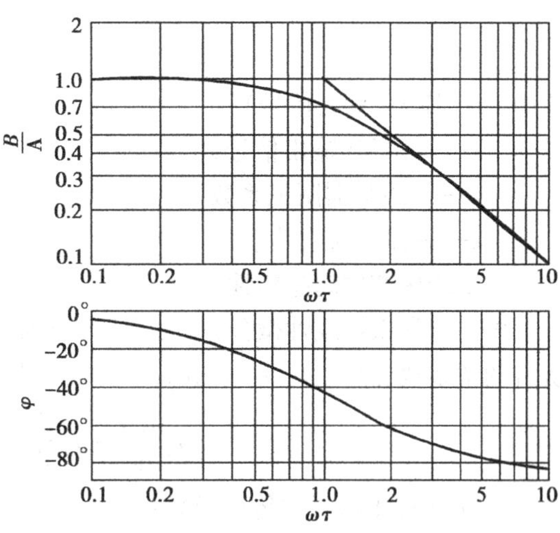

图2.21　一阶环节的频率响应

都较小。当时间常数 $T=0.3$，对应的频率范围 $\omega=1$ rad/s，当 $T=1$，对应的频率范围 $\omega=0.3$ rad/s。由此说明，要使一阶环节对高频正弦信号有较好的频率响应，工作频段在失真小的范围内，必须使时间常数在较小的范围内。

总之，对于一阶环节，无论阶跃输入或正弦输入，其动态特性的好坏都取决于动态特性参数时间常数 T。减少动态误差的措施就是尽可能采用时间常数 T 小的测量系统。

3）一阶测量仪器

①热电偶温度计，典型的一阶惯性环节

由式(2.9)：$C_H R\dfrac{\mathrm{d}E}{\mathrm{d}t}+E=rT$，令 $C_H R=T_c$

其传递函数为：

D 算子形传递函数：
$$\frac{E}{T}(D)=\frac{r}{T_c D+1} \tag{2.61}$$

拉氏型式传递函数：
$$\frac{E}{T}(s)=\frac{r}{T_c s+1} \tag{2.62}$$

频率型传递函数：
$$\frac{E}{T}(\mathrm{j}\omega)=\frac{r}{T_c(\mathrm{j}\omega)+1} \tag{2.63}$$

其幅频特性：
$$E/rt=\frac{1}{\sqrt{1+(T_c\omega)^2}}$$

相频特性：
$$\varphi=-\arctan(T_c\omega)$$

②RC 电路(阻容滤波)

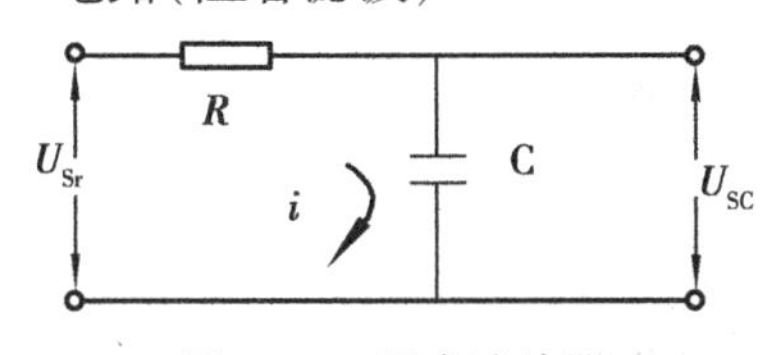

图2.22　阻容滤波器

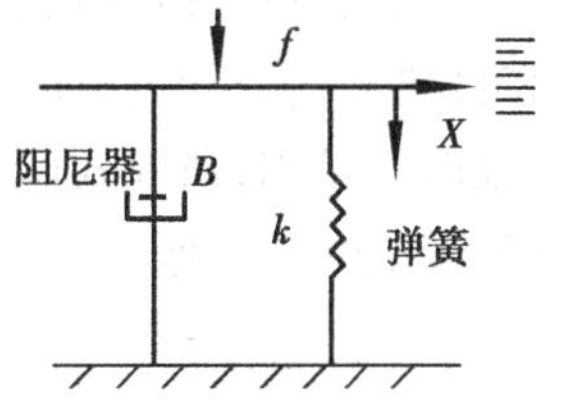

图2.23　质量忽略的简化机械系统

③简化的机械系统(质量可忽略)

如图2.23所示，外力 f 与阻尼器产生的阻力以及弹簧的反力相平衡，可得一阶微分方程

$$f = B\frac{dx}{dt} + kx$$

式中 f—外力(输入信号)

x——位移(输出信号)

B——阻尼器阻尼系数

k——弹簧的刚性系数

3. 二阶环节的动态特性

由高阶常系数线性微分方程式(2.12)所描述的测量系统,根据二阶环节的定义,方程中所有的常系数,除 $a_0, b_0, a_1, b_1, a_2, b_2$ 外其余都为零。得到二阶微分方程,它的一般形式为

$$a_2\frac{d^2y}{dt^2} + a_1\frac{dy}{dt} + a_0y = b_1\frac{dx}{dt} + b_0x \tag{2.64}$$

写成 D 算子形式的传递函数:

$$y/x(D) = \frac{b_1D + b_0}{a_2D^2 + a_1D + a_0} \tag{2.65}$$

写成拉氏形式的传递函数:

$$y/x(s) = \frac{b_1s + b_0}{a_2s^2 + a_1s + a_0} \tag{2.66}$$

写成频率型传递函数:

$$y/x(j\omega) = \frac{b_1(j\omega) + b_0}{a_2(j\omega)^2 + a_1(j\omega) + a_0} \tag{2.67}$$

在解析上述二阶环节的传递函数之前,针对测量特点做以下简化说明:

由传递函数的性质可知,传递函数中的分母完全由系统(包括研究对象和测试装置)的结构所决定,而分子则和输入(激励)点的位置、所测的变量以及测点布置情况有关。为简化方程而不影响测试系统的基本性质,在布置输入(激励)点的位置、变量及测点时,使传递函数中的分子项中的 b_1 为零;同时由一阶环节的分析注意到,微分方程的解由两部分组成,$y = y_1 + y_2$。从测量的角度和数学解析的角度,两部分解对应的含义体现出各自的特征:

y_1——微分方程式(2.12)对应齐次方程的通解。从测量的角度称之为动态解,它反映出测量系统在输入信号作用下输出信号随时间的变化呈现出的振荡、衰减,发散等状态。

y_2——微分方程式(2.12)对应非齐次方程的特解。从测量的角度称之为稳态解,它反映了测量系统在输入信号作用下呈现出的稳定状态。

从一阶环节的分析中可以看出,在时间域内,当输入阶跃信号考察测量系统或环节的动态特性时,只需研究其过渡阶段状态,即求其动态解。而在频率域内,输入信号为正弦信号时,考察其频率特性则要研究稳态解。

下面,在时间域内,研究式(2.64)对应齐次方程的通解。

由式(2.65)并注意到 $b_1 = 0$ 得

$$y/x(D) = \frac{b_0}{a_2D^2 + a_1D + a_0} \tag{2.68}$$

分子分母同除以 a_0:

$$y/x(D) = \frac{b_0/a_0}{a_2/a_0D^2 + a_1/a_0D + 1} \tag{2.69}$$

令　$\omega_n=\sqrt{\dfrac{a_0}{a_2}}$——系统固有频率或称系统无阻尼自然频率；

$\xi=\dfrac{a_1}{2\sqrt{a_0a_2}}$——阻尼比；

$k=b_0/a_0$——系统静态灵敏度。

代入式(2.69)

$$y/x(D)=\frac{k}{\dfrac{D^2}{\omega_n^2}+\dfrac{2\xi}{\omega_n}D+1} \tag{2.70}$$

或写成

$$(D^2+2\xi\omega_nD+\omega_n^2)y=k\omega_n^2x \tag{2.71}$$

4. 阶跃响应

与一阶环节一样，在时间域内输入一阶跃信号：

$$Au(t)=\begin{cases}0 & t\leqslant 0\\ A & t>0\end{cases}$$

将 $x=Au(t)$ 代入式(2.71)

$$(D^2+2\xi\omega_nD+\omega_n^2)y=k\omega_n^2Au(t) \tag{2.72}$$

求测量系统的阶跃响应函数，即解二阶线性非齐次微分方程。

由式(2.72)的特征方程

$$D^2+2\xi\omega_nD+\omega_n^2=0 \tag{2.73}$$

得到 D 的根 r_1, r_2

$$\begin{cases}r_1=(-\xi+\sqrt{\xi^2-1})\omega_n\\ r_2=(-\xi-\sqrt{\xi^2-1})\omega_n\end{cases} \tag{2.74}$$

1)测量系统的阶跃响应函数

随着阻尼比 ξ 的不同，其根将有所不同，微分方程式(2.72)有三种解

①当 $\xi>1$，r_1, r_2 为实根。

式(2.72)对应的齐次微分方程的通解 y_1

$$y_1=\kappa_1e^{r_1t}+\kappa_2e^{r_2t} \tag{2.75}$$

由于 $Au(t)$ 为零次多项式，用待定系数法求式(2.72)的非齐次微分方程的特解 y_2

令 $y_2=c$，c 为常数。代入式(2.72)，求得系数 $c=kA$，式(2.72)的特解为：

$$y_2=kA$$

式(2.72)的通解为 $y=y_1+y_2=kA+\kappa_1e^{r_1t}+\kappa_2e^{r_2t}$ (2.76)

利用初始条件，$t=0$，$y=0$，$y'=0$ 求得 κ_1, κ_2

$$\kappa_1=-kA\left(\frac{r_2}{r_2-r_1}\right)\quad \kappa_2=kA\left(\frac{r_1}{r_2-r_1}\right)$$

代入式(2.76)得

$$y/kA=1-\frac{\xi+\sqrt{\xi^2-1}}{2\sqrt{\xi^2-1}}e^{(-\xi+\sqrt{\xi^2-1})\omega_nt}+\frac{\xi-\sqrt{\xi^2-1}}{2\sqrt{\xi^2-1}}e^{(-\xi-\sqrt{\xi^2-1})\omega_nt} \tag{2.77}$$

这是当 $\xi>1$ 时，二阶测量系统的阶跃函数，其输出按指数规律接近输入。若系统的固有

频率 ω_n 不变，ξ 增加时，输出接近输入的时间就要增加。

②当 $\xi=1$，r_1，r_2 为等根，此时

$$r_1=r_2=-\omega_n$$

式(2.72)的齐次微分方程的通解 y_1 为

$$y_1=(\kappa_1+\kappa_2 t)\mathrm{e}^{rt} \tag{2.78}$$

由于 $Au(t)$ 为零次多项式，用待定系数法求式(2.72)的非齐次微分方程的特解 y_2

令 $y_2=c$，c 为常数代入式(2.72)，求得系数 $c=kA$，式(2.72)的特解

$$y_2=kA$$

此时，式(2.72)的通解 y 为

$$y=y_1+y_2=kA+(\kappa_1+\kappa_2 t)\mathrm{e}^{rt} \tag{2.79}$$

利用初始条件，$t=0$，$y=0$，$y'=0$ 求得 κ_1，κ_2

$$\kappa_1=-kA;\kappa_2=kAr$$

代入式(2.79)求得 $\xi=1$ 时，二阶环节的阶跃响应函数。此解与 $\xi>1$ 时一样，其输出按指数规律接近输入，其接近的速度与系统的固有频率 ω_n 有关。

$$y/kA=[1-(1+\omega_n t)t^{-\omega_n t}] \tag{2.80}$$

③$\xi<1$，根 r_1，r_2 为共轭复根。此时

$$r_1=-\xi\omega_n+\mathrm{j}\omega_n\sqrt{1-\zeta^2}$$

$$r_2=-\xi\omega_n-\mathrm{j}\omega_n\sqrt{1-\zeta^2}$$

式(2.72)的齐次微分方程的通解 y_1 为

$$y_1=B\mathrm{e}^{\alpha t}\sin(\beta t+\varphi)$$

式中 α 是根的实部，β 是根的虚部，B 和 φ 是任意常数。

求式(2.72)的非齐次微分方程的特解 y_2，用待定系数法

令 $y_2=c$，c 为常数

代入式(2.72)，求得系数 $c=kA$，式(2.72)的特解为：

$$y_2=kA$$

此时，式(2.72)的解 y 为

$$y=y_1+y_2=kA+B\mathrm{e}^{\alpha t}\sin(\beta t+\varphi) \tag{2.81}$$

由初始条件 $t=0$，$y=0$，$y'=0$ 求得 B 和 φ

$$B=\frac{-kA}{\sqrt{1-\xi^2}} \quad \varphi=\arcsin\sqrt{1-\xi^2}$$

代入式(2.81)求得 $\xi<1$ 时，二阶环节的阶跃响应函数。可以看出此解与前面两种情况不同，在 $\xi<1$ 时，输出在输入附近进行衰减振荡，最后稳定在最后值上。

$$y/kA=1-\frac{\mathrm{e}^{-\xi\omega_n t}}{\sqrt{1-\xi^2}}\sin(\sqrt{1-\xi^2}\omega_n t+\varphi) \tag{2.82}$$

$\xi=0$ 是 $\xi<1$ 的特例，此时式(2.82)变为：

$$y/kA=1-\sin\left(\omega_n t+\frac{\pi}{2}\right) \tag{2.83}$$

此时，输出以系统的固有频率 ω_n 在输入周围进行等幅不衰减的振荡。

2）测量系统的阶跃响应曲线

为直观起见，将 $\xi>1$，$\xi<1$，$\xi=1$，$\xi=0$ 的阶跃响应函数用曲线表示，如图 2.24。

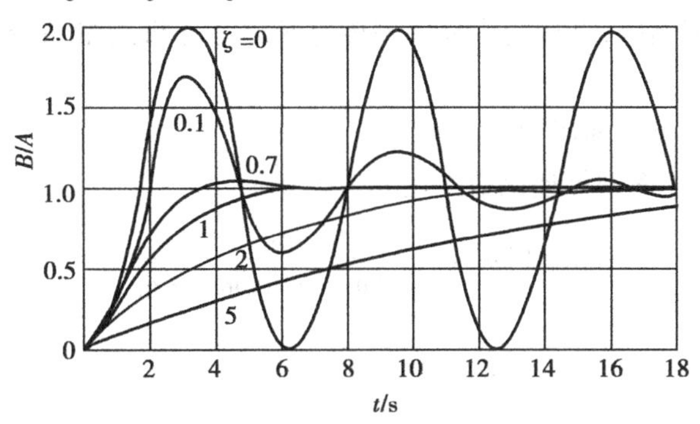

图 2.24　二阶环节的阶跃响应

①阶跃响应的曲线形状有三种：

$\xi>1$，输出按指数函数规律趋近输入值，然而不会越过输入值。若系统的固有频率 ω_n 不变，ξ 越大，输出趋近输入的时间越长。见图 2.24 中 $\xi=2$，$\xi=5$ 时的阶跃响应曲线。

$\xi=1$，输出曲线也按指数规律趋近输入，其接近速度与 ω_n 有关。ω_n 越大，$e^{-\omega_n t}$ 趋于零的速度越快，输出接近输入的速度越快。

$\xi<1$，输出曲线在输入值附近进行衰减振荡。

$\xi=0$，输出曲线以 ω_n 在输入值附近进行等幅不衰减振荡。

由此可见，对于二阶环节，当输入为一阶跃信号时，其输出为上述三种曲线，输出不能马上达到输入，而是以指数曲线，振荡衰减的形式，经过一段时间趋近输入。这种输出、输入间的差异，带来过渡响应的动态误差。

一阶和二阶测量系统的阶跃响应，两者间有很大不同。最明显地是一阶测量系统的阶跃响应不会出现振荡，而二阶系统在 $\xi<1$ 时将产生振荡。

②二阶测量环节响应曲线的形状取决于阻尼比 ξ。

ξ 是表示阻尼的程度，定义为阻尼比。测量系统响应的快慢、有无振荡，取决于 ξ。

$\xi>1$，过阻尼。系统无振荡，但 ξ 值越大，输出趋近输入的时间愈长，响应速度愈慢。

$\xi<1$，欠阻尼。系统将发生振荡，ξ 值越小，振荡幅度越大，输出趋近输入的时间愈长响应愈慢。

$\xi=0$，输出在输入附近进行无衰减等幅振荡。无法响应，无法测量。

$\xi=1$，称为临界阻尼，是区分振荡与不振荡的分界线。由阶跃响应曲线可见，为提高响应速度，使输出量尽快接近输入，二阶测量环节的阻尼比 ξ 应设计在 0.6 ~0.8 之间。

③二阶测量环节阶跃响应速度与系统的固有频率 ω_n 有关。当 ξ 一定，ω_n 愈大，响应速度愈快，反之，则愈慢。如图 2.24 所示，$\xi=0.7$ 的阶跃响应曲线，在输入/输出值等于 1 附近稍作振荡就稳定接近输入。

④由以上分析可知，二阶环节的阶跃响应速度取决于动态特性参数阻尼比 ξ 和固有频率 ω_n，它们是衡量环节动态特性好坏与否的指标。只要某二阶环节在某一具体的测量过程中的 ξ，ω_n 确定了，该二阶系统的动态特性也就确定了。

作为好的二阶测量环节，希望动态响应快，响应速度高，动态误差小，其 ξ 一般取在 0.6 ~

0.8间，ω_n 尽可能地高。

5. 二阶环节的频率响应

求二阶环节的频率响应，直接使用频率型传递函数对分析测量系统或环节的频率特性较为直观。

1）二阶环节的频率型传递函数

由式（2.67），写出频率型传递函数并使 $b_1=0$，则有

$$y/x(j\omega)=\frac{b_0}{a_2(j\omega)^2+a_1(j\omega)+a_0} \tag{2.84}$$

变换上式，令 $\omega_n=\sqrt{\frac{a_0}{a_2}}$——系统固有频率；

$\xi=\frac{a_1}{2\sqrt{a_0a_2}}$——阻尼比；

$k=b_0/a_0$——系统静态灵敏度。

则
$$y/x(j\omega)=\frac{k\omega_n^2}{(j\omega)^2+2\xi\omega_n(j\omega)+\omega_n^2} \tag{2.85}$$

得到二阶环节的频率型传递函数

$$y/x(j\omega)=\frac{k\omega_n^2}{-\omega^2+2j\xi\omega\omega_n+\omega_n^2}=\frac{k}{1-\left(\frac{\omega}{\omega_n}\right)^2+j2\xi\left(\frac{\omega}{\omega_n}\right)} \tag{2.86}$$

幅频特性：
$$\frac{B}{A}=\frac{k}{\sqrt{\left[1-\left(\frac{\omega}{\omega_n}\right)^2\right]^2+\left[2\xi\left(\frac{\omega}{\omega_n}\right)\right]^2}} \tag{2.87}$$

相频特性：
$$\varphi=-\arctan\frac{2\xi(\omega/\omega_n)}{1-(\omega/\omega_n)^2} \tag{2.88}$$

2）二阶环节的频率响应曲线

将式（2.87）与式（2.88）用曲线表示，为使曲线有普遍意义，幅值和频率都采用相对坐标，如图2.25（a）、（b）所示。

二阶测量环节的频率响应有如下性质：

①如图2.25（a）、（b）所示，二阶测量环节的频率响应随阻尼比 ξ 不同而不同：

当阻尼比 ξ 较大时，出现幅值比 $B/A<1$；当 ξ 越小时，出现幅值比 $B/A>1$。ξ 过大过小的这两种情况下，频率响应曲线几乎不在 $B/A=1$ 的频率范围内。如果阻尼比 ξ 太小时，固有频率 ω_n 附近输出的幅值会显著增加，产生"共振"现象，在幅值最大处的频率叫做共振频率。共振频率不一定等于固有频率 ω_n，只有当阻尼比 $\xi=0$ 时，共振频率才是固有频率。

分析图2.25（a）、（b）所示，二阶环节的幅频特性曲线簇和相频特性曲线簇，发现只有在阻尼比 $\xi=0.6\sim0.8$ 范围内，频率响应曲线在 $B/A=1$ 的频率范围内最宽，相频响应曲线相位 φ 与频率近似成线性关系。所以为获得在较宽的频率范围内，稳态响应的动态误差较小，二阶测量环节（系统）的阻尼比 ξ 应设计在0.6~0.8之间。

②二阶环节的频率响应随固有频率 ω_n 的不同而不同：

当 ξ 一定，取图2.25（a）横坐标上 ω/ω_n 上某一点为定值时，二阶环节的固有频率 ω_n 增

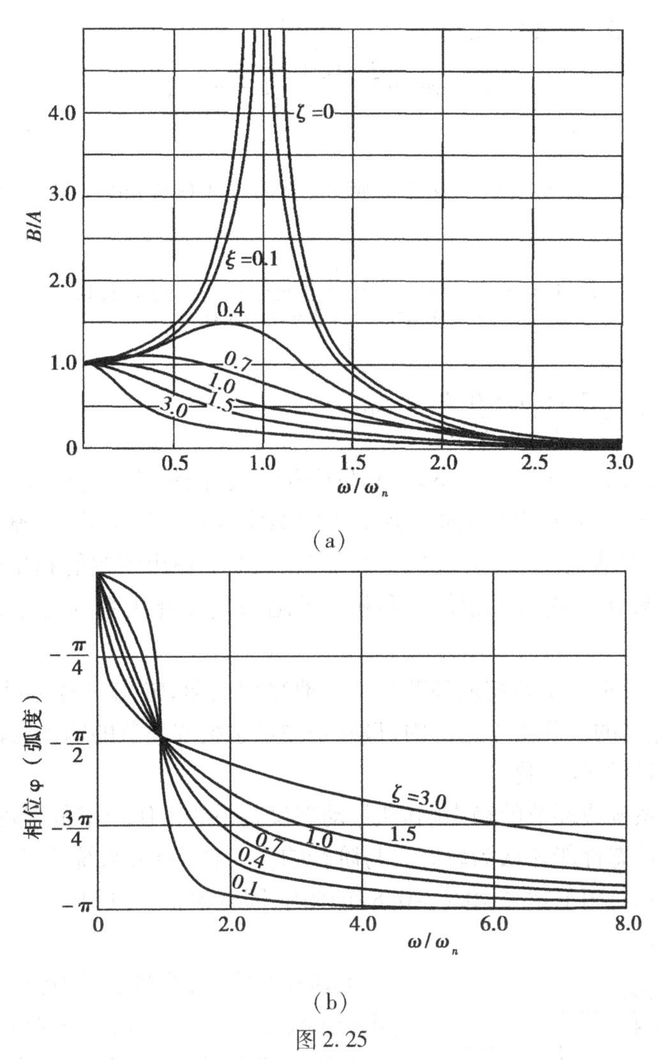

图 2. 25

(a)二阶环节的幅频特性曲线　(b)二阶环节的相位特性曲线

加，可以测量的输入信号的频率也随之增加，则测量系统或环节的工作频率范围随 ω_n 增大而加大。

以图 2. 25(a)阻尼比 $\xi=0.6\sim0.8$、$\omega/\omega_n=0.5$ 处为例，当 $\omega_n=100$ rad/s 时，此时对应的输入信号的频率 $\omega_n=50$ rad/s，工作频率范围仅 0 ~ 50 rad/s。当 $\omega_n=1\ 000$ rad/s，对应输入信号的频率 $\omega_n=500$ rad/s，工作频率范围增宽到 0 ~ 500 rad/s。可见固有频率 ω_n 范围越高，二阶测量环节稳态响应时动态误差小的工作频率范围越宽；反之 ω_n 越低，工作频率范围越窄，输出信号越失真。

例题：某一力传感器为二阶测量系统，它的固有频率 $\omega_n=800$ rad/s，阻尼比 $\xi=0.4$。若用其测量 400 rad/s 的正弦变化力，则振幅将产生多大误差？相位滞后多少？

解：由题意可知 $\omega/\omega_n=0.5$，$\xi=0.4$，$k=1$

代入式(2. 87)

$$B/A=\frac{1}{\sqrt{(1-0.5)^2+(2\times0.4\times0.5)^2}}=1.18$$

振幅产生 18% 的误差，又代入式(2.88)，相位差为

$$\varphi = -\arctan\frac{2\times 0.4\times 0.5}{1-0.5^2} = -28°$$

相位滞后 28°。

测量中感到误差较大，改用另一支力传感器，其 $\omega_n = 1\ 000$ rad/s 阻尼比 $\xi = 0.6$，用它能改善测量效果吗？

解：

$$B/A = \frac{1}{\sqrt{(1-0.4^2)^2+(2\times 0.6\times 0.4)^2}} = 1.03$$

振幅产生 3% 的误差

相位差 $\varphi = -\arctan\dfrac{2\times 0.6\times 0.4}{1-0.4^2} = -30°$

可见用该传感器，振幅误差大大下降，相位变化不大，测量结果得到改善。

从一阶和二阶测量环节(系统)对正弦输入的响应分析可以看出，当输入是正弦波时，输出也是一个正弦波，但其幅值不一定相同，而且有相位差。输出的幅值和相位一般要随输入信号的频率 ω 改变。输出与输入的幅值比和相位差随 ω 的变化关系称为测量系统或环节的频率特性。

在动态测量中，要求测量系统或环节能准确地复现波形，输出信号尽可能接近输入信号。因此，在输入信号包括的全部频率范围内，最好是测量系统或环节的输出与输入的幅值比为常数，相位与频率近似呈线性变化。

同时要求测量系统或环节的稳态响应时，动态误差小的工作频率范围较宽。只有这样，该测量系统或环节的动态性能才认为较好。与阶跃响应一样，测量系统或环节的频率响应的两个动态特性参数指标是阻尼比 $\xi = 0.6 \sim 0.8$ 范围内，固有频率 ω_n 应尽可能高。

3)二阶测量仪器

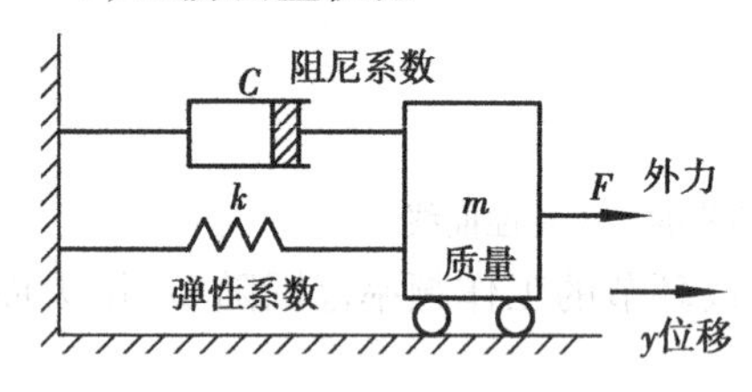

图 2.26　二阶机械系统

①具有惯性力，弹性力和阻尼力的振动系统(如笔式记录仪等)图 2.26 所示为单自由度二阶机械系统。在该系统中，作用在质量 m 上有四个作用力，根据达朗贝尔定理和相关的物理定理可以得到二阶机械系统的微分方程：

$$m\frac{d^2y}{dt^2} + C\frac{dy}{dt} + ky = F \tag{2.89}$$

式中　F——外界作用力，二阶机械系统的输入量；

k——弹簧系数；

C——阻尼系数；

m——质量。

将式(2.83)写成 D 算子型传递函数

$$y/F(D) = \frac{1}{mD^2 + CD + k} \tag{2.90}$$

令 $\xi = \dfrac{C}{2\sqrt{mk}}, \omega_n = \sqrt{\dfrac{k}{m}}, K = \dfrac{1}{k}$

则有
$$y/F(D)=\frac{K\omega_n^2}{D^2+2\xi\omega_n D+\omega_n^2} \tag{2.91}$$

式(2.83)的频率型传递函数：
$$y/F(\mathrm{j}\omega)=\frac{K\omega_n^2}{(\mathrm{j}\omega)^2+2\xi\omega_n(\mathrm{j}\omega)+\omega_n^2}=\frac{K}{1-\left(\frac{\omega}{\omega_n}\right)^2+2\xi\mathrm{j}\left(\frac{\omega}{\omega_n}\right)} \tag{2.92}$$

幅频特性
$$B/A=\left|\frac{y}{F}(\mathrm{j}\omega)\right|=\frac{K}{\sqrt{\left[1-\left(\frac{\omega}{\omega_n}\right)^2\right]^2+\left[2\xi\left(\frac{\omega}{\omega_n}\right)\right]^2}}$$

相频特性
$$\varphi=-\arctan\frac{2\xi(\omega/\omega_n)}{1-(\omega/\omega_n)^2}$$

②R-L-C 电路

图 2.10 所示的 R-L-C 电路为二阶测量系统。

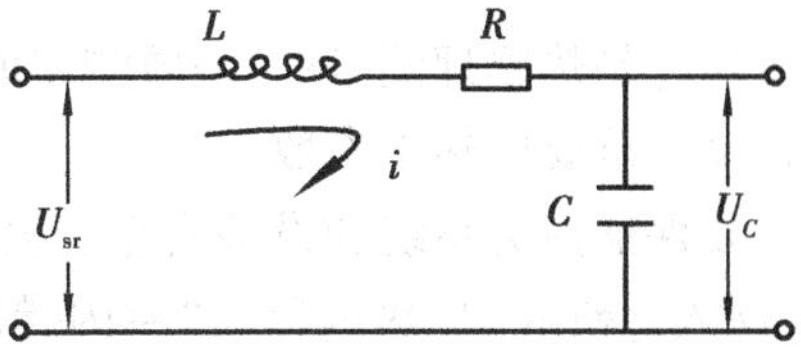

根据基尔霍夫定理有
$$U_{sr}=U_L+U_R+U_C$$

由于 $U_L=L\frac{\mathrm{d}i}{\mathrm{d}t}, U_R=iR,\quad U_C=\frac{q}{C}$

$i=\frac{\mathrm{d}q}{\mathrm{d}t}=C\frac{\mathrm{d}U_C}{\mathrm{d}t},\quad \frac{\mathrm{d}i}{\mathrm{d}t}=C\frac{\mathrm{d}^2U_C}{\mathrm{d}t^2}$

图 2.27　R-L-C 电路

因此该 R-L-C 电路的微分方程为
$$LC\frac{\mathrm{d}^2U_C}{\mathrm{d}t^2}+RC\frac{\mathrm{d}U_C}{\mathrm{d}t}+U_C=U_{sr} \tag{2.93}$$

得到微分方程后与二阶机械系统一样,分别求出其 D 算子或拉氏型传递函数和频率型传递函数,然后求出其幅频特性和相频特性表达式,最后由决定测量系统或环节的动态特性参数来决定其动态响应的程度并计算出该系统或环节的动态误差。

第 3 章 压力测试技术

压力是热物理测量中,需要测定的重要物理量之一。它是“热力过程”或“热力状态”中工质运动的重要的热工参数。

要保证热力系统和设备安全、经济运行的首要条件就是对压力进行监测和控制;要确切地、深入地研究“传热过程”,“室内燃烧”,“热力机械”等热物理过程的状况及内部机理,研究某一特定区域的压力分布,就需要比较精确地得到其压力及压力分布的数值,才能更清晰地、准确地揭示过程的内部机理。例如:火箭发动机,燃气轮机燃烧时的压力测量,观察其压力变化是否异常。对压气机内部各叶片间隙,叶栅通道进行压力测量,可以确定内部压力分布是否合理,由所得到的压力参数为依据,改善循环过程,提高其热效率。

压力的测量方法可根据测量装置的变换原理分为两种方法。一种是将被测压力量变换成气、液柱或活塞的位移或者弹性元件的变形等力学量输出的测量方法,称之为压力的力学测量方法;另一种方法就是将被测压力量变换成电学量输出,称之为压力的电学测量方法。其中最有代表性的是利用某些物质在被测压力作用下,其物理性质会发生与压力定量的变化变成电量输出。测量该电量就可精密测量出压力。

3.1 压力的力学测量方法

3.1.1 液体压力平衡法

液体压力平衡法是基于流体静力平衡原理,采用液柱高度差来进行压力测量的方法。液体压力计的基本测量原理是利用工作液的液柱所产生的压力与被测压力平衡,根据液柱高度差来进行压力测量的仪器。仪器中使用的液体可采用单种液体,也可采用多种液体的混合物,但要求所用液体与被测介质接触处必须有一个清楚而稳定的分界面。也就是所用液体不能与被测介质发生化合作用或混合作用,以便能准确判读液面位置。常用液体有水银(汞),水(一般用二次蒸馏水),乙醇(酒精)等。

由于液体式压力计结构简单、制造也较容易,同时使用方便、比较直观、测量可靠、精度较高、价格便宜等特点,因而在较小表压力,大气压力和负压测试中都得到广泛应用。

由于液体式压力计是测量液柱高度差，因而测量上限有限，一般被测液柱高度为1～2 m，再高后读数较困难，同时如果温差较大，会影响测试精度。

通过液体产生或传递压力来平衡被测压力的液体压力计，如U形压力计、单管和排管压力计及倾斜式压力计，都是将被测压力转换成液柱高度差进行测量。

1. U形管压力计

U形管压力计的构造如图3.1所示，它由一根U形玻璃管配上一根有刻度的标尺构成，玻璃管中充水或水银。

当被测介质为气体时，将其接通到右边的玻璃管，左边管子通大气。在压差作用下，U形管两边液面有高度差 h，则被测气体压力与液面高度差之间的关系为

$$p_x = p_H + h\gamma \tag{3.1}$$

式中　p_x——被测气体的绝对压力；

p_H——当地大气压；

γ——工作液的重度；

$h\gamma$——表压。

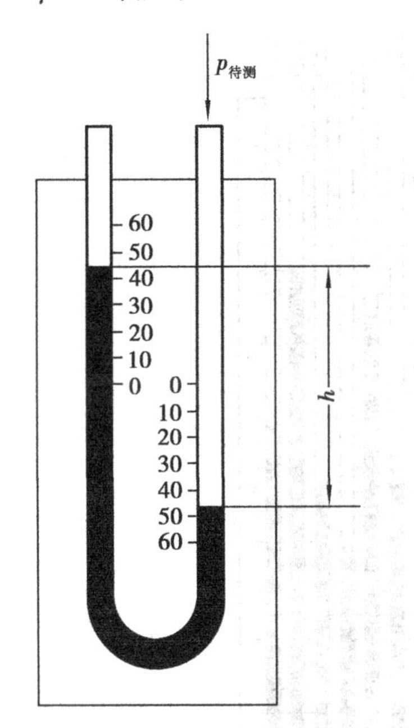

图3.1　U形管压力计

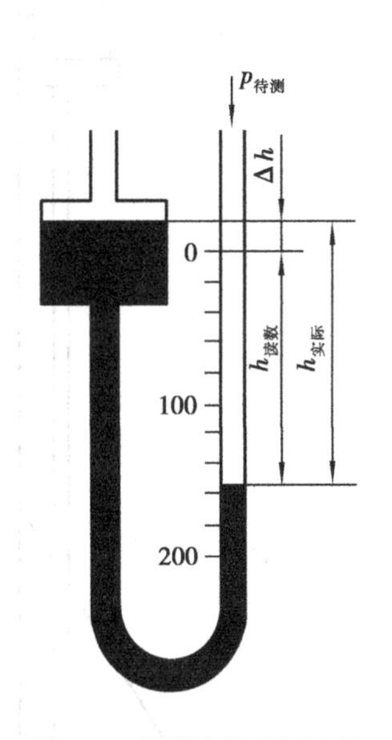

图3.2　单管液柱式压力计

如果将U形管两端分别接通不同的被测压力，则可测出它们的压差值。

在U形管中，一边下降的液体积必等于另一边上升的液体体积。但由于玻璃管内径很难做得完全一致，因此，液面升高的读数和下降的读数就不会相等。所以，应分别对两边液面读数。如果只读一边上升（或下降）的高度乘以2，那就会造成误差。U形管压力计测压范围最大不超过0.2 MPa。

2. 单管压力计和排管压力计

单管压力计如图3.2所示，它是把U形管压力计的一端连通到大容器中。若把液体充到“0”这个起始位置，在待测压力作用下，管内液面下降 $h_{读数}$；大容器中的液面上升 Δh。所以实

际液面差 $h_{实际}$ 为

$$h_{实际}=h_{读数}+\Delta h \tag{3.2}$$

如果大容器的截面积为 F，管子截面积为 f。因为右边管中降下来的的液体体积等于左边容器中上升的液体体积，即

$$F\cdot\Delta h=h_{读数}\cdot f$$

将上式代入式(3.2)，便得

$$h_{实际}=h_{读数}(1+f/F) \tag{3.3}$$

如果 $F\gg f$ 时，f/F 可以忽略不计，则 $h_{实际}\approx h_{读数}$。因此只需在管子上读数就行，比 U 形管压力计减少一次读数，这样就减少了读数带来的误差。

在发动机试验中，常需同时测量数值比较接近的许多点的压力。如测某一截面的压力分布，这时宜采用排管压力计。常用的排管压力计是把许多单管压力计排列在一起，共用一个大容器，如图 3.3 所示。每根玻璃管的下端可用软管与大容器连通，以便根据测量的需要上下移动容器的位置。为了保证测量的准确度，大容器的截面积应为所有玻璃管总截面积的 100 倍以上。

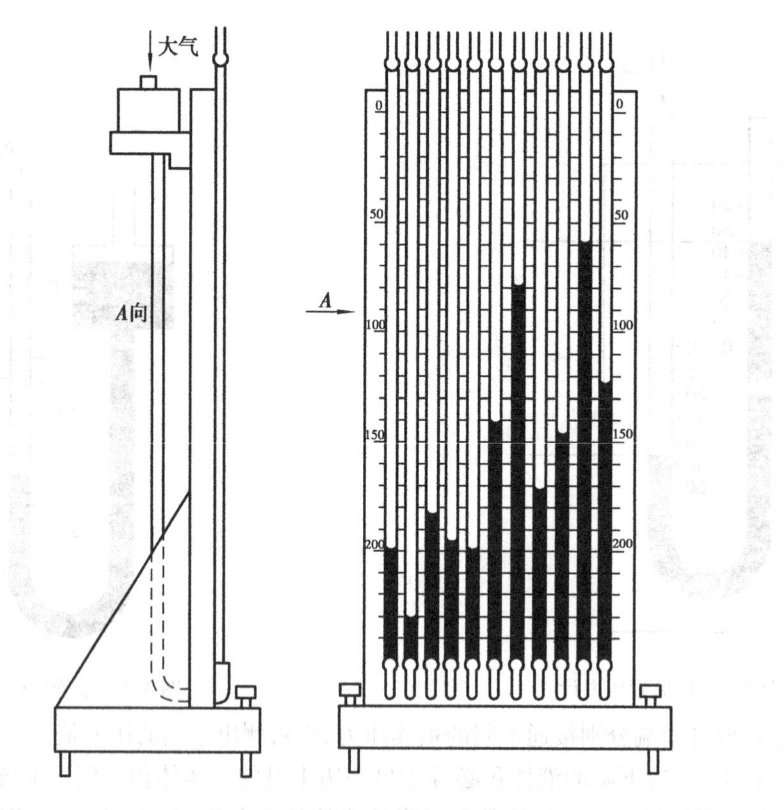

图 3.3　排管式液柱式压力计

这种排管压力计的优点是只进行一次读数。缺点是其中有一根管子漏气或损坏就会影响其他管子的测量准确度。

3. 微压计

微压计用来测量微小压力、负压力及不大的压力差，所测量的压力都是以十分之一毫米水柱来计算的。图 3.4 为斜管式微压计简图。玻璃管与水平面成 α 角倾斜，它是单管压力计的

一种特殊形式。使用时,若被测压力为正压(即大于大气压),则被测压力通入大容器,倾斜管通大气;若测负压则被测压力通入倾斜管,而大容器通大气;若测压差,则将高压通大容器,低压通倾斜管。

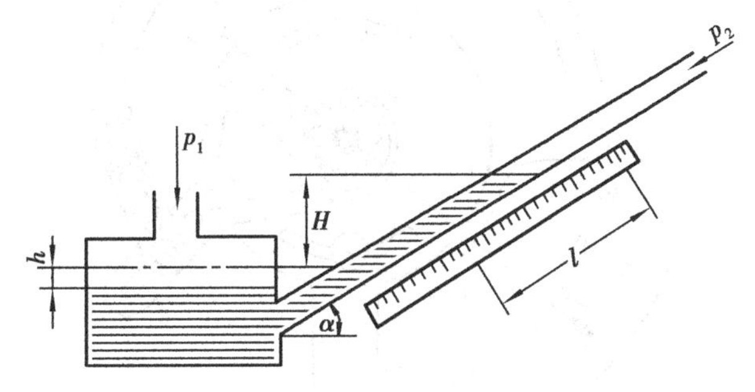

图3.4　斜管微压计原理结构管图

设在压差作用下,倾斜管内液面升高了 H,大容器内液面下降了 h,这时所测压差为

$$\Delta p = p_1 - p_2 = (H + h)\gamma = \gamma l \sin \alpha \tag{3.4}$$

式中　γ——工作液重度;

l——液柱长度;

α——斜管的倾斜角度。

由式(3.4)可见,当被测压差 Δp 一定时,倾斜角 α 越小,则 l 越长,于是读数的相对误差越小。但倾斜角度也不能太小,否则液面太长,读数可能变得不准确,反而会使精度降低。一般 $\alpha \geqslant 15°$。

倾斜式微压计的基本误差随其构造特征而异,一般在 ±0.5% ~ ±1.5% 的范围内。一般适用于测量 2 ~2 000 Pa 范围的压力。

3.1.2　弹性力平衡方法

在工程技术中,使用最广泛的弹性力平衡法的压力仪表就是弹簧式压力仪表。它结构简单、使用方便、便于携带、操作和使用安全可靠,不需要很复杂的保养,而且价格也较便宜。弹簧压力仪表可以直接测量蒸汽、油、水和气体等介质的表压力、气压、负压和绝压;测量范围可从几十帕到吉帕的超高压。由于该类仪表指示清楚、直观,可由操作者直接判读,因而得到了广泛地应用。

但是,该类仪表有弹性后效等缺陷,精度不高,目前一般精度稍高的只有0.25,0.4级。由于内部有齿轮等传动机构,因此内部机件易磨损,反应速度较慢,不适于动态测试,又因需操作者判读,所以易产生视差。

弹簧式压力仪表是根据胡克定律,利用弹性敏感元件受压后产生的弹性形变并将形变转换成位移,放大后,用指针指示出被测的压力。工业生产中最常见、最普遍使用的弹簧式压力仪表是弹簧管压力表。

弹簧管压力表的构造见图3.5,感受压力的元件是一个椭圆截面的弯曲金属弹簧管,一端固定并开孔与被测压力 p 相通,另一端封严可以自由转动并与转动指针的机构相连。管的椭圆截面长轴与指针转轴平行,由于仪表处于大气之中,所以当被测压力通入弹簧内腔时,弹簧管在被测压力与大气压力之差的作用下产生弹性形变。此时其自由端就向右方移动,从而带动指针转动,指示出表压力。

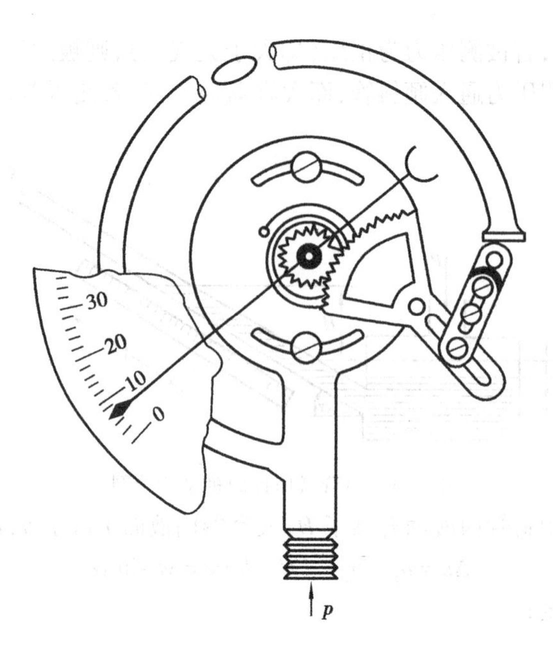

图 3.5　弹簧管压力表结构简图

弹簧管压力表允许测量的最高压力不应超过仪表满刻度的 2/3，如果被测压力有些脉动则不应超过满刻度的 1/2。为了保证测量的准确度，允许测量的最低压力不应低于满刻度的 1/3。

3.1.3　活塞式压力仪器

在工程技术中，为了准确测量压力，大多使用活塞式压力仪器。这是由于在精密测试压力范围高于 200 kPa ~ 300 kPa 时，液体式压力计的测量管要做得很长，而不便于观测；工业上使用的弹簧式压力仪表精度较低，不能满足高精度的要求。而活塞式压力计不仅测量范围广、精度高、计量性能稳定、结构简单，而且具有操作方便不易损坏等特点。因此，活塞式压力计一般作为压力标准器使用。活塞式压力仪器的作用原理是根据静力学平衡原理和帕斯卡定律，由加放在活塞上的专用砝码产生的重力 G，与作用于已知活塞有效面积 S_e 上的被测压力 p 所产生的力相平衡。换句话说，活塞式压力仪器是由作用在已知活塞有效面积 S_e 上的专用砝码来测量压力的仪器，其力平衡方程式为：

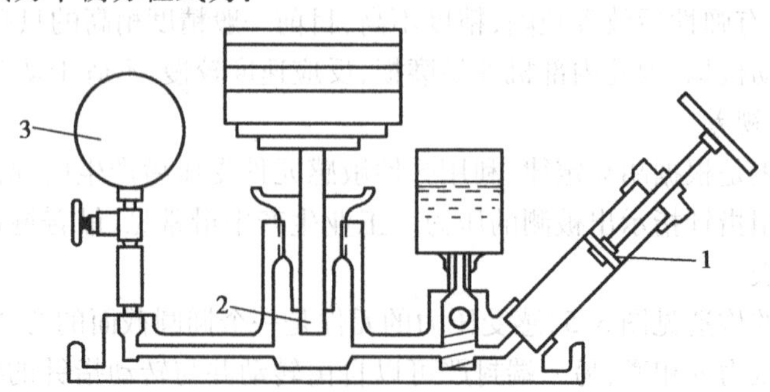

图 3.6　活塞式压力计结构简图
1—手摇加压泵；2—精密活塞；3—被校仪表

$$p = G/S_e \tag{3.5}$$

式中　p——被测压力值；

G——精密活塞上专用砝码的总重量；

S_e——精密活塞的有效作用面积。

活塞式压力计的缺点是压力介质容易从活塞系统中泄漏。测试时必须加减砝码，且不能连续进行测试。另外，上限压力受工作介质在高压下液体固化以及高压下活塞系统的形变，而使测试失准等现象。尽管如此，由于其特点在工程技术中还是得到了广泛的作用。

3.1.4　力学测量方法测量压力的特点

1. 测量仪器的输出力学量

以上常规压力仪器是采用力学测量方法测量压力。在输入量压力的作用下，是以仪表中元件或介质的位移、变形作为被测压力转换后的非电量的力学量输出，显示被测压力的大小。如：弹簧管压力计是通过弹簧管受压变形产生的位移而指示出被测压力的数值。液柱式压力计是采用液体压力平衡，通过测量液柱的高度差来测量压力。

2. 不能测量随时间快速变化的压力量

以上采用力学测量方法测量压力的常规压力仪器，其测压基本原理均为"气动"法。压力计指示的压力值是测压孔处压力的时间平均值，而不是测压孔处压力的实时值。应用这种方法，不能测量随时间快速变化的压力值。例如，轴流式压缩机在失稳、喘振时，会产生500 Hz以下的周期脉动压力。振荡燃烧时，会产生1 000～3 000 Hz的周期脉动压力。另外，在发动机启动、加力时，暂冲式风洞、激波管中都有作用时间很短、压力值变化很大的压力产生，这些压力属于过渡态压力。显然常规仪表由于惯性太大而无法对其进行测量。同时这些仪表都是通过测压管来感受被测介质的压力变化，由于连接管道的惯性，压力测量的滞后现象比较严重。因此该类仪表常用于频率变化不大的静态压力量的测试。

3.2　压力的电学测量方法

工程测量中，大小固定、不随时间变化的静态压力是很少见的，绝大多数压力是随时间变化且变化很快的动态压力。从测量的角度看，它具有如下特点：压力变化范围大，压力波动的频率高；压力作用持续时间短，一般均在毫秒～秒的数量级范围内；压力值由零上升到最大值的过渡过程极为短暂；要研究某一"压力场"的压力变化，则需要测量众多的动态压力值，测压点可多达几千点；另外在压力作用的同时，往往伴随着高温、高速气流现象，更增加了动态压力测量的困难。

针对动态压力测量的特点，必须实施快速测量、记录，采用实时处理的测量方法。解决动态压力测量的问题，其核心技术就是采用压力的电测技术。所谓压力的电测技术就是用压力传感器，将感受到的压力信号（被测压力值）以一定的方式，转换成与压力成一定关系的电信号输出，从而实现压力信号的远距离传输、显示、记录和集中控制以及组成自动控制调节系统。

3.2.1　压力量的电测系统

压力量的电测方法，就是把非电学量的压力量转换成与之有确定对应关系的电学量之后再进行测量的方法。它的主要优点是反应速度快,便于传输和信号调整(调制、放大等等),同时也便于记录、显示、控制和分析。

一个压力量电测量系统,如图 3.7 所示,根据其作用可以分为下面几个部分:传感器、测量电路、记录和显示器。

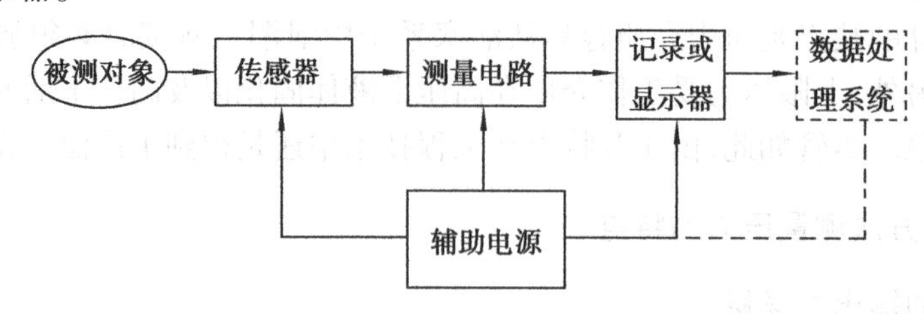

图 3.7 压力量电测量系统组成

1. 传感器

传感器是把被测的压力量转换成与之有确定对应关系的电学量的装置。通常压力传感器由敏感元件及变换元件组成。

敏感元件,通常是弹性元件。它直接与被测介质接触,其作用是把压力变换为另一种物理量,如测压传感器的膜片就是敏感元件。当压力变化时,膜片的变形量就发生相应的变化。

变换元件是把压力量的变化(敏感元件输出量的变化)变为电学量的变化的装置。如应变片就是一种变换元件,它是把应变的变化转换为电阻的变化。

2. 测量回路

测量回路是把传感器输出的电信号转换成便于记录、显示和处理的电信号的电路。它通常包括电桥、放大器、检波器、滤波器、微分或积分电路、模/数或数/模转换电路等。

3. 记录或显示器

记录或显示器的作用是以曲线的形式或数字记录或显示测量结果。压力测试中,常用的有光线示波器、磁带记录器、瞬态记录仪表及其他数字式仪表等。由于微电子及计算技术的发展,应用微型计算机进行数据处理,配备通用的数据处理采集系统,或者在一些测试系统上装备专用的数据处理采集系统,使快速测量、记录、实时处理成为现实。

3.2.2 压力传感器

传感器是一种将被检测的非电量信息转换成电信号的功能器件。压力传感器顾名思义是将要测量的压力值转换成电信号的测量装置。它是压力电测系统的重要环节,同时是测试系统的第一个环节。因而,它的动态响应特性、频率响应特征、灵敏度、线性度以及输出阻抗与输入阻抗匹配等等传感器固有性质都会直接影响整个测试过程的质量。

1. 压力传感器分类

压力传感器种类繁多,分类方式也各有不同。

从压力转换为电量的途径来看,可分为电阻式压力传感器、电容式压力传感器,电感式压力传感器,此外还有电磁感应压力传感器、压阻效应压力传感器、压电效应压力传感器、光电效应压力传感器,等等。

从压力对产生电量的控制方式可分为主动式压力传感器和被动式压力传感器。

主动式压力传感器,压力直接通过各种物理效应转化为电量的输出。如压电式压力传感器就是利用压电晶体的压电效应，将压力变化直接转换成压电晶体表面静电荷的变化。工作时不须从外界对传感器输入电能。

被动式压力传感器工作时必须从外界输入电能，而这电能又被所测的压力量以某种形式所控制，如应变式压力传感器，差动变压器式压力传感器等。

2. 常用的压力传感器

常见的压力传感器有：电位式压力传感器、应变式压力传感器、电感式压力传感器、电涡流压力传感器、电容式压力传感器、压电式压力传感器、压阻式压力传感器等等。这些传感器在静态特性和动态特性都有不同特点，应用压力测量的场合、测量的范围各不相同。因此在选用压力传感器时应注意其综合指标。

本章主要讲述四种常用的压力传感器：应变式压力传感器、电感式压力传感器、压电式压力传感器、压阻式压力传感器，从中使读者对动态压力测量有一个基本轮廓的认识。

3.3　电阻应变式压力传感器

3.3.1　概述

1. 电阻应变计的发展历史

1856年，W. Thomson观察到海底电缆的电阻值随海水的深度不同而变化，并对铜丝和铁丝进行拉伸试验，从中发现：铜丝和铁丝的电阻变化对应变有不同的灵敏度，并且可用电桥测量这些电阻的变化，由此得出了电阻应变测量的基本原理。

1936—1938年，美国生产出纸基绕丝式电阻应变计；

1952年，英国又首先研制出箔式电阻应变计；

1954年，C. S. Smith发现硅和锗半导体的压阻效应；

1957年出现了半导体应变计，即压阻式压力传感器。

2. 电阻应变测量系统

①电阻应变计——传感元件；

②电阻应变仪——转换部分，它将构件表面的应变转换为电阻值的相对变化，它将应变计电阻的相对变化（以电桥转换的方式）转换成电压或电流信号。

③记录仪器——记录电阻应变仪的输出。

3. 电阻应变计测量特点

①测量方法简单，价格低廉；

②灵敏度高，测量应变的灵敏度可达1微应变，即等于10^{-6} mm/mm，准确度可达1%～2%；

③频率响应好，可测量0～500 000 Hz的动态应变，惯性极小；

④测量应变范围大，量程宽；

⑤可在高温（800～1 000 ℃）低温（－100～－270 ℃）高压液（高达上万个大气压）、高速旋转（几千转～几万转/分）强磁场、核幅射等特殊条件下进行测量。

⑥输出为电信号。可远距离传输信号或用计算机控制，也可用无线电发报方式进行遥测。

⑦用电阻应变计作为传感元件可制成各种传感器。用于测量力、压强、扭矩、加速度等物理量,应用广泛,应用于传感器的精度可达0.05%~1%。电阻应变式压力传感器就是众多电阻应变计中的一种。

4. 电阻应变计测量主要缺点

①输出信号小,一般只有2~4 mV;

②对温度环境反应敏感,高温条件下需采用各种措施,才能提高测量精度。

3.3.2 电阻应变片

电阻应变式压力传感器的变换器是电阻应变片。按其结构形式可以分为粘贴式与非粘贴式两种,用得最多的是粘贴式。

1. 电阻应变片的基本工作原理

用电阻应变片测量压力时,被测压力直接作用在电阻应变片内的弹性敏感元件上,弹性敏感元件产生变形,变形导致弹性敏感元件上的电阻应变丝产生应变从而改变应变丝的电阻值。将电阻应变片组成电桥电路,电桥输出与输入的压力成一定关系的电信号,记录电信号从而达到测压的目的。

2. 电阻应变片的结构

电阻应变片又称电阻应变计,典型应变片的结构如图3.8所示。电阻应变片有金属丝式和金属箔式两种,它由敏感元件、基底和引出线组成。金属丝式的敏感元件是一根具有高电阻系数的电阻丝,直径为0.012~0.05 mm,材料一般用康铜丝,平行地排成栅型,一般2~40条,长度2~150 mm,电阻值100~200 Ω。丝栅的两端焊有较粗的引出线。丝栅和引出线用粘合剂粘在两张基底之间。成为一个应变片。使用时直接将应变片粘贴在被测部件上。

金属箔式应变片是在电阻丝式应变片的基础上发展起来的,其基本工作原理与丝式应变片相同,只是它的线栅是由很薄的铜镍合金箔片组成。厚度一般为0.002~0.008 mm,箔栅的宽度为0.003~0.008 mm。金属箔式应变片能制成任意形状,以适应不同的测量要求。散热性能好,工作电流较大,滞后小,精度较高。

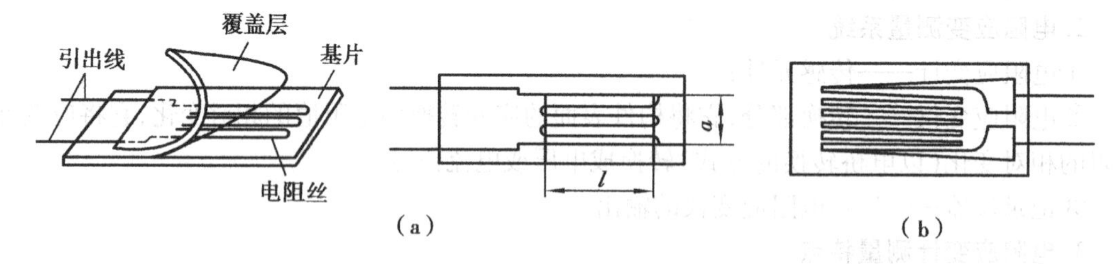

图3.8 金属电阻应变片的典型结构

(a)丝式应变片;(b)箔式应变片

3.3.3 电阻应变测量原理

1. 电阻丝应变效应

由物理学可知,金属导线的电阻值 R 与线的长度 L 成正比,而与其截面积成反比。

$$R=\rho \frac{L}{A} \tag{3.6}$$

式中 R——电阻丝电阻,Ω;

L——电阻丝长度,m;

A——截面积,cm^2;

ρ——电阻丝的电阻系数,$\Omega cm^2/m$。

当电阻丝由于受拉力而伸长,电阻丝长度 L 增加,电阻丝截面积 A 减少,电阻丝电阻值 R 增加,反之受压力时缩短,电阻丝长度 L 减少,电阻丝截面积 A 增加,电阻丝电阻值 R 下降。

这种金属线材受力后有规律的电阻变化现象,称为金属丝的应变电阻效应。

如图3.9所示,当电阻丝承受拉力 F 时(也可以是压缩力),电阻丝被拉长了 ΔL,同时截面积减小了 ΔA,电阻率 ρ 也因晶格变化而改变,因而引起了电阻丝电阻值 R 的改变。

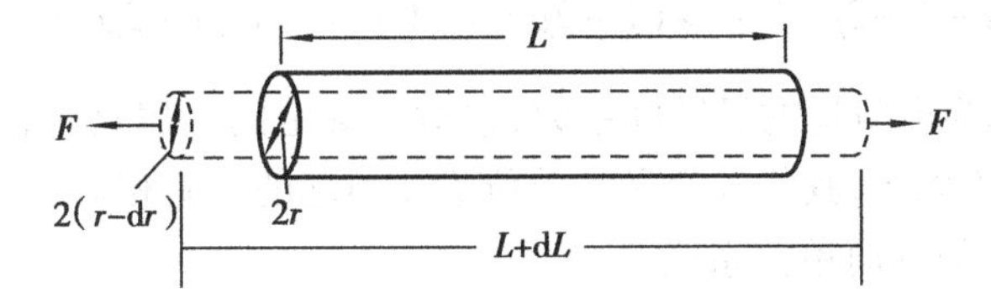

图3.9 电阻丝受力变形情况

其电阻的增量,由式(3.6)全微分获得

$$dR = \frac{\rho}{A}dL - \rho L\frac{dA}{A^2} + \frac{L}{A}d\rho \tag{3.7}$$

两边除以 $R = \rho\dfrac{L}{A}$,则电阻丝的电阻变化率:

$$\frac{dR}{R} = \frac{dL}{L} - \frac{dA}{A} + \frac{d\rho}{\rho} \tag{3.8}$$

由材料力学知道$\dfrac{dL}{L} = \varepsilon$,$\dfrac{dL}{L}$称为材料的纵向应变,即单位长度上的伸长量。

dA 表示电阻丝横断面积的变化量,当导线半径为 r 时

$$A = \pi r^2 \quad dA = 2\pi r dr$$

则

$$\frac{dA}{A} = \frac{2\pi r dr}{\pi r^2} = 2\frac{dr}{r} \tag{3.9}$$

式中 $\dfrac{dr}{r}$——材料的横向应变。

由材料力学可知,横向应变与纵向应变的比值,称"泊松比",用 μ 表示。

即

$$-\mu = \frac{dr/r}{dL/L}$$

因而

$$\frac{dA}{A} = -2\mu\frac{dL}{L} = -2\mu\varepsilon \tag{3.10}$$

在弹性范围内,金属丝沿长度方向伸长时,径向尺寸缩小,反之亦然。

$\dfrac{d\rho}{\rho}$称为电阻率相对变化率,它与电阻丝的材料有关。

一般用镍铬合金,康铜合金,铁镍铬合金制成的电阻丝。实验证明$\dfrac{d\rho}{\rho}$和电阻丝的体积变化率成正比,即:

$$\frac{d\rho}{\rho}=C\frac{dV}{V} \tag{3.11}$$

式中　C——比例常数，对于确定的材料，C 为定值。

由于 $$V=\pi r^2L,\ dV=2\pi rLdr+\pi r^2dL$$

则 $$\frac{dV}{V}=\frac{2\pi rLdr+\pi r^2dL}{\pi r^2L}=2\frac{dr}{r}+\frac{dL}{L}=\varepsilon-2\mu\varepsilon$$

最后得 $$\frac{d\rho}{\rho}=C\frac{dV}{V}=C\varepsilon(1-2\mu) \tag{3.12}$$

这样，对于电阻丝栅应变片和箔式应变片的电阻丝，受力后的电阻变化率为：

$$\frac{dR}{R}=\varepsilon-(-2\mu\varepsilon)+C\varepsilon(1-2\mu)=[1+2\mu+C(1-2\mu)\varepsilon]=k_0\varepsilon \tag{3.13}$$

式(3.13)中 k_0 称为电阻丝的灵敏度系数，它对于确定的金属材料，在一定的应变范围内是一常数。k_0 值由实验确定，其物理意义是单位应变引起的电阻相对变化。

因而得到了 ε—R 值的简单关系式

$$\frac{dR}{R}=k_0\varepsilon \tag{3.14}$$

由式(3.14)可知：当电阻丝受力后，其电阻变化率和电阻丝产生的应变成正比。

注意到式(3.13)中 $$k_0=[(1+2\mu)+C(1-2\mu)]$$

可见 k_0 值是由两部分组成的。

前一部分 $(1+2\mu)$，说明灵敏度系数 k_0 只取决于电阻丝的几何尺寸，随电阻丝的几何尺寸变化而变化。一般情况，金属的泊松比 μ 在 0.3 左右。所以 $(1+2\mu)=1.6$。

后一部分 $C(1-2\mu)$ 是电阻率随应变而引起变化的部分，它除了与电阻丝的几何尺寸变化有关外，还与金属本身的特性有关。关于后一部分，在压阻式传感器中详细介绍。

要使应变丝灵敏度系数 k_0 大，对电阻丝的材料有以下几个要求：

①灵敏系数 k_0 尽量大，以使变换器的输出大。

②灵敏系数 k_0 在尽可能大的应变范围内是常数，即电阻变化与应变成线性关系。

③具有足够的热稳定性，电阻温度系数要小，以减少温度变化引起电阻变化所产生的误差。

④电阻率高。当要求应变片具有一定的电阻值时，使得线材的长度短，丝栅的尺寸小。

⑤具有优良的加工与焊接性能。

常用电阻材料的一般性能如表 3.1 所示。

对于镍铬合金、康铜合金及铁镍铬合金制成的电阻丝，其灵敏度系数 $k_0=1.8\sim3.6$。见表 3.1。由此可以知道，测量被测压力的大小只须测量电阻应变丝电阻的变化值是多少，即由电阻丝电阻的变化可知应变的变化、从而知道被测压力的变化。

表 3.1　常见电阻丝材料性能表

合金类型	牌号或名称	成分		灵敏系数 K_0	电阻率 ρ /($\Omega\cdot m^2\cdot m^{-1}$)	电阻温度系数 γ_f/($10^{-6}\cdot ℃^{-1}$)	对铜热电势 /($\mu V\cdot ℃^{-1}$)
		元素	%				
铜镍合金	康铜	Cu Ni	55 45	1.9~2.1	0.45~0.52	±20	43

续表

合金类型	牌号或名称	成分		灵敏系数 K_0	电阻率 ρ /($\Omega \cdot m^2 \cdot m^{-1}$)	电阻温度系数 γ_f/($10^{-6} \cdot ℃^{-1}$)	对铜热电势 /($\mu V \cdot ℃^{-1}$)
		元素	%				
铁镍铬合金	—	Fe Ni Cr Mo	55.5 36 8 0.5	3.6	0.84	300	—
镍铬合金	镍克洛姆V	Ni Cr	80 20	2.1~2.3	1.0~1.1	110~130	3.8
	6J22(卡马)	Ni Cr Al Fe	74 20 3 3	2.4~2.6	1.24~1.42	±20	3
	6J23	Ni Cr Al Cu	75 20 3 2	2.8	1.3~1.5	±20	3
铁铬铝合金	0Cr25Al5	Fe Cr Al	70 25 5	4~6	0.09~0.11	30~40	223
贵金属及合金	铂	Pt	100	6.0	0.32	3 900	7.6
	铂-铱	Pt Ir	80 20	3.5	0.68	850	—
	铂-钨	Pt W	92 8			227	6.1

2. 电阻应变片的工作特性

1)应变片灵敏度系数

如图3.8所示,将电阻应变丝制成的电阻应变片用于测量由压力产生的应变时,需将电阻应变丝作成栅型敏感元件用粘合剂粘合在基底上。

弹性元件受压产生的表面应变 ε(在应变计轴线方向上的应变)传递到应变计的敏感栅,使敏感栅产生的电阻相对变化。

$$\frac{\Delta R}{R} = k\varepsilon \tag{3.15}$$

式中　k——电阻应变片的灵敏度系数。在一定的应变范围内,k 为一常数,$\frac{\Delta R}{R}$ 与 ε 呈现线性关系。

k 值与 k_0(电阻丝灵敏度系数)不完全相同。k 值除了受影响 k_0 值的因素影响外,还受敏感栅的尺寸、形状、粘结剂、基底等众多因素的影响。另外由于敏感栅两端圆弧部分的横向应变,使 k 值还受应变计粘贴位置方向的影响。

应变计灵敏度系数 k 值一般由制造厂抽取5%的应变计,由实验的方法测定。

因此,$k<k_0$ 值。

实验证明:应变计的栅长愈小,弹性元件的表面应变,越不能全部传递给敏感栅。

例如:$L=13$ mm　$k\approx0.985k_0$

　　$L=1.6$ mm　$k\approx0.87k_0$

2)应变片的温度特性

由压力所产生应变实际上非常小,所以由应变引起的电阻变化也就很小。此时不排除由其他造成电阻值变化的干扰因素,就会给测量带来误差,影响测量的准确度。其中由温度变化引起电阻值的变化,不均匀的温度场引起电阻值的变化对测量影响最大。在有温度变化的影响下,电阻应变片的输出信号不但随应变变化而变化,也将随温度变化而变化,输出的信号受到干扰、失真,造成测量误差。

①温度变化引起电阻值的变化

分析由于温度引起电阻值的变化的原因大致有两种:

a. 电阻丝的电阻本身随温度变化而变化

其表达式为:

$$\Delta R_{t1}=a_0\Delta tR \tag{3.16}$$

式中　a_0——电阻丝的电阻温度系数;

Δt——温度的变化值;

R——电阻丝的初始电阻值。

b. 温度变化引起电阻丝与试件的线膨胀系数变化

由于粘贴式应变计在测量压力时需将应变计贴在试件上。此时,若试件和电阻丝的丝膨胀系数不一样,因而温度变化时,二者的伸长、缩短不一样,造成了因温度变化而引起的电阻值变化。同样给测量带来误差。

当温度变化 Δt 时

试件伸长:$\Delta L'=L\beta_f\Delta t$;　电阻丝伸长:$\Delta L''=L\beta_S\Delta t$　(3.17)

式中　β_f——试件线膨胀系数;

β_S——电阻丝线膨胀系数。

若 $\Delta L'>\Delta L''$,则

$$\Delta L=\Delta L'-\Delta L''=L(\beta_f-\beta_S)\Delta t \tag{3.18}$$

由此产生的电阻变化量:

$$\frac{\Delta R_{t2}}{R}=k\varepsilon=k\frac{\Delta L}{L}$$

$$\Delta R_{t2}=kR\frac{\Delta L}{L}=kR(\beta_f-\beta_S)\Delta t \tag{3.19}$$

式中　L——应变片基长;

k——应变片灵敏度系数。

综合两方面的因素,可得因温度变化而引起的电阻增量为:

$$\Delta R_t=\Delta R_{t1}+\Delta R_{t2}=a_0\Delta tR+(\beta_f-\beta_S)\Delta tkR=[a_0+k(\beta_f-\beta_S)]R\Delta t \tag{3.20}$$

由温度引起的电阻变化值对测量影响很大,严重时会使整个测量都失去了意义。

例如，一个试件受力后，应变 $\varepsilon=2\times10^{-3}$，$k=2$，初始电阻：$R=120\ \Omega$，在没有温度影响时，电阻丝电阻的增量

$$\Delta R=k\varepsilon R=2\times2\times10^{-3}\times120\ \Omega=0.48\ \Omega$$

如果电阻丝 $a_0=-50\times10^{-6}$，线膨胀系数 $\beta_S=14\times10^{-6}$；试件的线膨胀系数 $\beta_f=12\times10^{-6}$。此时，若温度升高 20 ℃，则

$$\Delta R_t=[-50+2(12-14)]\times120\ \Omega\times20\times10^{-6}\approx0.12\ \Omega（取其绝对值）$$

显然，由此引起的相对误差：

$$\delta_t=\frac{0.12}{0.48}\times100\%=25\%$$

这样大的误差使测量结果成为不可信。因此在测量过程中必须采取有效的温度补偿措施消除因温度引起的测量误差。

②常见的温度补偿方法

a. 自补偿法。

自补偿法原理是利用一种电阻温度系数较大且符号和应变片中的电阻丝温度系数相反的材料和制成应变片的电阻丝串联成自补偿应变片。

例如康铜丝具有负的电阻温度系数 a_0。铜有正的电阻温度系数 α_{Cu}，将二者串联起来，并使

$$R_0[a_0+(\beta_f-\beta_S)k]\Delta t+R_{Cu}\alpha_{Cu}\Delta t=0 \tag{3.21}$$

式中　R_0——康铜丝电阻值；

a_0——康铜丝的电阻温度系数；

R_{Cu}——铜丝的电阻值；

α_{Cu}——铜丝的电阻温度系数。

当两电阻丝处于同一温度场中容易达到补偿。但是，如果试件的线膨胀系数和应变丝的线膨胀系数不一样，就还会产生误差。因此，使用时，需注意选取二者线膨胀系数较为接近的场合。

b. 桥路补偿法。

桥路补偿法的基本原理是基于电桥的加减特性。将测量用的应变片作为电桥的一个桥臂，在其相邻的另一个桥臂处，用一个性能完全相同的应变片（称为补偿片）作为桥臂。应变测量片与补偿片应处于完全相同的温度场中。这样，当温度变化使测量片电阻变化时，补偿片电阻也发生同样变化，用补偿片的温度效应来抵消测量片温度效应，输出信号就不会受温度的影响。

图3.10（a）为半桥连接，R_1——测量片，贴于弹性元件表面上，R_2——补偿片，贴于不受应变作用的部件上。注意，要放在弹性元件附近，保持二者的温度一致，R_3、R_4 为配套的精密电阻。通常取 $R_1=R_2$，$R_3=R_4$，在未测量压力时，电桥于平衡状态。

由于温度变化引起电阻变化时，测量片 R_1 的阻值增加：$R_1=(R_1+\Delta R_1)$时，补偿片电阻 R_2 也随之变化为 $R_2=R_2+\Delta R_2$，由于 R_1 与 R_2 温度效应相同，即 $\Delta R_1=\Delta R_2$，所以由于温度变化引起电阻变化时，电桥仍处于平衡状态。

$$(R_1+\Delta R_1)R_3=(R_2+\Delta R_2)R_4 \tag{3.22}$$

当测量片受压有应变时，将打破桥路平衡，产生输出电压，但其温度效应依然受到补偿，因

而输出只反应与被测压力值相对应的纯应变值。

图 3.10(b)为全桥连接,在传感器中实际采用多个测量应变片。一般把四个测量应变片,两片贴在正应变区(图 3.10(c)中的拉应变),两片贴在负应变区(图 3.10(c)中的压应变),各接在相对的桥臂上。由于正负应变符号相反而绝对值相等,这样的全桥电路不仅补偿了温度效应而且可以得到较大的输出信号。

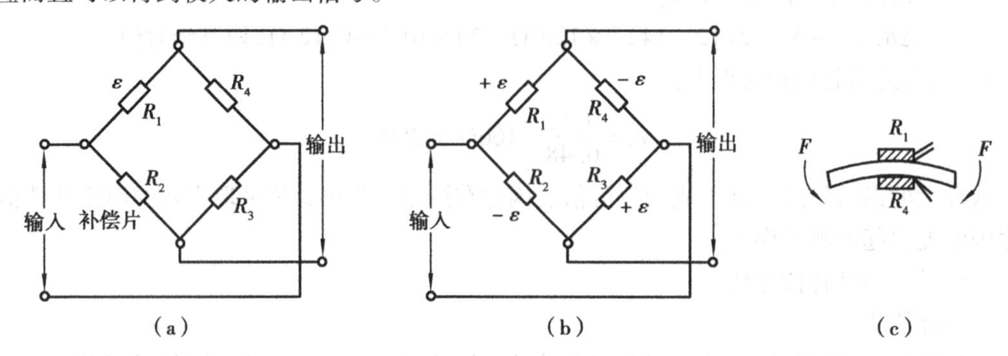

图 3.10 桥路补偿法图

(a)半桥连接;(b)全桥连接;(c)全桥连接中 R_1,R_4 的位置

3.3.4 电阻应变式压力传感器

1. 悬链膜—应变管式压力传感器

国产 BPR-3 型系列是典型的粘贴形悬链膜—应变管式压力传感器,其结构如图 3.11 所示。

1)悬链膜—应变管式压力传感器

①弹性系统

弹性系统由两个部件组成:

应变管是主要弹性元件,它是一个一端固定、一端自由,做轴向振动的圆筒。

悬链膜是传力隔膜,膜的形状为悬链线,其作用是将膜所受到的压强变为集中力传到与它相接触的应变管上。

②电阻应变片构成

电阻应变片各两个,分两层交错,互相绝缘贴在应变管上。沿应变管轴向贴的一组应变片,承受轴向振动变形,沿应变管径向贴的一组应变片,承受应变管的横向变形,四个应变片组成全桥电路,如图 3.12 所示。

③附属系统

主要是冷却系统。要使传感器能在高温下正常工作,必须采用相应的冷却系统。由实验而知,风冷传感器可以在 150 ℃的环境长期工作,BPR-2 型采用风冷。BPR-3 型采用水冷,传感器可在 1 000 ℃以上的环境工作。

2)悬链膜—应变管式压力传感器工作原理

当将传感器用于测量压力时,被测压力作用于悬链膜之上,悬链膜将它所受到的压强变为集中力传到应变管上,使应变管产生变形。其应变效应,一方面有轴向压缩应变(压应变),一方面同时有横向拉伸应变(拉应变)。压应变与拉应变将被贴在应变管上的四片应变片感受。

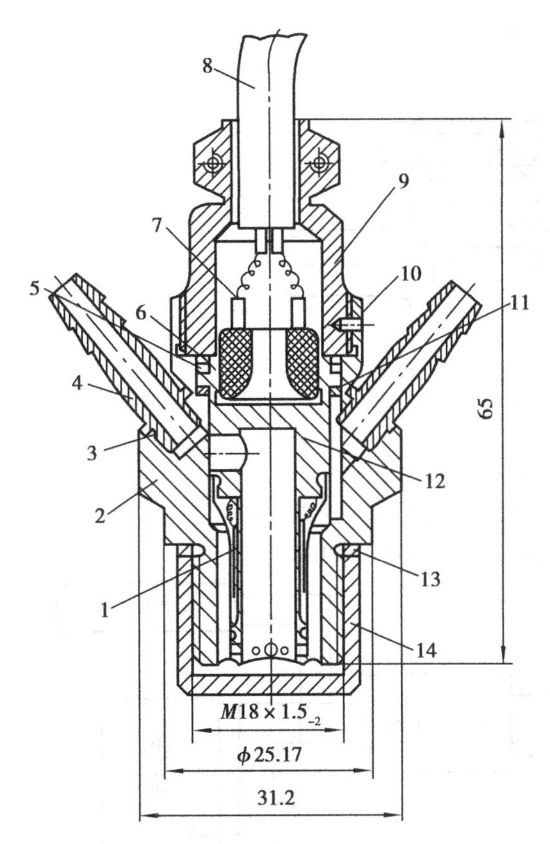

图 3.11　BPR-3 型应变式压力传感器

1—应变片;2—受压外壳;3—水管垫圈;4—冷却水管;
5—密封垫圈;6—垫片;7—接线柱;8—电缆;
9—上壳体;10—定位销;11—调整垫片;12—应变筒;
13—垫片;14—螺母

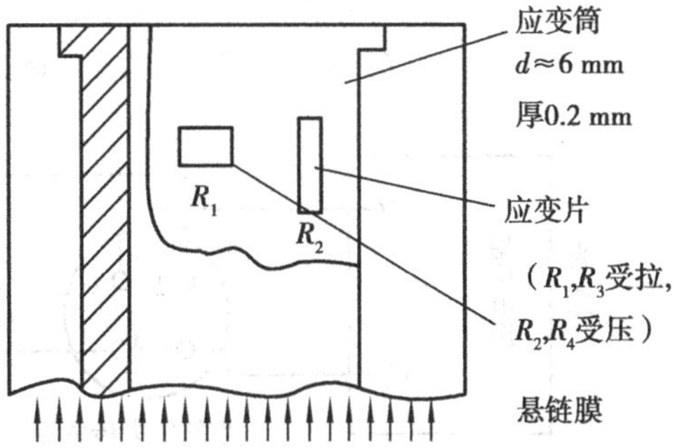

应变筒
$d\approx6$ mm
厚0.2 mm
R_1
R_2
应变片
（R_1,R_3受拉,
R_2,R_4受压）
悬链膜

图 3.12　应变筒展开图

相应的轴向应变片阻值下降,横向应变片阻值增加。由于四个应变片组成全桥电路,不仅增加了传感器的输出,而且还可以进行温度补偿。电桥将应变片阻值的变化输出到动态应变仪,则可以测量出相应的压力。

2. 张丝式压力传感器

张丝式压力传感器属于非粘贴式压力传感器。该传感器可测 $1\sim10^4$ Pa 的微小压力。其结构简图如图 3.13 所示。感压膜片感受被测压力而产生微量变形,使与膜片刚性连接的小轴产生轴向微位移。在与小轴两个互相垂直的方向上装有两根长宝石杆,在传感器的内壳体上固定着一些短宝石杆,这样在传感器壳体内的四周形成四组宝石杆,每一组宝石杆上绕有一组微应变丝。其直径:$d=0.008$ mm。

当膜片感受压力作用时,其中两组应变丝处于拉伸状态产生正应变,而与其正交的另外两组应变丝则处于压缩状态产生负应变。于是在传感器的四个桥臂上,均有相同的应变输出。当输入适当的电桥电压,就可以将压力大小转换成直流电压信号输出,通过采样记入数字电压表或示波器或输入计算机接口,通过换算,即可得到被测压力值。

如图3.14所示为张丝式压力传感器测量系统。

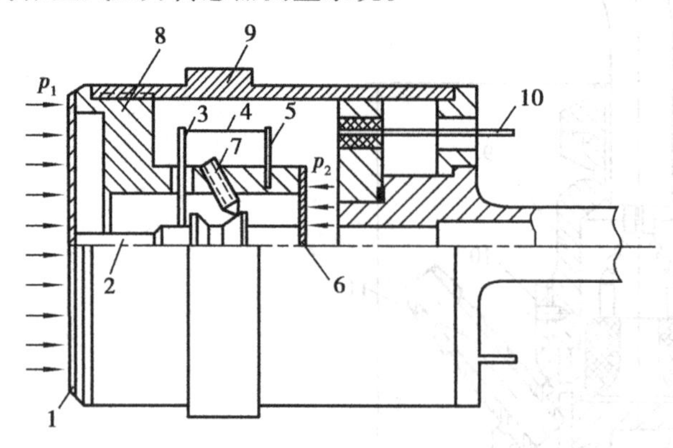

图3.13 张丝式压力传感器结构简图

1—感压膜片;2—小轴;3—长宝石杆;4—应变丝;5—短宝石杆;6—上膜片;7—限动螺丝;8—内壳体;9—外壳;10—输出线。

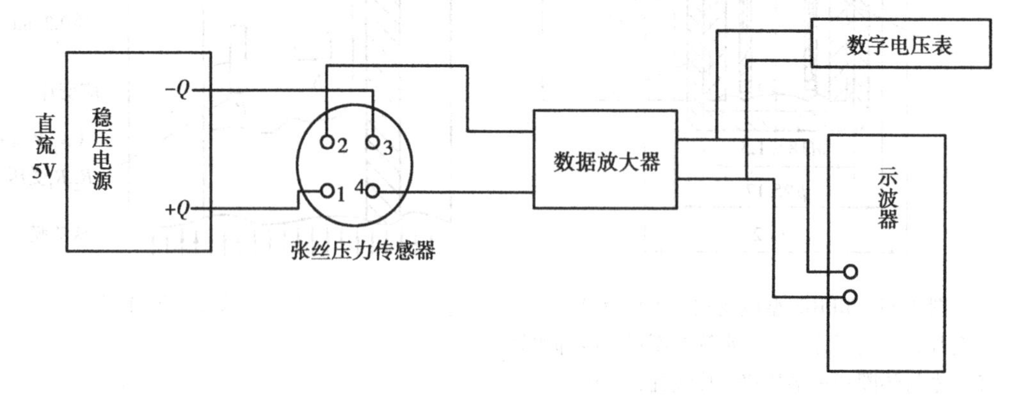

图3.14 张丝式压力传感器测量系统

3.4 压阻式压力传感器

3.4.1 概述

自1954年,C. S. Smith发现了硅和锗半导体的压阻效应后,1957年出现了半导体电阻应变计。20世纪70年代,已在国际上发展成为一种新型的传感器。随着半导体工业和集成电路的迅速发展,国内外对压阻式传感器,特别是扩散型压阻式压力传感器的研究工作特别重视,目前已大量使用于各种各样的测量压力的不同场所。由于压阻式压力传感器本身的一些独特的优点,该传感器具有很大的发展空间。

1)压阻式压力传感器的测量特点

(1)结构简单,可微型化。有效面积的直径仅有零点几毫米或更小;

(2)精度高。实际精度可达0.1%~0.05%,最高可达0.01%。可靠性高,广泛用于宇航和航空工业中;

(3)频率响应高。传感器本身的固有频率高,可达50～1 500 kHz。因此可以测几千赫～几十千赫以上的脉动压力;

(4)灵敏度高,其灵敏度系数比金属丝应变式压力传感器高50～100倍。分辨力高,可测仅有1～2 mm水柱的微压;

(5)输出电平大,可达200 mV左右,有时可不加放大器直接测量其输出信号。

2)压阻式压力传感器测量的主要缺点

压阻式压力传感器在测量中存在着测量较大应变时,存在非线性较严重及电阻和灵敏度系数的温度稳定性差的不足,因此必须找到有效、可靠的温度补偿措施。

3.4.2　工作原理

1. 压阻效应

压阻式压力传感器的工作原理基于固体的压阻效应。当硅、锗等半导体材料受到外力作用而产生应力时,其电阻率随应力的改变而改变。此物理现象称为压阻效应。

由式(3.8)写成增量的形式

$$\frac{\Delta R}{R}=\frac{\Delta L}{L}-\frac{\Delta A}{A}+\frac{\Delta\rho}{\rho} \tag{3.23}$$

式(3.23)中,电阻变化率由两部分组成。

第一部分应力引起的材料几何形状的变化:$\frac{\Delta L}{L}-\frac{\Delta A}{A}$;

第二部分应力引起的材料电阻率的变化:$\frac{\Delta\rho}{\rho}$。

2. 半导体材料的压阻效应与金属材料的应变效应

将半导体材料的压阻效应与金属材料的应变效应进行比较,可以发现金属电阻应变片的一个很大弱点是灵敏度系数低,输出电平小,需要对信号放大,因此测量电路比较复杂。而半导体应变片的灵敏度系数特别大,可以比前者大几个数量级,这样就可大大简化测量线路甚至可以直接把半导体应变片产生的电信号不经放大送到数据采集仪中进行处理。

由半导体物理可知,半导体材料受外力作用产生应力σ时,其电阻变化率主要由$\frac{\Delta\rho}{\rho}$决定,而几何尺寸的变化$\frac{\Delta L}{L}-\frac{\Delta A}{A}$则可忽略不计。

写出其产生应力的表达式

$$\sigma=E\varepsilon \tag{3.24}$$

式中　E——半导体材料的弹性模量;

ε——半导体材料承受的应变。

半导体材料的电阻率变化率

$$\frac{\Delta\rho}{\rho}=\pi_c\sigma=\pi_c E\varepsilon \tag{3.25}$$

式中　π_c——半导体材料的压阻系数,对于一定的材料其值为定值。

把式$\frac{dL}{L}=\varepsilon$和$\frac{dA}{A}=-2\mu\varepsilon$代入(3.23)

则半导体材料的电阻变化率为：

$$\frac{\Delta R}{R}=\frac{\Delta L}{L}-\frac{\Delta A}{A}+\frac{\Delta\rho}{\rho}=\varepsilon+2\mu\varepsilon+\pi_c E\varepsilon \tag{3.26}$$

令

$$(1+2\mu+\pi_c E)=k_m \tag{3.27}$$

$$\frac{\Delta R}{R}=(1+2\mu+\pi_c E)\varepsilon=k_m\varepsilon \tag{3.28}$$

比较式(3.13)和式(3.28)可以发现：

金属材料的压阻系数太小，一般将 π_c 视为零；而泊松比 $\mu\approx0.25\sim0.5$；为此得到金属丝应变片的灵敏度系数：$k_0=1+2\mu\approx1\sim2$

而对一般半导体材料而言：由于几何尺寸的变化可忽略不计，则泊松比 μ 为零。而压阻系数和弹性模量的数值一般在：$\pi_c=(40\sim80)\times10^{-11}\ \mathrm{m^2/N}$；$E=1.67\times10^{11}\ \mathrm{N/m^2}$。由此可知半导体应变片的灵敏度系数：$k_m$ 比 k_0 大 50～100 倍。

3. 半导体应变片的结构及类型

作为压阻式压力传感器的核心元件，半导体应变片的结构和类型如下所述。

1）粘贴式半导体应变片

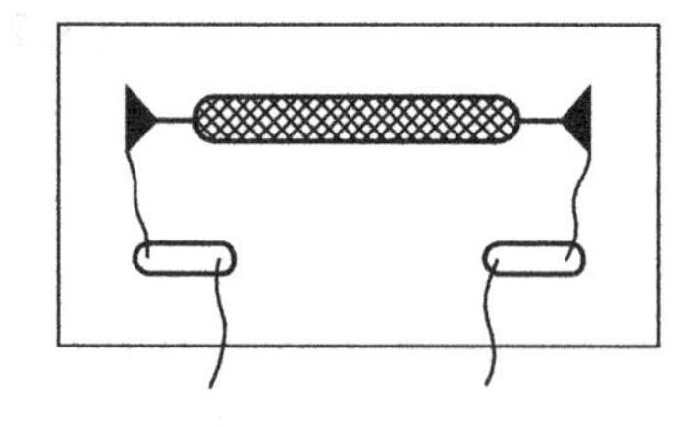

图 3.15　PBD-7 型半导体应变片

粘贴式半导体应变片的构造与测量原理与金属应变片相似。不同之处是用半导体材料按一定晶轴方向，用切片机切成薄片，然后对薄片研磨加工，再从薄片切成细条，经腐蚀工艺后安装内引线并粘贴于带焊接端的胶膜基底上，最后安装外引线。半导体应变片的敏感栅一般为条形或 U 形，栅长长度 L 一般在 1～10 mm 左右，如图 3.15 所示。

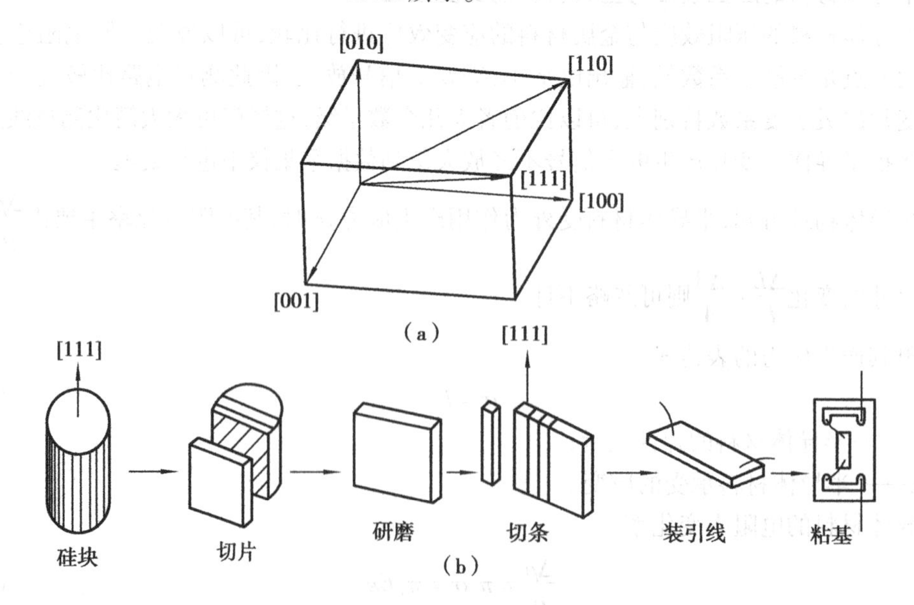

图 3.16　半导体单晶晶向及应变片制造过程

(a)半导体单晶晶向示意；(b)半导体应变片制造过程

半导体材料是一种各向异性的材料，对不同类型的半导体，从不同的方向施加压力，所产生的压阻效应不一样。而且,既是同一种半导体材料,当应力沿不同的晶轴方向变化时,会得到不同的压阻效应。如目前使用最多的单晶硅半导体,当应力沿[111]晶轴方向时,P型硅半导体能得到最大的压阻效应,当应力沿[100]晶轴方向时,N型硅能得到大的压阻效应,如图3.16所示。

2)扩散型半导体应变片

扩散型半导体应变片是以单晶硅为基底材料,按一定晶向将P型杂质扩散到N型硅底层上,形成一层极薄的导电P型层,这个P型层就相当于粘贴式应变片中的电阻条,将P型层装上引线后即形成扩散型半导体应变片。其敏感元件和弹性元件合为一体,使扩散型半导体应变片工作可靠性增加。

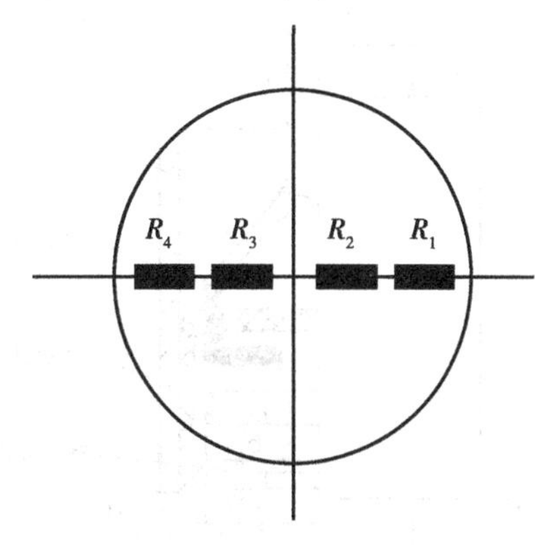

图3.17　单晶硅膜片上的四个电阻

典型的扩散型半导体应变片结构如图3.17所示。应变片的核心部分为圆形单晶硅膜片,采用集成电路工艺在膜片上制造四个等值电阻,组成一个平衡电桥。膜片既是弹性敏感元件,又是转换元件。当压力作用在膜片上时,膜片发生弯曲,由于单晶硅的压阻效应,膜片上四个等值电阻将分别感受到膜片的应力,四个电阻的阻值将发生变化,电桥失去平衡,有输出电压。该电压的大小,与膜片所受的压力及供桥电压成正比,测量输出电压就能确定压力值。

3.4.3　压阻式压力传感器

压阻式压力传感器采用扩散型半导体应变片工艺,以硅膜片作为弹性敏感元件,在该膜片上用集成电路工艺制成四个等值半导体电阻,组成惠斯顿电桥。当膜片受力后,由于半导体的压阻效应,电阻值发生变化,使电桥输出而测得压力的变化。

1.典型的压阻式压力传感器

由扩散型电阻半导体应变片与金属壳体组装成压阻式压力传感器,简图如图3.18所示。

该传感器,其整体敏感元件为圆形状硅膜片,一般称为硅杯。组成传感器时,硅杯的周边被固定,在受到压力作用时,它所产生的径向应力 σ_r 及切向应力 σ_t 分别为:

$$\sigma_r = \frac{3}{8}\left(\frac{p}{h^2}\right) \times \left[a^2(1+\mu) - (3+\mu)r^2\right] \tag{3.29}$$

$$\sigma_t = \frac{3}{8}\left(\frac{p}{h^2}\right) \times \left[a^2(1+\mu) - (1+3\mu)r^2\right] \tag{3.30}$$

式中　p——膜片所受压力;

h——膜片厚度;

a——膜片有效半径;

r——膜片任一点半径;

μ——泊松比(对于硅,$\mu=0.35$)。

根据上列两式作出曲线如图3.19所示,就可得到圆形膜片上各点的应力分布图,从而可以选定扩散电阻的位置。

2.压阻式压力传感器工作特性

图3.17所示为压阻式压力传感器的核心部分:圆形单晶硅膜片,膜片上的四个扩散等值

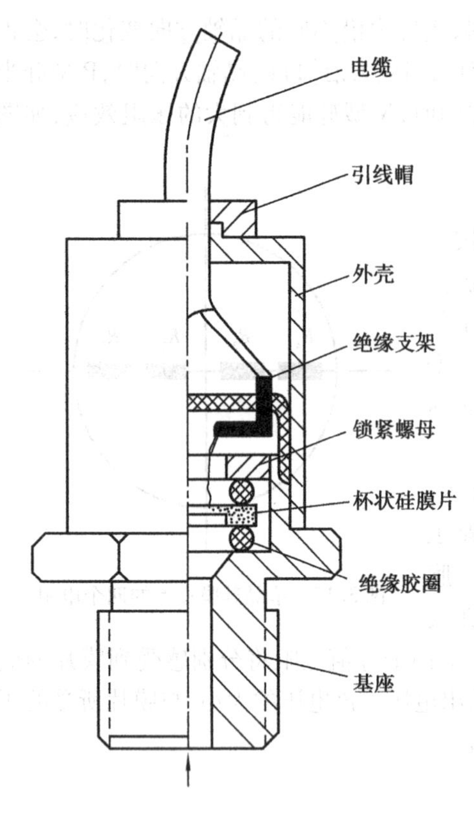

图 3.18　压阻式压力传感器简图

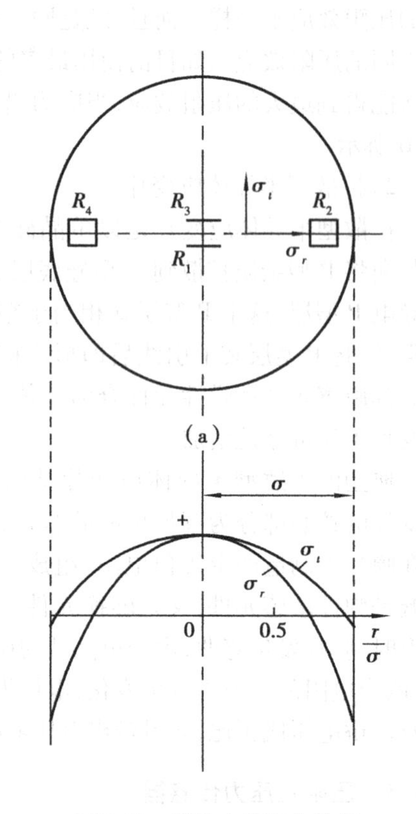

图 3.19　膜片上的应力分布

电阻组成惠斯顿电桥。

1)扩散电阻与惠斯顿电桥

从压阻式压力传感器的工作原理可知,要准确测量压力,对电桥有较高的要求。理想的电桥要求温度漂移小、输出线性好、灵敏度高,实际上电桥优劣的关键取决于四个等值电阻。

对四个扩散电阻的要求:

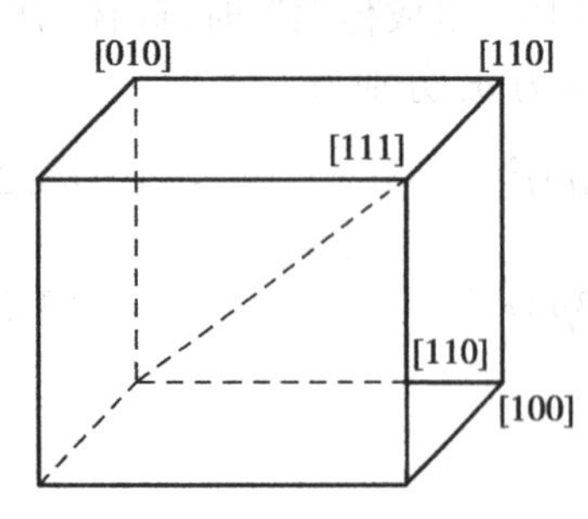

图 3.20　半导体晶体的晶轴方向

①四个桥臂上的电阻值相等;

②相邻两臂的电阻其压阻效应大小相等,方向相反。

③四个电阻温度系数相同。

2)扩散电阻与压阻效应

由前所述半导体材料的各向异性,在扩散型半导体应变片中,压阻效应与晶向的关系同样表现出来。实验证明同一个膜片在同样的应力作用下,在不同晶向上的电阻所出现的压阻效应不同,即压阻系数与晶向(晶面法线方向)有关。

图 3.20 表示出单晶硅的晶轴方向。压阻系数 π_c 会随晶向的不同而不同。晶向不同,使压阻式压力传感器的灵敏度系数 $k_m = \pi_c E$,有一个数量级之差。例如 P 型硅,在[111]晶向 $k_m = +177$;而在[100] 晶向上灵敏度系数 $k_m = +10$。所以对半导体材料,应选择在压阻系数最大的晶向上制造电阻,以提高传感器的灵敏度。

3）扩散电阻与膜片上的应力分布

当四周固定支撑的圆膜片在被测压力作用下发生弯曲时，片上每一点都存在应力，而且在不同的位置上应力有很大差异。因此如何解决在应力最大的地方制造四个扩散电阻的问题，使其两个扩散电阻感受正应力、两个扩散电阻感受负应力。

由薄板弯曲理论可以计算出膜片上的应力分布情况："单晶硅膜片中心和边缘处为应力最大的地方，且两处应力方向是相反的"，如图3.19所示。

由此，将四个电阻，两个放在中心、两个放在边缘，使四个扩散电阻阻值相等，处于应力最大区域且压阻效应大小相等、方向相反。

3.4.4　压阻式压力传感器的输出

压阻式压力传感器为被动式压力传感器。传感器的输出，是由四个扩散电阻组成惠斯顿电桥的输出。电桥的输入，可以用恒压源供电，也可采用恒流源供电。

1.恒压源供电

如图3.21恒压源供电示意图所示，图中AC端为供桥端，BD端为输出端。电桥中四个扩散电阻的初始值相等且为R值。此时电桥处于平衡状态，输出为零。当压阻式压力传感器用于测压时，电桥中相对的两个电阻的阻值增加，增加量为ΔR，另外相对的两个电阻的阻值下降，减少量为$-\Delta R$。同时由于温度影响，使每个电阻都有ΔR_T的变化量。此时电桥的不平衡输出电压U_{SC}等于D点与B点间的电位差。在ABC支路中由分压公式求得B点的电位：

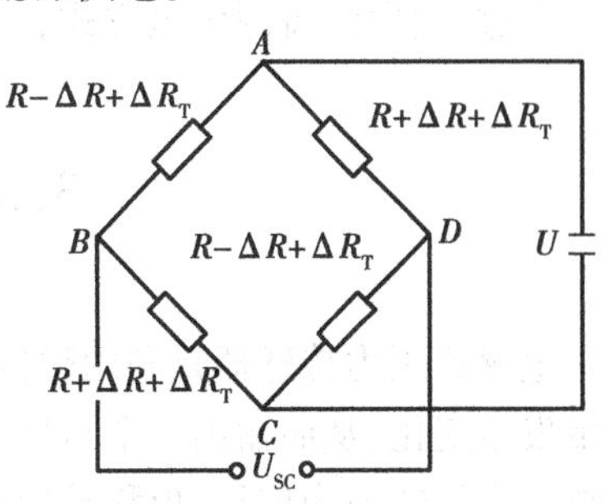

图3.21　恒压源供电

$$U_{AB}=U\frac{R-\Delta R+\Delta R_T}{(R-\Delta R+\Delta R_T)+(R+\Delta R+\Delta R_T)} \tag{3.31}$$

同理ADC支路中D点的电位：

$$U_{AD}=U\frac{R+\Delta R+\Delta R_T}{(R-\Delta R+\Delta R_T)+(R+\Delta R+\Delta R_T)} \tag{3.32}$$

则输出

$$U_{SC}=U_{BD}=U_{AD}-U_{AB}=U\frac{\Delta R}{R+\Delta R_T} \tag{3.33}$$

由式(3.33)可见：

①当，$\Delta R_T=0$时，$U_{SC}=\dfrac{\Delta R}{R}U$，说明电桥输出与$\dfrac{\Delta R}{R}$成正比，即与被测量成正比，电桥输出与电桥的供桥电压成正比，与电源电压的精度和大小有关；

②当$\Delta R_T\neq 0$时，输出U_{SC}与ΔR_T有关，也就是说恒压源供电时，U_{SC}与温度有关而且与温度的关系非线性。用恒压源供电方式不能消除温度对测量的影响。

2.恒流源供电

恒流源供电时，如图3.22所示。假设电桥的两个支路的电阻相等。

即

$$R_{ABC}=R_{ADC}=2(R+\Delta R_T) \tag{3.34}$$

故有

$$I_{ABC}=I_{ADC}=\frac{1}{2}I \tag{3.35}$$

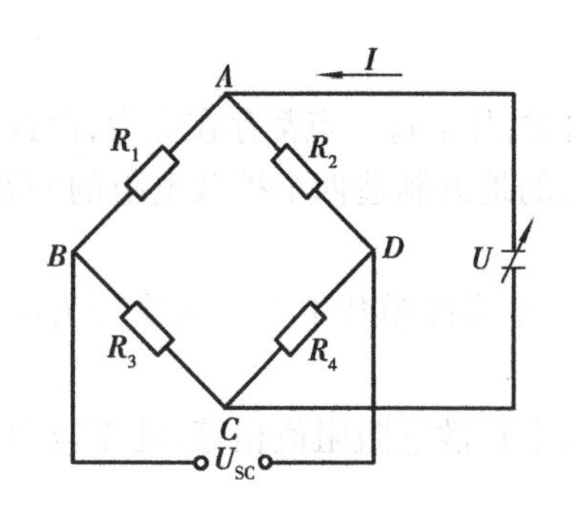

图 3.22　恒流源供电

由于　　　$R_1 = R_4 = R - \Delta R + \Delta R_T$

$R_2 = R_3 = R + \Delta R + \Delta R_T$

当压阻式压力传感器用于测压时，电桥的输出 V_{SC} 为：

$$U_{SC} = U_{BD} = I_{ADC} \times R_2 - I_{ABC} R_1 = \frac{1}{2} I(R + \Delta R + \Delta R_T) - \frac{1}{2} I(R - \Delta R + \Delta R_T) \tag{3.36}$$

最后得　　　$U_{SC} = I\Delta R$　　　(3.37)

由式(3.37)可见：

①电桥的输出与电阻变化 ΔR 成正比，即与被测压力量成正比；

②电桥的输出与温度无关，不受温度影响，这是恒流源供电的优点。

不过，使用恒流源供电方式，一个传感器需配一个恒流源电源，故使用时不太方便。

3.5　电感式压力传感器

电感式压力传感器是利用弹性敏感元件在压力作用下产生相应的位移，使转换元件的电感量发生变化，从而输出一个与压力成一定关系的电信号，达到测压目的。其测量的基本原理是将压力量转换为位移，位移导致电感变化，电感变化由电桥变换成交流电压输出。

3.5.1　单绕组电感变换器

1. 工作原理

图 3.23 为简单电感式传感器的原理图。衔铁和铁芯均由导磁材料(玻莫合金)做成，二者之间有一定的空气隙。测量时，在被测压力 P 作用下，膜盒将产生与压力 P 成正比的位移，使铁芯与衔铁间的空气隙发生变化，导致气隙磁阻变化，从而引起线圈电感变化。这种变化的电感量与被测压力相对应，测出电感量的变化，就能确定气体压力 P 的大小。

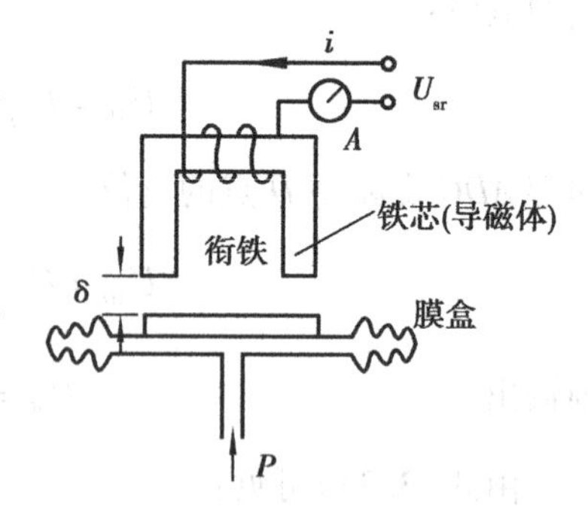

图 3.23　单绕组电感变换器

测量电感量的变化，必须把电感传感器接到一定的测量线路中，使电感变化进一步转变为电压或电流或频率的变化。再通过相应的显示仪器，将其显示或记录下来，就能判定压力的大小。

显然，在这一系列的变换中，起关键作用的量是电感传感器的输入量即衔铁位移量与电感传感器的输出量即电感变化量。这种输出(电感量)与输入(衔铁位移量)之间的关系称为电感传感器的特性。

下边进一步研究这两种量的关系：

线圈电感量：

$$L = \frac{W\Phi}{I} \quad [\mathrm{H}] \tag{3.38}$$

式中　W——线圈匝数；

　　Φ——磁通，韦伯，I——电流，A。

磁通可由下式决定：

$$\Phi = \frac{IW}{R_M} = \frac{IW}{R_F + R_\delta} \approx \frac{IW}{R_\delta} \tag{3.39}$$

式中　R_M——总磁阻；

　　R_F——铁芯磁阻；

　　R_δ——气隙磁阻，且 $R_\delta \gg R_F$。

而

$$R_\delta = \frac{2\delta}{\mu_0 S} \tag{3.40}$$

式中　δ——气隙长度，m；

　　S——气隙截面积，m^2；

　　μ_0——空气导磁率，一般情况下 $\mu_0 = 4\pi \times 10^{-7}$ H/m。

联立式(3.38)、式(3.39)、式(3.40)三式，则可得到

$$L = \frac{W^2}{R_\delta} = \frac{W^2 \mu_0 S}{2\delta} \tag{3.41}$$

式(3.41)为电感式压力传感器的基本特性公式，公式给出了 L—δ 的关系。

2. 变换特性

为使研究问题简化、方便，下边仅研究气隙长度 δ 的变化，将 S 作为常量。

当没有压力作用时，衔铁处于起始位置，初始间隙为 δ_0，则此时的电感为：

$$L_0 = \frac{W^2 \mu_0 S}{2\delta_0} \tag{3.42}$$

当有压力作用时，衔铁向上移动 $\Delta\delta$，即气隙长度减小 $\Delta\delta$，电感变化为 $+\Delta L_2$。当气隙长度 δ_0 增加 $\Delta\delta$ 时，电感变化为 $-\Delta L$。虽然 $\Delta\delta$ 的数值相同，但电感变化数值不相等，并且 $\Delta\delta$ 越大，ΔL_1 与 ΔL_2 在数值上相差越大，非线性越严重。

由于该传感器 $L = f(\delta)$ 非线性，则传感器的非线性误差大，灵敏度低，对温度敏感（磁路中导磁率随温度变化，产生漂移），现已很少采用。

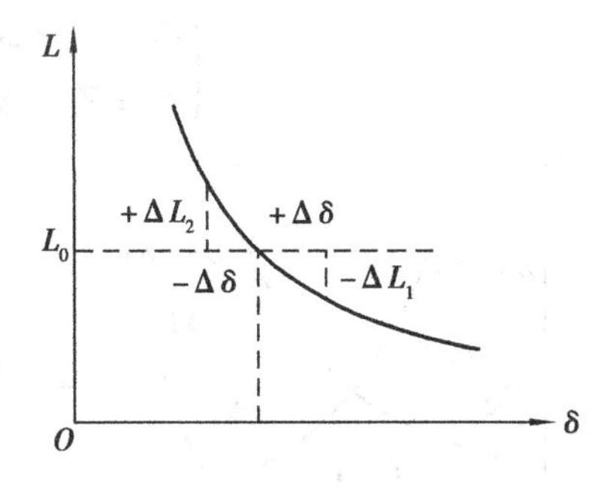

图3.24　电感传感器的特性曲线

3.5.2　差动式电感传感器

为了克服单绕组电感传感器的缺陷，设计了差动式电感传感器。即用两只几何尺寸完全相同、导磁体材料相同、上下线圈的电气参数即线圈铜电阻，电感、匝数完全一致的单绕组电感传感器组成，如图3.25所示。

由图3.25、图3.26可见，电感传感器和电阻构成了四臂交流电桥，由交流电源供电。在没有压力作用时，衔铁处于中间位置，上下气隙相等。

$$\delta_1 = \delta_2 = \delta_0$$

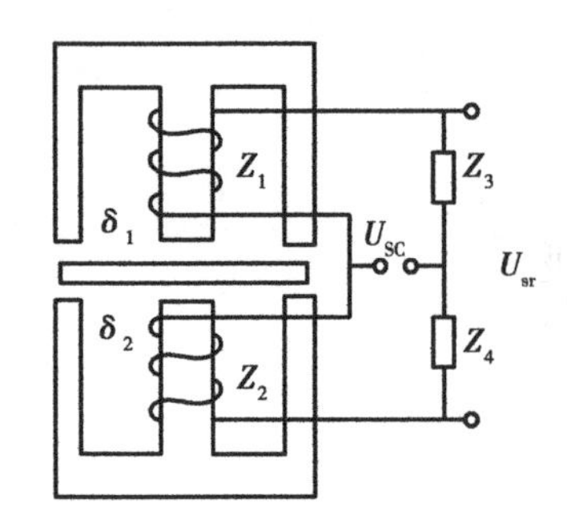

图 3.25　差动式电感传感器原理图

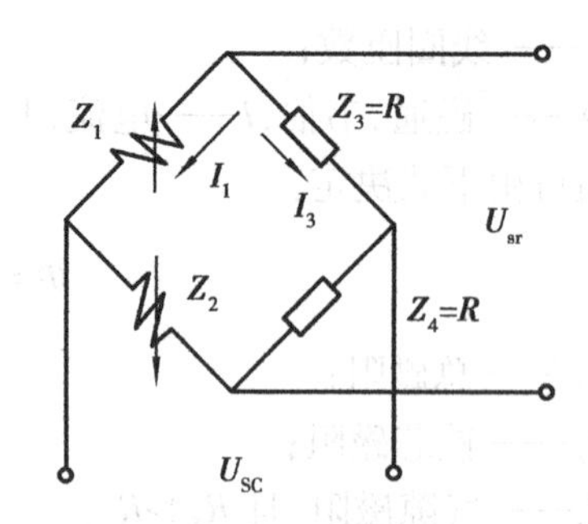

图 3.26　差动式电感传感器电桥

两线圈电感量相等，
$$L_{10}=L_{20}=\frac{W^2\mu_0 S}{2\delta_0} \tag{3.43}$$

两线圈阻抗相等，
$$Z_{10}=Z_{20}=Z_0=R_0+\mathrm{j}\omega L \tag{3.44}$$

式中　R_0——单个线圈的铜电阻；

ω——电源电压的角频率。

此时电桥处于平衡，衔铁无运动，电桥没有输出，$\dot{U}_{SC}=0$。

若在外力作用下，衔铁向上移动，Z_1 增加，Z_2 下降，电桥即有输出信号，$\dot{U}_{SC}\neq 0$。

由交流电桥特性可得

$$\dot{U}_{SC}=\dot{U}_{sr}\frac{Z_1}{Z_1+Z_2}+\frac{Z_3}{Z_3+Z_4}\dot{U}_{sr}=\frac{Z_1Z_4-Z_2Z_3}{(Z_1+Z_2)(Z_3+Z_4)}\dot{U}_{sr} \tag{3.45}$$

由于传感器衔铁上下两边气隙不相等，初阻抗发生变化，上边增加 ΔZ_1下边减少 ΔZ_2，即：

$$\begin{cases}Z_1=Z_0+\Delta Z_1\\ Z_2=Z_0-\Delta Z_2\end{cases}\quad \begin{cases}\Delta Z_1=\mathrm{j}\omega\Delta L_1\\ \Delta Z_2=\mathrm{j}\omega\Delta L_2\end{cases}\quad Z_3=Z_4=R$$

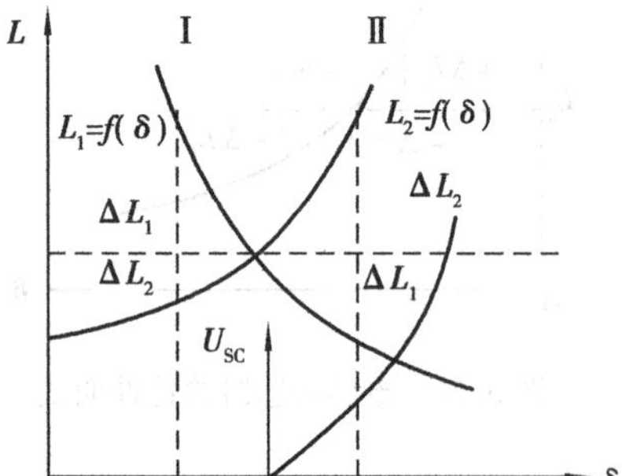

代入式(3.45)

$$\dot{U}_{SC}=\dot{U}_{sr}\frac{(Z_0+\Delta Z_1)R-(Z_0-\Delta Z_2)R}{2R(Z_0+\Delta Z_1+Z_0-\Delta Z_2)}$$

$$=\frac{\Delta Z_1+\Delta Z_2}{2Z_0+\Delta Z_1-\Delta Z_2}\frac{\dot{U}_{sr}}{2} \tag{3.46}$$

由式(3.46)可见，分母中的$(\Delta Z_1-\Delta Z_2)$是造成传感器输出电压特性非线性的原因。由于 $Z_0\gg\Delta Z$，在差动情况下，$(\Delta Z_1-\Delta Z_2)$较小，可认为$(\Delta Z_1-\Delta Z_2)$趋近零。式(3.46)写成

$$\dot{U}_{sc}\approx\frac{\dot{U}_{sr}}{4}\frac{\Delta Z_1+\Delta Z_2}{Z_0}=\frac{\dot{U}_{sr}}{4Z_0}\mathrm{j}\omega(\Delta L_1+\Delta L_2) \tag{3.47}$$

图 3.27　差动式电感传感器特性曲线

$$\Delta L_1+\Delta L_2=(L_1-L_0)+(L_0-L_2)=L_1-L_2$$

代入式(3.47)得

$$\dot{U}_{SC} \approx \frac{\dot{U}_{sr}}{4}\frac{\Delta Z_1 + \Delta Z_2}{Z_0} = \frac{\dot{U}_{sr}}{4Z_0}j\omega(L_1 - L_2) \tag{3.48}$$

由图3.27可见，在$\pm\Delta\delta$工作范围内，差动式电感压力传感器的非线性比单绕组电感压力传感器有了很大的改善。

用差动式电感压力传感器测量压力，其长处为：灵敏度高，精度高；输出信号大，结构简单，工作可靠，寿命长。不足之处为：因温度影响造成测量误差较大。不适合高频脉动压力的测量，常用于准动态、频率较低的压力测量。

3.6　压电式压力传感器

3.6.1　压电效应及压电材料

压电式压力传感器是利用压电材料的压电效应，将压力转换与其成一定关系的电信号输出，以达到测压目的传感器。

要了解、掌握压电式压力传感器的测量原理，首先了解什么是压电效应。

1. 压电效应

某些电介质物质，在沿一定方向上受到外力的作用而产生变形时，内部会产生极化现象，与此同时在其表面上产生电荷。当外力去掉后，又重新回到不带电的状态。这种将机械能转变为电能的现象，称为"顺压电效应"。相反，在电介质极化方向上施加电场，它会产生机械变形，这种将电能转换为机械能的现象，称"逆压电效应"。压电式压力传感器即利用了这些物质的顺压电效应。

为了说明压电现象，以石英晶体(SiO_2)为例。石英晶体是一种各向异性的物质，它的大部分物理性能是有方向性的。

自然形态的石英晶体，如图3.28所示。为了准确表征其物理性能，在结晶学中通常用直角坐标轴来表示其方向性。

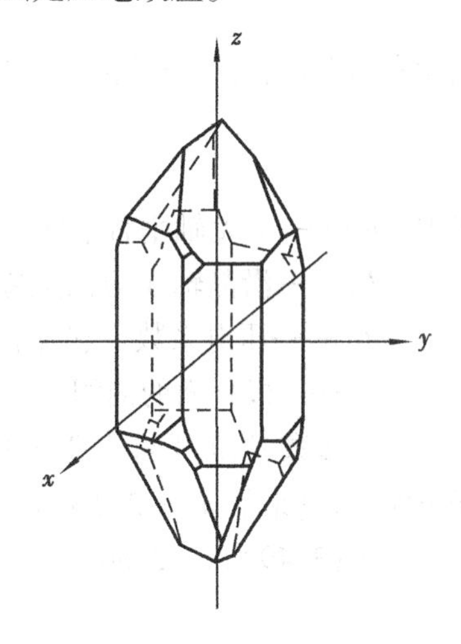

图3.28　石英晶体

其中：X轴——电轴，在垂直于此轴的棱面上压电效应最为明显；

Y轴——机械轴，在电场力的作用下，沿此轴方向的机械变形最为明显；

Z轴——光轴，它是用光学方法确定的，沿Z轴方向没有压电效应。

从晶体中切割出一个平行六面体，使它的晶面分别平行于电轴(X轴)、机械轴(Y轴)、光轴(Z轴)，如图3.29所示。

当沿着X-X轴线对切割出的石英晶片施加一个外力F_x时，石英晶片内部发生极化，在受力的石英晶片表面上，即垂直于电轴方向上产生电荷。对于这种物理现象称之为纵向压电效应。

当沿着Y-Y轴线对石英晶片施加一个外力F_y时，则在晶片侧面(和X-X轴垂直的表面)产生电荷，不过电荷的极性与纵向压电效应相反，称之为横向压力效应。

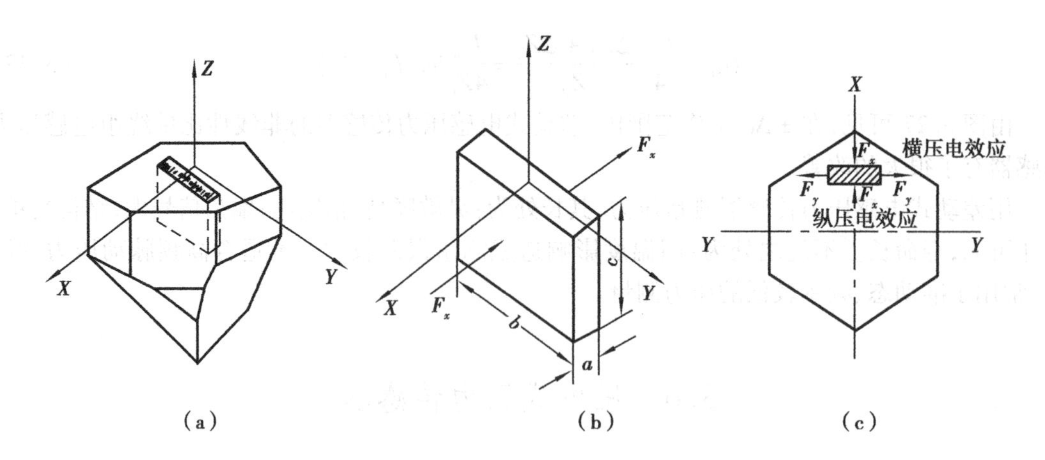

图 3.29　石英晶体切片方向

当对石英晶片沿 Z-Z 轴施加外力时，则不论这个力大小、方向如何，晶片表面均不会产生电荷。引入极化强度的概念，它表示晶片在外力作用下晶体表面单位面积产生电荷的强度，用 P 表示。其表达式为

$$P_{XX}=\frac{q_X}{A_X} \tag{3.49}$$

同时实验发现，对于石英晶片，在其弹性线性范围内，极化强度 P_{XX} 与应力 σ_{xx} 成正比，即

$$P_{XX}=d_{11}\sigma_{xx}=d_{11}\frac{F_X}{A_X} \tag{3.50}$$

式中　q_X——于 X 轴垂直平面上产生的电荷；

F_X——沿晶轴 X 方向上施加的压力；

d_{11}——压电系数。它是表征压电材料性能的一个重要参数，由受力和变形方式而定；

A_X——极化面的面积。

式中参数 d_{11} 的下标 1，2，3 的意思分别表示 X，Y，Z 三个轴的方向。如石英在 X-X 轴方向受力时，压电系数 $d_{11}=2.3\times10^{-12}\ \mathrm{CN^{-1}}$。

由式(3.49)、式(3.50)可得

$$q_X=d_{11}F_X \tag{3.51}$$

式(3.51)说明：当晶片受到 X 轴方向的压缩力时，在垂直于 X 轴的平面上产生的电荷与作用力成正比 $q_X\propto F_X$，而与晶片的几何尺寸无关。

此外，横向压电效应产生的电荷与作用力成正比，但极化方向与纵向压电效应相反且与晶片的几何尺寸有关。

2. 压电材料

自然界中，大多数晶体都具有压电效应。但多数晶体的压电效应过于微弱，因而没有什么实用价值，能用于测量的只不过几十种。常用的有：

1)压电晶体

压电晶体呈单晶体结构。常见的如石英、酒石酸钾钠等。其中石英晶体性能稳定，在常温下，其介电常数与压电系数几乎不随温度变化；石英晶体机械强度大，最大安全应力达 98 $\mathrm{N/m^2}$，绝缘性能相当好，因此它常做成校准用的标准传感器或精度要求很高的地方用。但

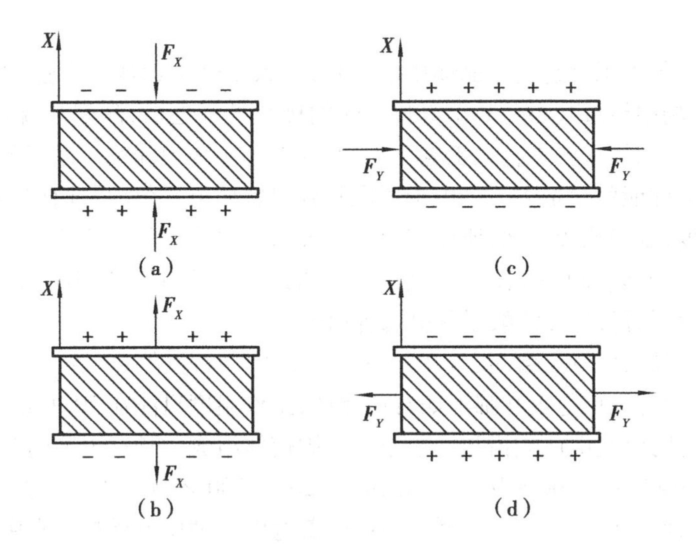

图3.30　晶片上电荷的极性与受力的关系

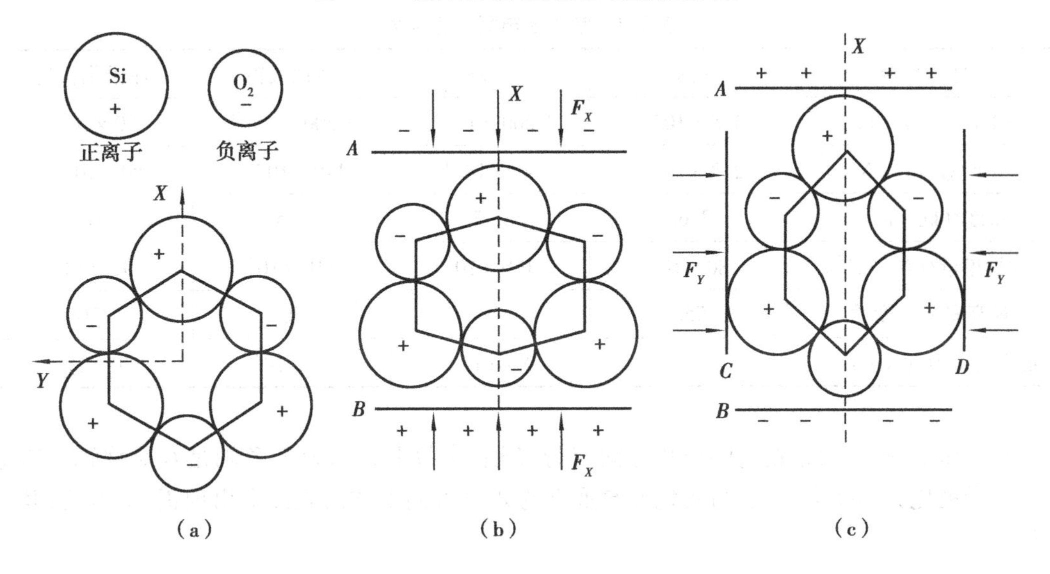

图3.31　压电晶体极化示意图

由于天然石英资源较少，因而价格昂贵。不过石英晶体通常只能适用于500 ℃以下的温度范围进行测量，当温度超过500 ℃时，压电系数 d_{11} 会急剧下降，如图3.32所示。在20～200 ℃温度范围内，温度每升高1 ℃，压电系数 d_{11} 下降0.016%。在温度 $t=400$ ℃时，d_{11} 下降到原来的5%左右。当温度超过500 ℃时，压电系数 d_{11} 开始趋近于零。温度达到573 ℃，压电系数 d_{11} 等于零。通常把573 ℃时压电效应消失的点称为“居里点”。

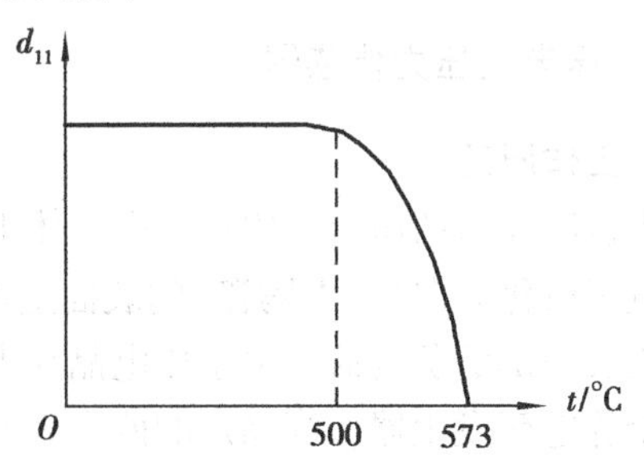

图3.32　石英晶体压电系数与温度的关系曲线

2)压电陶瓷

压电陶瓷是一种人工制造的多晶体压电材料,由人工烧结而成。把这种陶瓷片在几十千伏/厘米的恒定电场中经过几小时甚至更长时间的极化处理之后,陶瓷片就获得了压电性能。为了使压电性能稳定,往往要进行人工老化处理,即在一定压力和一定温度下,保持一定时间,这样压电陶瓷片的性能就稳定多了。由于压电陶瓷材料压电系数大,具有非常好的压电效应,有足够的机械强度,制造比较方便,所以广泛用在灵敏度要求高的传感器中。

压电陶瓷种类较多,常用的有:二元系陶瓷,如钛酸钡压电陶瓷($BaTiO_2$);锆钛酸铅压电陶瓷(PZT);三元系陶瓷,如铌镁酸铅压电陶瓷(PMN)。

钛酸钡具有较高的压电系数,$d_{33}=107\times10^{-12}$ C/N,为石英的50倍。抗湿性能较好,价格便宜,但温度稳定性与机械稳定性都不如石英晶体,工作温度只能在70 ℃左右。

锆钛酸铅压电陶瓷是由钛酸铅和锆酸铅二元固熔体组成。具有很高的介电常数和压电系数,其介电常数 $\varepsilon=425\sim3\,400\times10^{-11}$ F/m,$d_{33}=200\sim500\times10^{-12}$ C/N。居里点在300 ℃以上,性能稳定,是目前压电式压力传感器中应用较普遍的一种压电材料。常用的压电材料参数如表3.2所示。

表3.2 常用压电材料性能表

材料性能	石英	钛酸钡	锆钛酸铅	铌铅化合物
介电常数/($F\cdot m^{-1}$)	4.5×10^{-11}	$1\,200\times10^{-11}$	$1\,500\times10^{-11}$	900×10^{-11}
压电常数/($C\cdot N^{-1}$)	2.3×10^{-12}	140×10^{-12}	140×10^{-12}	80×10^{-12}
密度/($kg\cdot m^{-3}$)	2.65	5.5	5.5	6
弹性模量/($N\cdot m^{-2}$)	80×10^{9}	110×10^{9}	110×10^{9}	92×10^{9}
最高安全温度/℃	550	70	70	270
最大安全力/($N\cdot m^{-2}$)	98×10^{9}	80×10^{9}	80×10^{9}	20×10^{9}

对于压电陶瓷,通常把它的极化方向定为 Z 轴,参数下脚标为3,Z 轴是其对称轴。压电陶瓷在沿极化方向受力时,在与极化方向垂直的 Z 轴方向上的两表面上出现正、负电荷,其电荷量为

$$q=d_{33}F \tag{3.52}$$

3.6.2 压电式压力传感器

1.工作原理

当被测介质的压力作用在压电晶体上,压电晶体内部极化就会在垂直于电轴(石英晶体)或垂直于极化方向(压电陶瓷)的表面上产生电荷。晶片的一个表面聚集正电荷,在另一个表面聚集着等量的负电荷。由于压电晶片本身的内部绝缘电阻很高,因此,可以把压电晶片看作是一个静电荷发生器。当晶片的两个表面聚集等量异性电荷时,中间为电解质,故压电晶片同时又相当于一个以压电材料为介质的电容器,其电容量 C_a。

$$C_a=\frac{\varepsilon A}{a}=\frac{\varepsilon_r\varepsilon_0 A}{a} \tag{3.53}$$

式中 C_a——压电晶片的内部电容,F;

A——电容器极板面积，m^2，即压电晶片的面积；

a——压电晶片的厚度，m；

ε——压电材料的介电常数，Fm^{-1}；

ε_r——压电材料的相对介电常数，Fm^{-1}；

ε_0——真空介电常数，一般 $\varepsilon_0 = 8.85 \times 10^{-12}$ Fm^{-1}。

而压电晶片两极板间电压为

$$u_a = \frac{q}{C_a} \tag{3.54}$$

因此，可以把压电晶片等效为一个电荷源与一个电容 C_a 并联的电荷等效电路见图3.33(a)，或等效为一个电压源和一个串联电容 C_a 的电荷等效电路见图 3.33(b)。

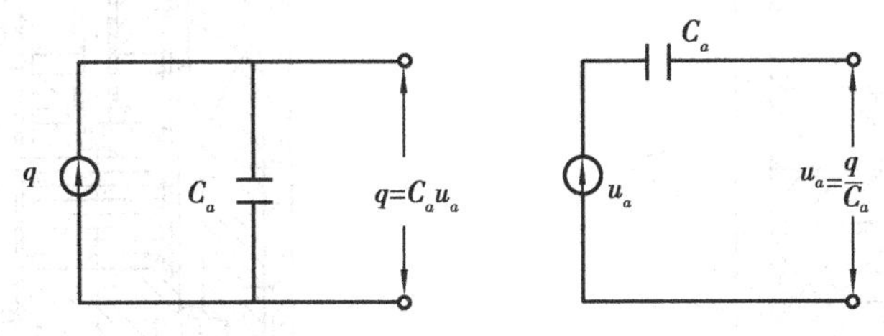

图 3.33　压电晶片的等效电路

(a)电荷源等效电路；(b)电压源等效电路

压电晶体片两极板聚集电荷时，极板间呈现的电压为：

$$u_a = \frac{q}{C_a} = \frac{d_{11}F_x}{\frac{\varepsilon A_x}{a}} = \frac{d_{11}a}{\varepsilon A_x}F_x \tag{3.55}$$

显然，当压电晶片确定后，d_{11}，ε，A_x，a 均为常数，则极板间的电压 u_a 和外力 F_x 成正比。

2. 测量原理

压电效应是属于静电性质的现象。压电传感器的晶体可以看成为一个产生电荷的高内阻发电元件，它把压力的作用变换为电荷量。由于压电元件的内阻很高且输出信号微弱，一般不能直接记录和显示。显然不能用一般的低输入阻抗仪表来进行测量，否则，压电晶片上的电荷就要通过测量电路的低输入阻抗泄漏掉。只有当测量电路的输入阻抗较高，快速测量被测参数的变化，所测得的结果才接近电荷的实际变化。如前所示压电式压力传感器是以两种电量的形式输出；电荷或电压输出。现在的问题是如何用二次仪表通过测量线路将与压力成正比的电荷(或电压)信号检测出来，达到测压的目的。当压电式压力传感器与测量仪器配合使用时，其测量系统的方块图如图3.34所示。

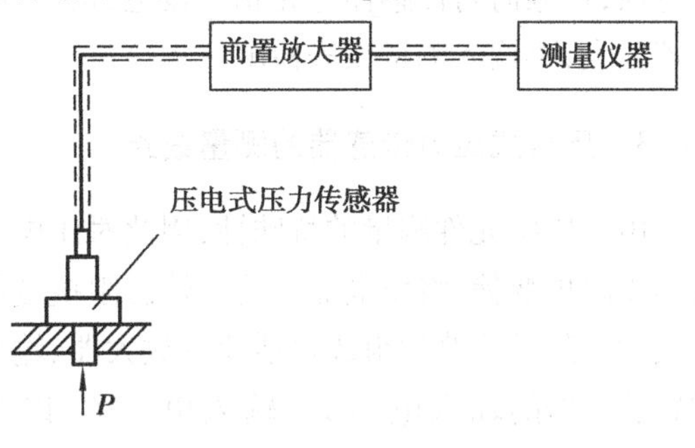

图 3.34　压电式压力传感器测量系统方框图

3. 压电式压力传感器

在压电式压力传感器中，压电晶片一般采用两片或两片以上的晶片组合在一起，以改善其工作性能。其组合方式有并联和串联。图 3.35 为压电晶片的并联接法。

由图 3.35 可见，当压力作用于膜片 5 上时，膜片加压于压电晶片 4 上，则压电晶片两侧产

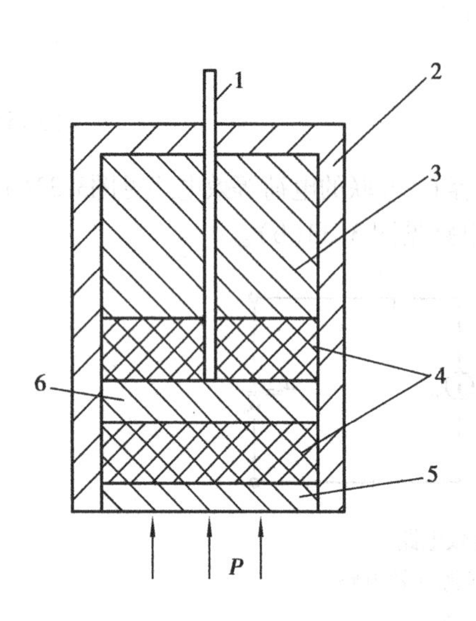

图 3.35　压电式测压传感器原理图

1—引线;2—壳体;3—基座;4—压电晶片;

5—受压膜片;6—导电片

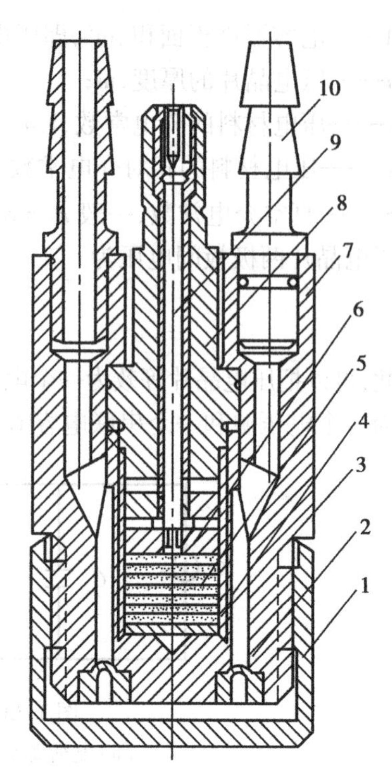

图 3.36　SYC 石英压力传感器

1—护罩;2—承压膜;3—温度补偿片;4—绝缘衬里;

5—石英晶体片;6—电极片;7—壳体;8—上芯体;

9—引电极;10—冷却水管

生电荷,正电荷与传感器外壳相连接地,负电荷通过导电片 6 与屏蔽电缆 1 相连,送入测量放大器放大,再输入测量仪表检测。

3.6.3　压电式压力传感器的测量线路

由于压电元件测量的特殊性,因此对压电式压力传感器的测量线路有特殊要求。一是要求实现阻抗变换,将压电晶片的高输出阻抗变换成低输出阻抗;二是要求将微弱的输出信号实现放大。测量线路的组成包括前置放大器、输出信号电缆。此时图 3.37 的等效电路则必须将前置放大器的输入电阻 R_i,输入电容 C_i 以及低噪声电缆的电容 C_c 包括进去,如图3.37 所示。

1.压电式压力传感器测量特点

由于压电式压力传感器是通过测量内部压电晶片上的电荷来达到测压目的。电荷量的测量,使其测量线路变得特殊而复杂。其一,电荷量很小,只有皮法数量级即 10^{-12} F,因此必须防止泄漏。其二,信号微弱,必须放大。但由于压电式压力传感器内阻相当高,为了阻抗匹配,必须采用高输入阻抗的放大器;为了接显示仪表必须配低阻抗的输出放大器和与之匹配的低噪声屏蔽电缆,才能使测量不失真地达到要求。压电晶片的输出可以是电压信号,也可以是电荷信号,因此应的放大器也有两种型式,一种是电压放大器,其输出电压和压电元件的输出电压成正比;另一种是电荷放大器,其输出和压电元件的输出电荷成正比。

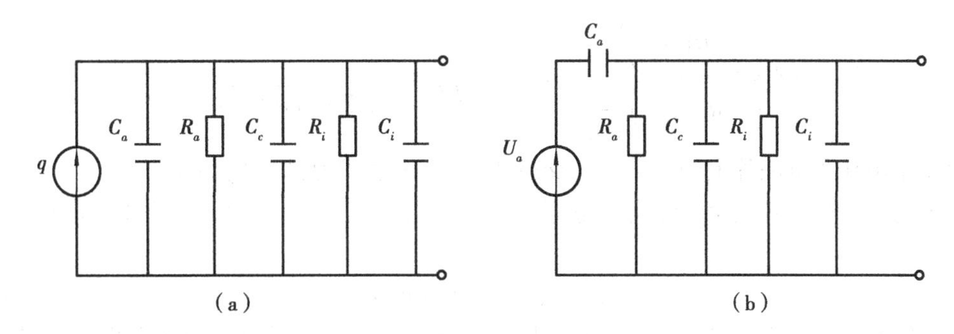

图3.37　压电式压力传感器等效电路

(a)电荷等效电路;(b)电压等效电路

2. 压电式压力传感器的放大器类型

1)电压放大器(阻抗变换器)

压电式压力传感器中的压电晶片相当于一个电容器(电荷发电器)。电容器两端的电压变化是按指数规律进行的,对于电容器,放电的快慢取决于电容器的时间常数 $\tau=RC$。τ 越大,放电越慢,反之则越快。

对于测量而言,希望压电式压力传感器中的压电晶片两侧的电压(或电荷)保持不变。这样,才能得到与压力成正比的、反映作用于传感器上的真实压力的电压信号(或电荷)。如果传感器本身的绝缘电阻不足够大,则电荷会通过该电阻泄漏掉,两端的电压必然降低,此时测量就会失真。不过传感器内部的压电晶片由于绝缘电阻一般都比较大,$R_a \geqslant 10^{10}\ \Omega$,则 τ 值也相应较大,因此,可认为一个独立的没有接入系统的压电式压力传感器两端的电压基本保持不变。

但是,将传感器接入测量系统后,测量回路中就并入了电缆电容 C_c 与前置放大器的输入电阻 R_i,输入电容 C_i。同样的道理,对于测量系统,也要求系统的时间常数 τ 尽可能大,只有这样,才能防止电荷泄漏,造成输出信号电压(或电荷)信号的降低,带来测量误差。

如图3.38所示加入前置放大器后,压电式压力传感器测量系统的电阻和电容为

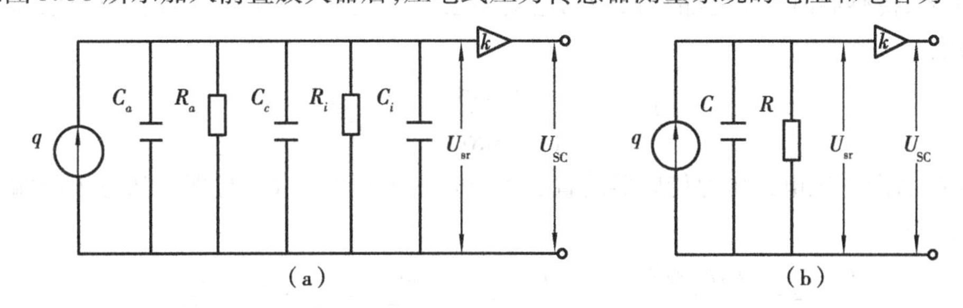

图3.38　传感器电压放大等效电路

(a)传感器与电压前置放大器连接的等效电路;(b)简化电路

等效电阻 R 为:并联电阻 $R=\dfrac{R_aR_i}{R_a+R_i}$

等效电容 C 为:并联电容 $C=C_a+C_c+C_i$

前置放大器的输入电压,也就是压电式压力传感器的输出电压 $\dot{U}_{sr}$ 为

$$\dot{U}_{sr}=\dot{I}Z=\dot{I}\frac{R\left(-j\frac{1}{\omega c}\right)}{R+\left(-j\frac{1}{\omega c}\right)}=\dot{I}\ \frac{R}{1+j\omega RC}=\dot{I}\ \frac{1}{\sqrt{1+(\omega RC)^2}e^{j\arctan(\omega RC)}} \tag{3.56}$$

假设作用在压电晶片上的力为正弦交变压力,其表达式为:$F=F_m\sin\omega t$

若压电晶片采用压电陶瓷,其压电系数为 d_{33},在 F 的作用下,压电元件上产生的电荷 q 为:

$$q=d_{33}F=d_{33}F_m\sin\omega t \tag{3.57}$$

由于外力 F 为正弦交变压力,这样压电元件上的电荷将随压力的变化而变化,电压也随之变化,在电路中引起电流

$$i=\frac{dq}{dt}=\frac{d(d_{33}F_m\sin\omega t)}{dt}=\omega d_{33}F_m\cos\omega t=\omega d_{33}F_m\sin\left(\omega t+\frac{\pi}{2}\right) \tag{3.58}$$

写成复数的形式

$$\dot{I}=\omega d_{33}F_m\left(\cos\frac{\pi}{2}+j\sin\frac{\pi}{2}\right)=j\omega d_{33}F_m \tag{3.59}$$

将式(3.59)代入式(3.56)

$$\dot{U}_{sr}=\dot{I}Z=\frac{j\omega d_{33}F_mR}{1+j\omega RC}=\frac{d_{33}F_m\omega Re^{j\arctan\infty}}{\sqrt{1+(\omega RC)^2}e^{j\arctan(\omega RC)}}=\frac{d_{33}F_m\omega R}{\sqrt{1+(\omega RC)^2}}e^{j\left[\frac{\pi}{2}-\arctan(\omega RC)\right]} \tag{3.60}$$

由式(3.50)可知,前置放大器的输入电压幅值

$$U_{srm}=\frac{d_{33}F_m\omega R}{\sqrt{1+(\omega RC)^2}} \tag{3.61}$$

相位差(输入电压与作用力间)

$$\varphi=\frac{\pi}{2}-\arctan(\omega RC) \tag{3.62}$$

假设在理想状况下,传感器绝缘电阻 R_a 和前置放大器输入电阻 R_i 都趋于无限大,等效电阻 R 趋于∞,传感器内的压电晶片两侧的电荷不会发生泄漏,则前置放大器的理想输入电压的幅值 U_{am}。

$$U_{am}=\frac{d_{33}F_m\omega R}{\sqrt{1+(\omega RC)^2}}=\frac{d_{33}F_m}{C} \tag{3.63}$$

将实际状况下压电式压力传感器前置放大器输入电压幅值 U_{sm} 与理想状态下的输入电压幅值 U_{am} 比较

$$\frac{U_{srm}}{U_{am}}=\frac{d_{33}F_m\omega R}{\sqrt{1+(\omega RC)^2}}\cdot\frac{C}{d_{33}F_m}=\frac{\omega R_C}{\sqrt{1+(\omega RC)^2}}=\frac{\omega\tau}{\sqrt{1+(\omega\tau)^2}} \tag{3.64}$$

$$\varphi=\frac{\pi}{2}-\arctan(\omega\tau)$$

式中　τ 为测量回路的时间常数且 $\tau=RC=R(C_a+C_c+C_i)$

以 $\omega\tau$ 横坐标,$\frac{U_{srm}}{U_{am}}$ 与 φ 为纵坐标,图3.39为压电式压力传感器前置放大器输入电压测量回路的幅频特性和相频特性。由图可见:

①压电式压力传感器不能测静态力

当作用在压电元件上的力是静态力，即 $\omega=0$，传感器无电荷输出，$q=0$，即放大器无输入 $U_{srm}=0$，从压电晶片的物理效应分析，这是因为电压前置放大器的输入阻抗不可能无限大，传感器本身的绝缘电阻也不可能绝对绝缘。当静态力作用于压电传感器上，开始时在压电元件的表面也会产生电荷，由于上述原因，电荷会从电阻小的 R_a 与 R_i 电路中泄漏掉。这从物理原理上说明了压电式压力传感器不能测量静态压力量的原因。

②压电式压力传感器时间常数一定，传感器的高频响应好。

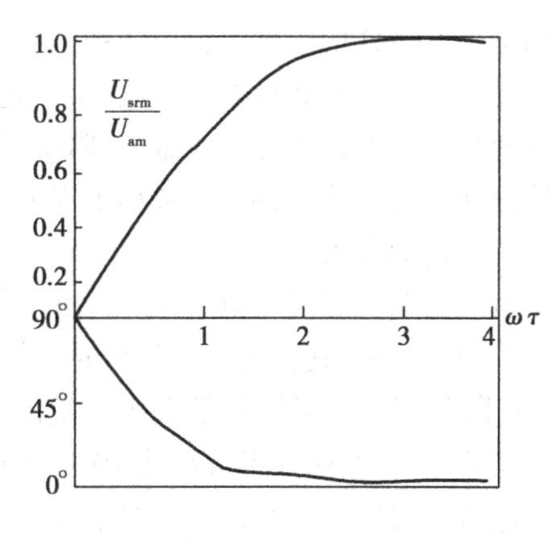

图 3.39　$\frac{U_{srm}}{U_{am}}$—$\omega\tau$，φ—$\omega\tau$ 的关系曲线

观察图 3.39 的幅频特性和相频特性曲线，可以发现：横坐标处 $\omega\tau>1$ 处，前置放大器的输入电压 U_{srm}/U_{am}、φ 随 ω 变化不大，而当 $\omega\tau\geqslant3$ 时，U_{srm}/U_{am}、φ 与 ω 的变化几乎没有关系。可近似地看作输入电压 U_{srm} 与作用力 F 的频率 ω 无关。这说明压电式压力传感器在时间常数 τ 一定的前提下，高频响应性能好，这是电压式传感器的一个很突出的优点。

但是，对于性能优良的传感器而言，测量频率范围宽，量程大。不但对高频信号响应好，而且对低频信号也能有较好的响应。

③测量低频动态压力，应增大压电式压力传感器的时间常数

对于 ω 较小的缓慢变化的动态量压力测量问题。由图 3.39 可知，如果被测压力 ω 很小，为了使被测压力的频率与测量回路的时间常数的乘积满足：$\omega\tau\geqslant3$，应尽量增大压电式压力传感器的时间常数 τ，则被测压力的脉动频率 ω 可以很小。

④压电式压力传感器的时间常数 τ 与压电式压力传感器的灵敏度 k_u 的关系

要全面提高压电式压力传感器的动态响应特性，则必须增加传感器的时间常数 τ。τ 是由等效电阻 R 与等效电容 C 组成。一方面增加 R，由于 R 是由 R_a 和 R_i 组成，R_a 是压电晶片的内阻，本身已足够大，电压放大器的输入电阻 R_i 也较大且增加有难度。转而考虑增加等效电容 C，且 $C=C_a+C_c+C_i$，增加 C 会使 τ 增加，但由此带来的另一种效应则是传感器的灵敏度 k_u 下降。

由灵敏度的定义：

$$k_u=\frac{U_{srm}}{F_m}=\frac{d_{33}F_m\omega R}{\sqrt{1+(\omega Rc)^2}}\frac{1}{F_m}=\frac{d_{33}}{\sqrt{\frac{1}{(\omega R)^2}+C^2}}=\frac{d_{33}}{C}=\frac{d_{33}}{C_a+C_c+C_i}\tag{3.65}$$

由上式知道增加 C，会使传感器灵敏度 k_u 下降。所以要使等效电容 C 保持在一个较小的范围内。等效电容 C 中的压电晶片电容 C_a 与前置放大器的输入电容 C_i 基本上处于定值，因此，压电式压电传感器的电缆电容 C_c 必须较小。这就要求必须用专用电缆且电缆不能太长，从测量的意义上限制了压电式压力传感器电压放大器的使用。

为了满足阻抗匹配的要求，压电式压力传感器一般采用专门的前置放大器。电压前置放大器（阻抗变换器）因其电路不同，有好几种型式，但都有大于 1 000 MΩ 以上的很高的输入阻

抗和小于 100 Ω 的很低的输出阻抗。

由于电压放大器对电缆长度(会使电缆电容 C_c 值增加)有一定限制。因而人们转向研究一种超小型压电式压力传感器,其阻抗变换器几乎不用电缆连接,与压电传感器合二为一做成整体,从而提高了测量精度,减小了误差。

2)电荷放大器

对于以电荷形式的输出,则用相应的电荷放大器。它能将传感器的高内阻电荷源转换成低内阻的电压源,其输出电压与传感器输入电荷成正比。使用电荷放大器,电缆长度变化的影响,几乎可以忽略不计,其最大优点是传感器灵敏度与电缆长度无关。电荷放大器同样起着阻抗变换的作用,其输入阻抗高达 $10^{10}\sim10^{12}$ Ω,输出阻抗小于 100 Ω。

电荷放大器实际上是一个具有深度电容负反馈的高增益放大器,等效电路如图 3.40 所示。图中 k 是放大器的开环增益,$(-k)$ 表示放大器输入与输出反相。若 k 足够大,则输入端 a 点可视为"地"电位—虚地。由于放大器的输入阻抗极高,几乎没有分流进入放大器。电荷 q 只对反馈电容 C_f 充电,充电电压接近等于放大器的输出电压。

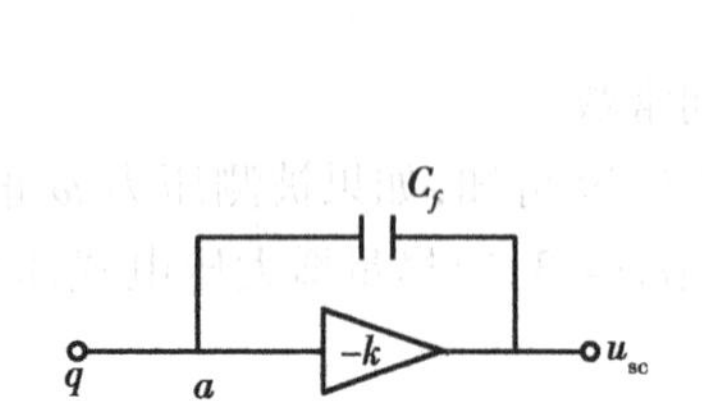

图 3.40 电荷放大器的等效电路

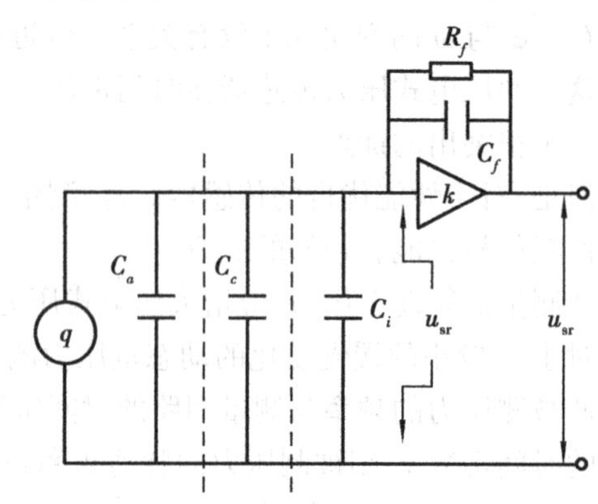

图 3.41 压电式压力传感器电荷放大器等效电路

$$u_{sc}\approx u_{cf}=-\frac{q}{C_f} \tag{3.66}$$

式中 u_{cf}——反馈电容两端电压;

R_f——反馈电阻,用以减小放大器的零点漂移。

分析传感器,电缆和电荷放大器等效电路。由虚地原理,反馈电容 C_f 折算到放大器输入端的有效电容 C_f'为

$$C_f'=(1+k)C_f \tag{3.67}$$

若忽略放大器的输入电阻 R_i 和传感器的绝缘电阻 R_a 的影响,考虑由压电晶体(电荷发生器)产生的电荷,将对 C_a,C_c,C_i,C_f'充电,此时由 $u=\frac{q}{C}$可得:

$$u_{sr}=\frac{q_0}{C_a+C_c+C_i+(1+k)C_f} \tag{3.68}$$

而输出与输入电压的关系: $u_{SC}=-ku_{sr}$ (3.69)

$$u_{SC}=\frac{-kq}{C_a+C_c+C_i+(1+k)C_f} \tag{3.70}$$

当 k 足够大,满足$(1+k)C_f\gg(C_a+C_c+C_i)$时

$$u_{SC} \approx -\frac{q}{C_f} \tag{3.71}$$

实际上只要满足$(1+k)C_f > 10(C_a + C_c + C_i)$即可认为式(3.71)成立。

由上式可见,电荷放大器的输出电压与压电元件上产生的电荷成正比,而与连接电缆电容无关,这样,电缆的长度可不受限制。

3.7 压力传感器的安装问题

压力测试的试验条件往往相当恶劣。在很多场合,压力传感器还不能直接、准确地安装在需测试的部位,往往需要用连接管道将被测压力引向压力传感器。例如,在测量火箭燃烧室的压力时,要把压力传感器齐平地安装在燃烧室的内壁上是有困难的,因为高温气流会使传感器无法正常工作。通常是用一个直径较小的孔道把被测压力引向压力传感器。而且在测量火箭燃气流场的压力时,由于还没有能承受高速、高温燃气流的压力传感器可供使用,因此就得把压力传感器置于燃气流场之外,用传压管把置于流场中的压力探头和传感器连接起来。但管道会使压力测量系统的动态响应变坏,造成动态压力测量误差。如果管道长度比较短,尚能维持足够的精度,但是若连接管道较长,管道的共振频率接近甚至低于被测压力的频率,则测量结果就难以置信了,下面分别讨论三种测压管道系统。

3.7.1 直管无腔室管道系统

这种形式的传压管系统如图3.42所示,在动态压力测量中是常见的。它是一个谐振系统,其固有频率可按下式计算:

$$\omega_n = \frac{C}{4l} \tag{3.72}$$

式中 C——声速,$C = 20.1\sqrt{T}$,m/s;

T——绝对温度,K;

l——传压管长,m。

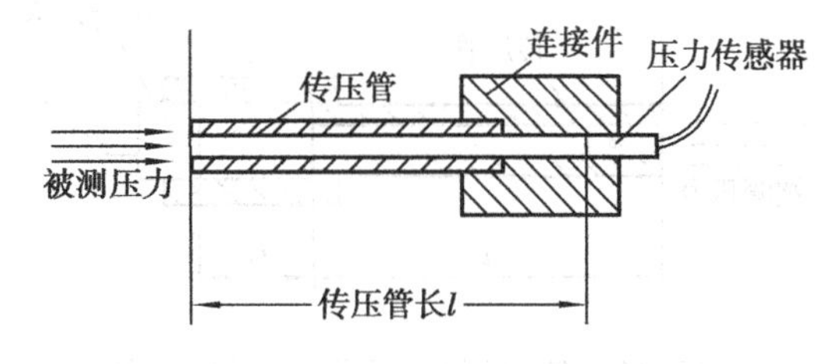

图3.42 直管无腔室管道系统结构示意图

从上式可以看出,传压管径对固有频率是没有影响的。但是实际上,随着传压管径的增加,固有频率也有所增大。另外,还应该指出的是,如果管子太细,那么由于管壁对空气质点相对运动造成的粘滞及由粘滞产生的吸收效应就增大了。管子越细、频率越高,则吸收效应越显著,压力波的衰减也就越明显。根据声波在细管中传播的特性,为了减少压力波在传压管中的衰减,传压管内半径r应满足以下条件:

$$r > 10\sqrt{\frac{\eta}{\rho_0 \omega}} \tag{3.73}$$

式中 η——空气粘滞系数,1.822×10^{-5} kg/m·s;

ρ_0——空气密度,1.172 kg/m^3;

ω——动态压力角频率。

例如,当频率为 $f=1\ 000$ Hz 的压力波在管中传播时,则管子的最小半径应为:

$$r>10\sqrt{\frac{1.822\times10^{-5}}{1.172\times2\times3.14\times1\ 000}}\approx0.5\ \mathrm{mm}$$

理论分析和实测均表明,随着传压管长的增加,系统的固有频率就下降,即动态特性变差。因此,在动态压力测量中,不能认为使用的压力传感器频响高就能测量快速变化的动态压力,而应考虑传压直管的频率响应对测量系统动态特性的影响,这一点是十分重要的。

3.7.2 有空腔的传压管系统

1. 容腔效应现象

如图 3.43 所示,在动态压力测量中,是由相应的传感器与放大器、记录显示仪组成压力测量系统:

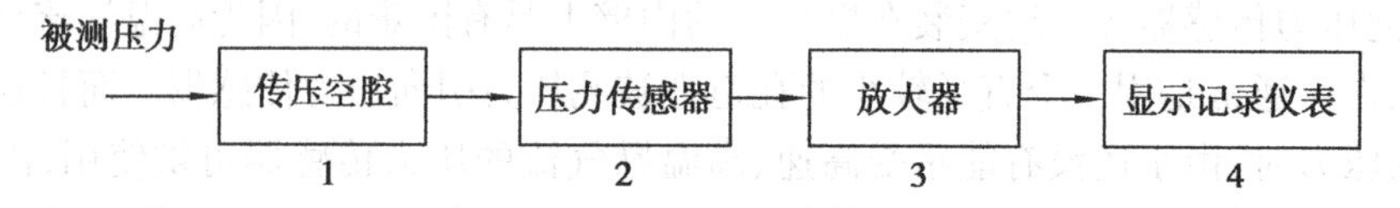

图 3.43 动态压力测量系统框图

在测量中,如果只考虑 2,3,4 环节的测量特性,并且其动态特性有很高的指标,即放大器、传感器和记录仪都有较宽的频率响应。但是所得到的系统输出的幅频特性、相频特性会失真,频率特性明显恶化以及测量压力值偏差超出误差允许范围,严重时将导致整个动态压力测量完全不可能进行。分析组成系统的各个环节,发现在压力测量系统中,为了测量某一容器中的动态压力,必须将传感器与该容器相接,要将压力通过传压小管引导到传感器内,进入传感器膜片前的空腔,达到测量压力的目的。于是它们构成了测量系统中的一个环节,如图 3.44 所示。

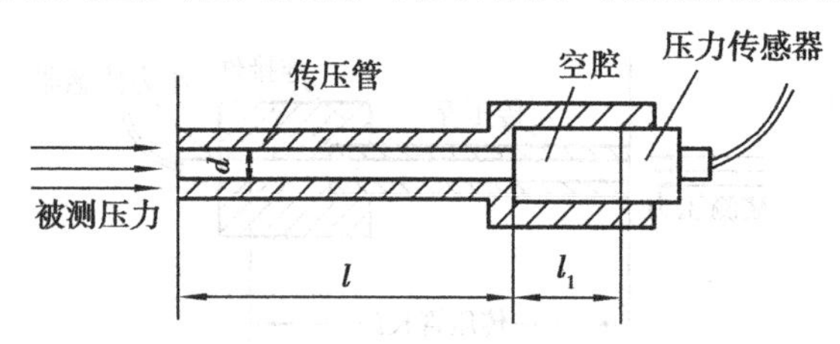

图 3.44 有空腔的传压管系统结构示意图

由于测量系统总的频率特性遵从环节串联相乘、并联相加的原则,并且对于串联环节组成的系统,整个系统总的频率特性主要决定该系统中频率响应较低的环节。由图 3.45 压力测量系统各环节的频率特性曲线可见:传压空腔的存在与作用使其成为压力测量系统各环节的频率特性中频率响应最低的一个环节。

2. 容腔效应解析

1)容腔效应的数学模型

将上述测压系统中的容腔环节取出,进行分析。如图 3.46 所示为容腔环节的物理模型,d 为传压小管直径,L 为传压小管长度,V 为传感器膜片前的空腔体积。P_i 表示被测压力;P_0 表示作用于传感器上的压力。

分析前对模型作几点假定:

①假定测量开始时,压力稳定不变,管道和容腔内压力均等于稳态压力 P_s,即 $P_0=P_i=P_s$。在被测压力改变时,压力波通过管道传至容腔,再作用在压力传感器膜片上。此时 $P_i\neq P_0$,由于只考虑压力的变化值,则用 P_i,P_0 表示相对于初始压力 P_s 的变化值。

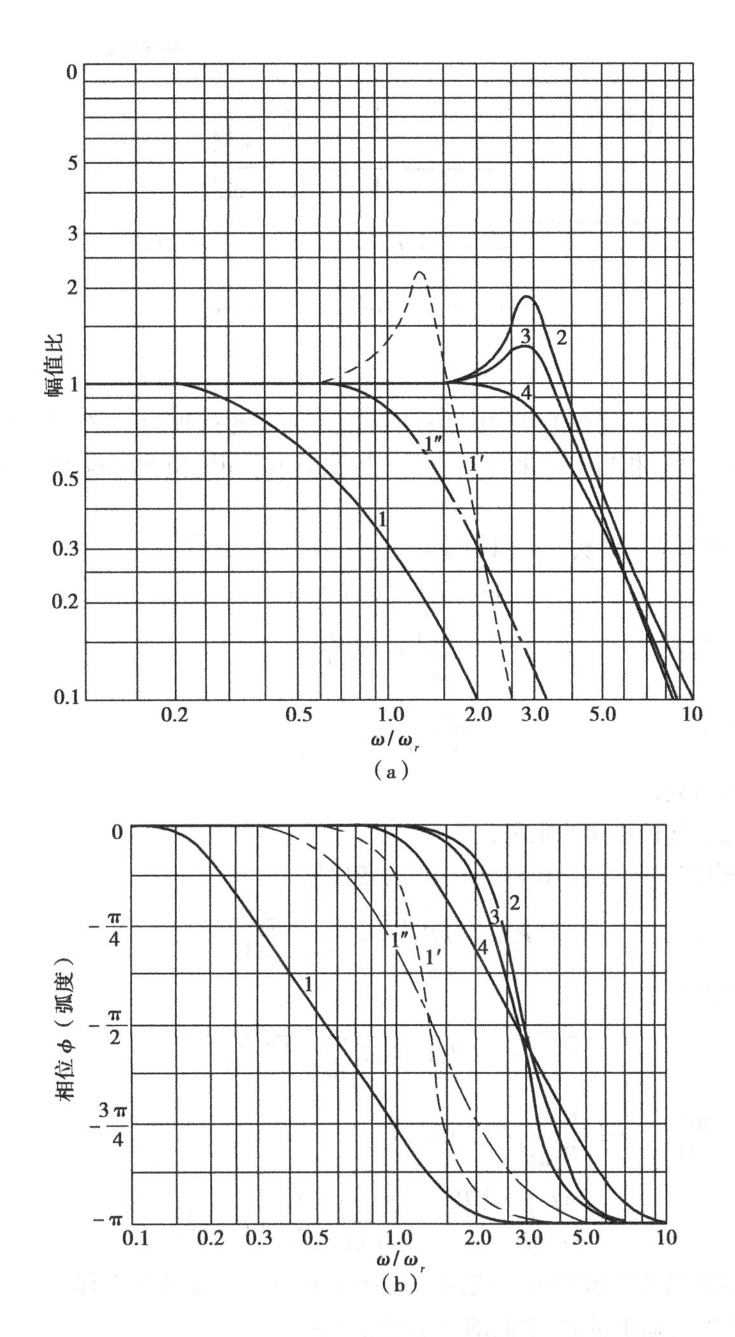

图3.45　压力测量系统各环节的频率特性曲线

(a)幅频特性；(b)相频特性

1—传压空腔频率特性曲线；2—压力传感器频率特性曲线；

3—放大器频率特性曲线；4—记录仪表频率特性曲线

②假定在压力变化时，管道中和容腔中气体的压力是均匀一致的。当 P_i 增大，管道中的气柱则受到压力$\frac{\pi d^2 P_i}{4}$，此压力使管道内的气体向空腔流动。空气在通道中流动假定为层流状态，空气流动时，由于气体的粘性而受到管道的阻力，由流体力学可知此时阻力对于层流状态

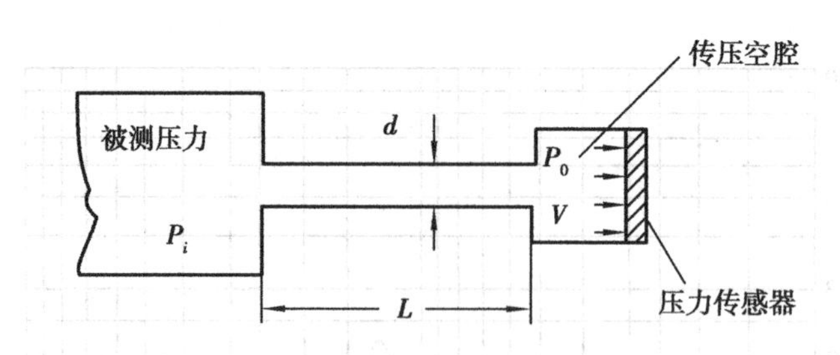

图 3.46　动态压力测量系统中的容腔

等于 $8\mu L\dfrac{\mathrm{d}x}{\mathrm{d}t}$。

③如果气柱流进空腔容积 V 中，压力 P_0 即增加，假定此过程为一绝热压缩过程。流进空腔的体积为 $\mathrm{d}V$ 的气体，相当于原来空腔中气体体积减小了 $\mathrm{d}V$，由此可得到压力变化与体积变化间的关系。

绝热过程　$pV^k = C =$ 常数　$p = V^{-k}\times C$

求对数

$$\ln p = -k\ln V + \ln C \tag{3.74}$$

对式(3.74)求导

$$\frac{\mathrm{d}p}{p} = -k\frac{\mathrm{d}V}{V} \tag{3.75}$$

改写式(3.75)

$$\frac{\mathrm{d}p}{p}\approx\frac{P_0}{P_s} = -k\frac{\mathrm{d}V}{V}$$

式中　k——绝热指数；

x——管道中气柱移动的距离；

$\mathrm{d}p/p$——空腔中压力 P_0 相对于原 P_s 的变化量。

得

$$P_0 = -kP_s\frac{\mathrm{d}V}{V} = -kP_s\frac{\pi d^2x}{4V} \tag{3.76}$$

由牛顿第二定律

$$\frac{\pi d^2}{4}(P_i - P_0) - 8\mu L\frac{\mathrm{d}x}{\mathrm{d}t} = \frac{\pi d^2L}{4}\rho\frac{\mathrm{d}^2x}{\mathrm{d}t^2} \tag{3.77}$$

将　$P_0 = kP_s\dfrac{\pi \mathrm{d}^2x}{4V}$　$x = \dfrac{p_0 4V}{kP_s\pi d^2}$代入(3.77)

得

$$\frac{4LV\rho}{\pi d^2kP_s}\frac{\mathrm{d}^2P_0}{\mathrm{d}t^2} + \frac{128\mu LV}{\pi^2d^4kP_s}\frac{\mathrm{d}P_0}{\mathrm{d}t} + P_0 = P_i \tag{3.78}$$

式(3.78)表明，管道和容腔所组成的气动环节为一个二阶微分方程。这个二阶环节，描述了环节输入量 P_i 与输出量 P_0 之间的动态特性关系。

2)容腔效应的动态特性参数

对于二阶环节，其动态特性可用两个动态特性参数决定，即固有频率 ω_n 和阻尼比 ξ。

由式(3.78)整理变形，可得：

固有频率：

$$\omega_n = \sqrt{\frac{\pi d^2kP_s}{4LV\rho}} = \frac{d}{\sqrt{LV}}\frac{\sqrt{\pi kP_s}}{\sqrt{4\rho}} \tag{3.79}$$

阻尼比

$$\xi = \frac{\sqrt{VL}}{d^3}\frac{32\mu}{\sqrt{\pi^3kP_s\rho}} \tag{3.80}$$

ω_n 增大可使测量系统或环节的动态特性变好，分析式(3.79)、式(3.80)可以看到，若使 ω_n 增大，则要使传压小管直径 d 增加，而容腔体积 V 和传压小管长度 L 要减小。

但是二阶环节是由两个动态特性参数相互决定的。d 的增加，和 V 及 L 的减小，则会使阻尼比 ξ 减小。当 ξ 减小到一定程度时，就会使系统的固有频率 ω_n 和被测压力的频率 ω 接近直至相等，测压系统根本无法测量压力，严重时产生共振，甚至会损坏测量仪器本身。

因此，对于传压容腔的几何尺寸：d,L,V 的大小应综合考虑，一般来说其几何尺寸都不应太大。

3）容腔效应的实验验证

从理论上分析，传压容腔的几何尺寸 d，V，L 应综合考虑，一般说来都不应很大，为直观起见，用粗细不同的玻璃管模拟传压容腔的容腔效应，如图3.47所示。取粗细玻璃管各一支，定性分析传压容腔几何尺寸对测试动态压力的影响程度。如图3.48所示，测量往复式取样泵出口脉动压力由示波器观察波形。图3.47(a)没接玻璃管时输出信号波形如图3.47(c)；图3.47(b)接细玻璃管时输出信号波形如图3.48(b)；图3.48(c)接粗玻璃管输出信号波形如图3.48(a)其原理和电气滤波原理相似。当取样泵接一细玻璃管，细管相当于一小电容，对脉动压力波有一定的吸收并平均作用，使波形趋于平滑。

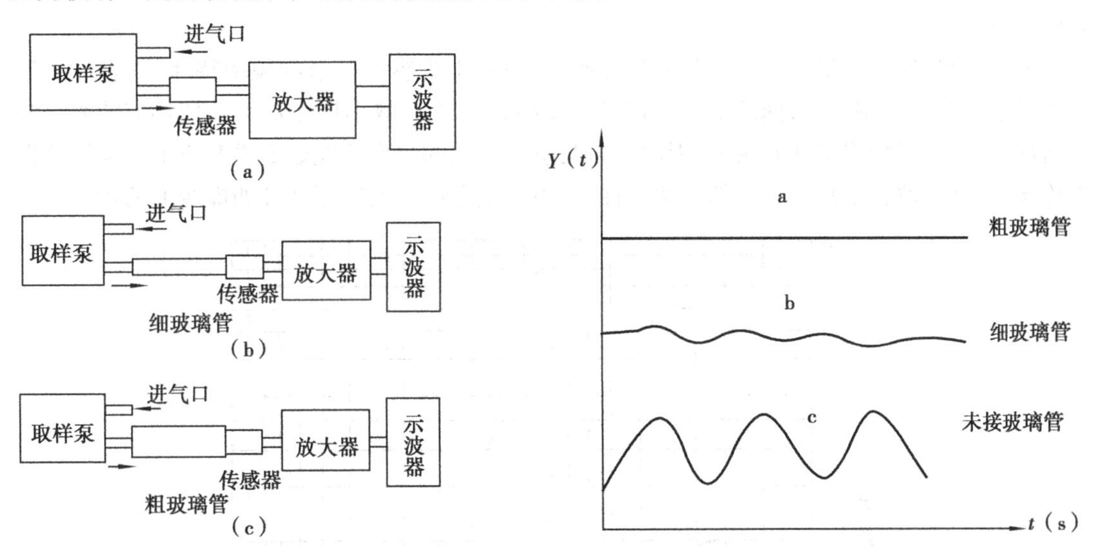

图3.47　传压容腔的模拟实验　　　　图3.48　往复式取样泵出口脉动压力

当接上粗管时，粗管两端的调节阀相当于两电阻，粗管相当于一容量更大的电容，这样则使脉动压力在容腔效应的作用下，趋于一直线。由此可知，由于容腔效应的作用，使压力波失真。

容腔效应大，使动态压力测量成为不可能。对于容腔环节也可以将其视为气动环节。气体在管子中的空腔可以近似地看成是一端固定另一端自由的气体圆柱体在轴向力作用下的轴向振动。由于声音在气体中传播的速度比固体中慢得多，所以气柱的自振频率很低。

如果管径比较小，管内气体的粘性效应将占主导地位，则管子气柱就不是振动环节，而是一个惯性环节，频率响应则更低，以致无法用于动态测量中了。

3.7.3 非谐振传压管系统

上述两种传压管系统在动态压力的作用下有可能发生共振现象。这是因为压力波在管道中传播到管底引起反射。反射波与入射波叠加,形成驻波,当驻波频率与管道的固有频率接近时,产生共振。为了消除共振,改善频率响应特性,扩大测量动态压力的频率范围,可采用非谐振传压管系统如图 3.49 所示。它是将压力传感器安装在一个三通连接件上(要与管内壁齐平安装),压力波通过安装管传递到传感器,再通过一段延伸很长的终端管继续向前传播。如果终端管无限长,那么压力波就没有反射,也就不会发生共振现象。实际上由于空气的粘滞阻尼,延伸的终端管并不需要无限长,只要反射压力波到达传感器之前已衰减到可以忽略的程度就可以了。

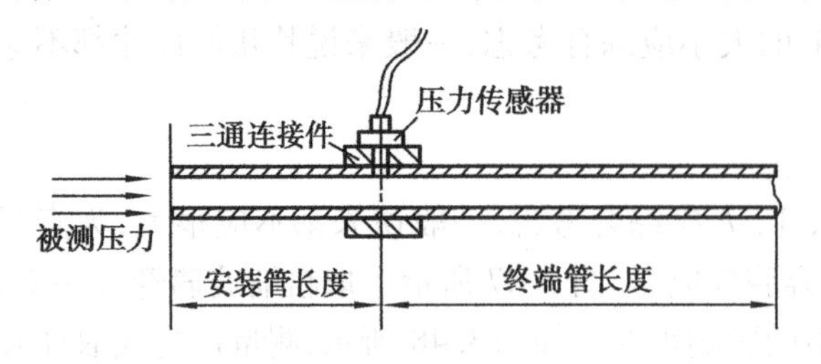

图 3.49 非谐振传压管系统结构示意图

理论分析和试验证明,终端管短,幅频特性曲线的波动较大,这说明管道内还存在着幅值较大的反射压力波,有可能形成驻波和共振。一般若终端管长 20 m 左右,就基本上消除了反射压力波。

如图 3.50 压力测量系统总的频率特性所示,曲线 1 为容腔环节的频率特性,它表征了压力测量系统总的频率特性;曲线 1′是增加了传压小管直径 d、减小长度 L 和 V,使环节的固有频率增加,然而此举使阻尼比 ξ 减少,因而压力测量系统总的频率特性如虚线 1′所示。采用非谐振传压管系统,改善了整个系统的频率特性,压力测量系统总的频率特性如虚线 1″所示。

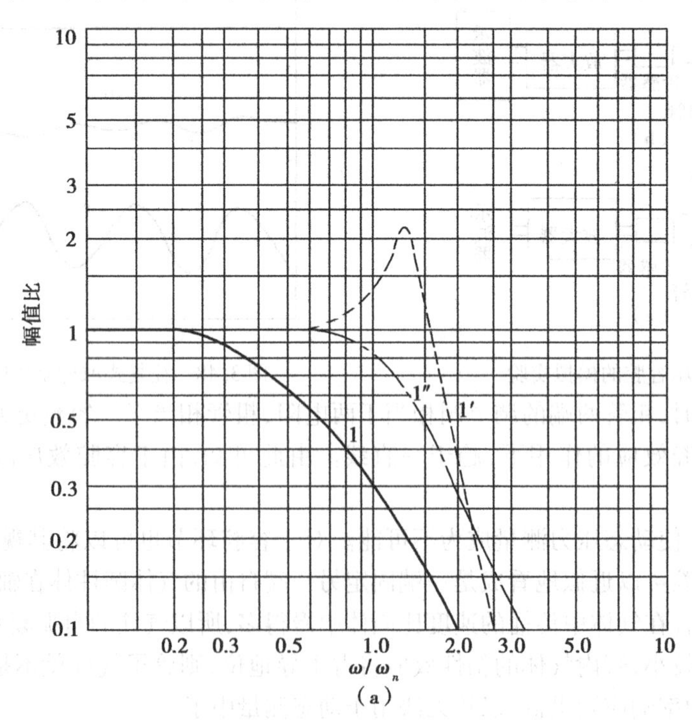

(a)

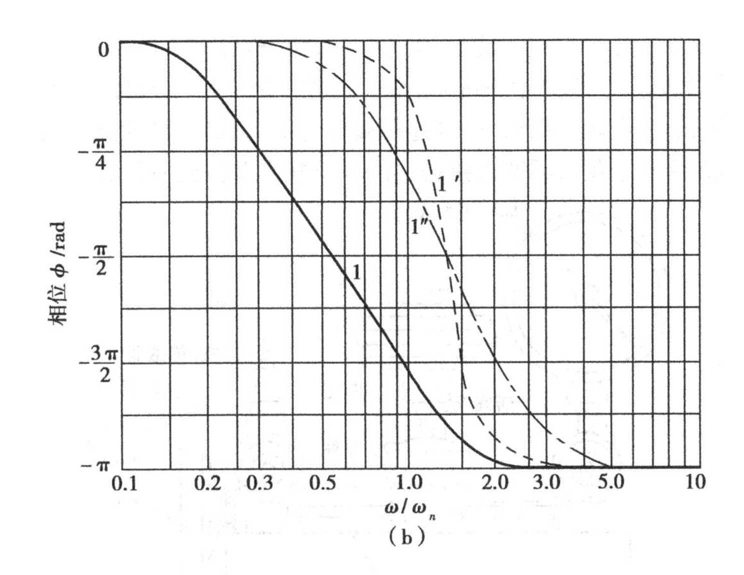

图3.50　压力测量系统总的频率特性

(a)幅频特性;(b)相频特性

安装管长度对管系的低频特性无明显的影响,但在频率较高时,由于管系的阻尼作用,使幅频特性有下降的趋势。安装管较短的管系,高频响应较好。当然,安装管的内径也不能太小,否则压力幅值衰减太大,影响测试精度。

从以上分析可知,采用非谐振传压管系统,对改善有管道测压系统的动态响应特性是行之有效的。

3.8　传感器的静态标定与动态标定

和其他测量仪器类似,传感器在工作之前必须进行校准(标定)。由于压力传感器主要应用于动态压力测量,所以除了静态标定以外,还应该进行动态标定。

所谓标定就是给出测量系统的标尺,由这个标尺来度量测量与输出量之间的对应关系。

测压系统标定的目的是确定测量结果与被测压力信号之间的关系。进行标定时,利用专门的压力标准装置,给压力传感器施加一系列标准压力,然后测出压力传感器或测压系统的输出量,从而得到输出量与标准压力值之间的定量关系。当然,要准确地测量出被测压力,标定过程最好能模拟实际的试验过程,即给出的标准压力应与被测压力的性质相同,以免引起很大的误差。在压力测量中,被测压力多为动态量,要给出一个标准的动态压力是较困难的。目前,对动态压力的测量,一般仍采用静态标定。经验表明,只要整个测压系统的响应频率足够高(例如,5倍于被测压力信号频率),那么,用静态标定过的测压系统测量动态压力,其结果是有足够精度的。

3.8.1　静态标定

静态标定的目的是确定传感器或测压系统的静态特性指标——灵敏度、线性度、重复性及迟滞误差等。目前,常用的静态标定装置有:活塞压力计、杠杆式和弹簧测力计式压力标定机。

图 3.51 是用活塞压力计对压力传感器进行标定的示意图。活塞压力计是由校验泵(压力发生系统)和活塞部分(压力测量系统)组成。校验泵由手摇压力泵、油杯、进油阀及两个针形阀组成,在针形阀上装有联接螺帽,用以连接被标定的传感器及标准压力表。活塞部分由具有精确截面的活塞、活塞缸及与活塞直接相连的承重托盘及砝码所组成。

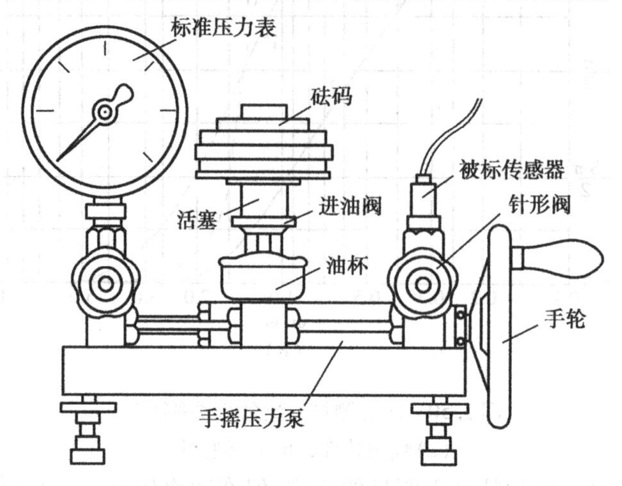

图 3.51　压力标定示意图

压力计是利用活塞和加在活塞上的砝码重量作用在活塞面积上所产生的压力与手摇压力泵所产生的压力相平衡的原理,来进行标定的,其精度可达 ±0.05% 以上。

标定时,把传感器装在联接螺帽上。然后,按照活塞压力计的操作规程,转动压力泵的手轮,使托盘上升到规定的刻线位置,按照所要求的压力间隔,逐点增加砝码重量,使压力计产生所需的压力,同时用数字电压表记下传感器在相应压力下的输出值。这样就可以得出被标定传感器或测压系统的输出特性曲线(即输出与压力之间的关系曲线)。根据这条曲线就可确定出所需要的各个静态特性指标。

在实际测试中,为了确定整个测压系统的输出特性,往往需要进行现场标定。为了操作方便,这时可以不用砝码加载,而直接用标准压力表读取所加的压力。测出整个测试系统在各压力下的输出电压值或示波器的光点位移量 h,就可得到如图 3.52 所示的压力标定曲线。

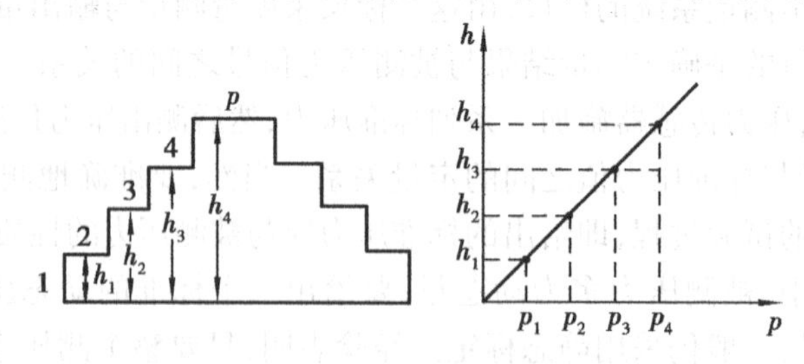

图 3.52　压力标定曲线

上面的标定方法对于压电式压力测量系统来说是不合适的,因为活塞压力计的加载过程时间太长,致使传感器产生的电荷有泄漏,严重影响其标定精度。所以对压电式测压系统一般采用杠杆式压力标定或弹簧测力计式压力标定机。

3.8.2　动态标定

在热物理过程的压力测量中,如果用反应很慢的传感器或测量系统去测量变化很快的压力(如爆炸压力),所得到的结果是难以置信的。因此,进行动态标定的目的就是要确定传感器或测量系统对动态压力的响应特性,以便正确地估计动态测量误差。

对压力传感器或测量系统进行动态标定的方法是输入一已知的动态压力信号,根据输出确定频率响应特性。产生已知动态压力方法有非周期信号发生器(如激波管产生阶跃压力信号)和周期信号发生器(如活塞式或转盘调制式压力信号发生器)。

1.激波管法

激波管是一个典型的阶跃压力发生器。它是一根恒截面的管子,中间用膜片把它分隔成两个封闭的腔室,一个是高压腔,另一个是低压腔。高压腔充气升压,致使膜片破裂。这时,膜片附近的压力发生突然变化,产生一个激波。所谓激波,是当气体中某处的压力发生突然变化时,压力波以超过音速的速度传播,其速度随压力变化的强弱而定,压力变化越大则速度越高。这种波的特点是,当波阵面到达某处时,该处气体的压力、温度和密度都发生剧烈的变化。在波阵面尚未到达的地方,气体则完全不受其扰动。波阵面后面的气体压力、温度和密度都比波阵前面的高,而且气体的粒子也朝着波阵面运动的方向流动但速度低于波阵面的速度。

激波管工作过程中压力的变化情况如图3.53所示。图3.53(a)表示激波管在破膜以前的压力状况,P_4为高压腔的压力,P_1为低压腔的压力,且$P_4>P_1$;图(b)为破膜后不久的状况,此时激波以超音速在低压腔向右推进。在激波未到之处,压力维持原值P_1,激波后面压力上升为P_2,激波后面的气体粒子也同时向右运动。另外,在高压腔,当破膜时在膜片附近产生稀疏波,这个波以音速向左传播,同时压力逐渐下降为P_3;图(c)表示稀疏波在到达高压腔端部并被反射而改为向右传播时的状况。在稀疏波后面压力降为P_6;图(d)表示激波在低压腔的端面反射时的状况,在反射激波的前面压力保持原来的值P_2,而激波后面到低压腔端面之间压力升到P_5。

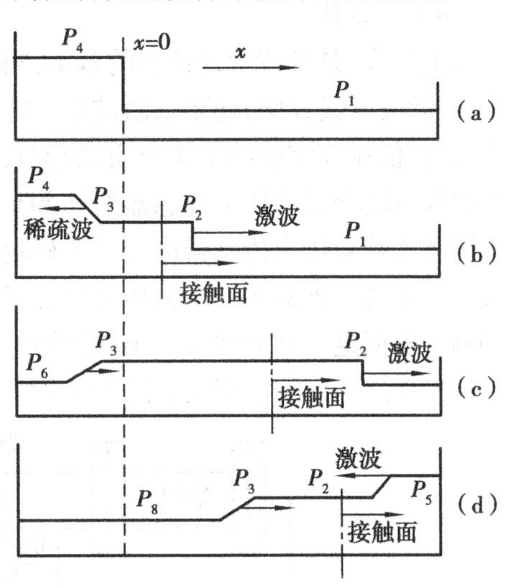

图3.53　激波管中压力变化情况
(a)破膜前;(b)破膜后稀疏波反射前;
(c)稀疏波反射后;(d)激波在末端反射

从上面的工作过程可以看出:当被标定的传感器安装在低压腔的侧壁上,激波经过时,传感器上的压力将由P_1升到P_2,即受到一个P_2-P_1的阶跃压力;而传感器安装在低压腔的端面上时,传感器所受到的阶跃压力将为P_5-P_1。

在激波管中所产生的激波压力的上升时间是很短的,约为10^{-9} s,持续时间为几个微秒(μs),压力幅值为几个帕(Pa)到几十万帕。所以在高频压力传感器的动态标定中,可认为它是一个比较理想的阶跃压力发生器。当高、低压腔室均为空气时,根据激波管理论,可知有如下的关系:

$$P_{51}=\frac{P_5}{P_1}=\frac{(8P_{21}-1)P_{21}}{P_{21}+6} \tag{3.81}$$

$$P_{14}=\frac{P_1}{P_4}=\frac{1}{P_{21}}\left[1-(P_{21}-1)\sqrt{\frac{1}{7(6P_{21}+1)}}\right]^7 \tag{3.82}$$

$$P_{21}=\frac{P_2}{P_1}=\frac{7M_1^2-1}{6} \tag{3.83}$$

将式(3.83)代入式(3.81),则得

$$P_{51}=\frac{1}{3}\frac{(7M_1^2-1)(4M_1^2-1)}{M_1^2+5} \tag{3.84}$$

$$M_1=\frac{u}{a} \tag{3.85}$$

式中 P_4——高压腔压力;

P_1——低压腔压力;

P_2——入射激波压力;

P_5——反射激波压力;

u——入射激波速度;

a——音速。

以上公式,是激波管设计中的基本方程。为了能够记录足够的信息,以确定传感器的传递函数,在激波管设计中,还要求激波有一定的恒压时间(一般在5~10 ms之间),它通常是与激波管的高、低压腔室中的工作介质、腔室长度以及激波强度有关。由于恒压时间不可能过长,故激波管只适合高频压力传感器约几kHz以上)的动态标定。

用激波管对压力传感器进行动态标定的大致过程是:由激波管作为动态压力源,产生一个阶跃压力来激励被标定的压力传感器,然后用适当的记录仪器记下传感器被激励后的响应过程,最后,根据这一响应曲线求出传感器的传递函数或频率特性。图3.54是用激波管进行压力传感器动态标定的示意图。除激波管外,还有气源、测速装置、测量电路及记录仪器。

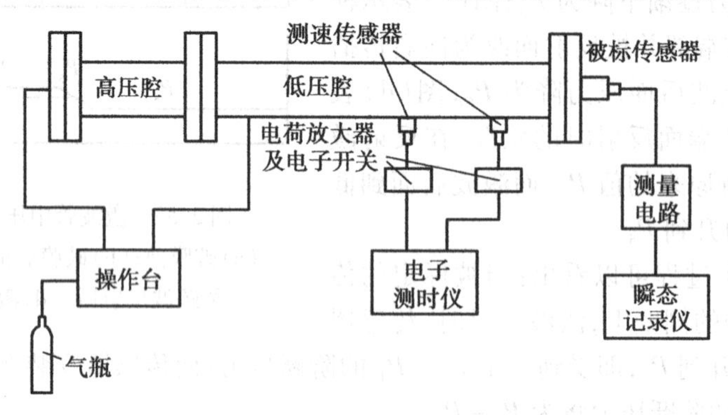

图3.54 激波动态标定装置

气源部分用于供给激波管以高压气体。高压气瓶内的高压空气经减压器、控制阀到激波管的高压腔内。减压器用于控制所加高压的上限以免出现损坏被校传感器的现象或造成其他事故。在控制台上装有控制阀、放气阀、压力表等。控制阀用于控制进气量,以控制破膜;压力表用于指示高压腔的压力值;放气阀用于试验后将激波管内的余气放掉。测速装置由压电传

感器、电荷放大器、电子开关和电子测时仪组成。这部分的作用是测量入射激波的马赫数 M_1，可由下式求得：

$$M_1 = \frac{L}{\Delta t \cdot a} \times 10^6 (M) \tag{3.86}$$

式中　a——标定时当地的音速，$a = 331.36 + 0.54 \times T$，m/s；

T——气流温度；

L——两测速传感器 A_1，A_2 之间的距离，m；

Δt——电子测时仪的读数，μm。

测量电路主要是用来改变传感器阻抗或放大传感器的输出信号以推动记录仪器正常工作。如果只是对传感器作动态标定，那么要注意选择测量电路和记录仪器，使它们的频率响应远大于被标定的压力传感器的固有频率。

记录仪器目前常用瞬态记录仪，其采样频率可达 10 MHz，可以准确地记下响应曲线。同时还可通过接口电路把数据直接输给微机进行数据处理或将输出信号送入动态频谱分析仪上进行频谱分析。在频谱分析仪的示值数值最大时，通道的中心频率即为被标传感器的固有频率。

2. 正弦压力发生器

正弦压力发生器是给出不同频率的正弦压力信号，输入给传感器系统，然后测出系统的输出幅值，这样即可作出传感器系统的幅频特性。由于产生一个波形良好的正弦压力信号是比较困难的，特别要求压力幅度大、频率高时就更难，故目前正弦压力标定系统主要用于低压、低频压力传感器的标定。

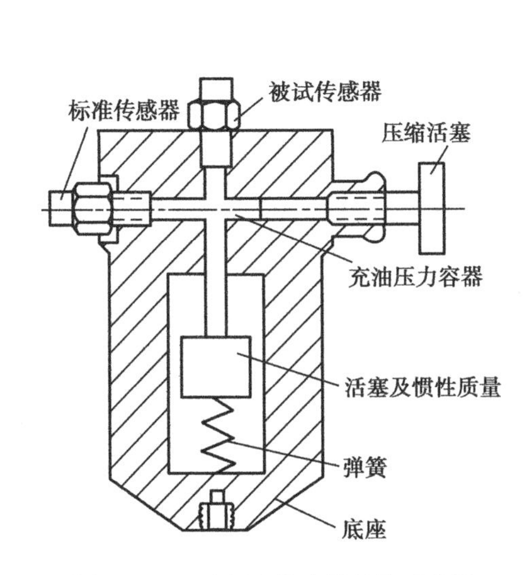

图 3.55　正弦压力发生器结构示意图

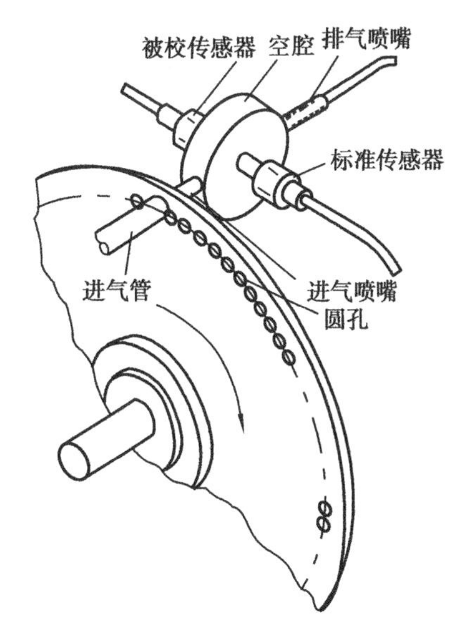

图 3.56　进气调制式正弦压力发生器

图 3.55 为活塞式正弦压力发生器的结构原理图。它是由弹簧活塞块、充油腔室、压缩弹簧及压缩活塞组成。调节压缩活塞的位置可以改变充油腔室内的起始压力，通过外壳下部的螺孔把它安装在电磁振动台上。当振动台产生振动时，弹簧活塞块就受到一个与振动台频率相同的加速度激励，腔室内的油受活塞块作用产生压力变化，从而使标准传感器和被标传感器

同时受到正弦变化的压力作用。通过改变振动台的振动频率和幅度,就可实现动态标定的目的,得到系统的幅频特性。此装置在某一频率下会产生共振,产生共振的频率取决于油的可压缩性和活塞的质量。由于在标定时,整个系统都在振动,压力传感器容易受到加速度信号的干扰,故这样的装置只能标定那些对加速度不敏感的压力传感器。

图 3. 56 是进气调制式正弦发生器结构示意图。它包括脉压腔室和由直流电机拖动的调频转盘。脉压腔室是一个短圆柱形腔室,被标定的传感器和标准传感器对称地齐平安装在腔室的两个端面上。压力的正弦变化是通过开孔的调频转盘周期地改变进气口的面积,从而改变腔室内的气体质量而形成的。腔室内的起始压力可以通过偏置压力输入输出管调节。正弦压力发生器的高频特性受脉压腔室本身的谐振频率所限制。腔室谐振频率的大小与腔室的结构尺寸有关,它随腔室结构尺寸增大而下降。为了减少腔室谐振频率的影响,标定时所用正弦脉动压力的上限频率一般不大于腔室最低频率的 1/5,这种标定系统的工作频率范围为 100 Hz ~ 20 kHz。

第 4 章 温度及温度场测试技术

4.1 基本概念

4.1.1 温度的概念

温度是表征物体冷热程度的状态参数，而物体的冷热程度又是由物体内部分子热运动的激烈程度，即分子的平均动能所决定。因此，严格地说，温度是物体分子运动平均动能大小的标志。只有从热力学第零定律出发，才能得到温度和绝对温度的概念以及计量温度的方法。也就是说，用温度表示物体冷热程度是建立在主观感觉的基础上，是定性的了解。要分析和解决实际中提出的各种热学问题，就要建立起严格的科学的温度的定义。

热力学第零定律也叫热平衡定律，它叙述为：如果两个热力学系统中的每一个都与三个热力学系统处于热平衡，则它们也必定处于热平衡。从热力学第零定律出发，我们可以知道，处在相互热平衡状态的物体必然具有某一共同的物理性质。表征这个物理性质的量就是温度。

温度概念的建立和温度的定量测量都是以热平衡现象为基础的。温度决定某一系统是否与其他系统处于热平衡的宏观性质，其特征在于一切互为热平衡的系统都具有相同的温度。

什么叫热平衡？假设两个热力学系统，原先各自处在一定的平衡态，现在让它们互相接触，经过一段时间后两个系统的状态不再发生变化，达到一个共同的平衡态，这种平衡态是在两个系统发生传热的条件下达到的，所以叫热平衡。

根据经典统计有：

$$\frac{1}{\beta} = kT \sim \frac{\overline{E} - E_0}{f} \tag{4.1}$$

这就给绝对温度概念作了经典解释。式中，β 是体系的绝对温度的度量，k 是玻尔兹曼常数，f 为自由度，$\overline{E}$ 为体系的平均能量，E_0 为基态能。通常体系的绝对温度为正，即 $\beta > 0$ 或 $k > 0$。由式(4.1)可知，对于绝对温度为 T 的体系，数值 kT 大致等于体系在每个自由度上的平均能量(超过基态能的能量)。T 与体系的平均能量有关，而不是和体系中某个粒子的能量有关。

4.1.2 温标

式(4.1)只是定性地说明了温度,为了确定温度的数值,首先要建立一个衡量温度的标度,称为“温度标尺”,简称“温标”。温标规定了温度的读数起点(零点)和测量温度的基本单位,各种温度计的刻度数值均由温标确定。在国际上,温标的种类很多,如摄氏温标,华氏温标,热力学温标和国际温标等。

1. 摄氏温标

摄氏温标和华氏温标都是根据水银受热后体积膨胀的性质建立起来的。摄氏温标规定标准大气压下纯水的冰融点为0度,水沸点为100度,中间等分为100格,每格为摄氏1度,符号为℃。

2. 华氏温标

华氏温标规定标准大气压下纯水的冰融点为32度,水沸点为212度,中间等分180格,每格为华氏1度,符号为°F,它与摄氏温标的关系如下式所示:

$$C = \frac{5}{9}(F - 32) \tag{4.2}$$

式中 C 和 F 分别代表摄氏和华氏的温度值。

由此可见,用不同温标所确定的温度数值是不同的。上述两种温标是依赖物体的物理性质建立起来的,由于没有一种物质的物理性质与温度呈线性关系。所以,测得温度的数值都与温度计所采用的物质性质有关,如与水银纯度、玻璃管材料等因素有关,这样就不能保证世界各国所采用的基本测温单位(度)完全一致。

3. 热力学温标

热力学温标又称开氏温标(K)或绝对温标,它是根据卡诺循环建立起来的,在卡诺循环中:

$$\frac{Q_1}{T_1} = \frac{Q_2}{T_2} \tag{4.3}$$

上式表示工质在温度 T_1 时吸收热量 Q_1,而在温度 T_2 时向低温热源放出热量 Q_2,如果指定了一个定点 T_2 的数值,就可以由热量的比例求得未知量 T_1。由于上述方程式与工质本身的种类和性质无关,因而避免了分度的“任意性”。

可是卡诺循环实际上是不存在的,实践中要用这原理建立温标是不可能的,人们发现理想气体的压力 P、体积 V 和温度 T 之间有如下的关系:

$$\frac{PV}{T} = 恒量 \tag{4.4}$$

理想气体温标与热力学温标是互相一致的(只要选择同样的定点和原位),可借助于气体温度计来实现热力学温标(对于一定质量的气体,当体积保持不变时,压力就与温度成正比,这样就可以按气体压力的变化来测量温度,这种温度计叫做气体定容温度计,也可制做定压温度计)。

由于理想气体是不存在的,我们可以用某些在性质上接近理想气体的真实气体(氢、氦和氨)来作温度计,并根据热力学第二定律得出对这种气体温度计的读数修正值,这就在实践中制定了热力学温标。

然而，气体温度计本身非常复杂笨重，读数又非常迟缓，同时由于受到容器本身耐热性和气密性的限制，测量上限只能达到 1 500 ℃左右，因此用气体温度计来复现热力学温标是不方便的，在工业上更是不可能的。

为了克服气体温度计的缺点，便于温度的实际测量，于是就采用了协议性的国际实用温标。它自 1927 年开始建立，几经修改，最新的是 1990 年国际实用温标（ITS—90），它于 1990 年元旦开始实施。

4. 国际实用温标 ITS—90 简介

1）温度及其表示方法

国际实用温标规定以热力学温度为基本温度，符号为 T，单位为开尔文，符号为 K，它规定水三相点热力学温度为 273.16 K，定义 1 K 等于水三相点温度的 1/273.16。

国际实用开尔文温度和摄氏温度的关系为

$$t = (T - 273.15)\ ℃ \tag{4.5}$$

2）国际实用温标 ITS—90 的主要内容是：

①用 17 个定义基准点，它包括 14 个高纯物质的三相点、熔点和凝固点以及 3 个用蒸汽温度计或气体温度计测定的温度点，从而保证了基准温度的客观性。

②规定了不同温度区域内复现热力学温标的基准仪器。

例如，从 0.65 K 到 5.0 K 之间采用 ^{3}He 或 ^{4}He 蒸汽温度计作为内插仪器；从 3.0 K 到 24.556 1 K之间采用 ^{3}He 或 ^{4}He 定容气体温度计作为内插仪器；从 13.803 3 K 到 961.78 K 之间采用铂电阻温度计作为内插仪器；961.78 K 以上的温区采用的内插仪器用光电（光学）高温计。

③建立了基准仪器的示值与国际温标温度之间关系的插补公式和偏差函数，从而使连续测温成为可能。

对国际实用温标 ITS—90 的进一步了解，读者可参阅有关的专门资料。

5. 温度标准的传递

温标的传递一般包括两个方面，一是生产中对各测温仪表的分度，把标准传递到测温仪表；二是对使用中或修理后的测温仪表的检定，通过检定才能保证仪表的准确可靠。

国际实用温标有关的基准仪器都是由国家规定的机构（中国计量科学研究院）保存，并通过省市计量机构传递下去。为了把温度的正确数值传递到实用的测量仪表，需要按某一个传递系统进行，其传递关系如图 4.1 所示。

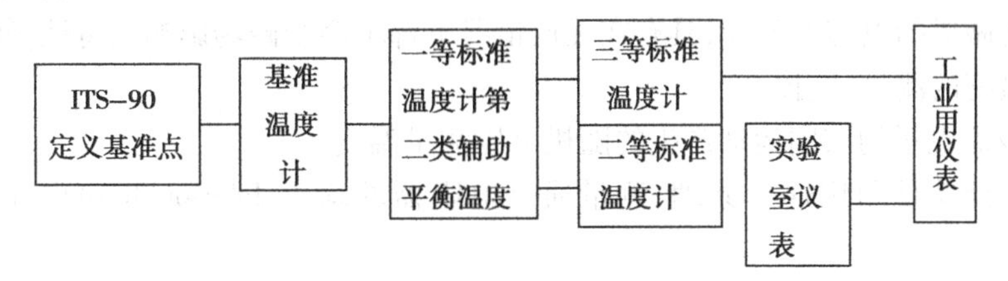

图 4.1　温度基准仪器传递系统框

4.1.3　温度测量的机理与方法

温度不能直接加以测量，只能借助于冷热不同的物体之间的热交换，以及物体的某些物理性质随冷热程度不同而变化的特性来加以间接测量。物质的某些物理量，如体积、密度、硬度、粘度、弹性模数、破坏强度、导电率、导热率、热容量、热电势、热电阻和辐射强度等均随温度变化而变化。而且,在一定条件下,这些物理量的每一个数值都对应着一定的温度。如果事先知道它们与温度的对应关系,那么,便可通过测量这些物理量来达到测温的目的。同时,至关重要的一点是希望用以判断物体温度变化的那一物理性质能连续地、单值地随温度变化而变化而与其他因素无关,便于精确测量。选择这一物理性质的工作是件复杂而困难的工作。

1. 较为成熟的测温方法

1)利用物体热胀冷缩的物理性质测量温度

利用固体的热胀冷缩现象制成的双金属片温度计和利用液体的热胀冷缩现象制成的玻璃管水银温度计和酒精温度计。这类温度计结构简单,价格低廉,温度测量范围常用于-200~700 ℃。利用气体的热胀冷缩现象制成的压力表式温度计,具有结构简单,防爆、防震,可远距离传输显示。但准确度较低,滞后性较大,常用测量范围为0~300 ℃。

2)利用物体的热电效应测量物体的温度

两种不同的金属导体组成闭合回路时,当两接点温度不同时,回路内就会产生热电势。利用物体的这种热电性质,将感受到的被测物体的温度转换成热电势作为信号输出。如热电偶温度计,它测量准确度高,能远距离传送,常用于测量-100~1 800 ℃范围内的温度,是目前温度测量中应用最广泛的温度计之一。

3)利用物体的导电率随温度变化而变化的物理性质测量温度

实验表明,温度每升高1 ℃,一般金属的电阻值升高0.4%~0.6%。而半导体的电阻值则下降1.6%~5.8%。电阻温度计就是利用导体或半导体的电阻值随温度变化的性质来测量温度的。电阻温度计的主要优点是稳定、灵敏,具有较高的测温准确度,其测温范围通常为-200~+650 ℃。由于电阻温度计是将感受到的被测物体的温度变成电阻值的变化,再通过中间变换器电桥变换成电信号输出,所以能远距离传送信号。电阻温度计感温元件一般都比较大,因而不能测量"点"的温度且有较大的热惯性。

4)利用物体的辐射强度随温度变化而变化的物理现象测量物体温度

利用物体的辐射强度随温度变化而变化的的物理现象做成的辐射温度计,能测量很高的温度;能测量无法接触或运动物体的温度;能测量导热系数很小或热容量很小的物体温度;能测量很微小的面积或很大面积上的温度。常用的辐射温度计有亮度高温计和比色高温计等。

2. 正在研究、发展的测温方法

1)利用某些物质的介电常数在某个范围内与温度相关来测量温度

如钛酸锶做成的电容温度计,具有在任何情况下都不会受磁场影响的特性,使其应用于高磁场场合下温度的测量、监控。

2)利用载流电子的布朗运动产生的随机电压测量温度

噪声温度计就是利用这一原理,测量通过电阻器的均方 Johnson 噪声电压达到测温的目的。

3)利用压电石英的自然振动频率与温度有关来测量温度

石英温度计就是利用这一性质达到测温的目的。实验发现,石英的共振频率与温度有关。在-80~±250 ℃的温度范围内,石英的共振频率以1 000 Hz/K随温度呈线性变化。所以石英温度计既可用于高精度的温度测量,又可作为标准温度计进行温度基准传递,也可在现场稳态条件下进行精密测温和控温。

4)利用物质的磁化强度与所施加磁场的比值与温度成反比来测量温度

顺磁温度计是基于顺磁盐的磁化率与热力学温度有关的原理研制而成的。使用方法是在互感电桥的线圈之间放置一个合适的材料样品，样品与所测量的介质有很好的热接触，在达到4.2 K温度时很有效，可用于太空中的测量。

5）利用声速与气体静态温度的热力学关系式来测量温度

声速温度计正是基于这一原理用于测量流体或固体表面温度，传统上用于低温2.5～30 K的温度测量。目前发展至用于高达1 000 ℃的温度测量。还可用于探测海洋温度变化，通过接收低于100 Hz跨海洋盆地传播的低频声音来测量温度。

此外还有其他的测温方法，如超声波技术、激光技术、射流技术、微波技术、热成像测量技术、液晶技术等用于测量温度。本章主要介绍以热电偶温度计为代表的接触式温度计和用辐射学方法测量温度的温度计，并重点介绍用接触式感温元件测量温度的技术手段与方法。

3. 以测温方法分类的温度计

根据温度计测温方法的不同，可把温度计分为两类：

1）接触式测温

接触式测温是要求感温元件浸入被测介质或与被测物体直接接触进行测温的方法，如水银玻管温度计、热电偶及热电阻温度计等。接触式测温，从根本上说，温度计指示的温度只是感温元件本身的温度。例如热电偶所测到的温度只是其热接点的温度。通常，人们将感温部的温度就当作被测对象的温度。例如，水银温度计指示100 ℃时，只表明温度计感温包的温度为100 ℃，然而人们需要知道的却是被测对象的温度，于是就有这样一个问题，被测温度能否用温度计的指示温度来表示呢？根据达到热平衡的诸物体具有相同温度的原理，只要温度计与被测介质之间的热交换达到平衡，则温度计的示值便可以用来表示被测温度。不过在工程测量中，这不过是一种近似。绝大多数情况下，接触式感温元件与被测介质之间，一是来不及达到热平衡，因为被测介质的温度是随时间变化的；二是被测介质不单与感温元件进行热交换，还与被测物体的其他部件进行热交换，因而此时的“热平衡”是近似的。所以必须从方法和手段上解决用接触式感温元件测温的误差问题。

2）非接触式测温

非接触式测温感温元件与被测对象不直接接触，可实现远距离测量。用这种方法测温时，不会破坏被测对象的温度场，进而消除了由于接触被测介质带来的一系列造成温度场畸变的因素。

4. 以输出量性质分类的测温方法

在温度测量中，为了达到测量的目的，需要对温度量进行信号测量、变换。所谓测量、变换就是将一个物理量的大小去反映另一个与之有函数关系的物理量的大小。目前常见的温度测量变换分为以下三类：

1）温度的力学测量方法

将温度信号变为水银玻管温度计或酒精温度计的液柱位移；将温度信号变成金属片的膨胀位移的双金属片温度计；将温度信号变成介质膨胀的压力式温度计等，这种将温度变化的输入量变换成位移、线位移、角位移等力学量输出的测量方法称之为温度的力学测量方法。

2）温度的电学测量方法

将温度信号变换为热电偶温度计的热电势输出或能将温度信号变换成测定热电阻值的电阻温度计等，这种将温度变化的输入量变换成热电势、热电阻等电学量输出的测量方法称之为温度的电学测量方法。

3)温度的光学测量方法

将温度信号变为光学量输出,早已应用于工业测量中,包括测量气体发射或吸收辐射能的光谱法;利用黑体辐射定律来测量不透明表面温度的光测高温法等。如红外热像仪在测量物体的表面温度时,就是利用“自然界中的一切物体,只要其温度高于绝对零度时,就总会向外发射辐射能”的原理,收集并探测这些辐射能,将输入的温度信号变成输出的光学量,最后获得被测物体的温度示值。还有可利用光线在通过不均匀折射率场会发生弯曲的原理,将温度场的信号变为光线在空间变化的位置来测量及推算温度场变化的折射率场显示等。这种将温度变化的输入量变换成光学量作为输出量的方法称之为温度的光学测量方法。

4.2 温度测量的力学方法

4.2.1 玻璃管液体温度计

玻璃管液体温度计是利用液体体积随温度升高而膨胀的原理制作的温度计,常用的有水银玻管温度计和酒精玻管温度计两种。

图4.2为玻璃管液体温度计示意图。其基本结构由装有感温液的感温泡、玻璃毛细管和刻度标尺三部分组成。使用时通过感温液体随温度变化而体积发生变化与玻璃随温度变化而体积变化之差来测量温度,温度计所显示的示值即液体体积与玻璃毛细管体积变化的差值。

玻璃管液体温度计的特点是测量准确、读数直观、结构简单、价格低廉、使用方便,因此应用十分广泛。其不足之处在于易碎、输出信号不能远传和自动记录。液体介质采用水银是因为水银不易氧化变质,容易获得很高的测量精度,在相当大的温度范围内 -38 ~ 356 ℃保持液态,特别是在 200 ℃以下其膨胀系数几乎和温度成线性关系,所以水银玻管温度计可作为精密的标准温度计用于精密测量。

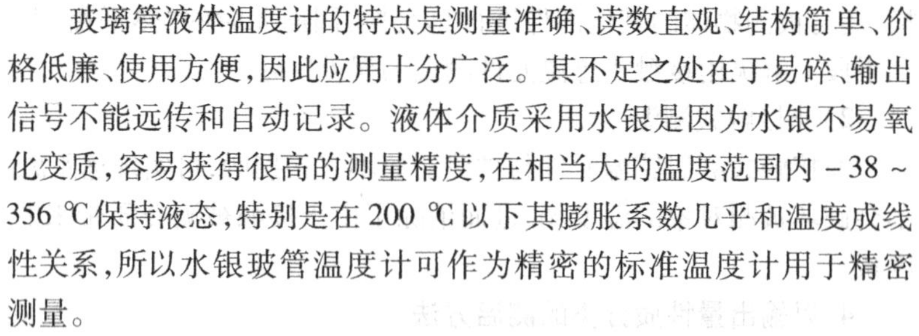

图4.2 玻管温度计示意图
1—液体温包;2—毛细管;
3—刻度标尺;4—膨胀室

玻璃管液体温度计在使用时应注意因玻璃的热胀冷缩引起的零点漂移,应定期校验零点位置,避免由此带来的测量误差。

4.2.2 双金属温度计

用线膨胀系数不同的两种金属焊成一体就构成了双金属温度计。如图4.3所示,双金属片作为感温元件,一端固定,另一端处于自由状态。当温度变化时,由于两种金属的线膨胀系数不同,每片产生的与被测温度成比例的变形不同。由此二者之间出现一个偏转角 α,从而反映出被测温度的大小,并通过相应的传动机构带动指针指示出温度数值。双金属温度计

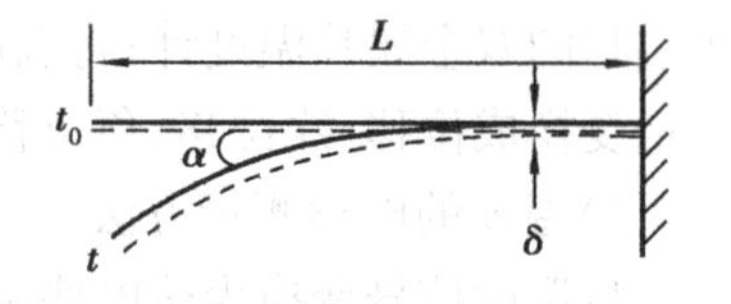

图4.3 双金属温度计原理图

抗震性能好、坚固耐用,但精度较低,一般等级为1～2.5级。常用于工业生产中,测温范围为-60～500 ℃。

4.2.3　压力式温度计

压力式温度计是根据封闭系统中的液体或气体受热后压力变化的原理而制成的测温仪表。

图4.4为压力式温度计示意图,由温包、毛细管和弹簧管压力表组成。若封闭系统中充进气体,称之为充气式压力式温度计。充以氮气压力式温度计其测温上限可达500 ℃,压力与温度的关系近似线性;若封闭系统中充进液体,称之为充液式压力式温度计。充液采用的液体常用二甲苯、甲醇或丙酮等,测温范围一般为-40～550 ℃,压力与温度呈非线性关系。压力式温度计精度较低,但使用简便,而且抗震动,常用在对温度波动范围不大的场合做监测使用。

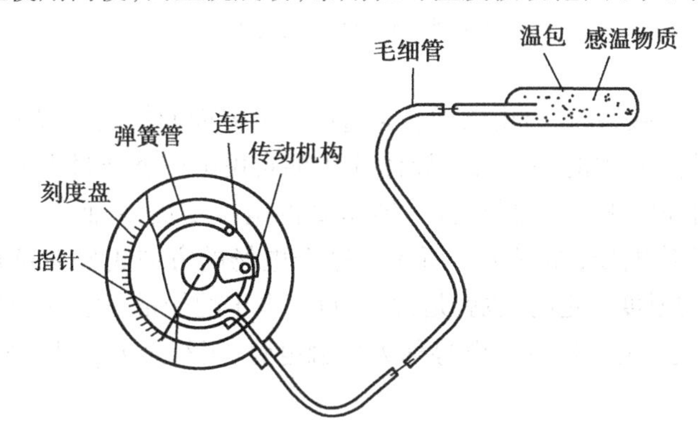

图4.4　压力式温度计结构示意图

4.3　温度测量的电学方法

将输入的温度信号变换为电学量信号的输出称之为温度的电学测量方法。常用的电阻温度计与热电偶温度计是温度的电学方法测量的典型代表。本节着重介绍热电偶温度计的测温原理、测温方法及测温技术。

4.3.1　热电偶温度计

目前使用最广泛的接触式测量温度的方法之一是用热电偶温度计测量温度。与其他温度计相比它有足够的测量精度、较好的动态响应、工作可靠,便于远距离多点测量和自动记录,它结构简单、维护方便、价格便宜,在工业测量中,已有不同型号的定型热电偶产品可供选用。在实验室和一些研究中,根据不同的需要可自行制作一些特殊尺寸和结构的热电偶,因此,热电偶温度计是一种应用面宽、比较理想和方便的测温方法。

1.热电偶测温原理

两种不同的导体A和B,把它们组成一个闭合回路时,就构成了一个热电偶,如图4.5(a)所示。导体A和B称为热电极。当两个接点的温度不同时,即$T \neq T_0$,回路中将产生热电势。

这种效应叫作热电效应或塞贝克(Seebeck)效应。所产生的热电势的大小反应了两个接点温度差。若保持 T_0 不变,热电势随温度 T 而变化。因此,若测量出热电势的值,即可得知温度 T 的值。在回路中接入一只可测量热电势的仪表,如图4.5(b)所示,就是最基本的热电偶测温线路。研究表明,热电势由接触电势和温差电势组成。

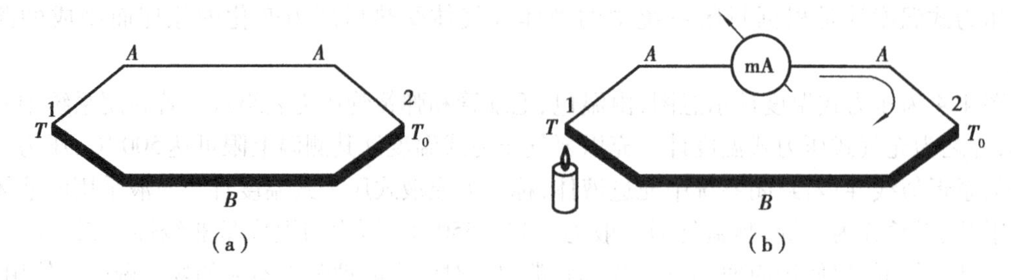

图4.5　热电效应示意图

1)接触电势

当导体 A 和 B 相互接触时,自由电子会穿过中间分界面而扩散。假定导体 A 中的自由电子的能量与密度比导体 B 中的高,那么,导体 A 中的自由电子就通过界面向导体 B 扩散。扩散的结果使得在界面处导体 A 的电位变正,导体 B 的电位变负,从而在 A,B 的接触界面处建立起一个由 A 向 B 的静电场,如图4.6所示。这个电场的方向正好对抗这一扩散过程的进行。所以,当接点处的温度一定时,也就是说,当自由电子的能量一定时,扩散力和电场力达到平衡后,在 A,B 间所建立起来的固定电势称为接触电势,用符号 $E_{AB}(T)$ 来表示。其数值可以根据电子理论得出:

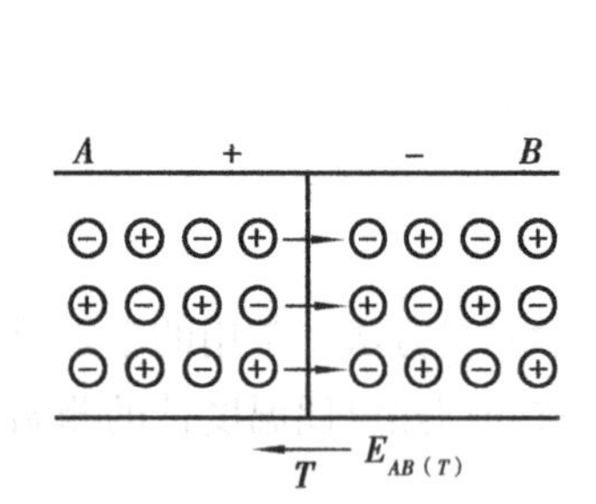

图4.6　接触电势产生原理

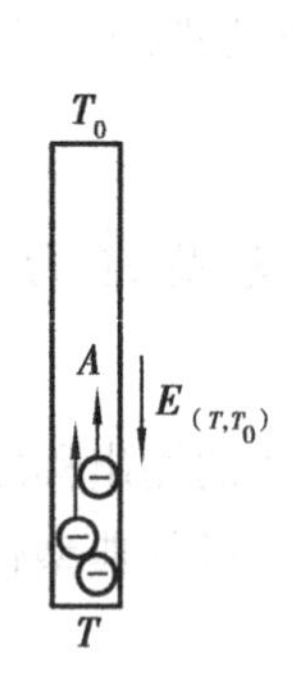

图4.7　温差电势产生原理

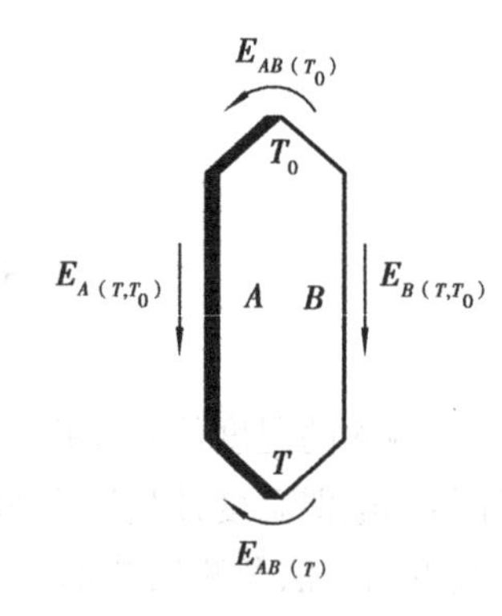

图4.8　热电偶回路热电势分布图

$$E_{AB}(T)=\frac{KT}{\mathrm{e}}\ln\frac{N_A(T)}{N_B(T)} \tag{4.6}$$

式中　K——波尔兹曼常数,1.38×10^{-23} J/℃;

T——接触面的绝对温度,K;

e——单位电荷,4.083×10^{-10}绝对静电单位;

$N_A(T)$,$N_B(T)$——导体 A,B 在温度 T 时的电子密度。

2)温差电势

以上讨论了在接点处的情况。下面再研究沿导线长度有无电势存在。

设图4.5(a)中的导体 A 和 B 都是均质导体,今取导体 A 为例,将其径向尺寸加以放大,画成图4.7。由于导体A两端的温度不同,因此在导体A内存在有温度梯度,其两端的温差为$\mathrm{d}T$且$T>T_0$。温度较高处比温度较低处的自由电子扩散的速率大,因此温度较高的一边因失去电子而带正电,温度较低的一边因得到电子而带负电,从而在高、低温端之间形成一个从高温端指向低温端的静电场。电子的迁移力和静电场力达到平衡时所形成的电位差叫温差电势。温差电势的方向是由低温端指向高温端,其大小与导体两端温度和性质有关,为

$$E_A(T,T_0) = \frac{K}{\mathrm{e}}\int_{T_0}^{T}\mathrm{d}(N,t) \tag{4.7}$$

式中　N_A——导体A的电子密度,是温度的函数;

T,T_0——导体两端的温度;

t——沿导体长度方向的温度分布。

3)热电偶回路的总热电势

如图4.8所示,在整个闭合回路中,两端接点温度为T和T_0,且$T>T_0$,$N_A>N_B$。热电偶回路的总热电势为

$$E_{AB}(T,T_0)=E_{AB}(T)+E_B(T,T_0)-E_{AB}(T_0)-E_A(T,T_0) \tag{4.8}$$

由上式可以看出热电偶回路中存在着两个接触电势$E_{AB}(T)$,$E_{AB}(T_0)$,两个温差电势$E_A(T,T_0)$,$E_B(T,T_0)$。

由式(4.6)、式(4.7)、式(4.8)有

$$E_{AB}(T,T_0)=\frac{K}{\mathrm{e}}\int_{T_0}^{T}\ln\frac{N_A}{N_B}\mathrm{d}t \tag{4.9}$$

由于N_A,N_B是温度的单值函数,式(4.9)的积分可表达成下式:

$$E_{AB}(T,T_0)=f(T)-f(T_0) \tag{4.10}$$

或写成摄氏度的形式:$E_{AB}(t,t_0)=f(t)-f(t_0)$

分析式(4.9)和式(4.10)可得出以下几点结论:

①热电偶回路热电势的大小,只与组成热电偶的材料性质和材料两端接点处的温度有关,而与热电偶的几何尺寸和中间各点的温度分布无关。当热电偶两接点处的温度相同时,回路中总的热电势等于零。

②只有用两种均匀的不同性质的导体才能构成热电偶。单一的相同材料组成的闭合回路中不会产生热电势。

③对于已确定的两种材料所构成的热电偶,如果保持其一端的温度固定不变,即保持$T_0=$常数(实用中,一般常取$T_0=0$ ℃),则$E_{AB}(T,T_0)$的数值将是T的单值函数。

因此,可以用测量$E_{AB}(T,T_0)$的方法来测量温度T的数值,这就是利用热电偶测温的基本原理。这时,应该预先知道不同的T所对应的$E_{AB}(T,T_0)$的数值。在实际工作中,$E_{AB}(T,T_0)$数值并不是用式(4.10)来计算的,而是通过所谓标定(或称校准)的方法实际测出的。将这些数值制成热电偶的分度表,以供查用。在实际测量中,只要能测得热电偶所产生的热电势值,就可以从相应的表中查出被测的温度。目前,对于一些典型的热电偶,国家已公布了标准的分度,使用时,可查相应分度表得到所需的温度示值。

热电偶测量温度时,放置在被测温度为T的物体上的接点称之为热电偶的热端或测量端。而热电偶的处于恒定温度T_0下的另一端,称之为热电偶的冷端或参考端。

2.热电偶基本定律及其应用

1)均值导体定律

任何一种均值导体组成的闭合回路，不论其各处的截面如何，不论其是否存在温度梯度，都不可能产生热电势。

利用该定律可检验热电极材料的均匀性。

2）中间导体定律

如图4.9所示，为了测量热电势，必须在热电偶回路中接入测量仪表及其引线，图中用导体C来代表。那么，这种接入对回路的热电势有无影响呢？图4.9(a)所示是在热电偶A,B材料的参考端接入仪表及引线C。

根据前面的讨论可知，在导体C上面，由于其两端温度相等，都是T_0，所以，它上面所产生的接触电势等于零。而根据式(4.6)，温度为T_0的两个接点处的接触电势之和等于：

$$E_{AC}(T_0)+E_{CB}(T_0)=\frac{KT_0}{\mathrm{e}}\left(\ln\frac{N_A}{N_B}+\ln\frac{N_C}{N_0}\right)=\frac{KT_0}{\mathrm{e}}\ln\left(\frac{N_A}{N_C}\cdot\frac{N_C}{N_B}\right)=\frac{KT_0}{\mathrm{e}}\ln\frac{N_A}{N_B}=E_{AB}(T_0) \tag{4.11}$$

由以上分析可以看出，回路中虽然增加了一个中间导体C，但当保持分开的两个接点温度都是T_0的情况下，整个回路的热电势值没有改变。

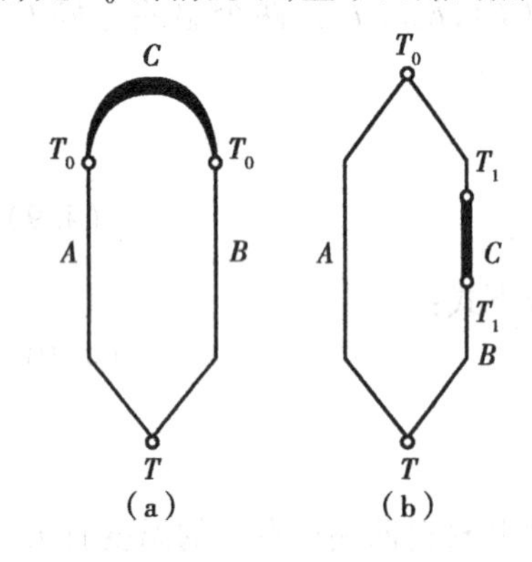

图4.9 加有中间导体的热电偶回路

图4.9(b)，是在导体B中接入中间导体C。如果增加的两个接点的温度都保持为T_1，这时也很容易证明，整个回路的热电势不因增加了中间导体C而改变。因为在导体C中的接触电势为零，而在两个温度为T_1的接点所产生的温差电势大小相等，方向相反，恰好互相抵消。

总之，在热电偶测量回路中，当接入第三种导体时，只要被接入的中间导体两端的温度相等，则对回路的热电势没有影响。这一原理称为中间导体定律。

以上结论亦可推广到在回路中加入多种中间导体的情况，只要使每一种接入的导体的两端温度相等，则整个回路的热电势不会变化。

中间导体定律是当使用热电偶测温时，可以在回路中接入测量仪表的理论根据。

3）连接导体定律

在热电偶回路，如果两个热电极A和B分别与另外两个连接导线A'和B'相接，相接处的温度为T_n，如图4.10所示。现在讨论这一回路中总的热电势的值，该值用符号$E_{ABB'A'}(T,T_n,T_0)$来表示。

在这一闭合回路中，总的热电势是由各接点的接触电势和各导线的温差电势所构成的。即：

$$\begin{aligned}E_{ABB'A'}(T,T_n,T_0)=&E_{AB}(T)+E_{BB'}(T_n)+E_{B'A'}(T_0)+E_{A'A}(T_n)+(E_A(T,T_n)\\&+E_{A'}(T,T_0)-E_{B'}(T_n,T_0)-E_B(T,T_n)\end{aligned} \tag{4.12}$$

应用热电势的定义并通过简单的代数运算，可以得知该回路的总热电势的值为：

$$E_{ABB'A'}(T,T_n,T_0)=E_{AB}(T,T_n)+E_{A'B'}(T_n,T_0) \tag{4.13}$$

式(4.13)说明，图4.10所示之热电偶回路中总的热电势等于由A,B材料所组成的热电偶在两接点温度为T和T_n时的热电势$E_{AB}(T,T_n)$与由加接导线A',B'材料所组成的另一热电偶在两接点温度为T_n和T_0时所产生的热电势$E_{A'B'}(T_n,T_0)$的代数和。这就是连接导体定律，这一定律是用热电偶测温时采用补偿导线的理论依据。

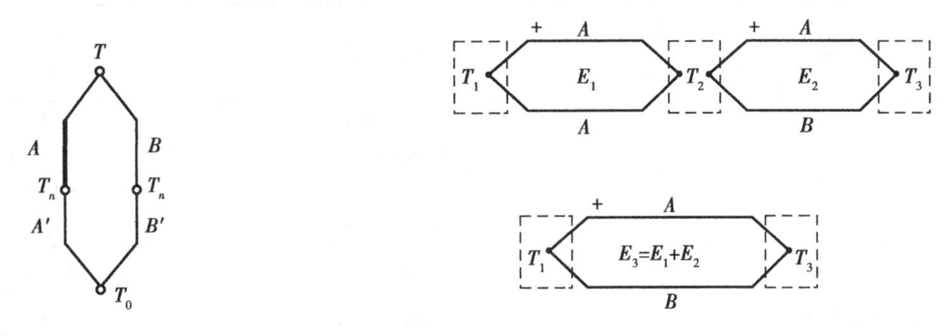

图 4.10　加有连接导体的热电偶回路

图 4.11　中间温度定律

4) 中间温度定律

如图 4.11 所示，两种不同的材料组成的热电偶回路在两接点温度为 T_1 和 T_2 时，其热电势为 $E_{AB}(T_1,T_2)(E_1)$；在接点温度为 T_2 和 T_3 时，其热电势为 $E_{AB}(T_2,T_3)(E_2)$，则在接点 T_1 和 T_3 时，该热电偶的热电势 $E_{AB}(T_1,T_3)(E_3)$ 为前两者之和，即

$$E_{AB}(T_1,T_3)=E_{AB}(T_1,T_2)+E_{AB}(T_2,T_3) \tag{4.14}$$

式(4.12)表明，一个热电偶在两接点温度为 T 和 T_0 时，热电势 $E_{AB}(T,T_0)$ 等于该热电偶在 T 和 T_n 与 T_0 之间相应的热电势 $E_{AB}(T,T_n)$ 和 $E_{AB}(T_n,T_0)$ 和的代数和。T_n 称为中间温度，这就是中间温度定律。此定律是制订和使用分度表的理论依据。

3. 热电偶的材料及其结构

1) 热电偶材料

从原理上讲，任意两种不同的导体(或半导体)材料都可以构成热电偶。但在生产实际中，广泛使用的热电偶并不多，这是由于在测温时，对测温热电偶有一定要求，从而限制了某些材料的使用。

一般说来，对于制造热电偶的材料有以下几方面的要求：配制成热电偶应有较高的热电势，而且性能稳定；能在一定的工作条件下长期工作，有足够的机械强度；便于加工及价格便宜等，常用的热电偶代号、分度号和测温范围见表 4.1，常用热电偶允许偏差见表 4.2。

表 4.1　常用热电偶代号、分度号和温度测量范围

名　称	热电极材料		等级	分度号	100 ℃时的热电势 /mV	使用温度 /℃		温度测量范围 /℃
	正极识别	负极识别				长期	短期	
铂铑 10-铂	稍硬	柔软	Ⅰ	S	0.645	1 300	1 600	0 ~ 1 600
铂铑 30-铂铑 6	较硬	较软	Ⅱ	B	0.033	1 600	1 800	0 ~ 1 800
镍铬-镍硅	不亲磁	稍亲磁	Ⅱ	K	4.095	1 100	1 300	0 ~ 1 300
镍铬-康铜	色暗	银白色	Ⅱ	E	6.317	600	800	-200 ~ +900
铜-康铜	红色	银白色	Ⅱ	T	4.277	350	400	-200 ~ +300

表 4.2 常用热电偶允许偏差

热电偶名称	分度号		等级	使用温度范围/℃	允许偏差/℃
	新	旧			
铂铑 10-铂	S	LB-3	Ⅰ	0～1 100	±1
				1 100～1 600	$\pm1[1+(t-1\,100)\times0.003]$
			Ⅱ	0～600	±1.5
				600～1 600	±0.25%
铂铑 30-铂铑 6	B	LL-2	Ⅱ	600～1 700	±0.25%
			Ⅲ	600～800	±4
				800～1 700	±0.5%t
镍铬-镍硅 （镍铬-镍铝）	K	EU-2	Ⅰ	−40～+1 100	±1.5 或 ±0.4%t
			Ⅱ	−40～+1 300	±2.5 或 ±0.75%t
			Ⅲ	−200～+40	±2.5 或 ±1.5%t
镍铬-康铜	E		Ⅰ	−40～+800	±1.5 或 ±0.4%t
			Ⅱ	−40～+900	±2.5 或 ±0.75%t
			Ⅲ	−200～+40	±2.5 或 ±1.5%t
铜-康铜	T	CK	Ⅰ	−40～+350	±0.5 ℃或 ±0.4%t
			Ⅱ	−40～+350	±1 ℃或 ±0.75%t
			Ⅲ	−200～+40	±1 ℃或 ±1.5%t
镍铬-考铜		EA-2		≤400	±4
				>400	±1.0%t

各种常用的热电偶材料工业上可以批量生产，各种形式的热电偶已定型生产，见表 4.3。非定型产品热电偶可根据需要制作以满足温度测量的各种需要，见表 4.4。

表 4.3 定型产品热电偶材料、特点及用途

名 称	材料成分		特 点	用 途
	正极（+）	负极（−）		
铜-康铜	纯铜（0 ℃以下变为负极）	康铜 Cu60% + Ni40%（0 ℃以下变为正极）	1. 稳定性和均匀性好 2. 容易提纯，价格低廉	1. 用于 −200～+300 ℃的温度测量 2. 经过挑选、分度后可作标准热电偶
镍铬-考铜	镍铬 Ni90% + Cr10%	考铜 Cu56% + Ni44%	1. 热电势大，灵敏度高 2. 抗氧化性能比铜-康铜优良，适用于氧化性气氛	1. 适用于石油、化工、机械等部门。可用于 800 ℃以下的温度测量 2. 因为热电势大，可以配简易式仪表 3. 经过低温分度后可用于低温测量

续表

名　称	材料成分		特　点	用　途
	正极(+)	负极(-)		
镍铬-镍硅	镍铬 Ni89% + Cr10% + Fe1%	镍硅 Ni97% + Si2.5% + Mn0.5%	1. 抗氧化性能好,长期使用稳定性很好,适用于氧化性气氛 2. 测温范围大,可测0～1 300 ℃ 3. 在含硫的气氛中易脆断	1. 广泛应用于0～1 300 ℃的温度测量(例如:石油、化工、有色金属的熔液、加热炉,热处理炉,汽轮机蒸汽温度,内燃机排气温度等) 2. 代替部分铂铑10-铂热电偶
镍铬-镍铝	镍铬 Ni89% + Cr10% + Fe1%	镍铝 Ni95% + Al2% +Mn2% + Si1%	其主要性能同上,长期最高使用温度为1 100 ℃,能耐中子辐射	适用于原子能工业中的温度测量
铂铑10-铂	铂铑 Pt90% + Rh10%	纯铂	1. 测量精度高,稳定性好 2. 抗氧化性能好 3. 缺点是抗还原性气氛差(易受氢、硫、硅及其化合物的侵蚀变脆)	1. 经过挑选、分度后,可作标准热电偶 2. 适用于各种高温加热炉、热处理炉、钢水测温 3. 用于原子能工业中的短期测量
铂铑30- 铂铑26	铂铑 Pt70% + Rh30	铂铑 Pt74% + Rh26%	1. 测量精度高,稳定性好 2. 抗氧化性能好 3. 是定型产品类中测量温度最高的材料 4. 50 ℃以下热电势很小,参考端可以不用补偿	1. 经过挑选、分度后可作标准热电偶 2. 适用于各种高温测量

表4.4　非定型产品热电偶材料、特点及用途

名称	材　料		温度测量上限/℃		允许误差/℃	特　点	用　途
	正极(+)	负极(-)	长期使用	短期使用			
铂铑系列	铂铑13	铂	1 300	1 600	<600为±3.0 >600为±0.5%t	热电势较铂铑10-铂大,其他特点相同	测量钴合金溶液温度,寿命长
	铂铑13	铂铑1	1 450	1 600		在高温下抗氧化性能、机械性能好,化学稳定性好,50 ℃以上热电势小,参考端可以不用温度补偿	各种高温测量
	铂铑20	铂铑5	1 500	1 700			
	铂铑40	铂铑20	1 600	1 850			
依铑系列	铂铑40	铱	1 900	2 000	≤1 000为±10 >1 000为±1.0%t	热电势与温度关系线性好,适用于真空、惰性气体,抗氧化性能好	1. 航空和宇航的温度测量 2. 实验室的高温测量
	铂铑60	铱	2 000	2 100			

续表

名称	材料		温度测量上限/℃		允许误差/℃	特点	用途
	正极(+)	负极(-)	长期使用	短期使用			
钨铼系列	钨铼3	钨铼25	2 000	2 800	≤1 000为±10 >1 000为±1.0%t	热电势比上述材料大,热电势与温度的关系线性好,适用于干燥氢气,真空和惰性气体,热电势稳定,价格低	1. 各种高温测量 2. 钢水测量
	钨铼5	钨铼20	2 000	2 800			
非金属	碳	石墨	2 400			热电势大、熔点高、价格低廉,但复现性和机械性能差	耐火材料的高温测量
	硼化锆	碳化锆	2 000				
	二硅化钨	二硅化铝	1 700				
廉金属	铁	考铜	600	700	≤4 000为±4 >400为±1.0%t	热电势大、灵敏度高,价格低廉,但铁容易氧化,且不易提纯	石油、化工部门的温度测量
	铁	康铜	600	700			
	镍钴	镍铝	800	1 000		在300 ℃以下热电势小,参考端可以不用温度补偿	航空发动机排气温度测量
	镍铁	硅考铜	600	900		在1 000 ℃以下热电势小,参考端可以不用温度补偿	飞机火警信号系统

2)热电偶的基本结构

热电偶的结构和外形是多种多样的,但基本组成大致相同,工业上常用的为铠装热电偶,也称为套管热电偶。它由热电极、绝缘材料和金属套管三者组合加工而成。图4.12是工业用普通型铠装热电偶结构图。

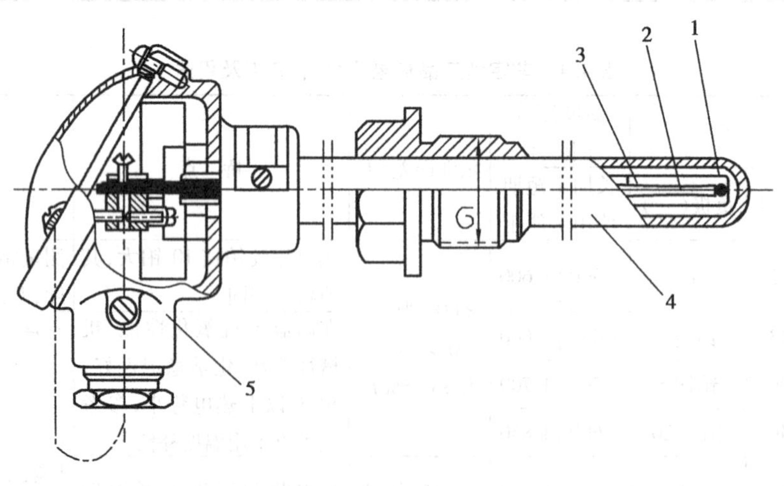

图4.12　铠装热电偶的基本结构

1—热电偶测量器;2—热电极;3—绝缘管;4—保护管;5—接线盒

在实验室或某些场合测量中,常常使用自制的热电偶。从制造厂购得热电偶的材料,可将其制作成不同规格或型号的热电偶，因为没有加保护套管，俗称“裸系统”热电偶，每一极热电偶丝的外面都涂上了薄薄的绝缘漆。

自制的热电偶要求：在整个测温范围内能可靠工作；有足够的绝缘电阻及电绝缘强度，有足够的机械强度、耐振和耐热冲击，必须经过热电偶标定程序等。

热电偶的测量端可用电弧焊、氧焊、盐溶氧化焊、水银焊和对等办法焊接而成。原则上只要两热电极接点处保证良好电接触，接点温度均匀，焊接的方法不影响热电势的大小即可。然而，接点焊接质量将影响热电偶测温可靠性及使用寿命。因此，要求焊接牢固，表面光滑、无沾污变质，无灰渣和裂纹等。焊接点的尺寸应尽量小些，接点的形式通常为点焊、对焊、绞状点焊（麻花装）等，如图 4.13 所示。

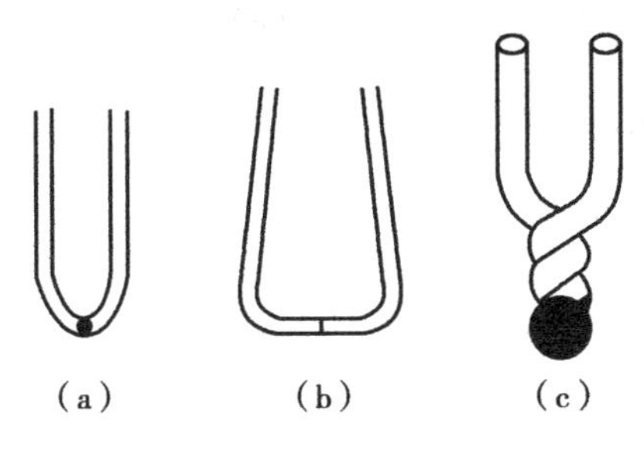

图 4.13　热电偶测量端焊接形式

(a)点焊；(b)对焊；(c)绞状点焊

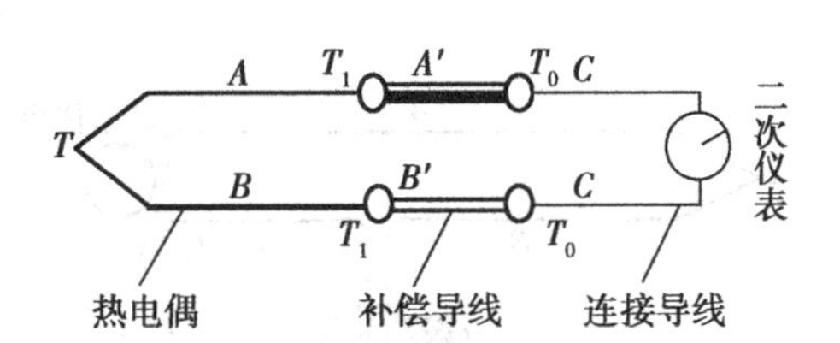

图 4.14　热电测温线路图

4. 热电偶测量线路及静态标定

1）热电偶测温线路

如图 4.14 所示，它由热电偶、补偿导线、连接导线和二次仪表组成。T 表示被测温度，称为测量端温度；T_1 表示接线端温度，称为测量端温度；T_0 为参考端温度。A，B 为热电偶热电极，A'，B'为补偿导线，C 为连接导线。

2）热电偶测温时参考端温度

热电偶分度表和根据分度表刻度的二次仪表都是以参考端温度保持在 0 ℃为条件的。一般实验室做精密测温时，通常将参考端保持在 0 ℃。然而，在工程测量时，参考端要保持 0 ℃是困难的。这时，必须采取参考端温度修正或补偿等方法。鉴于篇幅，本节主要介绍用保温瓶保持参考端为 0 ℃的方法。

在一个标准大气压下，冰和纯水的混合物平衡温度为 0 ℃。在实验室中，通常用碎冰与蒸馏水混合放在保温瓶中，并使它们达到热平衡。为了减少环境传热的影响，应使水面略低于冰屑面。插入玻璃试管中的参考端，其插入深度一般应大于 140 mm。而且试管壁宜薄且直径小。这样实现的冰点平衡温度约为 -0.06 ℃，对于热电偶测温可以认为参考端处于 0 ℃。

热电偶参考端插入试管中的方法有两种：一种如图 4.15(a)所示，两个参考端分别插入两根试管底部并与少量清洁的水银相接触。然后，分别用铜导线引出接往显示仪表。根据中间导体定律，可认为图 4.15(b)与(c)的线路等效。

另一种方法如图 4.16(a)所示。两个参考端插入同一根试管底部并与水银相接触。由于铜导线两端均为室温 t_1，所以图 4.16(b)与(c)的线路等效。

3）补偿导线的作用

在工程测量中，冷接点往往要远离测量端。此时，势必要把构成热电偶的两根热电极加长

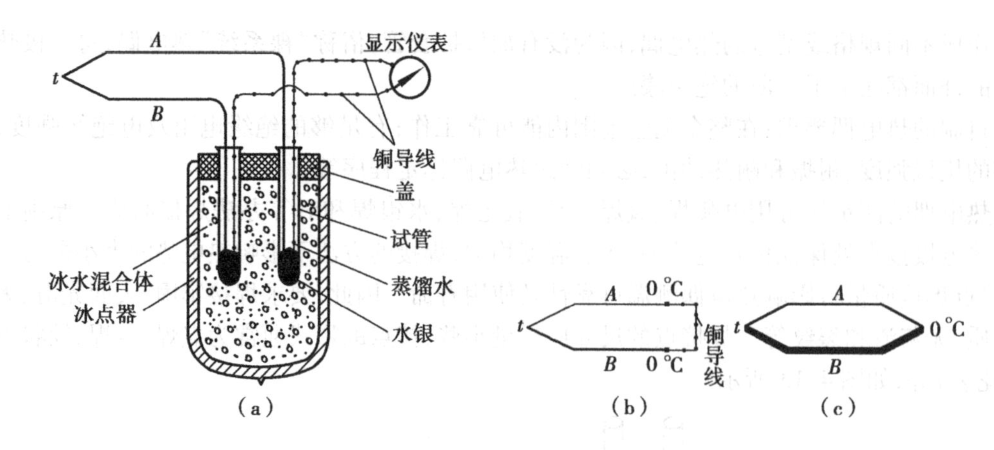

图 4.15　参考端连接示意图(一)

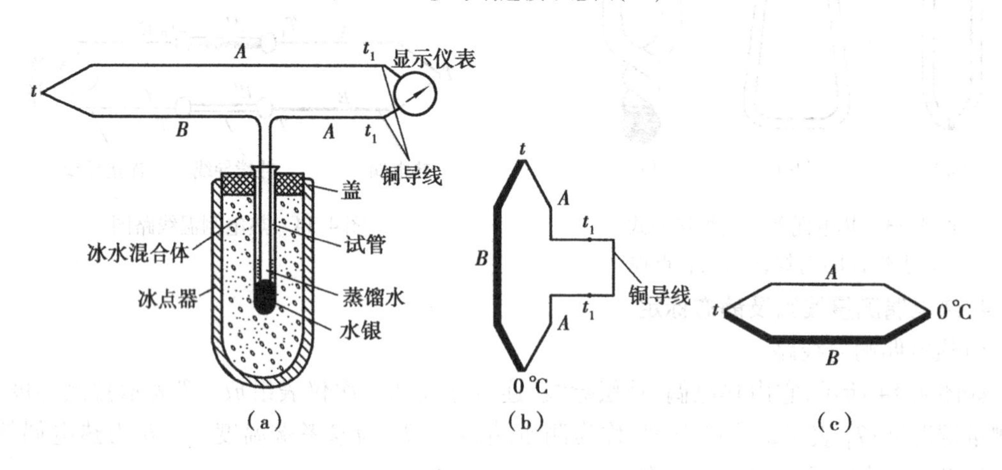

图 4.16　参考端连接示意图(二)

到所需的长度。实际上,这样做一则不经济,因为有些热电极材料价格十分昂贵,二则没有必要。从热电偶连接导体定律可知,将热电偶的两根热电极延长可采用与热电偶的热电性能相似的材料作为连接导线。我们把这种连接导线称为"补偿导线"。用补偿导线连接在热电偶电极和冷端之间(见图 4.14),不会影响测量结果。

补偿导线从本质上看也是热电偶,但它们由于远离测量端,在与热电偶相连接处的温度下,其工作温度不会超过 100 ~ 150 ℃。在使用补偿导线时,必须注意不能超过规定的使用温度范围,否则会给测量带来较大误差。此外,在使用时,应格外注意补偿导线不能将极性接错并保证接点牢固可靠。

常用的补偿导线规格及性能见表 4.5、表 4.6。

表 4.5　标准型热电偶用补偿导线的型号规定

(1984 年 8 月通过的国标)

补偿导线的型号	SC	KC	KX	EX	JX	TX
所配热电偶分度号	S	K	K	E	J	T

表 4.6　推荐使用的标准型热电偶补偿导线范围及材料

热电偶分度号	补偿温度范围/℃	补偿导线材料		备　注
		正　极	负　极	
B	0 ~ 100	铜	铜	
R	0 ~ 150	铜	铜镍合金	
S				
K	−20 ~ +150	镍铬合金	镍硅合金	延伸线
		铁	康铜	
	−20 ~ +100	铜	康铜	
E	−20 ~ +150	镍铬合金	康铜	延伸线
J		铁	康铜	延伸线
T		铜	康铜	延伸线

注:见日本 JISC 1610—81 标准。

4)热电偶的静态标定

热电偶的标定就是将制成的热电偶进行分度,其方法就是将制成的热电偶的参考端恒定为 0 ℃,改变热接点的温度,用适当精度的仪表测量出该热电偶所产生的热电势的数值,从而得到热电势与温度的关系,编制成表,以备查用。

对于一些标准规格型号的热电偶,国家已有标准分度表可供查用,见热工量测实验指导书。当使用这几种热电偶时,只需定期地对所用的热电偶进行检验,检查它们在规定的温度下所产生的热电势是否符合分度表所给的数值,给出实际偏差,以便测量时加以修正。

热电偶的标定方法有许多种,国家已经编制了详细的检定规程,并且有专设的计量部门从事这方面的研究服务。在热工测试过程中,根据需要,除了可以将所用的热电偶送到计量部门去标定外,还可以自己进行标定工作。在实验室较常用的标定方法是比较法。

比较法标定时,需要精度和等级都比被标定的热电偶高几个等级的标准温度计。不同的温度范围,有不同的温度均匀、稳定又可根据需要调节的精密恒温热源来标定。

如 100 ℃以下,采用恒温水浴,与标准水银温度计进行比较;

300 ℃以下,采用恒温油浴,与标准水银温度计进行比较;

300 ~ 1 300 ℃,采用管式电炉,与标准铂铑-铂热电偶进行比较;

1 300 ~ 2 000 ℃,采用钼丝炉,与一等或二等光学高温计进行比较;

在高温下进行标定时,为了防止热电偶氧化,要将炉内先抽成真空,然后充入惰性气体再标定。

标定时,应把被标定的热电偶与作为标准用的热电偶的热接点置于炉内同一点上,以保证二者所处的温度相同。常见的管式电炉热电偶标定线路如图 4.17 所示。

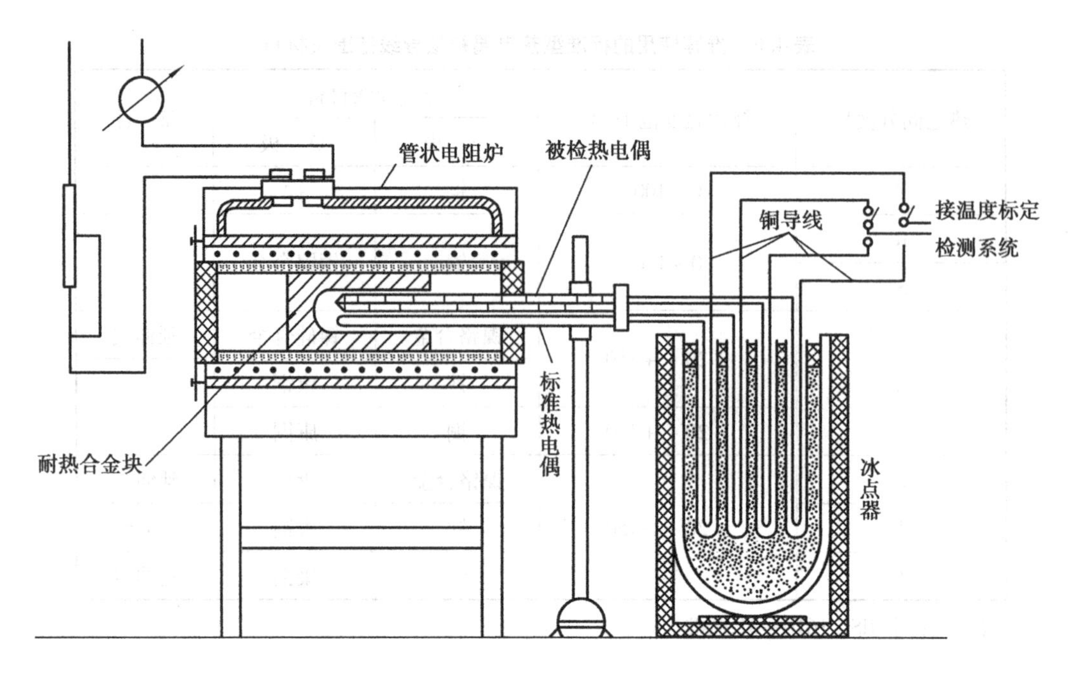

图 4.17　管式电炉热电偶标定线路图

4.3.2　电阻温度计

在热物理测量试验过程中,经常采用电阻温度计来进行中、低温的精密测量。例如,测量制冷设备和空调机组相关温度参数、压气机进口温度及润滑油温度等。

利用导体或半导体的电阻率随温度变化的物理特性,实现温度测量的方法,称之电阻测温法。实验表明,很多物体的电阻率与温度有关。温度每升高 1 ℃,一般金属的电阻值升高 0.4% ~0.6%,而半导体的电阻值则下降 1.6% ~5.8%。电阻温度计就是利用导体或半导体的电阻值随温度变化的性质来测量温度的。用导体或半导体材料制作温度计不仅要考虑材料的耐温程度,更重要的是要考虑所用材料的电阻率与温度特性的单一性、稳定性和变化率都应符合测量温度的要求。电阻温度计的测温范围和准确度与选用的材料有关。通常用来制造电阻温度计的纯金属材料有铂、铜、铟等,选用的合金材料有铑-铁、铂-钴,制造半导体温度计的材料有锗、硅以及铁、镍等金属氧化物。一般情况下将用导体制成的感温元件称之为热电阻,用半导体制成的感温元件则称之为热敏电阻。

由于热电偶温度计在 500 ℃以下温度测量中,灵敏度较低。所以在测量 -200 ~600 ℃范围的温度时多半采用电阻温度计进行测量,尤其是在低温的精密测量中,电阻温度计应用更为普遍。例如铂电阻温度计可以测量到 -200 ℃的温度,而锗电阻温度计则可测 1.5 ~30 K 的低温。铟电阻温度计可以测量到 3.4 K 的温度,碳电阻温度计可以测量到 1 K 左右的温度。

电阻温度计的主要优点是稳定、灵敏,具有较高的测温准确度,测量范围广,输出信号大和不需要冷端补偿,而且便于实现远距离多点测量。由于电阻温度计的感温元件一般都比热电偶温度计的热接点大得多,有较大的热惯性。因而不能测量“点”的温度和动态温度。虽然,薄膜热电阻的响应可以快到微秒级。一些微型的热敏电阻同样可以测量“点”的温度,但稳定性和复现性较差。

1. **热电阻及热敏电阻**

用来制作热电阻的材料应满足在测量范围内化学及物理性能稳定、电阻温度系数大、热容量小、电阻与温度之间的关系近于线性、容易复制和价格便宜等要求。

根据上述要求，比较适宜制作热电阻的材料主要有铂、铜及镍。它们的主要性能如表4.7和图4.18所示。

表4.7　常用热电阻材料的特性

材料	化学符号	测温范围/℃	电阻温度系数※/(1·℃$^{-1}$)	比电阻/(Ω·mm^2·m^{-1})	稳定性	电阻-温度关系	价格
铂	Pt	-200 ~ +650	3.8×10^{-3} ~ 3.9×10^{-3}	0.098 1	在氧化性介质中稳定	线性尚好	贵
铜	Cu	-50 ~ +150	4.3×10^{-3} ~ 4.4×10^{-3}	0.017	超过100 ℃易氧化	线性好	廉
镍	Ni	-100 ~ +200	6.3×10^{-3} ~ 6.7×10^{-3}	0.128	较稳定	线性较差	中等

※：电阻温度系数是0~100 ℃的平均值。

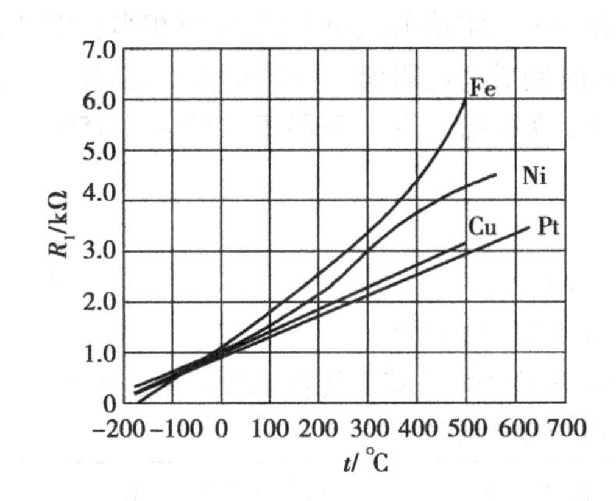

图4.18　金属电阻值与温度的关系曲线

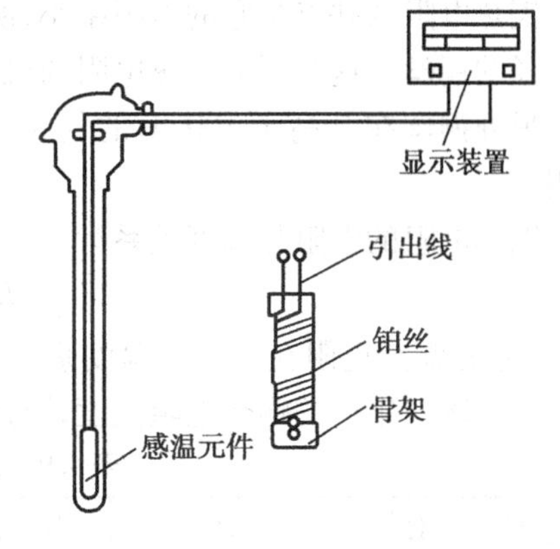

图4.19　铂热电阻测温装置

1）铂热电阻

铂热电阻测温装置如图4.19所示。铂热电阻具有很稳定的化学物理性能，很高的测温准确度，易复制，但价格昂贵。在ITS—90中用它定义13.81 K到961.78 K范围内复现国际实用温标的标准仪器，在工程测温中通常用作精确测量。

铂的电阻~温度关系在0~650 ℃范围内可表示为

$$R_t = R_0(1 + At + Bt^2) \tag{4.15}$$

在-200~0 ℃范围内则为

$$R_t = R_0[1 + At + Bt^2 + Ct^3(t - 100)] \tag{4.16}$$

式中　R_t, R_0——铂热电阻在t ℃和0 ℃时的电阻值；

A, B, C——分度系数，由实验确定。

铂热电阻在100 ℃及0 ℃时的电阻值之比R_{100}/R_0是衡量铂热电阻铂丝纯度品质的一个重要指标。铂热电阻铂丝纯度愈高，其稳定性、复现性、测温精度也愈高。标准铂电阻温度计

的 R_{100}/R_0 规定应高于 1.392 5，而工业用的铂电阻温度计 R_{100}/R_0 则为 1.391。

标准或实验室用的铂热电阻 R_0 为 10 Ω 或 30 Ω 左右。国产工业铂电阻温度计主要有三种，分别为 Pt50，Pt100 和 Pt300。其技术指标如表 4.8 所列。

表 4.8 工业用铂热电阻的主要技术数据

<table>
<tr><th>分度号</th><th>R_0/Ω</th><th>R_{100}/R_0</th><th>R_0 的允许误差/%</th><th>精度等级</th><th>最大允许误差/℃</th></tr>
<tr><td rowspan="2">Pt50</td><td rowspan="2">50.00</td><td>1.391 0 ±0.000 7</td><td>±0.05</td><td>Ⅰ</td><td rowspan="5">对于Ⅰ级准确度：
−200 ~0 ℃：±(0.15 +4.5 × $10^{-3}t$)
0 ~500 ℃：±(0.15 +3.0 × $10^{-3}t$)
对于Ⅱ级准确度：
−200 ~0 ℃：±(0.3 +6.0 × $10^{-3}t$)
0 ~500 ℃：±(0.3 +4.5 × $10^{-3}t$)</td></tr>
<tr><td>1.391 0 ±0.001</td><td>±0.1</td><td>Ⅱ</td></tr>
<tr><td rowspan="2">Pt100</td><td rowspan="2">100.00</td><td>1.391 0 ±0.000 7</td><td>±0.05</td><td>Ⅰ</td></tr>
<tr><td>1.391 0 ±0.001</td><td>±0.1</td><td>Ⅱ</td></tr>
<tr><td>Pt300</td><td>300.00</td><td>1.391 0 ±0.001</td><td>±0.1</td><td>Ⅱ</td></tr>
</table>

2）铜热电阻

工业上除了铂热电阻被广泛应用外，铜热电阻的使用也很普遍。这是因为铜电阻的价格便宜，电阻温度系数大，容易获得高纯度的铜丝，互换性好。铜热电阻的电阻与温度关系几乎呈线性。

铜热电阻的缺点是它的电阻率小，所以要制造一定电阻值的铜热电阻，需要相当长度和很小直径的铜丝。这会影响铜热电阻的机械强度，同时制成的电阻温度计体积较大，温度响应较慢。另外铜丝在其高于 100 ℃的气氛中易于氧化，故测温范围一般限于 −50 ~ +150 ℃中使用。

铜热电阻的电阻与温度关系为

$$R_t = R_0(1 + \alpha_0 t) \tag{4.17}$$

式中，α_0 是铜热电阻在 0 ℃时温度系数。通常 $\alpha_0 = 4.25 \times 10^{-3}$℃。

我国统一生产的铜热电阻温度计有两种：Cu50 和 Cu100。其主要技术数据见表 4.9。

表 4.9 铜热电阻的主要技术数据

<table>
<tr><th>分度号</th><th>R_0/Ω</th><th>R_{100}/R_0</th><th>R_0 的允许误差/%</th><th>精度等级</th><th>最大允许误差/℃</th></tr>
<tr><td>Cu50</td><td>50</td><td>Ⅱ级：1.425 ±0.001</td><td>±0.1</td><td>Ⅱ
Ⅲ</td><td rowspan="2">对于Ⅰ准确度：±(0.3 +3.5 × $10^{-3}t$)
对于Ⅱ准确度：±(0.3 +3.5 × $10^{-3}t$)</td></tr>
<tr><td>Cu100</td><td>100</td><td>Ⅲ级：1.425 ±0.002</td><td>±0.1</td><td>Ⅱ
Ⅲ</td></tr>
</table>

3）热电阻的分度

热电阻的分度就是将热电阻置于若干给定的温度下测定其电阻值，从而确定其电阻与温度的对应关系，亦即分度系数。热电阻的检定则是用实验的方法来确定该热电阻的分度特性是否合格。对于用于中温的工业用铂热电阻通常只需测定 R_0 及 R_{100}/R_0。

热电阻分度和检定时，可将它置于冰点槽、水三相点瓶及水沸点槽等定点器中用电桥或电位差计进行测量，也可在水（油）浴中进行测定，并由高一级标准温度计，如标准电阻温度计给定温度，进而确定热电阻的分度特性。热电阻的分度表，每一张分度表都有自己的分度号。分度号包含三项内容：第一是感温元件的材料；二是热电阻在0 ℃时的电阻值 R_0；三是分度系数（或 R_{100}/R_0）。可见每一分度号都对应着一定的电阻-温度关系。具体铂、铜热电阻的分度表请参阅有关资料。

4）热敏电阻

热敏电阻是由氧化锰、氧化镍、氧化钴及氧化铜等金属氧化物烧结而成的。它们具有大而且负的电阻温度系数。热敏电阻的性能取决于氧化物的类型及热敏电阻的尺寸和形状。对大多数热敏电阻来说，电阻与温度不是线性关系，它可以用下式表示：

$$R(T) = De^{B/T} \tag{4.18}$$

或

$$R(T) = R_0(T_0)e^{B\left(\frac{1}{T}-\frac{1}{T_0}\right)} \tag{4.19}$$

式中　$R(T), R_0(T_0)$——被测温度 T 及某参考温度 T_0 时的电阻值；

T, T_0——绝对温度：e = 2.718 28；

D, B——热敏电阻的常数，通常是在 $T = 323$ K 及 $T_0 = 273$ K 的条件下测得。

$$B = \frac{\ln R(T) - \ln R_0(T_0)}{\dfrac{1}{T} - \dfrac{1}{T_0}} \tag{4.20}$$

热敏电阻的电阻温度系数 α_r 不是一个常数，它为

$$\alpha_r = \frac{1}{R}\frac{dR}{dT} \approx -\frac{B}{T^2} \tag{4.21}$$

热敏电阻在常温下的电阻值可达（1 ~ 200）kΩ，电阻温度系数可达 -5.8%，约为热电阻的十倍，所以它具有很高的灵敏度，而且可忽略引线电阻的影响，便于远距离测量。热敏电阻可以制成任意大小和形状，可作快速测量。热敏电阻的主要缺点是同一型号的热敏电阻所具有的分度特性很不一致，非线性严重，而且稳定性变差。虽然目前已有不可测1 000 ℃的热敏电阻，但一般只用到250 ℃左右，下限温度一般为 -170 ℃。

5）热电阻的结构形式

热电阻的结构形式很多，一般由感温元件、绝缘管、保护管和接线盒四个部分组成。图4.20介绍了三种结构形式的热电阻。图（a）为标准铂电阻温度计的电阻体结构形式。

直径0.03 ~ 0.07 mm的纯铂丝轻绕在螺旋形石英骨架上，外套以石英套管保护。引出线接测量仪表；图（b）为工业用铂电阻温度计的电阻体结构形式。在锯齿状的云母薄片上绕上细铂丝，外垫一层云母片后用银带缠绕束紧，最外层以金属套管保护。引出线为直径1 mm的银线，这种形式的铂热电阻温度计常用于500 ℃以下的工业测温中；图（c）为铜电阻温度计的电阻体结构形式。在圆柱形的胶木骨架上绕上直径0.1 mm的高强度绝缘漆包铜丝，然后用绝缘漆沾固装入金属保护套管中，用1 mm的铜线作为引线。

常见的热敏电阻的结构形式为图4.21所示。图（a）为带玻璃保护管的热敏电阻；图（b）为带密封玻璃柱的热敏电阻。套管内的电阻体为直径0.2 ~ 0.5 mm的珠状小球，铂丝引线直径为0.1 mm。

2. 热电阻阻值测量

热电阻温度计是通过测定热电阻的电阻值来推算温度的。测量热电阻的电阻值常采用不平衡电桥和自动平衡电桥。

1）平衡电桥

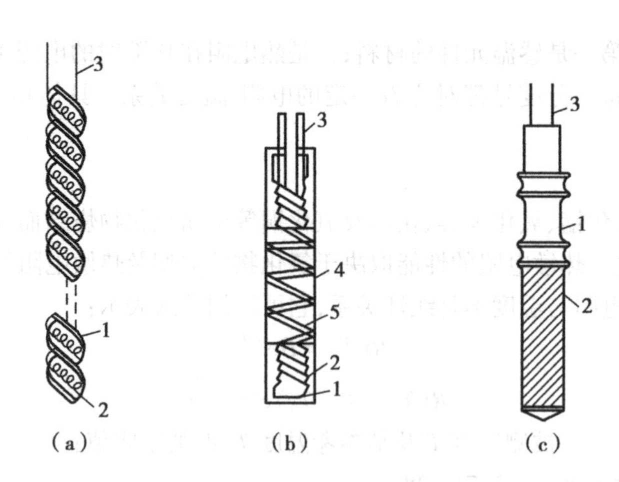

图 4.20 热电阻元件

(a)标准铂电阻

1—石英骨架;2—铂丝;3—引出线

(b)工业铂电阻

1—云母片骨架;2—铂丝;3—银丝引出线;4—保护云母片;5—捆扎用银带

(c)铜电阻

1—塑料骨架;2—漆包线;3—引出线

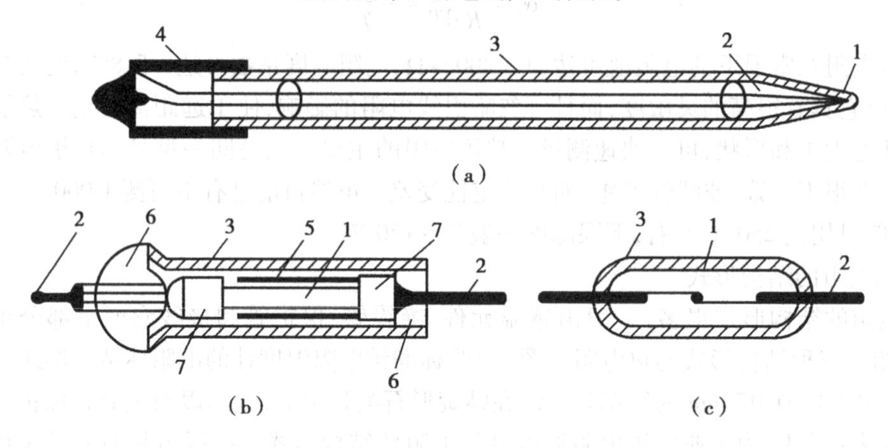

图 4.21 热敏电阻元件结构

1—电阻体;2—引出线;3—玻璃保护管;4—引出线;5—锡箔;6—密封材料;7—导体

用平衡电桥测量热电阻的电阻值线路如图 4.22 所示。图中 R_1,R_2 为电桥的比例臂。R_3 为可变桥臂,R_t 为热电阻。调节 R_3 使检流计 G 指针为零,此时电桥处于平衡状态。其测量回路中电桥相对桥臂电阻之积相等,即

$$R_x = \frac{R_2}{R_1}R_3 \tag{4.22}$$

$$R_x = R_t + r_a + r_b \tag{4.23}$$

式中 r_a,r_b——热电阻与电桥相连的连接导线电阻。

由式(4.23)可知,电桥测得的电阻值 R_x 实际上为 $R_t + r_a + r_b$。由于 r_a,r_b 阻值将随环境温度变化而变化,所以由 R_x 阻值所推算的温度值必然包含测量误差。因此如何消除连接导线

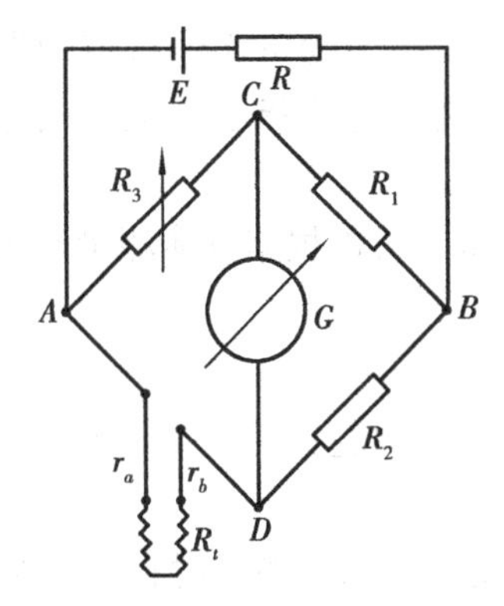

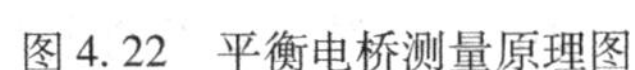
图 4.22 平衡电桥测量原理图

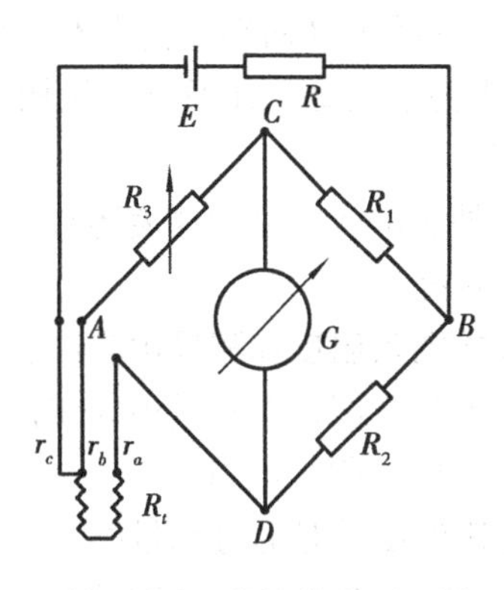

图 4.23 三线补偿法原理图

电阻值的影响,实际上正是各种热电阻测温线路所需要解决的关键问题。

如图 4.23 所示的三线补偿法是消除连接热电阻的导线电阻的一种常用方法。采用三根电阻值相同的连接导线($r_a = r_b = r_c$),在热电阻的一端接上一根电阻值为 r_a 的导线,另一端接两根电阻值分别为 r_b,r_c 的导线并接入电桥回路之中。r_a 和 r_b 分别接入两个桥臂,r_c 则与电源相接。当用热电阻进行测量时,调节 R_3 使检流计指针指向零,电桥平衡。则有

$$R_t + r_b = \frac{R_2}{R_1}(R_3 + r_a)$$

若两相邻桥臂电阻 $R_1 = R_2$,则有

$$R_t = R_3 + r_a - r_b$$

由于 $r_a = r_b$,故 $$R_t = R_3$$

由此可见,采用三线补偿法可有效消除连接导线电阻的影响。实际工作中往往采用电阻值相等($r_a = r_b = r_c$)的三根导线进行连接。

2)自动电子平衡电桥

自动电子平衡电桥是一种广泛应用于工业生产的直读式仪表。它可以自动记录多支热电阻温度计的测量值,其示值精度一般为 0.5 级,记录精度一般为一级。常用的型号有 XCZ-102,XDD 型等。

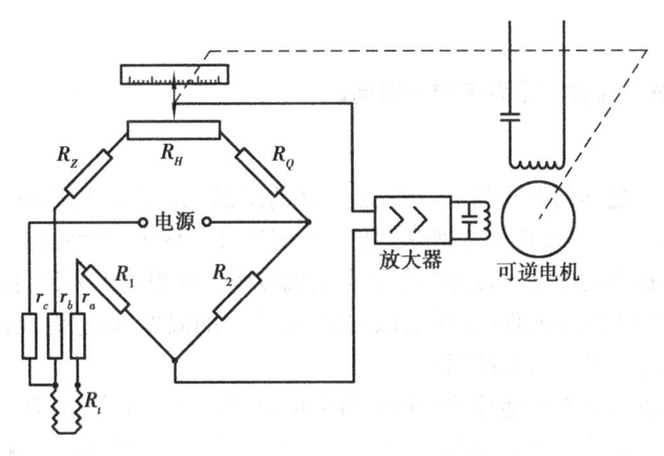

图 4.24 自动电子平衡电桥测量原理图

图 4.24 为自动电子平衡电桥的测量原理图。当热电阻值 R_t 随温度变化时,电桥失去平

衡,于是电桥 A,B 两端便输出不平衡电势,该电势经放大器放大后驱动可逆电机带动滑线电阻 R_H 上的滑动触点 A 及指示机构,直至电桥达到新的平衡。此时电桥指示并记录相应的被测温度。

此外测量热电阻的仪表还有动圈式仪表和电位差计。测量时可以根据具体测量环境和条件进行选择。

3. 热电阻温度计测量中应注意的问题

热电阻温度计在测量中为获得较高的测量准确度应注意下列问题:

1)不应有附加电阻

电阻温度计是通过测量感温元件的电阻值 R_t 来推算温度的。如果测量时存在附加电阻 ΔR,则根据测得的($R_t+\Delta R$)来推算温度势必引入误差。在实践中产生附加电阻的主要因素以及减小附加电阻的技术措施为:

①连接导线的电阻。这可采用三线补偿法或电位差计法等来消除或减小电阻值。

②绝缘不好,可产生很大的测量误差。例如,电阻温度计引线之间发生水蒸气冷凝引起漏电,可引入很大的测量误差,甚至无法测量。这时,可在引线涂覆绝缘材料,如硅漆、环氧树脂及聚苯乙烯等。

③应力。当感温元件因变形、淬火等原因受到应力作用时,其电阻值会增大,从而产生测量误差。所以,使用时应防止感温元件变形,而且精密的电阻温度计还不允许有强烈的振动。此外,在 500 ℃以上使用时,应避免很快地将感温元件冷却到室温。如果已经出现热应力,将引起附加电阻,消除的方法是将感温元件置于 500 ℃以上的介质中进行退火。

2)用电阻温度计本身的电阻—温度关系推算温度

根据测得的电阻值 R_t 推算的温度,实际上是感温元件本身的温度。如果存在辐射、导热及气流动能的不完全恢复等,则均可导致感温元件温度与被测温度不一致,从而引入误差。这些与热电偶测量气流温度的情况相似,可参考相关章节进行误差分析处理。

4.4 用接触式感温元件测量温度的技术

4.4.1 用接触式感温元件测量温度的一般问题

1. 概述

用力学的方法和电学的方法测量温度,温度计的感温元件必须与被测对象气体或液体或固体壁面直接接触,由传热过程而达到热平衡。由温度计的输出,得到被测对象的温度。

接触式测量所得到的温度是被测对象的真实温度吗?从根本上来说,接触式测温,温度计输出的温度值只反映了感温元件(如热电偶测量端)本身的温度,而感温元件本身的温度在相当多的场合下并不等于被测对象的温度。

感温元件的温度为什么不能反映出被测对象的真实温度?显然,在测量温度的过程中存在着误差。因此分析影响接触式测温的各种因素,分析温度测量中误差的来源,采用相应的测温技术去减小误差和修正误差,达到精密测量温度的目的。

为了分析方便,用热工测试中使用最为普遍的热电偶温度计作为对象,其原理对各种接触式测温元件都是适用的。

2. 影响接触式温度测量的各种因素

将一支热电偶插入气体流的管道中，按一般加热法，气体将对热电偶测量端加热，使热电偶的测量端温度上升，当气流与热电偶测量端的热量交换达到动平衡时，热电偶所指示的测量端温度即为气流的温度。

然而，由于温度计感温元件与被测物体的“接触”，使感温元件及其周围的热状况发生改变，其周围的温度分布随之改变。于是接触式温度计只能给出流体或固体中某处温度的近似值，使示值温度偏离真实温度。由于温度计感温元件与被测物体的“接触”给测温带来一系列问题：

插入流体中的温度计（铆焊在固体壁面测温的热电偶）会使测点及其周围的原有的温度场发生畸变；使测点及其周围的原有的速度场发生畸变。由于气流温度与气流的流动状况密切相关，速度场被破坏，导致原有温度场被破坏。当气流流速极高时，温度计置于流场中，使测点处的温度由于气流滞止，气动加热而温度升高。

插入流体中的温度计不仅与气体进行换热，测量端还要与周围的环境进行换热，使换热状态复杂化。插入高速气流中的温度计，由于测量端的滞止作用，受到气动加热的影响。另外，插入流体中的热电偶的套管、支杆也将参与与气流的热交换，这种热交换，又将影响测量端，而且，测量端及其附属装置的几何形状也并非是理论分析中常用的基本形状。

由于上述种种原因，使温度测量误差做精密分析相当困难，目前只能对误差分析做数量级的估计，指出减小误差的基本途径，从而对测量误差进行修正或采取相应的措施使其减小到允许的范围。

本节仅研究测量端在流场中的状况，研究热电偶插入气流中影响测量端准确测温的各种因素，而不考虑热电偶其他部件的影响因素。现将影响接触式温度测量的各种因素大致归纳如下：

1）传热学方面的原因

从理论上来说，当一支热电偶插入被测介质中，如果只存在气流与热电偶测量端的热交换，那么一段时间后，二者之间的热交换达到动平衡（热平衡）时，它们便具有相同的温度，即测量端的温度等于气流的温度。

但是如图4.25可见，测量端的热交换，除了与气体进行外，它还要与周围环境进行热交换：通过热电极，支杆向温度较低的管壁进行热传导 $q_{导}$；通过辐射的方式，向管壁（温度较低）发生辐射换热 $q_{辐}$（忽略气体本身的幅射与吸收）；为了补偿这些热损失，气体以对流换热的方式 $q_{对}$，对测量端进行加热，经过一段时间，测量端向外散失的热量等于自气流吸收的热量，即达到了热平衡（动平衡），测量端的输出有一稳定的温度，称之为测量端温度。但该温度仍然不等于气流的温度，这是由于测量端虽与周围的气流达到了动平衡，但它与气流主流之间却没有达到热平衡，导热 $q_{导}$、辐射 $q_{辐}$ 使热量损失必须由 $q_{对}$ 来补偿，也就是说测量端与气体间始终存在热交换。有热流由气体流向测量端，有热流必然有温差，有温差，即说明测量端的温度不等于气体的真实温度。$q_{导}$，$q_{辐}$ 存在，则 $q_{对}$ 必然存在，热电偶反映的温度也就不是气流的真实温度。

如果热量是由气体流向测量端的，则测量端的温度小于气体的真实温度，反之，如果热量是测量端流向气流的，则测量端的温度大于气体的真实温度。

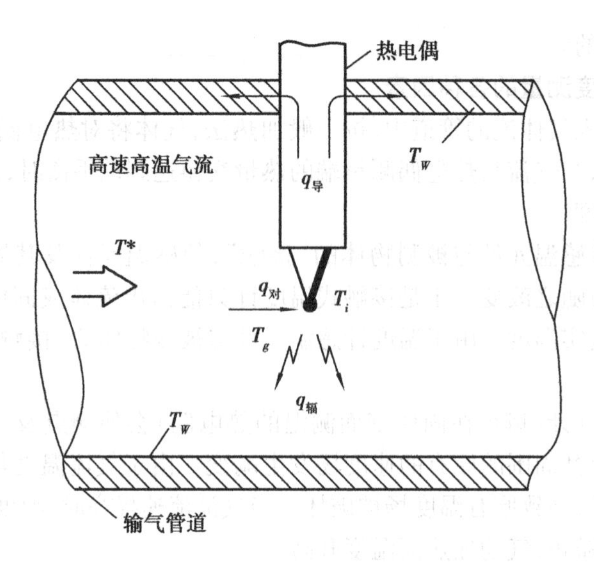

图 4.25 气流中温度传感器的传热途径

2）气动力原因

如果气流以相当高的速度流动而插入的热电偶是固定不动的，当气流流过热电偶时，在测量端一部分气体会受到滞止，此时运动气流的动能将转化为热能，使测量端温度升高，造成测量端感受不到气流的真实温度。

3）被测温度随时间变化的原因

如果气流温度是随时间而变化的，由于热电偶测量端具有一定的热容量而有一定的热惯性，它反映的温度不是气体的瞬时温度。

4）化学原因

如果被测气体中存在化学反应的条件，那么在用铂类贵金属热电偶测量温度时，由于铂有催化作用，使得铂类热电偶测量端附近的气体温度显著升高，造成极大误差。例如在航空发动机的动力燃烧火焰温度测量中，铂类热电偶测量端附近形成一个火焰稳定面，使温度升高而得到错误的温度信息。

测量液体温度的困难一般要比测量气体温度小得多，这是因为：液体的流速与气体相比一般较低，速度误差可不予考虑；液体的放热系数一般很大，常比气体大一至二个数量级（如气体强制对流换热系数 h 一般在 20 ~ 100 W/m · ℃；而水的强制对流换热系数 h 一般在 1 000 ~ 15 000 W/m · ℃），使液体的传热误差与动态误差远不如气体那么严重。

影响固体壁面温度测量的原因纯粹是传热学方面的原因。“接触”破坏了固体壁面原有的传热状况，造成温度场畸变，带来测量误差。

因此，下边的分析，主要是以热电偶测量气流温度为分析对象。分析物理过程，建立物理模型及相应的数学模型，由定性分析转入定量计算，才能有效地找出减小、修正测温误差的正确途径。

4.4.2 一维问题的能量平衡方程

接触式测温技术的热交换过程既是测量温度的基础，又是测温误差的重要来源。因此必须对置于流场中的热电偶及其测量端的换热状况进行分析。

1. 接触式温度计的物理模型建立和简化

在分析温度计传热时，考虑到一般接触式温度计，如热电偶的热电极、保护套管、支杆等都为细长杆构件，因此，认为其温度只沿细长杆轴线方向变化，而在杆的横截面上温度是均匀一致的，因此为一维的传热问题。

将一对相同直径的、对焊的、裸露的热偶丝置于气流中，取热偶丝的轴线为 x 轴。由于热偶丝的直径很小，可以认为在热偶丝截面上的温度都是均匀的。因此，热偶丝轴线上的温度分布只是 x 的函数。从热偶丝上取温度为 T、长度为 dx 的微元体，如图4.26所示。分析它的换热状况：

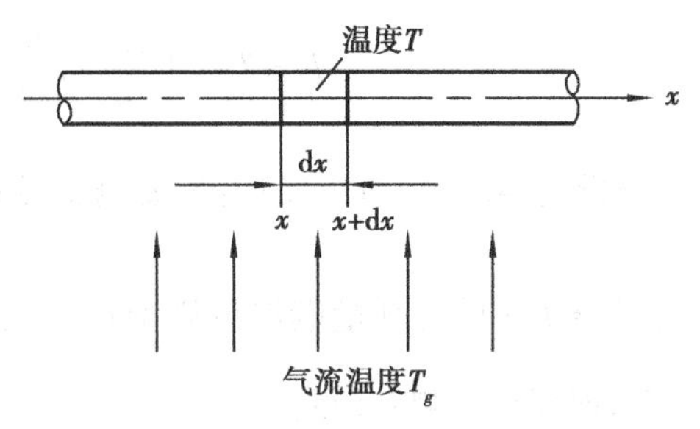

图4.26　细长杆的能量平衡

根据传热学原理有以下分析方法：

1）单位时间通过热传导流入微元体的导热量：

$$dq_{导} = kV\frac{\partial^2 T}{\partial x^2}$$

式中　k——偶丝材料的导热系数；

V——微元体体积。

2）单位时间通过对流传入微元体的热量：

$$dq_{对} = hs(T_g - T)$$

式中　h——对流换热系数；

s——微元体的表面积。

3）微元体辐射换热的热量：

$$dq_{辐} = s\varepsilon\sigma(T^4 - T_w^4)$$

式中　ε——偶丝材料的表面辐射率；

σ——黑体辐射常数。

在研究辐射损失时，为了简化问题，采用了最简单的模型：认为热电偶测量端为置于封闭空腔的小物体。空腔的壁温等温且等于 T_w，空腔内的气体视为透明体，不参与辐射。

4）单位时间微元体内能的变化量：

$$dq_{吸} = \rho VC_p\frac{\partial T}{\partial t}$$

式中　ρ——热偶丝材料的密度；

C_P——热偶丝材料的比热；

t——时间。

2. 热电偶测量端的能量平衡方程式

由微元体能量平衡关系式有：

微元温度升高吸收的热量 = 通过导热流入的热量 + 通过对流传入的热量 - 辐射损失的热量。

$$\rho VC_p\frac{\partial T}{\partial t} = kV\frac{\partial^2 T}{\partial x^2} + hs(T_g - T) - s\varepsilon\sigma(T^4 - T_w^4) \tag{4.24}$$

改写成：

$$T = T_g - \left(\frac{\rho VC_p}{hs}\right)\frac{\partial T}{\partial t} + \left(\frac{kV}{hs}\right)\frac{\partial^2 T}{\partial x^2} - \frac{\varepsilon\sigma}{h}(T^4 - T_w^4) \tag{4.25}$$

若将微元体的温度认为是测量端的温度，式(4.16)写成

$$T_j = T_g - \left(\frac{\rho VC_p}{hs}\right)\frac{\partial T_j}{\partial t} + \left(\frac{kV}{hs}\right)\frac{\partial^2 T_j}{\partial x^2} - \frac{\varepsilon\sigma}{h}(T_j^4 - T_w^4) \tag{4.26}$$

分析式(4.26)，可以发现：只要测量端存在着导热现象，$\frac{\partial^2 T_j}{\partial x^2} \neq 0$；只要测量端存在着辐射换热，$T_j \neq T_w$；只要测量端温度随时间变化，$\frac{\partial T_j}{\partial t} \neq 0$。测量端的温度不等于气流的真实温度 $T_j \neq T_g$，即存在着测温误差。

综上所述，接触式测温，温度计所示的温度只是感温元件本身的温度。只要存在着影响准确测温的因素，势必存在着 $T_g - T_j$ 的测温误差，$T_g - T_j$ 通常被称为传热误差。

传热误差是测温误差的重要组成部分，用接触式测温必然伴随着测温误差。目前克服测温误差达到所需的测温准确度，基本上有两种方法：一是确定误差的大小，并加以修正。二是采用相应的技术措施将误差减少到允许的范围，近似认为测量端温度等于被测气流的温度。

同时式(4.25)指出减少测温误差的途径，下边我们将分别讨论如何减小这些误差的方法。根据被测气流的不同状态，分析解决测温误差的问题。

3. 热电偶的对流换热系数

由式(4.25)可见，在分析各项误差时，对流换热系数在其中占有重要的地位，不确定热电偶的对流换热系数，将无法定量地确定各项误差的大小，因此，必须对 h 有定量的确定。

对流换热系数 h 是一个相当复杂的参数，它与热偶结构、尺寸，被测介质的流态、物性等均有关系。通常 h 值由实验确定，实验结果用无因次准则方程表示，一般的准则方程形式为：

$$Nu = f(Re, Pr)$$

式中 Nu——努谢尔特数，$NU = hd/k_f$。其中 d 为定形尺寸，k_f 为流体的导热系数；

Re——雷诺数 $Re = \frac{u\rho d}{\mu}$。其中 u 为流速，ρ 为流体的密度，μ 为流体的粘度；

Pr——普朗特数，$Pr = c_p\mu/k_f$。其中 c_p 为流体的定压比热。

对于双原子气体，普朗特数变动不大；对于空气和淡燃气 $Pr \approx 0.7$，因此准则公式有：

$$Nu = BRe^m$$

式中，B，m 为常数，由实验而定。

1)热电偶安放位置与准则方程式

根据实验研究，用热电偶测量气流温度时热电偶对焊裸丝，测量端的热电极 A，B 外一般无保护套管，见图4.27。在气流中的安放位置的形式，见图4.27和图4.28。

常用的热电偶形状及安放位置和准则方程式的关系见表4.10所示。使用中注意定性温度的选取。选取之前需用马赫数 M 的数值大小来划分气流的速度范畴。当 $M > 0.2$ 认为属于高速气流，定性温度为总温 T^*；当 $M < 0.2$ 认为属于低速气流，此时定性温度为气流温度 T_g。计算时，首先根据热电偶与气流的相互位置选取相应的准则方程，由准则方程所规定的定性温度和定性尺寸计算出 Re 数，如果雷诺数在该准则方程的适用范围内，便可以确定 Nu 数，由努

谢尔特数得到对流换热系数 h。

表4.10　气流对露头型铠装热电偶的对流热换系数

流　型	气流与对焊偶丝垂直	气流与对焊偶丝平行	气流绕球型测量端
准则公式	$Nu=(0.44\pm0.06)Re^{0.5}$	$Nu=(0.085\pm0.009)Re^{0.674}$	$Nu=0.37Re^{0.6}Pr^{0.33}$
定性尺寸	偶丝直径 d	偶丝直径 d	测量端直径 d
定性温度	气流总温 T^*	气流总温 T^*	气流总温 T^*
使用范围	$Re=150\sim20\ 000$ 温度 15 ~ 1 627 ℃ $d=0.2\sim1.4$ mm $M=0.015\sim0.9$ 适用气体:空气、冲淡的燃烧产物。$Pr\approx0.7$	$Re=150\sim20\ 000$ 温度 $T=15\sim538$ ℃ $d=0.33\sim1.3$ mm $M=0.019\sim0.75$ 适用气体:空气、冲淡的燃烧产物。$Pr\approx0.7$	$Re=20\sim1.5\times10^5$

2)典型的露头型铠装热电偶类型

图4.27、图4.28所示的热电偶为露头型铠装热电偶。整体由热电极、绝缘材料和金属套管三者组合加工而成。为了减少热电偶测量端的热惯性,提高动态响应程度,将测量端暴露在套管外面,适用于对 $Pr\approx0.7$ 的空气、冲淡的燃烧产物的温度进行测量。

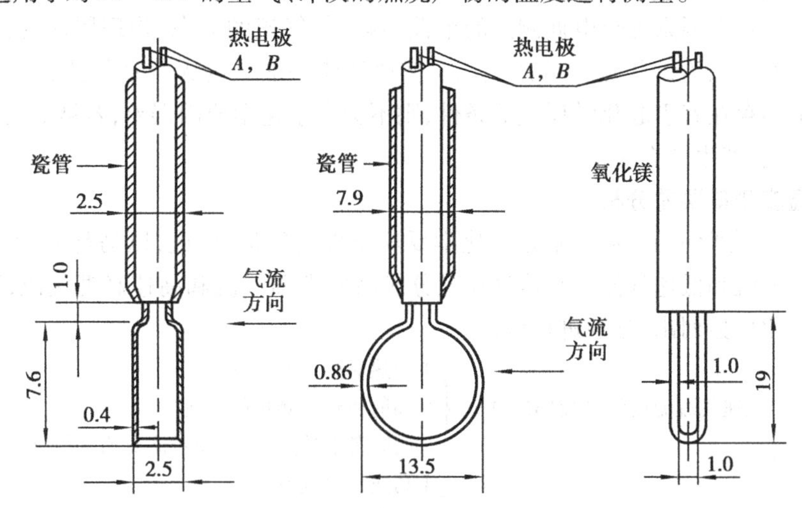

图4.27　气流与偶丝垂直的典型热电偶(尺寸单位:mm)

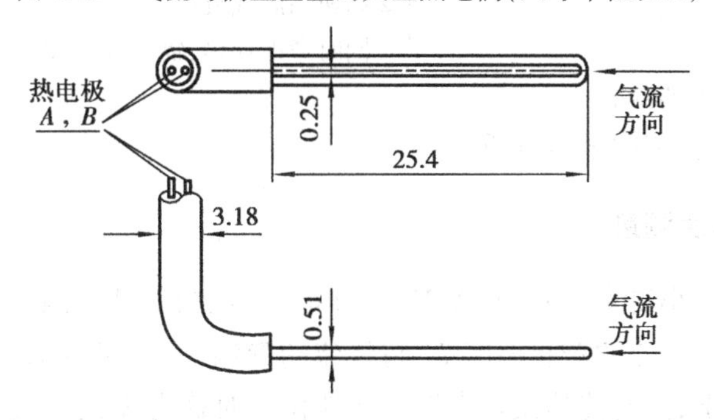

图4.28　气流与偶丝平行的典型热电偶(尺寸单位:mm)

4.4.3　气流温度测量误差分析

为研究问题的方便，在分析热电偶测温误差及修正、减小测温误差的工作中，需要根据具体情况拟订实际的温度测量技术方案。将影响准确测量的因素进行定性、定量分析，找出在实际测量过程中占主导位置的因素，即产生误差的主要来源，抓住主要矛盾，达到准确测温的目的。

如前所述，热电偶插入气流测温过程中，影响测量端准确测温的各种因素大致归纳为：传热、动态、化学、气动四个影响因素。

1. 共性误差

传热误差是热电偶测温的共性问题。在气流温度测量过程中，无论被测气流流态、物理属性如何变化，总存在着传热误差。传热误差中的导热误差、辐射误差是同时出现的，此时二者是处于相同的数量级还是其中一项的影响远远大于另外一项，需做具体的分析后，再决定取舍。如在对低速气流进行温度测量时，若气流温度 $T_g<300$ ℃，辐射损失对测量端的影响与导热相比，居次要地位，因而可忽略辐射因素；而当 $T_g>300$ ℃以上时，就不能不考虑辐射换热的影响。

2. 个性误差

动态、气动、化学因素为热电偶测温的个性问题，与气流的流态、物理属性变化有关。如：马赫数 $M<0.2$，可认为该气流为低速气流。低速气流一般认为无气动加热，即无速度误差。若被测气流中不存在着引起化学反应的条件，则不会产生化学原因误差；若被测气体温度不随时间变化，则不会产生动态误差。

3. 气流温度测量误差分析

热工测试中所遇到的气流常常是无化学反应条件的气流，因此，以马赫数 M 为界将被测气流分成高速气流和低速气流。高速气流又分成高速常温气流和高速高温气流，同时将气流温度随时间变化单独列出，分别进行讨论。

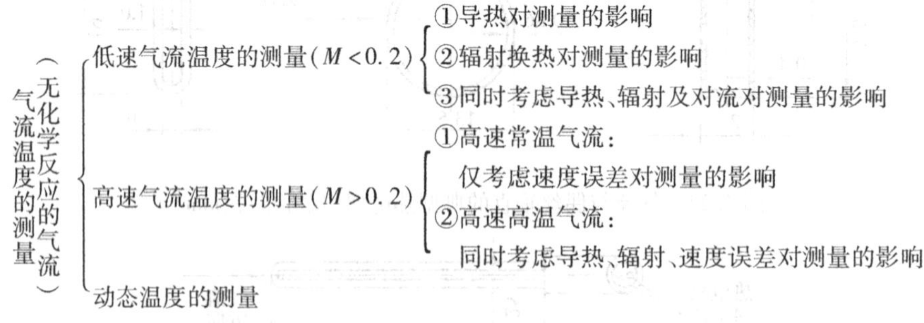

下边将按这个分类，依次进行分析。

4.4.4　低速气流的温度测量

当气流速度比音速小得多，即马赫数 $M<0.2$ 时，可认为气动力因素对接触式测温的影响小到可忽略不计。低速气流的滞止温度 T^* 与气流的静温一致，可认为 $T^*=T_g$。在不考虑动态和化学因素的前提下，此时传热误差占据主导地位。对稳态无化学反应的低速气流温度测量时，先将导热和辐射的影响分开考虑，然后再分析二者都存在的状况。

1. 导热对温度计测量的影响

1）导管热电偶模型

图4.29 所示为一个带有保护套管的热电偶（铠装热电阻），通过壁面插入气流置于流场中的模型，为一维轴枢导热问题。

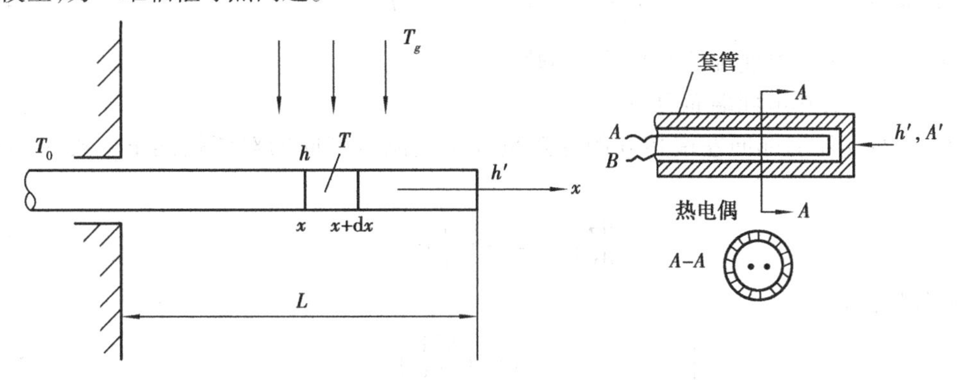

图4.29　套管热电偶分析模型

为便于分析，对模型做如下简化：

①端部 A' 是半球形，视为平面。导热时，A' 的厚度为 0 且 $A \neq A'$；

②A 包括内部热电偶丝的面积；热电偶端部的对流换热系数 h' 值与中部的 h 值不同。

2）导管热电偶的温度分布表达式

由前边的假定，微元体能量平衡微分方程式(4.16)在：

①稳态情况，气流温度不随时间变化，$\rho V C_p \dfrac{\partial T}{\partial t} = 0$；

②一般 $T_g < 300$ ℃，可忽略辐射误差，整理得到：

$$\left(\frac{kV}{hs}\right)\frac{d^2 T}{dx^2} + (T - T_g) = 0 \tag{4.27}$$

式中　k——导管热电偶材料的导热系数；

h——气流对导管热电偶的对流换热系数；

V——微元体体积；

s——微元体表面积；

T——微元体温度；

T_g——气流温度。

$$令\ \theta = (T - T_g), \qquad m = \sqrt{\frac{hs}{kV}} = \sqrt{\frac{hp}{kA}} \quad 或 \quad m^2 = \frac{hp}{kA} \tag{4.28}$$

式中　p, A——导管热电偶的周长和截面积。

得到二阶常微分方程

$$\frac{d^2 T}{dx^2} - m^2 (T - T_g) = 0$$

或

$$\frac{d^2 \theta}{dx^2} - m^2 \theta = 0 \tag{4.29}$$

其通解为：$\theta = C_1 e^{mx} + C_2 e^{-mx}$

式中 C_1, C_2 为积分常数，由边界条件确定。

由方程式(4.27)的边界条件求特解。

在 $x=0$ 时，$T=T_0, \theta=\theta_0=(T_0-T_g)$ $x=L$ 处，为第三类边界条件的情况。

其表示为

$$kA\frac{\mathrm{d}T}{\mathrm{d}x}\bigg|_{x=L}=h'A'(T_g-T)\bigg|_{x=L} \tag{4.30}$$

式中 h'——导管热电偶端面上的对流换热系数；

A'——导管热电偶端面面积。

在 $x=L$ 处，温度计端部向左端传导的导热量等于气流对端面的对流换热量。式(4.30)改写成

$$\frac{\mathrm{d}\theta}{\mathrm{d}x}\bigg|_{x=L}=-\frac{h'A'}{kA}\theta\bigg|_{x=L} \tag{4.31}$$

则可以解得

$$\begin{cases} C_1=\dfrac{\theta_0\left(m+\dfrac{h'A'}{kA}\right)\mathrm{e}^{ml}}{\left(m+\dfrac{h'A'}{kA}\right)\mathrm{e}^{ml}+\left(m-\dfrac{h'A'}{kA}\right)\mathrm{e}^{-ml}} \\ C_2=\dfrac{\theta_0\left(m-\dfrac{h'A'}{kA}\mathrm{e}^{-ml}\right)}{\left(m+\dfrac{h'A'}{kA}\right)\mathrm{e}^{ml}+\left(m-\dfrac{h'A'}{kA}\right)\mathrm{e}^{-ml}} \end{cases}$$

最后可得到导管热电偶沿轴向的温度分布表达式：

$$\theta=\theta_0=\frac{\mathrm{ch}[m(L-x)]+\left(\dfrac{h'A'}{Akm}\right)\mathrm{sh}[m(L-x)]}{\mathrm{ch}(mL)+\left(\dfrac{h'A'}{kAm}\right)\mathrm{sh}(ml)} \tag{4.32}$$

显然，在 $x=L$ 处的温度即是导管热电偶测量端的温度 $T_L=T_j$。

将 $x=L$ 代入式(4.32)，注意双曲线函数性质：$\mathrm{ch}(0)=1, \mathrm{sh}(0)=0$，写出导管热电偶测量端温度分布表达式。

$$T_g-T_L=\frac{T_g-T_0}{\mathrm{ch}(mL)+\left(\dfrac{h'A'}{kAm}\right)\mathrm{sh}(mL)} \tag{4.33}$$

对式(4.33)分母部分第二项，根据实际情况进行简化：由于 $\mathrm{sh}(mL)<\mathrm{ch}(mL)$；$h$ 与 h'，A 与 A' 属同一数量级，而导管热电偶材料的导热系数 k 值一般较大，热电极直径 d 较小，于是 $km=k\sqrt{\dfrac{hp}{kA}}=\sqrt{\dfrac{4kh}{d}}\gg h'$。$\dfrac{h'}{km}$ 趋于 0，即式(4.33)分母部分第二项趋于 0。

作为一种近似，方程式(4.33)可简化为

$$T_g-T_j=\frac{T_g-T_0}{\mathrm{ch}(mL)} \tag{4.34}$$

式(4.34)中，导管热电偶在 $x=L$ 处的温度即为测量端的温度，$T_L=T_j$。

分析式(4.33)、式(4.34)可见，测量的目的是使 $T_j=T_g$，即 $T_g-T_j=0$，而使二者不相等的原因在于方程的右边项不为零，因此减少导热误差的途径就是想办法使等式的右边项趋近 0。

3) mL 的测量及物理意义

①mL 的测量意义

以$(T_g - T_j)/(T_g - T_0) = \theta_L/\theta_0$ 为纵坐标，mL 为横坐标，绘制温度计导热误差曲线图4.30。由图可见，测温的相对误差 θ_L/θ_0 随 mL 的增加而急剧下降，当 $mL = 5$，$\theta_L/\theta_0 = 1.3\%$；当 $mL > 6$，$\theta_L/\theta_0 \leqslant 0.5\%$。由此可见，增加 mL 值对减小测温误差有着重要的意义。

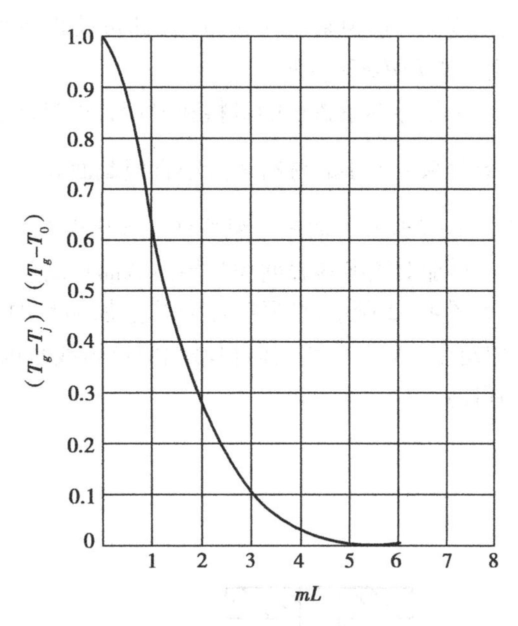

图4.30　温度计的导热误差

②mL 的物理意义

将式(4.28)写成

$$m^2L^2 = \frac{hpL}{kA\dfrac{1}{L}} \tag{4.35}$$

式中　hpL——温度计与气流处于有1 ℃温差时的对流换热量；

$kA\dfrac{1}{L}$——当热电偶在 L 长度上具有1 ℃温度梯度所产生的导热损失。

由此可见，mL 的物理意义在于温度计受到的对流换热与导热损失之比。增加 mL 值，即要增加对流换热量而减小导热损失，从而达到减小测温误差的目的。

4）减少导管热电偶导热误差的措施

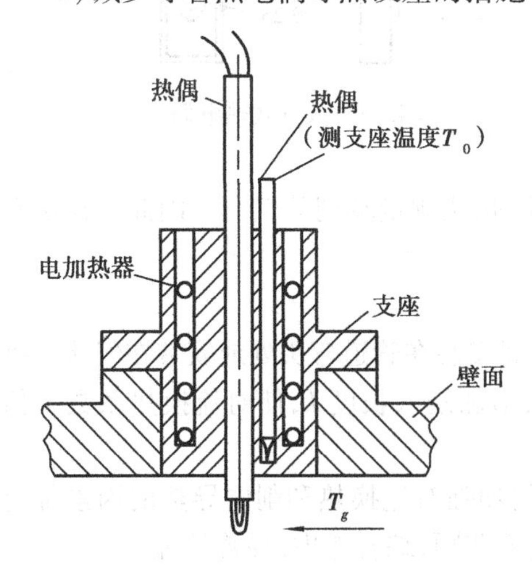

图4.31　电加热提高温度计的根部温度

①提高温度计的根部温度

用包绝热层或电加热的方法，使管壁温度 T_0 增加，减小 T_g 与 T_0 间的温差，使其接近气流温度，$T_g = T_0$。

如图4.31所示设置了电加热方法，提高温度计的根部温度。

②尽可能增加 mL 值，理论上使 mL 趋于无穷大。

a. 增大温度计的 L/d

增大温度计的 L/d，即选用细长的热偶。增加浸入长度 L，将增加温度计对流换热的换热面积和热偶丝的导热热阻。减小直径 d 不仅使对流换热系数 h 值增加，而且导热热阻增加。由气流垂直绕流圆柱体的准则公式 $Nu = ARe^{0.5}$ 可知：$h \propto \dfrac{1}{\sqrt{d}}$，由于热电偶圆形截面 $p = 2\pi r^2$，$A = \pi r^2$，将 $m = \sqrt{\dfrac{hp}{kA}} = \sqrt{\dfrac{4h}{kd}}$ 引入，则可得到 $mL \propto L/d^{\frac{3}{4}}$。由此可见，用增大温度计的 L/d 达到使 mL 增加，可有效地减小导热误差。不过热电偶的直径 d，受工艺、材料和安装等影响，减小有一定的限度，因此在 d 为允许最小值时，应尽可能增加 L，使热电偶有足够的插入深度。一般说来，$L/d \geqslant 10$ 时，即可获得所需的准确度，当 Re 数较低，而准确度要求较高时，则要使 $L/d \geqslant 20 \sim 50$。

b. 采用导热系数小的材料和薄壁管做热偶导管

导热系数 k 小的材料和薄壁管横截面和 A 小的热电偶使式(4.35)中 mL 的分母项 $kA\ \frac{1}{L}$ 减小使 mL 增加，从而减少温度计的导热误差。

c. 增加对流换热表面积与导热截面积之比

如图4.32所示，在温度计套管上加翅片的方法可增加对流换热表面积与导热截面积之比，加翅片后对流换热表面积增加而导热截面积不变，同样可以使 mL 增加而达到减小导热误差的目的。

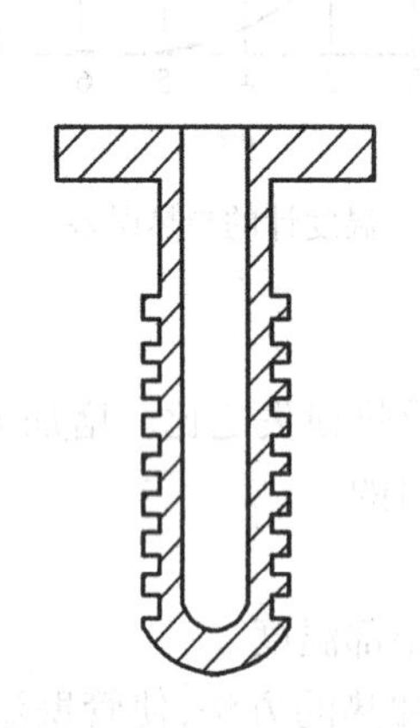

图4.32　带肋片的温度计套

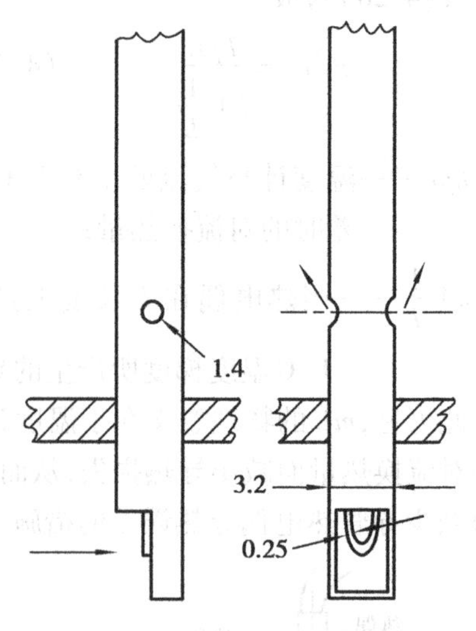

图4.33　放气式热电偶

d. 采用放气式热电偶

放气式热电偶如图4.33所示。其有效浸入长度 L，是从测量端到放气孔。因此它比没有放气孔的长，mL 则最大。

e. 增大温度计测量端附近的对流换热系数

增加气体流速或流经测量端附近的气体流速。热偶安装在管道弯头处或安装在气流有扰动、旋涡、换热强烈的地方，或将温度计斜插到气流中，增加浸入长度 L，使对流换热系数 h 值增加，从而 mL 值增加，减少温度计的导热误差。

总之，减小导热误差的基本宗旨可以归纳为："任何加强对流换热和削弱导热的因素都有利于减小导热误差"。方法可以多种多样，但应注意统筹兼顾，综合考虑，妥善处理。

2. 导热对裸丝热电偶的影响

在实际温度测量中，尤其是在实验研究中，要求减小热偶的热惯性，提高其动态响应性能。在尺寸不大的实验设备上，为避免温度计较大幅度扰乱原来的温度场以及考虑减少测量端的直径 d，增大 mL 值以减少导热误差，而干脆将测量端裸露出来，使测量端的尺寸减小。此时它的换热情况又怎样呢？

1) 对焊裸丝热电偶模型

如图4.34所示，将 A,B 两根具有相同直径的、外无保护套管的热电极对焊起来，对焊长

度为 L，焊接点在 $L/2$ 处，这样就做成一只对焊裸丝热电偶温度计，其分析模型如图4.35所示。为便于分析，对模型做如下简化：认为对焊裸丝热电偶两支杆端部温度为 T_0 且固定不变；因偶丝直径很小，认为无径向温度变化，温度只是 x 的函数 $T=f(x)$；不考虑辐射换热的影响；气流横向绕流过裸丝。

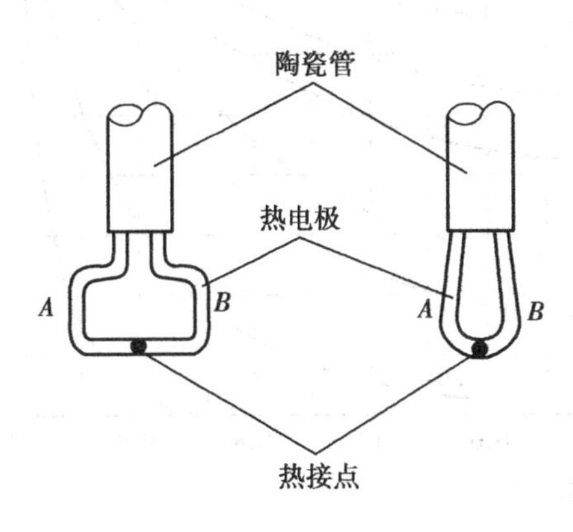

图4.34　对焊裸丝热电偶

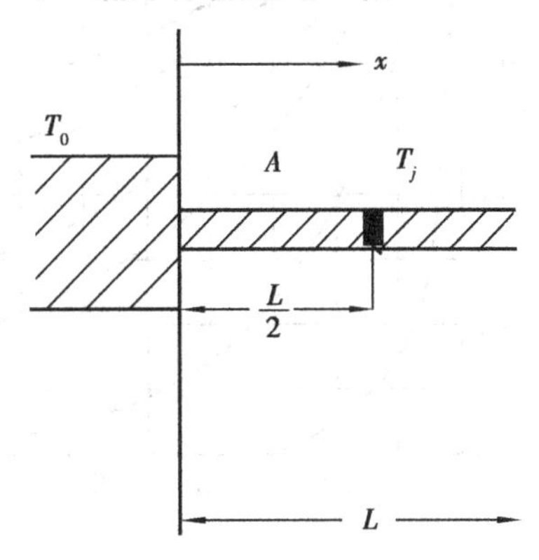

图4.35　对焊裸丝热电偶的分析模型

2）对焊裸丝热电偶的温度分布表达式

同样可用式（4.29）二阶常微分方程描述其换热现象

$$\frac{\mathrm{d}^2\theta}{\mathrm{d}x^2}-m^2\theta=0$$

式中　$\theta=T-T_g$　$m=\sqrt{4h/kd}$

因边界条件不一样：

$$\begin{cases}x=0 & T=T_0,\theta=\theta_0\\ x=L & T=T_0,\theta=\theta_0\end{cases}$$

可得：

$$\theta=\theta_0=\frac{\mathrm{sh}(mx)+\mathrm{sh}[m(L-x)]}{\mathrm{sh}(mL)} \tag{4.36}$$

或

$$\frac{T-T_g}{T_0-T_g}=\frac{\mathrm{sh}(mx)+\mathrm{sh}[m(L-x)]}{\mathrm{sh}(mL)} \tag{4.37}$$

根据式（4.37）可计算出用对焊裸丝热电偶测温时的导热误差。

在 $x=\frac{L}{2}$ 处，热接点的温度 T_j 的温度分布表达式为

$$\frac{T_j-T_g}{T_0-T_g}=\frac{2\mathrm{sh}\left(\frac{mL}{2}\right)}{\mathrm{sh}(mL)}=\frac{1}{\mathrm{ch}\left(\frac{mL}{2}\right)} \tag{4.38}$$

3）对焊裸丝热电偶温度分布微分方程的测量意义

以 $\frac{T-T_g}{T_0-T_g}$ 为纵坐标，相对距离 X/L 为横坐标，无引次参数 mL 为参变量，由式（4.37）可以得到稳态情况下沿 x 方向裸丝热电偶的温度分布图：

由图4.36可以看见一个令人感兴趣的现象，mL 值越大，偶丝中部温度分布越平坦，热接点附近几乎不发生热传导现象。既然热接点附近几乎不发生热传导现象，那么热接点附近的

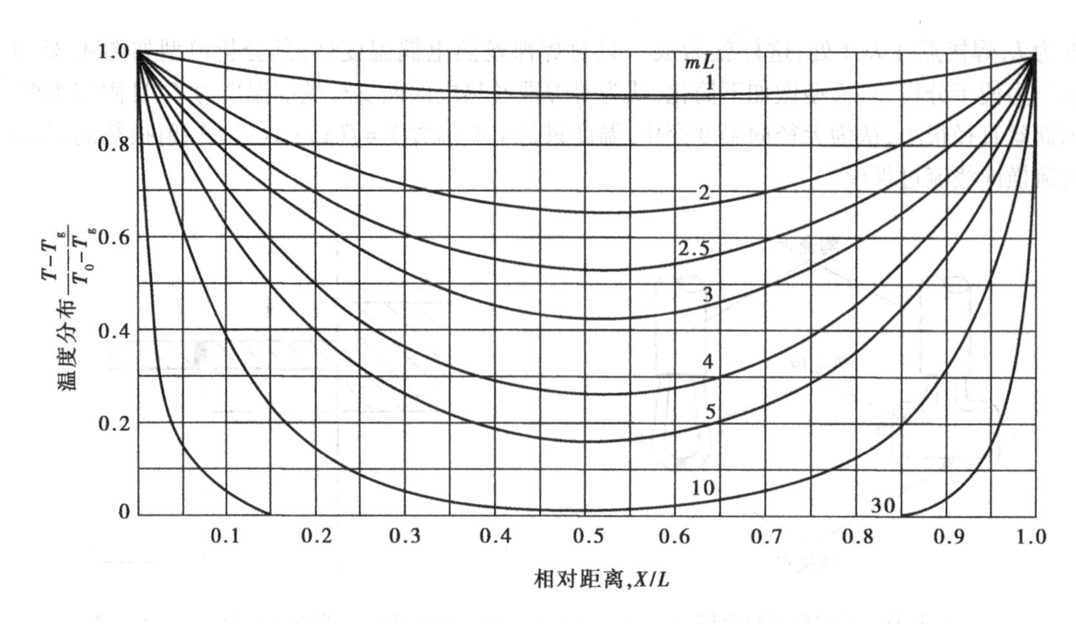

图 4.36　稳态情况下沿 x 方向裸丝热电偶的温度分布

温度几乎一致,则不可能会产生由测量端产生的导热误差,也就没有由导热引起的导热损失。

由此,在消除温度计测量时产生导热误差的问题,可利用裸丝对焊热偶的这一性质,技术上使 mL 值增大(一般情况下 $mL>10$,即可满足测量要求),则可消除由导热引起的测温误差,提高测量的准确度。

3. 可以修正导热误差的热电偶

由前述可知,减小导热误差的关键在于强化气流与温度计测量端的对流换热。无论是增加 L/d,还是使 mL 增加,显然是要增加气流与温度计测量端之间对流换热系数 h。如果被测气流的流速低而对流换热系数 h 值又小,这时减小导热误差的措施采用修正的方法,即使测量端得到的温度示值 T_j 后,加上温度测量的修正值计算出气流真实温度 T_g,从而达到修正导热误差的目的。

1)四线三端对焊裸丝热电偶

如图 4.37 所示为四线三端对焊裸丝热电偶基本结构。它是在两对热电偶的热接点间再焊一对热电偶,以 1 和 2 的相应正负极 A,B 组成另一对热电偶 3。由对焊裸丝热偶公式(4.34)变形得到

$$T_g=T_j+\frac{T_j-T_0}{\mathrm{ch}\left(\frac{mL}{2}\right)-1} \tag{4.39}$$

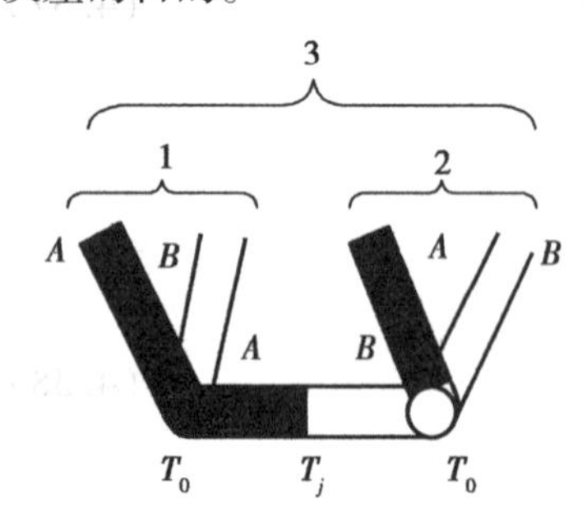

图 4.37　修正导热误差的热电偶

采用四线三端对焊裸丝热电偶装置测量气流的温度 T_g,观察式(4.39)可知需测量出两项温度值。测量端的温度 T_j 由热偶 3 测得,端部温度 T_0 可由热偶 1 或热偶 2 测得,或读取二者的测量值后取平均值。mL 已知,则式(4.39)右边第二部分修正项就确定了。这样 T_j + 修正项 = T_g,则可得到接近气流真实温度的数值。

2)三线两端对焊裸丝热电偶

如图4.38为三线两测量端裸丝热电偶温度计。其基本结构由两根正热电极 A 和一根负热电极 B 组成，它们构成两个测量端。根据两测量端温度的差值，求得导热误差的修正值，从而获得气流的温度 T_g。

三线两测量端裸丝热电偶模型与前边分析的套管温度计模型相近，与式(4.33)相比，此处的 T_0 为三线两测量端热偶的 T_{j2}。

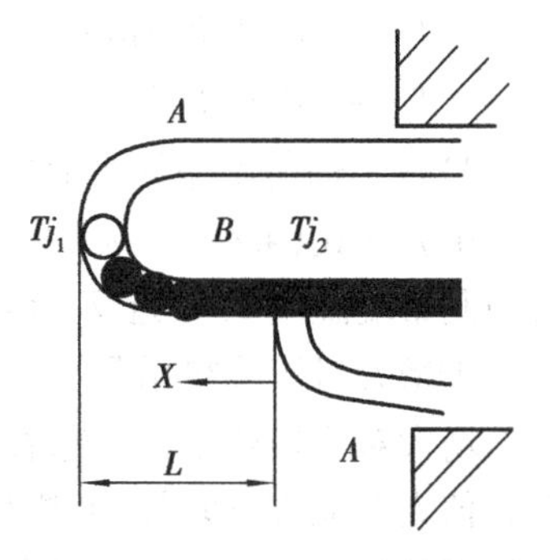

图4.38 三线两测量端热电偶

因而得

$$T_g - T_{j1} = \frac{T_g - T_{j2}}{\mathrm{ch}(mL) + \left(\frac{h'A'}{kAm}\right)\mathrm{sh}(mL)} \tag{4.40}$$

改写成：
$$T_g = T_{j1} + \frac{T_{j1} - T_{j2}}{\mathrm{ch}(mL) + \left(\frac{h'A'}{kAm}\right)\mathrm{sh}(mL) - 1} \tag{4.41}$$

令
$$K = \frac{1}{\mathrm{ch}(mL) + \left(\frac{h'A'}{kAm}\right)\mathrm{sh}(mL) - 1}$$

式(4.41)改写
$$T_g = T_{j1} + K(T_{j1} - T_{j2}) \tag{4.42}$$

式(4.42)为三线两端对焊裸丝热电偶温度计测量公式。测量中读出温度计输出示值 T_{j1}，T_{j2} 然后确定 K 值经计算即可得到气流温度 T_g。

k 值对确定的某一次实验，它可视为常数，用实验方法加以测定。

将一支三线两端对焊裸丝热电偶温度计插入气流中。用不同的插入深度，来确定 K 值。由于气流温度 T_g 是恒定的，温度计的示值 T_{j1}，T_{j2} 会随插入深度不同而不同：

第一次插入：
$$T_g = T_{j1}' + K(T_{j1} - T_{j2})' \tag{4.43a}$$

第二次插入：
$$T_g = T_{j1}'' + K(T_{j1} - T_{j2})'' \tag{4.43b}$$

联立两式求解可求得 K。

4.温度计的辐射换热对测量的影响

当气体温度较低时，一般 $T_g < 300$ ℃，可忽略温度计测量端辐射换热对测温的影响，此时认为测温误差主要是由导热损失引起的。但是若被测气体的温度 $T_g > 300$ ℃以上时，测量端与周围环境的辐射换热大大增强，由于辐射换热与温度的4次方成正比，所以随着温度的升高，测量端的辐射换热损失的增长速度比导热损失的增长速度要快得多，此时辐射换热损失将跃居为主导地位。如用热电偶测量锅炉炉膛的出口温度，炉膛出口四周的水冷壁管温度很低，热电偶测量端与水冷壁的辐射换热十分强烈，导致热电偶指示温度（测量端温度）低于炉膛实际温度100 ℃以上，因此需要考虑辐射换热对测量的影响。

1）辐射误差的分析模型

式(4.24)所推导的温度计能量平衡微分方程对辐射换热的模型已进行了简化。在此基础上根据以上说明进一步简化方程：

①稳态气流；$\frac{\partial T}{\partial t} = 0$

②忽略导热损失，$\frac{\partial^2 T}{\partial x^2} = 0$

则得到
$$T_g - T_j = \frac{\varepsilon\sigma}{h}(T_j^4 - T_w^4) \tag{4.44}$$

式中 T_g——气流温度；

T_j——测量端温度；

T_w——腔壁温度。

2)减小辐射误差的一般措施

由方程式(4.44)可见，凡是能增加对流换热、减小辐射换热的措施都能使辐射误差减小。要使测量端温度 T_j 接近 T_g，须使等式右边为0或使 $T_g - T_j$ 差值减小。

①增大对流换热系数

增大对流换热系数意味着增加测量端与气体的对流换热，启示我们尽可能将温度计安放在 h 值大的地方，即对流换热强烈的地方。安装时尽可能使气流方向与热偶垂直，这样，h 值比气流与热偶平行时要大得多；

②减小测量端的辐射率 ε，即采用 ε 小的热偶和套管，有时可直接用裸丝热电偶作为测量端。在高温测量时，热电偶温度计的陶瓷保护套管 ε 值较大；

③提高温度计根部温度 T_w，采用管壁保温、加热等使 T_w 与 T 的差值减小的技术措施。

实际测量中，常用的减小辐射误差的方法是以上述三点为理论依据，可根据具体不同的情况采用相应的办法减少或修正辐射换热，达到减小误差的目的。

3)可减小或修正辐射误差的方法和温度计

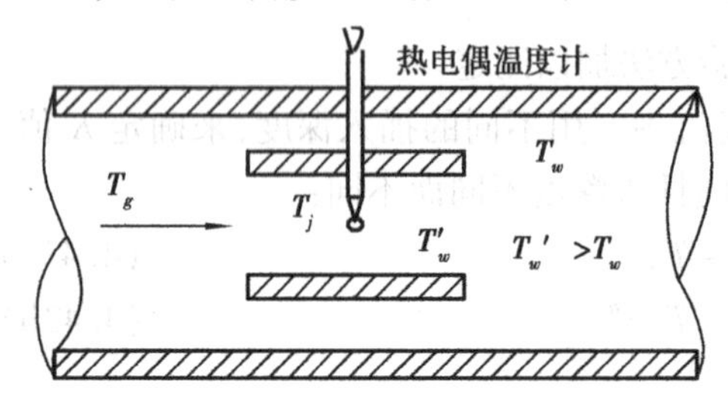

图4.39 测量端加装辐射屏蔽罩示意图

①辐射屏蔽罩

在热电偶的测量端上加装辐射屏蔽罩是减少辐射误差最简单而有效的方法之一。如图4.39所示，加屏蔽罩后，与测量端产生辐射换热的壁面，不是原管道壁面而是屏蔽罩壁面。显然管道壁面温度 T_w 大大低于屏蔽罩壁面温度 T_w'，即 $T_w' > T_w$。

同时由传热学可知，在真空情况下，加屏蔽罩可使辐射换热量减少到原来的 $1/(n+1)$，一般情况下加一层辐射屏蔽罩时，可使辐射换热量减少一半。实验表明屏蔽罩并不是越多越好，层数太多不但结构复杂、工艺制作困难而且导热损失随之增加，所以一般情况加屏蔽罩的层数为1~3层。

②可减小或修正辐射误差的温度计

a.带辐射屏蔽罩的温度计

辐射屏蔽罩可与温度计根据使用条件不同结合在一起。图4.40所示为测量锅炉炉膛内烟气温度的热偶，带有两层屏蔽罩。图4.41所示是测量航空发动机燃气温度的屏蔽热偶，屏蔽罩入口处装有旋流片防止火焰辐射和防止燃油滴、碳粒子污染热电偶测量端。图4.42所示的屏蔽罩作成文都利管形状，使流经测量端的气流速度增大。屏蔽热偶还有其他各种不同的形式，可根据需要进行组合。

b.粗细双测量端热电偶

如图4.43所示为一种可以自动修正辐射误差的热电偶温度计。材料相同、ε 相同、直径不同的两对热电偶组成粗细双测量端热电偶测量时，利用两对热电偶的示值 $T_{j1} - T_{j2}$ 修正指示

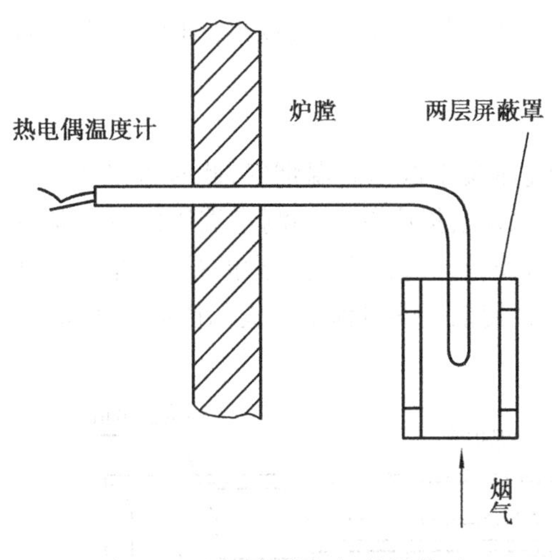

图4.40　测量锅炉烟气的屏蔽型

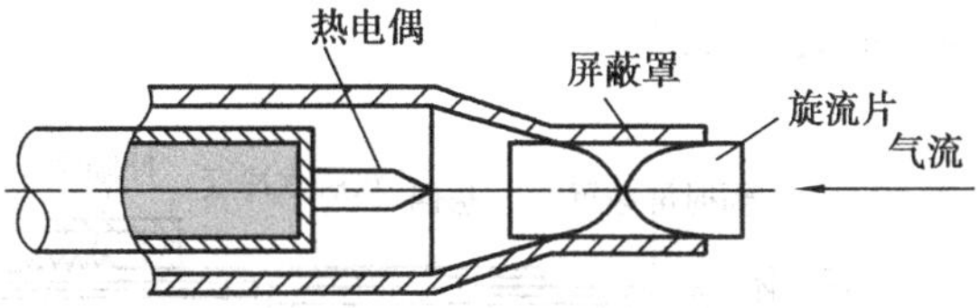

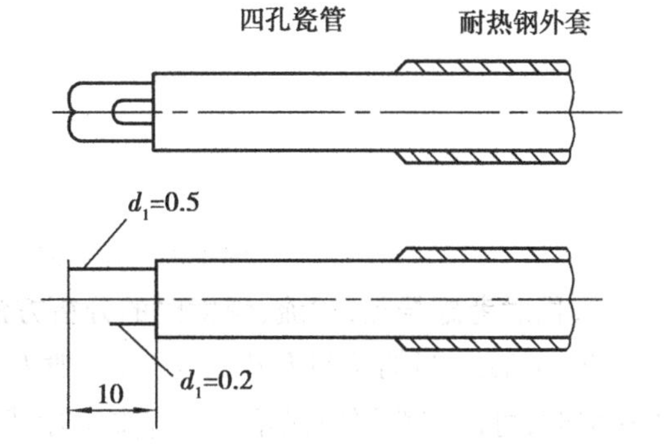

图4.41　测量燃气温度的屏蔽热偶

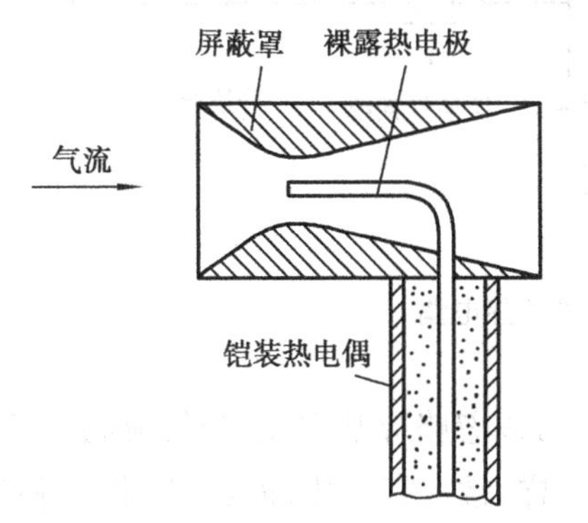

图4.42　屏蔽罩做成文都利管的屏蔽热偶

图4.43　粗细双测量端热电偶

温度，从而获得气流的真实温度 T_g。

由式(4.44)可得粗细双测量端热偶测温公式：

$$T_g - T_{j1} = \frac{\varepsilon\sigma}{h_1}(T_{j1}^4 - T_w^4) \tag{4.45}$$

$$T_g - T_{j2} = \frac{\varepsilon\sigma}{h_2}(T_{j2}^4 - T_w^4) \tag{4.46}$$

由于粗细双测量端热电偶都与气流垂直，由准则方程式(参见表4.7)：

$$Nu_1 = 0.44\sqrt{Re_1} \quad Mu_2 = 0.44\sqrt{Re_2}$$

解得：$h_1/h_2 = \sqrt{\frac{d_2}{d_1}}$

联立三式求解：

$$T_g = T_{j1} = \frac{T_{j2} - T_{j1}}{1 + \left(\frac{T_{j2}^4 - T_w^4}{T_{j1}^4 - T_w^4}\right)\sqrt{\frac{d_2}{d_1}}} \tag{4.47}$$

由此可见，采用双测量端热偶温度计测量气流温度，由热电偶输出示值 T_{j1} 与 T_{j2} 则可方便地求得气流温度 T_g。这种可自动修正辐射误差的热电偶温度计与单支热电偶相比突出的优点是不需要知道气流的对流换热系数 h 值和热偶材料的辐射率 ε 值。不过，用双测量端热偶法仍存在一定的误差，这是由使用准则公式而带来的，如果气流的 Re 数较小，则误差更大，使用时应引起注意。

c. 抽气热电偶

在测量高参数、大容量锅炉的炉膛温度时，炉内气体属于低速高温烟气，此时可采用如图4.44所示的抽气热电偶温度计进行测量。通过抽气的方法提高热电偶测量端周围的气流速度。流速增加，对流换热系数 h 值增大，从而减小辐射误差。应该引起注意的是，不是流速越高辐射误差越小。当抽气速率超过某一定值时，反而会使抽气热电偶的温度示值低于正常值，同样造成辐射误差。

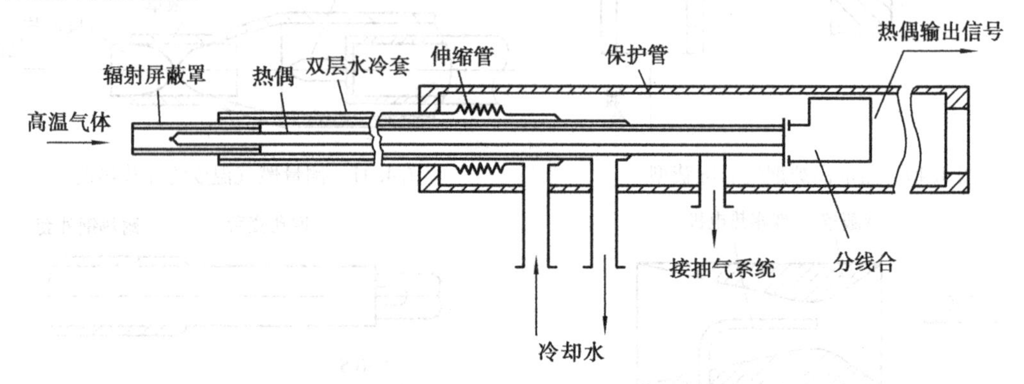

图4.44　用于研究锅炉燃烧的抽气热电偶

5. **同时考虑导热、对流、辐射时的分析方法**

如前所述，当偶丝的 L/d 较大时（一般 $L/d \geqslant 10$ 时）可以忽略导热误差；当气流温度 $T_g <$ 300 ℃时，可以忽略辐射误差。但许多实际情况却并不一样，常常有导热、辐射、对流三种换热现象同时存在且数量级相当，并不具备忽略那种误差的外界条件，或为了精确测量起见，应同时对三种因素共存进行分析。

分析模型为浸入气流中不带屏蔽罩的热电偶。方程和条件与热电偶测量端的能量平衡方程式(4.24)一致。

由
$$\rho V C_p \frac{\partial T}{\partial t} = kV\frac{\partial^2 T}{\partial x^2} + hs(T_g - T) - s\varepsilon\sigma(T^4 - T_w^4)$$

根据稳态气流：$\frac{\partial T}{\partial t} = 0$，则得

$$kV\frac{\partial^2 T}{\partial x^2} = hs(T - T_g) + s\varepsilon\sigma(T^4 - T_w^4) \tag{4.48}$$

引入辐射换热系数 $h_{辐}$：
$$h_{辐} = \frac{\varepsilon\sigma(T^4 - T_w^4)}{T - T_w}$$

则式(4.48)写成：
$$kV\frac{\partial^2 T}{\partial x^2} = hs(T - T_g) + h_{辐}\, s(T - T_w) \tag{4.49}$$

用有效换热系数 $\tilde{h} = h + h_{辐}$，有效环境温度 $\tilde{T} = \frac{hT_g + h_{辐}\, T_w}{h + h_{辐}}$

改写式(4.49)右边

则得
$$kV\frac{\partial^2 T}{\partial x^2} = \tilde{h}s(T - \tilde{T}) \tag{4.50}$$

或写成

$$\frac{d^2 T}{dx^2} - m^2 (T - \widetilde{T}) = 0 \tag{4.51}$$

式中

$$m = \sqrt{\frac{\widetilde{h}p}{kA}}$$

式(4.51)与前边分析的温度计微分方程式(4.29)具有相同的形式,只不过用“有效换热系数 $\widetilde{h}$”代替对流换热系数 h,用“有效环境温度 $\widetilde{T}$”代替气流温度 T_g。

由此可得:沿热偶轴向的温度分布表达式:

$$\widetilde{T} - T = (\widetilde{T} - T_w) \frac{\mathrm{ch}[m(L-x)] + \left(\frac{h'A'}{Akm}\right)\mathrm{sh}[m(L-x)]}{\mathrm{ch}(mL) + \left(\frac{h'A'}{Akm}\right)\mathrm{sh}(mL)} \tag{4.52}$$

当 $x = L$,考察测量端的温度 T_j:

$$\widetilde{T} - T_j = \frac{\widetilde{T} - T_w}{\mathrm{ch}(mL)} \tag{4.53}$$

在热电偶温度计的 mL 已知的前提下,测得 T_j,用式(4.53)求出有效环境温度 $\widetilde{T}$ 后,估算 $h_{辐}$,由有效环境温度定义式求得气流温度。

4.4.5　高速气流的温度测量

1. 概述

高速气流是以马赫数 $M > 0.2$ 为界。由于气流的流速比较高而插入的热电偶或其他接触式温度计是固定不动的,那么流经热电偶测量端的气体必然被滞止而产生滞止效应:被滞止气体的动能(速度能)转变为热能,使温度计测量端附近的温度升高而偏离气体的真实温度。这种由于气流速度高而产生的测温误差称为速度误差。

马赫数 $M < 0.2$ 的低速气流也存在着速度误差,但与辐射、导热误差相比较小,可忽略不计。

1)高速气流的温度测量特点

温度是对分子无序运动平均动能的描述,那么“气流”的温度是气体分子无规则运动的平均动能的描述。气流中气体分子无规则运动包含两个部分:一是气流中分子本身固有的无序运动;另一部分是气流分子的定向运动受阻后转化的无序运动。

①气流的静温、动温、总温

a. 气流的静温描述气流中分子本身固有的无序运动的平均动能,以 T 表示;

b. 气流的动温是指气流分子的有规则的定向运动的动能,以 T_v 表示;

设想有质量为 m、比热为 C_p 的气流微团,以速度 v 做定向运动,其动能等于 $\frac{1}{2}mv^2$。当微团流经热电偶测量端时,由于热电偶的扰动作用,微团被滞止,气流分子的有向运动转化为无序运动,动能转变为热能,在绝热的条件下将气体本身加热,使温度升高,此时微团的热容量:mC_pT_v 应该等于微团的动能,即

$$mC_pT_v = \frac{1}{2}mv^2 \tag{4.54}$$

或写成 $$T_v = \frac{v^2}{2C_p} \tag{4.55}$$

式中 m——气流微团质量；

v——气流速度；

C_p——定压比热，$J/(kg \cdot ℃)$。

c. 气流的总温描述热电偶温度计测量端附近的温度，以 T^* 表示。

显然，此时测量端附近的温度由两部分组成，静温 T 和动温 T_v，气流的 T 与 T_v 之和定义为总温 T^*。

$$T^* = T + T_v = T + \frac{v^2}{2C_p} \tag{4.56}$$

应用主流的马赫数 M 及相关参数的表达式

气流的速度 v：$v = Ma$。M——马赫数；a——流体中的声速；

流体中的声速 a：对于理想气体 $a = \sqrt{kRT}$。R——气体常数；k——绝热指数；

气体常数 R：$R = C_p - C_v$。C_p——定压比热；C_v——定容比热；

绝热指数 k：$k = C_p/C_v$。对于淡燃气 $k = 1.33$，对于空气 $k = 1.4$。

则可得：
$$\frac{T^*}{T} = 1 + \frac{k-1}{2}M^2 \tag{4.57}$$

d. 静温 T 与总温 T^* 的作用：

在工程设计与应用中，静温 T 与总温 T^* 是重要的设计、计算参数。若计算气流主流的参数如流体中的声速时，$a = \sqrt{kRT}$，此时的温度参数应用静温；若将某一状态换算成标准状态或将容积流量换算成重量流量，需要用到静温；在发动机或热力机械的工况计算中总温 T^* 是重要的计算参数。由式(4.56)、式(4.57)可知，测量气流温度时只要测得气流的静温 T、动温 T_v、总温 T^* 三个温度中的任意两个温度就可计算求得其他的温度。

②气流的有效温度 T_g

根据静温的定义，只有使热电偶测量端与气流一起运动，才可以测出静温 T，显然这是不现实的。如图4.45测量端边界层内的温度分布示意图所示。当高速气流流经测量端时，由于气体的粘滞作用，在紧贴测量端的边界层内，气流的速度将逐步滞止到零，动能转变为热能，使测量端边界层内的气体温度上升。如果这部分热能没有一点耗散，则测量端所感受到的温度就是气流的总温 T^*。

然而，实际测量时温度计测量端却感受不到总温 T^*。这是因为：测量端不仅与气体本身换热，还与周围环境换热。这种换热过程势必使测量端的温度下降而测不到气流的 T^*。

如果假定测量端是绝热的，即它不与周围环境产生换热，对于高速常温气流这种假定是成立的。在测量端与外界环境绝热的情况下，测量端能否感受到气流的总温 T^* 呢，结论是仍然感受不到。这是因为，在气流被滞止后，由于滞止效应边界层内滞止气流的动能转换为热能，使边界层内静温 T 上升。但由于气流滞止的程度不同，动能转化为热能的份额也不同，边界层内就产生了内层静温高于外层静温的温度梯度，由于有温度梯度，必然导致紧贴内层那部分气体（它所反映的就是 T^*）要向温度较低的外层气体传热，使紧贴壁面的那部分气体的温度下降。当气流滞止引起气体温度上升和边界层内的传热引起内层温度下降，这两种过程达到热平衡时，在测量端与外界完全绝热的条件下，测量端壁面与紧贴壁面的那部分气体将达到某

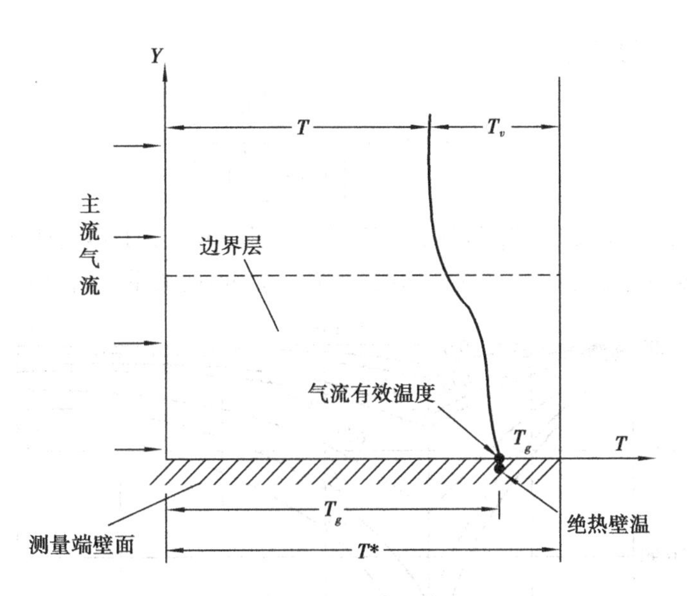

图 4.45　测量端边界层内的温度分布

一平衡温度，显然这一温度并不是总温 T^*，而是低于总温的温度 T_g，称之为气流的有效温度 T_g。而对于测量端壁面来说，T_g 又称为绝热壁温。

如图 4.45 所示，由于气流滞止效应：$T_g > T$；由于边界层内传热，$T_g < T^*$，即 $T < T^* < T_g$。于是将气流的总温与气流的有效温度之差 $T^* - T_g = \Delta T_v$ 称为速度误差。

2）复温系数（恢复系数）r

①复温系数 r 的意义

为了描述在不同的绝热壁面上，气流动能恢复为热能的程度，引入复温系数 r。其定义为

$$r = \frac{\text{气流有向运动的动能在壁面绝热条件下恢复为热能的部分}}{\text{气流有向运动的动能全部恢复为热能应有的能量}} < 1 \tag{4.58}$$

$r<1$，说明边界层中的流速并没有完全滞止为零，有向运动的动能并没有全部转变为热能，因此 $T_g < T^*$。

由式（4.58）可得复温系数的解析式：

$$r = \frac{mC_p(T_g - T)}{mC_p(T^* - T)} = \frac{T_g - T}{T^* - T} = \frac{T_g - T}{T_v} = \frac{T_g - T}{v^2/2C_p} \tag{4.59}$$

由速度误差定义：$\Delta T_v = T^* - T_g = T^* - T_g + T - T$

$$= (T^* - T)\left(1 - \frac{T_g - T}{T^* - T}\right) = T_v(1 - r) = (1 - r)(T^* - T)$$

$$= (1 - r)\left(1 - \frac{T}{T^*}\right)T^* \tag{4.60}$$

将式（4.57）代入上式　　$$\frac{T}{T^*} = \frac{1}{1 + \frac{k-1}{2}M^2}$$

则速度误差：　　$$\Delta T_v = (1 - r)\left[\frac{\frac{k-1}{2}M^2}{1 + \frac{k-1}{2}M^2}\right]T^* \tag{4.61}$$

或写成相对误差的形式：

$$\frac{\Delta T_v}{T^*}=(1-r)\left[\frac{\frac{k-1}{2}M^2}{1+\frac{k-1}{2}M^2}\right] \tag{4.62}$$

式(4.61)表明，速度误差 ΔT_v 与马赫数有关。图4.46表示了热电偶在空气中不同的复温系数时有效温度与总温之比与来流马赫数 $T_g/T^*=f(M)$ 的关系。图中表明：

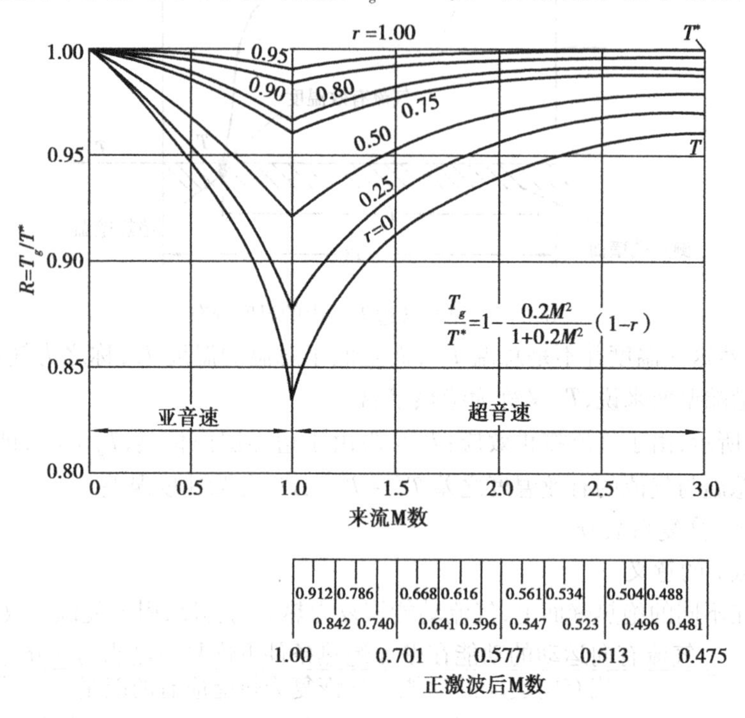

图4.46　空气中不同复温系数的热电偶：$T_g/T^*=f(M)$ 的关系曲线

a. 来流 M 一定时，r 越大，T_g/T^* 也越大，有向动能转变为热能的份额越多，则热电偶测量端所感受到的有效温度 T_g 与总温 T^* 的差值越小，即 ΔT_v 速度误差越小。

b. r 一定时，在来流 $M=0\sim1$ 范围内，T_g/T^* 将随 M 增大而减小，相应的速度误差 ΔT_v 则随 M 的增大而增大。当 $M=1$ 时，T_g/T^* 达到最小值。

②复温系数 r 值的确定

在高速气流温度测量中，复温系数 r 是一个重要参数，无论在减小或修正速度误差时，都需要知道 r 的值，这里仅介绍热电偶在两种情况下，由实验而得的复温系数取值范围。

若气流与偶丝平行时：$r=0.86\pm0.09$；

若气流与偶丝垂直时：$r=0.68\pm0.07$。

2. 高速常温气流的温度测量

在测量高速常温气流的温度时，认为温度计测量端是绝热的，它不与周围环境产生换热。由于气流速度较高 $M>0.2$，此时传热误差与速度误差相比下降为次要地位，因此高速常温气流的温度测量主要考虑速度误差。但由于测量端边界层内的传热使温度计测量端感受不到气流的总温 T^* 而只能测量到气流的有效温度 T_g，于是应将对所产生的速度误差进行减小或修正。

1)高速常温气流速度误差的修正

已知热电偶温度计的复温系数 r,对热电偶温度计示值 T_g 修正,即可求得气流温度 T^*。其方法是根据热电偶温度计的使用工况,用实验的方法测得复温系数值 r,由式(4.57),式(4.60)导出对热电偶测得的气流的效温度 T_g 进行修正,得到静温 T,计算出总温 T^*。

$$T = T_g \frac{1}{1 + r\frac{k-1}{2}M^2} \tag{4.63}$$

$$T^* = T_g \frac{1 + \frac{k-1}{2}M^2}{1 + r\frac{k-1}{2}M^2} \tag{4.64}$$

2)高速常温气流速度误差的减小

使流经测量端的气流速度 v 下降,可减小速度误差 ΔT_v。由此,减小速度误差的具体的措施,一是使气流管道局部扩大,造成气流速度 v 下降,M 减小,而 ΔT_v 减小;二是在温度计测量端上加装滞止罩,使流过测量端的气流速度降低到一定程度,从而使 ΔT_v 减小到允许的范围内予以忽略。

措施一往往受到现场条件的限制,而加装滞止罩使流经测量端 $M<0.2$,ΔT_v 可忽略。如图4.47所示,带滞止罩的热电偶,称为总温热电偶。由于滞止罩的滞止效应使来流 v_1 进入滞止罩后,速度大幅度下降为 v_2,大部分动能在滞止罩上恢复为热能,而没有恢复的那部分动能又由于测量端的滞止,速度下降为 v_3,在测量端的表面进一步恢复为热能。由于滞止式热电偶采用了两步恢复,使测量端附近的动能恢复为热能的部分大为增加,使复温系数 r 值增加,减小了 ΔT_v。

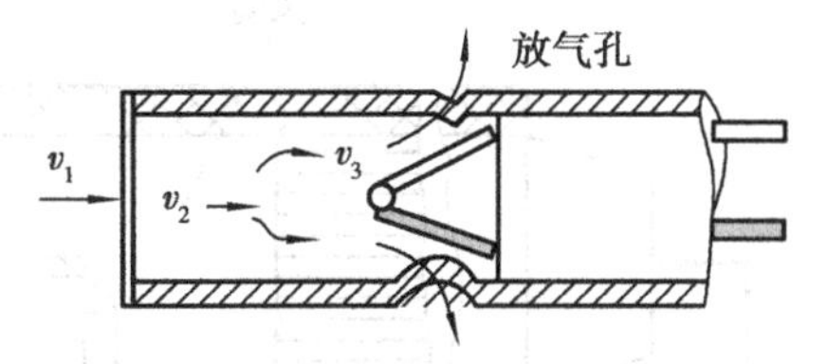

图4.47　带滞止罩的热电偶

将图4.47的热偶与滞止罩看作一个整体,根据复温系数的定义写出:

$$r_{总} = \frac{\frac{mv_1^2}{2} - \frac{mv_3^2}{2}}{\frac{mv_1^2}{2}} = \frac{v_1^2 - v_3^2}{v_1^2} = \frac{v_1^2 - v_2^2}{v_1^2} + \frac{v_2^2 - v_3^2}{v_2^2}\left(1 - \frac{v_1^2 - v_2^2}{v_1^2}\right)$$

即

$$r_{总} = r_{罩} + r_{裸}(1 - r_{罩}) = r_{罩} + r_{裸} - r_{罩} \cdot r_{裸} \tag{4.65}$$

因热电偶与滞止罩与气流平行,根据实验公式:$r_{罩} = r_{裸} = 0.86$,代入上式

$$r_{总} = 0.86 + 0.86 - 0.86^2 = 0.98 \tag{4.66}$$

装滞止罩后,气流经过两次恢复,使总的复温系数大大增加。值得注意的是:滞止罩并没有改变测量的有关特性。例如测量端与气流平行,其复温系数仍为0.86,滞止罩的作用主要是改善了测量端所处的局部环境,使测量端处的流速小于来流速度,因而大大地减小了速度误差。图4.48列举了两种滞止式热电偶。图4.48(a)用于亚音速气流温度测量,图4.48(b)用于超音速气流温度测量。

综上所述,采用滞止罩并使测量端与气流平行是减小速度误差的主要途径。

3)复温系数的实验测定

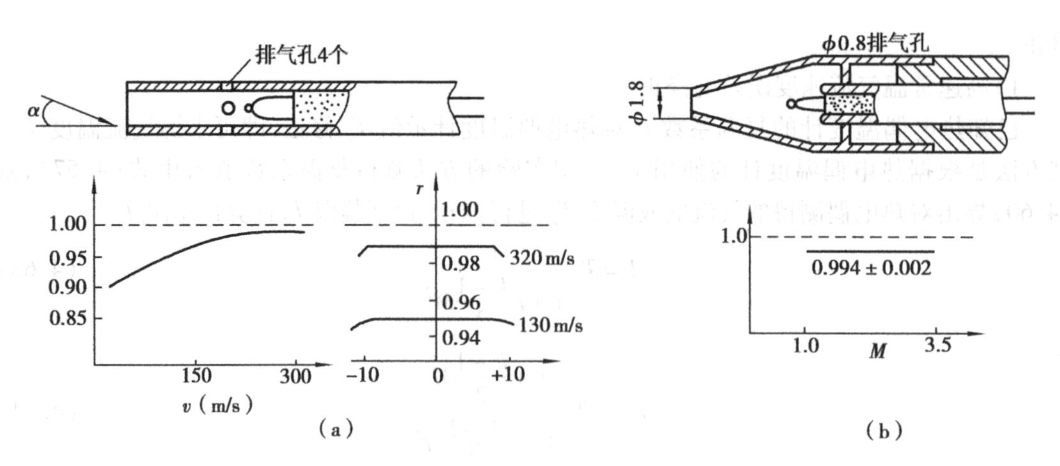

图 4.48　测量滞止温度的热电偶温度计

复温系数是一个复杂的参数，它与气流运动条件的 M 数，被测介质性质的 p_r，气流流态的 Re 数及温度传感器尺寸、结构形式、安装方位等众多复杂的因素有关，在一般情况下，其函数解析式不易推出来，所以在研究温度传感器的复温系数 r 时，一般采用实验的方法，在专用标准风洞上进行。风洞可以是吸气或吹气式，复温系数测试系统如图 4.49 所示。

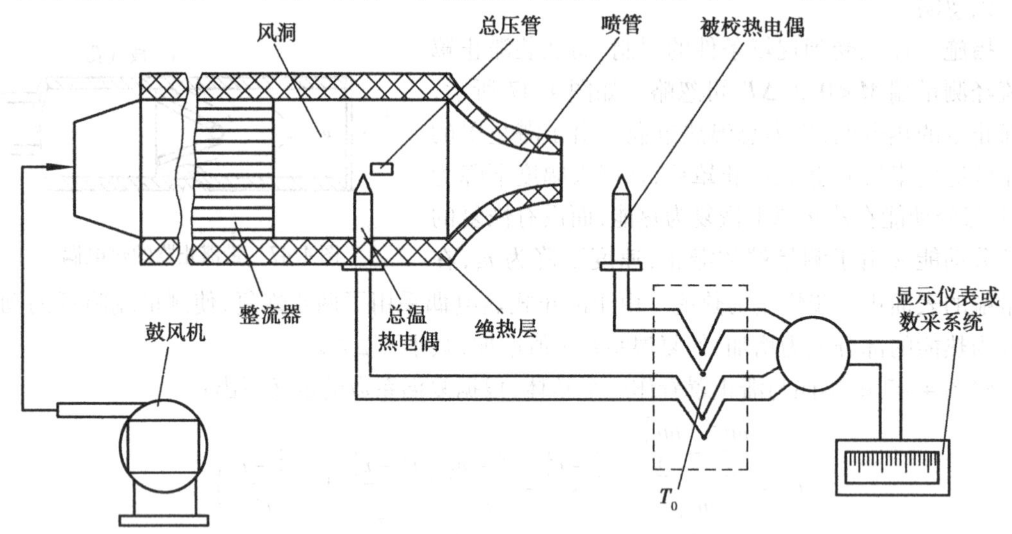

图 4.49　复温系数测试系统

图 4.49 所示的风洞为吹气式风洞。气流经整流器在风洞中流速很低，风洞外包绝热层，因此可认为由总温热电偶测到的是气流的 T^*。被校热电偶安装在绝热风洞喷管出口的高速气流中，测得有效温度 T_g。则被校热电偶的复温系数 r 为

由式(4.61)可知

$$r = 1 - \frac{(T^* - T_g)/T^*}{\left(\frac{k-1}{2}M^2\right)\Big/\left(1 + \frac{k-1}{2}M^2\right)} \tag{4.67}$$

由流体力学可知 $M = \sqrt{\frac{2}{k-1}\left[\left(\frac{p^*}{p}\right)^{\frac{k-1}{k}} - 1\right]}$

$$r=1-\frac{T^{*}-T_{g}}{\left[1-(p/p^{*})^{\frac{k-1}{k}}\right]T^{*}} \tag{4.68}$$

式中 p,p^{*} 分别为气流的静压和总压。

3. 高速高温气流的温度测量

在分析高速常温气流的温度测量时认为测量端是绝热的，即测量端与外界无热交换现象，此时测量端所感受到的温度为气流的有效温度 T_g。但是对于高速高温气体温度的测量，测量端与外界的热交换，如导热、辐射等换热因素，显然不能忽略不计了。传热误差上升与速度误差数量级相当，热电偶测量端感受不到气流的有效温度 T_g，而只能感受某一测量温度 T_j 且 $T_j<T_g$。因此必须同时考虑速度误差、导热误差与辐射误差的处理方法。

要测量气流的总温 T^*，必须先知道 T_g，而热电偶测量端示值为 T_j，因此有式(4.69)

$$T_g=T_j+\mathrm{d}q_{辐}+\mathrm{d}q_{导} \tag{4.69}$$

式中　$\mathrm{d}q_{辐}$——测量端辐射误差；

　　　$\mathrm{d}q_{导}$——测量端导热误差。

图4.50认为：在沿热电偶整个长度上，气流 M,T^*,h 及 r 都是常数，则在整个 L 长度上，边界层内气体的有效温度均为 T_g。这相当于热电偶插入温度为 T_g 的低速气流中。

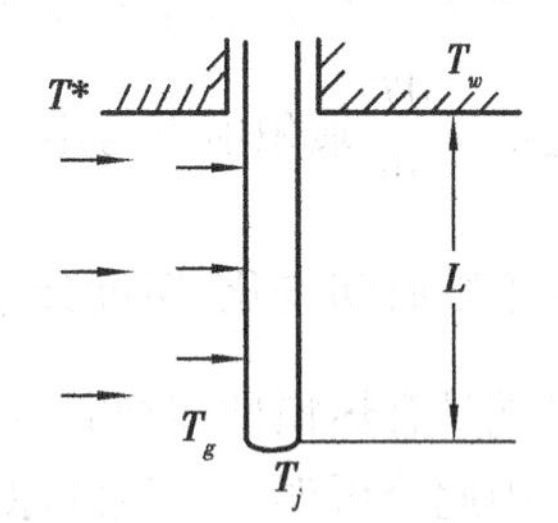

图4.50　同时考虑速度、导热与辐射误差分析模型

因此，可以引入低速气流中，同时考虑导热、对流与辐射误差的式(4.53)。

由
$$\tilde{T}-T_j=\frac{\tilde{T}-T_w}{\mathrm{ch}(mL)}$$

式中　$m=\sqrt{\frac{\tilde{h}p}{kA}},\tilde{h}=h+h_{辐}$。

可由热电偶温度计测量端示值 T_j 计算出有效环境温度 $\tilde{T}$。再由 $\tilde{T}=\frac{hT_g+h_{辐}T_w}{h+h_{辐}}$，算出有效温度 T_g，最后得到气流的静温 T 和总温 T^*。

4.4.6　动态温度的测量

1. 概述

前面的分析中，无论低速气流或高速气流，都认为被测气流的温度不随时间变化，是静态温度测量问题。但实际测量中，往往遇到温度随时间变化的问题。如气流温度的脉动变化；不稳定传热中，瞬时温度的测量或者传感器的测量方式等。

1）气流动态温度的测量特点：

①动态温度

气流温度随时间变化或用传感器扫描不均匀温度场；气体温度不随时间变化，但测量时，温度传感器由某一温度突然进入另一个温度，对于温度传感器测量端而言，其输入量都是随时间变化的动态温度。

②动态误差

由于气流与具有热惯性的温度传感器测量端的不稳定传热过程，测量端所感受到的温度不等于被测气流的真实温度，二者之间的差值称为动态误差。

2）温度传感器的动态响应

如图4.26所示的分析模型，由式(4.24)，忽略导热、辐射换热 $dq_{导}$，$dq_{辐}$，辐假定传感器内部的温度分布，则有温度传感器的能量方程：

$$\rho VC_p \frac{dT_j}{dt} = hs(T_g - T_j) \tag{4.70}$$

或写成：

$$T_g - T_j = \frac{\rho VC_p}{hs} \frac{dT_j}{dt} \tag{4.71}$$

令 $\tau = \frac{\rho VC_p}{hs}$ 称为时间常数，式(4.70)可写成：

$$T_g - T_j = \tau \frac{dT_j}{dt} \tag{4.72}$$

分析方程式(4.71)可以发现，在气流温度为 T_g 时，温度计测量端的示值为 T_j。二者之间的差值 $T_g - T_j$ 并不等于零，说明存在着测量误差。造成 $T_g - T_j$ 不等于零的原因，是因为方程右边的 $\tau\frac{dT_j}{dt}$ 乘积项不为零。将该乘积项称为动态误差，用符号 ΔT_D 表示。由此可见，只要被测温度随时间变化，温度计测量端 T_j 必然随时间变化，温度变化率 $\frac{dT_j}{dt}$ 不等于零；只要温度计测量端具有热惯性，时间常数 τ 不会等于零，换句话说动态误差将伴随测量过程。

因此分析误差产生的原因，找出决定误差大小的因素，对动态误差采用减小或修正的方法，将动态误差降低到测量允许的范围内。

与前面分析一样，从描述测温过程的微分方程入手，用几种"典型"的温度输入信号来考察温度传感器的输出响应情况，找出对动态误差大小起决定性作用的动态测量参数。

2. 气流温度作阶跃变化时的响应

将热电偶温度计插入温度 T_g 稳定的高温气体中，此时对热电偶温度计而言，其输入信号是一个阶跃信号，此时的输出信号并不能马上达到输入，而是以指数曲线的形式趋近输入。方程式(4.71)的通解：

$$T_j = Ce^{-\frac{t}{\tau}} + T_g \tag{4.73}$$

利用初始条件确定积分常数

当 $t = 0, T_j = T_{j0}$

方程式(4.71)的特解：

$$T_g - T_j = (T_g - T_{j0})e^{-\frac{t}{\tau}} \tag{4.74}$$

图4.51是按式(4.74)画出的热电偶温度计的温升曲线或称为动态响应曲线。

当 $t = \tau, T_j - T_{j0} = 0.632(T_g - T_{j0})$；

当 $t = 2\tau, T_j - T_{j0} = 0.865(T_g - T_{j0})$；

当 $t = 3\tau, T_j - T_{j0} = 0.95(T_g - T_{j0})$。

由此可见：动态误差 ΔT_D 与时间常数 τ 有关，随着 τ 的增大，温度计输出示值 T_j 逐步趋近气流温度 T_g。理论上只有在测试时间无穷长时，温度计才能显示气流的真实温度。但在实际测量中，在时间常数等于 3τ 时，输出已达到输入95%的状态下可认为温度计的示值已达到气流温度。同时从曲线上可以看出时间常数 τ 值越大，输出趋近输入的时间愈长，反之则愈短。τ 值的求取可以在温升曲线上求取。

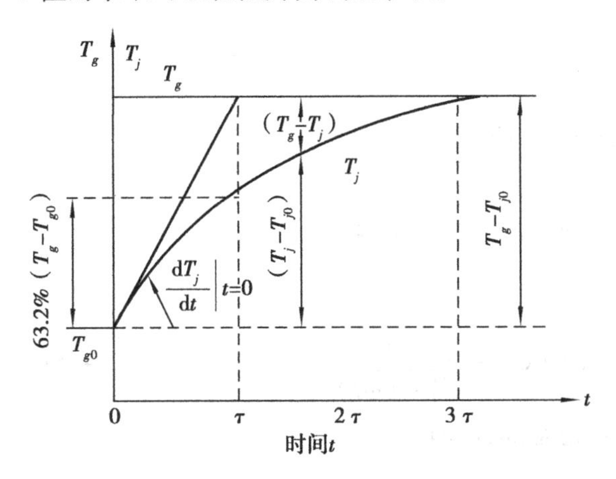

图 4.51　热电偶的阶跃响应曲线

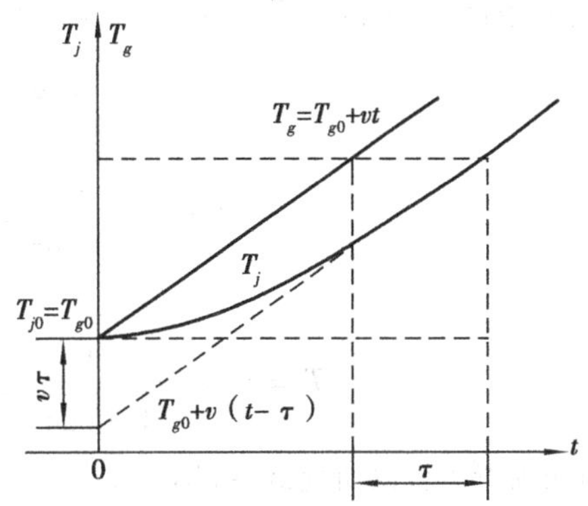

图 4.52　气流温度线性变化热电偶响应曲线

3. 气流温度线性变化时的响应

若气流温度 T_g 做线性变化如图 4.52。

$$T_g = T_{g0} + vt \tag{4.75}$$

则式(4.72)变为

$$\tau \frac{\mathrm{d}T_j}{\mathrm{d}t} + T_j = T_{g0} + vt \tag{4.76}$$

其通解：
$$T_j = C\mathrm{e}^{-\frac{t}{\tau}} + T_{g0} + v(t - \tau)$$

若初始条件为：$t = 0, T_j = T_{j0} - T_{g0}$。

由此可得式(4.76)的特解，热电偶温度计的线性响应方程：

$$T_j = v\tau\mathrm{e}^{\frac{-t}{\tau}} + [T_{g0} + v(t - \tau)] \tag{4.77}$$

则动态误差：

$$\Delta T_D = T_g - T_j = T_{g0} + vt - v\tau\mathrm{e}^{-\frac{t}{\tau}} - T_{g0} - vt + v\tau = v\tau(1 - \mathrm{e}^{-\frac{t}{\tau}}) \tag{4.78}$$

由式(4.78)可见：当气流温度 T_g 做线性变化时，动态误差 ΔT_D 取决于时间常数 τ，即使时间趋于无穷长时，动态误差 $\Delta T_D = v\tau$ 永远也消除不了。

4. 气流温度做正弦振荡时的响应

若气流温度图 4.53 做正弦振荡：

$$T_g = \overline{T}_g + A\sin\omega t \tag{4.79}$$

则式(4.72)变为

$$\tau \frac{\mathrm{d}T_j}{\mathrm{d}t} + T_j = \overline{T}_g + A\sin\omega t \tag{4.80}$$

令 $\theta = T_j - T_g$，则

$$\tau \frac{\mathrm{d}\theta}{\mathrm{d}t} + \theta = A\sin\omega t$$

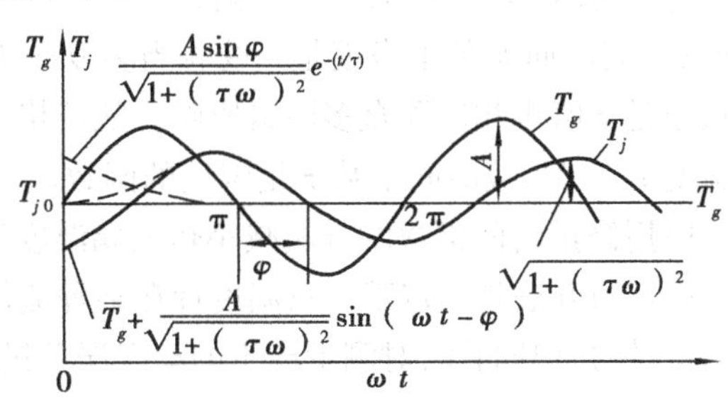

图 4.53　气流温度做正弦变化时热电偶的响应曲线

$$\text{通解:}\begin{cases}\theta = C\mathrm{e}^{-\frac{t}{\tau}} + \dfrac{A}{\sqrt{1+(\omega\tau)^2}}\sin\ (\omega t+\varphi)\\ \varphi = -\arctan(\omega\tau)\end{cases}$$

由初始条件:$t=0, T_j = T_{j0} = \overline{T}_g$,即 $\theta = 0$,则

$$C = \frac{A}{\sqrt{1+(\omega\tau)^2}}\sin\varphi$$

得

$$\theta = \frac{A}{\sqrt{1+(\omega\tau)^2}}[\sin(\omega t-\varphi) + \mathrm{e}^{-\frac{t}{\tau}}\sin\varphi]$$

或

$$T_j = \overline{T}_g + \frac{A}{\sqrt{1+(\omega\tau)^2}}\sin\ (\omega t+\varphi) + \frac{A\sin\varphi}{\sqrt{1+(\omega\tau)^2}}\mathrm{e}^{-t/\tau} \tag{4.81}$$

对于正弦响应,仅研究式(4.81)右边一、二两项稳态部分,即

$$T_j - \overline{T}_g = \frac{A}{\sqrt{1+(\omega\tau)^2}}\sin\ (\omega t+\varphi) \tag{4.82}$$

式(4.82)为气流温度做正弦振荡时温度计的动态响应方程。

由方程可见,当气流温度:$T_g = \overline{T}_g + A\sin\omega t$ 时,温度计测量端能感受到的温度:

$$T_j = \overline{T}_g = \frac{A}{\sqrt{1+(\omega\tau)^2}}\sin\ (\omega t+\varphi)$$

将热电偶温度计的输出与输入信号相比:输出信号的幅值衰减了 $A/\sqrt{1+(\omega\tau)^2}$ 倍,相位滞后了 φ 相位角。由此可见,温度计不能准确测量该情况下的动态温度。而且由此产生的动态误差还将随时间常数的增加而增加,最后温度计只能显示气流的平均温度。

综上所述,只要气流温度随时间变化,用热电偶温度计测量时,必然伴随着动态误差的产生,而动态误差的大小是由温度计的时间常数 τ 值所决定。因此为了能准确测量气流的动态温度,要从 τ 值入手,用技术手段去修正或减小动态误差。

5. 温度传感器的时间常数

由式(4.71)时间常数的定义:$\tau = \rho VC_p/hs$ 可以看出,τ 作为常数是在有限的条件下才能认为它是常数。不同的热电偶温度计,其热偶材料的 C_p,ρ 不同,则 τ 不同;不同的热电偶温度计的构造不同,其 V/s 不同,则 τ 不同;测量中,气体不同的流态下,其对流换热系数 h 值不同,则 τ 值又不同。而 h 值本身就是一受相当多复杂因素影响的系数(如介质性质、气流夹角、方向等),于是 τ 值也相应受众多因素影响。从严格意义上讲,热电偶材料的比热 C_p 与温度计测量端温度 T_j 有关,故时间常数 τ 是温度的函数。

1)用修正时间常数的方法减小热电偶温度计测量时的动态误差

修正的方法是确定某一只温度计在某种流体确定的流态下的时间常数,同时记录该温度计测量时的温升曲线,对测量产生的动态误差进行修正。如式(4.72)所示 。

确认动态误差 $$\Delta T_D = T_g - T_j = \tau\frac{\mathrm{d}T_j}{\mathrm{d}t}$$

修正动态误差 $$T_j + \Delta T_D = T_g \tag{4.83}$$

如图4.51所示,将处于某一温度 T_{g0} 的温度计插入温度为 T_g 气流中,记录该温度计的温

度响应曲线，过起点做该曲线的切线，其斜率则为 $\mathrm{d}T_j/\mathrm{d}t$，该切线与 T_g 的交点即为 τ。或者在温度响应曲线上选取（$T_g - T_{j0}$）的 63.2% 这一点，它所对应的时间即为一个时间常数 τ。求得 τ 值后，与斜率 $\mathrm{d}T_j/\mathrm{d}t$ 相乘，再加上温度计示值 T_j 可以得到气流的温度 T_g。

2）用减小时间常数的方法来减小热电偶温度计测量时的动态误差

由时间常数的定义，可知凡是使 τ 值减小的方法都可以减小测量时的动态误差 ΔT_D。工程测量中常用的方法有以下几种：

①减小温度计测量端的几何尺寸

如果热电偶温度计确定，其材料的密度、比热也就相应确定了。此时采用测量端尺寸较小的温度计会使其热容量随测量端尺寸减小而减小，而对流换热系数 h 值则随测量端尺寸减小而增大。因此，缩小温度计测量端的几何尺寸，可使 ΔT_D 减小，温度计测量端的动态响应提高。

$$\left.\begin{aligned} &\tau = \frac{\rho V C_p}{hs} \propto \frac{V}{s} \propto L \\ &h \propto \frac{1}{\sqrt{d}} \quad \tau \propto \frac{1}{h} \propto \sqrt{d} \end{aligned}\right\} \tau \propto d^{1.5} \tag{4.84}$$

式中　L——热电偶温度计的插入长度；

d——热电偶温度计的偶丝直径。

②改变温度计测量端的截面形状

改变温度计测量端的体积与表面积比值，使 V/s 的比值减小。如将球形测量端压扁，对焊热偶丝测量端边缘上带毛刺（俗称飞边）。采用这些形状的测量端，因为具有较小的 V/s，会使时间常数 τ 值减小。

③增大气体的对流换热系数 h 值

使通过测量端的气流流速增加，增大气体的对流换热系数 h 值，可采用小直径对焊跨流结构的热电偶和增大气流紊流度等方法。

综上所述，气流的温度测量是一个综合而且复杂的问题。需要根据具体情况认真分析，拟订温度测量方案，选定温度传感器，分析测试结果，修正或减小测量误差，使温度测量误差达到误差容许的范围内。

关于采用各种措施研制的测温装置，如双屏抽气热电偶、音速热偶和动态测温仪等温度计，因篇幅有限，有兴趣的读者可参阅有关专著。

4.4.7　固体壁面温度测量

用接触式感温元件测量固体壁面温度与测量气体温度一样，同样存在传热误差与动态误差。其分析工作要比流体温度测量更为复杂。

本节仅讨论用热电偶温度计测量固体表面温度的方法。由于热偶法具有较宽的测温范围和较小的测量端，热损失小，精度较高，使用较为方便，因此得到了广泛的应用。特别是铠装热偶新技术和薄膜热电偶的发展，更给固体壁面温度测量带来了方便。

用热电偶温度计来测量固体表面温度与测量气体温度一样，由于热电极与固体表面“接触”，由于沿热电极导热的影响，破坏了被测表面的温度场，此时热电偶的示值温度实际上是已被破坏的表面温度，由此带来较大的测量误差。

1. **安装系数**

图 4.54 列举了进行表面测量的热电偶与被测固体表面的接触形式，其基本形式一般有四种。图(a)称为点接触：热电偶的测量端直接与被测固体表面相接触；图(b)称为片接触：先将热电偶的测量端与导热性能良好的集热片(如铜片)焊在一起，然后再与被测固体表面相接触；图(c)称为等温线接触：热电偶的测量端固定在被测固体表面后沿被测表面的等温线绝缘敷设至少 20～50 倍热电极直径的距离后引出；图(d)称为分离接触：热电偶的两个热电极分别与被测固体表面相接触，通过被测表面构成回路。分析图 4.54 的四种接触方式，可以发现，由于固体壁面温度 T_w 高于周围环境温度 T_g。测量端附近的被测固体表面将通过导热把热量传递给热电极而散失在周围介质中，使得测量端感受到的固体表面温度 T_j 低于没有安装热电偶时的固体表面真实温度 T_w，由此产生了测量误差。通常情况下用实际测量的误差与最大可能出现的误差的比值：安装系数 Z 来衡量测量的准确性。

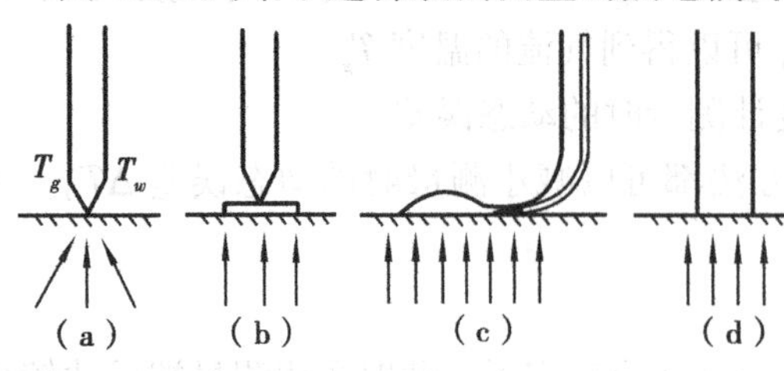

图 4.54　热电偶与固体表面的接触方式

$$Z = \frac{T_w - T_j}{T_w - T_g} \tag{4.85}$$

式中　T_w——被测固体壁面实际温度；

T_j——热电偶测量端感受到的温度；

T_g——周围环境温度。

安装系数 Z 值的大小决定固体表面温度测量误差的大小。Z 值愈小，固体表面热电偶的测温准确度愈高。其大小与热电偶的材料、尺寸、安装方法、被测固体表面状态和环境因素有关。当安装方式确定后，Z 值可以从理论上进行计算或由实验确定。图 4.54 的四种接触方式中，理论计算和实验验证图 4.54(c)等温线接触的误差最小，此时热电极沿等温线绝缘敷设，测量端的导热损失最小；图 4.54(b)因为用了导热性能良好的金属片来补充热电极的热损失，测量误差次之。

图 4.54(a)点接触方式的测量误差最大，因为所有的导热损失全部集中在测量端的一个接触点上，损失的热量不能得到有效、充分的补充；图 4.54(d)的分离接触，因为有两个接触点，其测量误差将小于图 4.54(a)但劣于图 4.54(b)和图 4.54(c)。

2. **安装方式**

热电偶温度计测量固体壁面温度时，采用不同的安装方式将会得到不同的测量结果，带来不同的测量误差。采用相同的安装方式，若热电偶的热电极直径越粗，则沿热电极轴向导热损失增大，测量误差增加；若被测固体面积大、壁厚，则热容量大，测量误差相对减小；若测量端附近扰动大，对流换热系数大，测量误差也相应增大；若被测固体材料导热系数大，热电偶测量端导出的热量容易得到补充，使测量误差相应减小。

表 4.11 为采用三种接触方式得到的实验结果。取软木、木头和铜三种平板水平放置，从下面加热，周围空气 T_g 为 15 ℃，平板实际温度 T_w 为 35.4 ℃，将三种接触形式的测量结果即热电偶温度计的示值 T_j 列表如下：

表4.11　热电偶温度计三种接触形式的测量结果

热电偶安装方式	热电偶温度计的示值温度 T_j(周围空气 T_g 为15 ℃)/℃		
	软木	木头	铜
点接触	22.9	25.5	31.8
片接触	32.3	34.2	34.4
等温线接触	35.3	35.3	35.4

1)表面敷设

将热电偶测量端用焊接、铆接或粘接的方式固定在被测固体表面,图4.55所示为三种常用的热电偶测量端固体表面敷设形式。

图4.55(a)为球形焊:是将热电偶的球形测量端与被测固体表面焊接在一起。图中 t_2 为球形测量端感受到的温度,t_1 为被测固体表面的实际温度。由于球形焊所测量的是固体表面上“点”的温度,在这样一个“点”上有两根热电极同时导热测量,造成较大的测量误差。t_1 与 t_2 有较大的差值,测量端不能测到固体表面的真实温度。

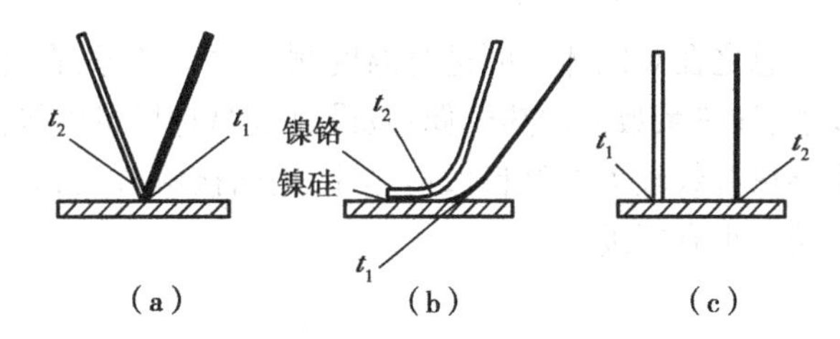

图4.55　热电偶表面焊接形式
(a)球形焊;(b)交叉焊;(c)平行焊

图4.55(b)为交叉焊:先将导热性能好的K型热电偶的一只热电极在被测固体表面焊好,然后再将另一只热电极交叉地叠焊在已焊好的焊点上。交叉焊热电偶指示的温度是两热电极交叉处的 t_2,它与被测固体表面的实际温度 t_1 也有一个差值,但由于接触面比球形焊大,所以其导热误差要比球形焊小。图(b)所示是沿固体表面等温线进行的交叉焊,进一步减少了导热误差。

图4.55(c)为平行焊:将热电偶的两只热电极分别平行焊接在被测固体表面上,在两个焊点之间保持一段距离,对于等温导体两只热电极间的距离约为1~5 mm。平行焊适用于等温固体表面的温度测量。若固体表面存在着温度梯度 $t_1 \neq t_2$ 或固体表面材质不均匀,不适宜用平行焊。

实验证明,以上三种热电偶表面焊接方法的相对误差是:球形焊最大,交叉焊次之,平行焊最小。

2)表面埋设

对于较厚的固体物体,在条件许可的情况下,热电偶可安放在事先在固体表面开好的槽内。适当布置热电偶温度计的测量端,经绝缘的热电极沿槽铺设并用填充物固定热电偶后沿槽表面引出,最后将填充过的固体表面打磨与原固体表面平齐。

图4.56所示是一个管道壁面温度测量的实例。焊好的热电偶放在沿管道同心圆等温线开好的凹槽内,然后用填料(常用的填料可用钎焊料或耐热水泥,温度较低时可用焊锡)填平凹槽。注意填平后的管壁不能凸起或凹陷,否则就相当于在管壁上加装了翅片,导致开槽处换热状况变化。图4.57所示是将热电偶的两个热电极从左右方向引出,适合于管壁较薄的管壁

温度测量。

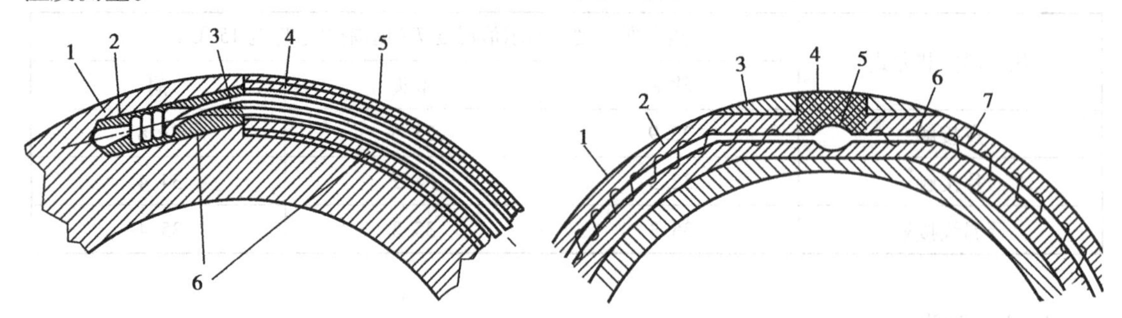

图4.56　固定式壁面温度测量装置
1—测量端;2—洞;3—热电偶;4—细铜管;
5—凹槽;6—焊料

图4.57　管壁上装置热电偶示意图
1—凹槽;2—快干水泥;3—孔;4—焊锡;
5—测量端;6—棉纱线;7—铜-康铜热电偶

总之在对固体壁面进行温度测量时应考虑:在热电偶材料允许的情况下应尽量采用直径较小、导热系数低的热电偶;敷设热电偶时尽量沿等温线铺设;如果被测固体为不良导体,可采用导热系数较大的材料做集热片,用面接触方式;如果固体材料强度允许,表面埋没对提高测量精度很有帮助。

4.5　温度测量的光学方法

在接触式温度测量中,无论是力学的方法还是电学的方法,测温传感器必须与被测对象直接接触,且大多数情况下要使感温元件和被测对象达到热平衡后进行测量。因此无论从空间还是时间上温度传感器必须经受被测温度条件下各种状况的扰动,如腐蚀、氧化、还原、污染、冲击及振动等带来测温误差的不利因素;与此同时,测温过程中温度传感器与被测物体接触破坏了被测对象的温度场和速度场,造成失真的温度信号输出;更重要的是在工业生产和科学研究中,要求测量的温度往往高于接触式感温元件的温度测量范围的上限。如常用的LB-2热电偶,其测温上限为1 800 ℃,即使采用动态热偶法,也局限于2 000 ℃左右,而热电阻测温上限仅+630 ℃。

因而一种不与被测物体接触但能测量出物体温度的方法应运而生。这种方法,从测温手段而言称之为非接触式测温;从温度信号转变为光学信号输出而言称之为温度测量的光学方法。

温度测量的光学方法有基于热辐射原理的测温技术、利用不均匀流场折射率变化的测温技术、高温气体谱线变换技术及全息干涉法测温技术等。

温度测量的光学方法能测量很高的温度,甚至可以说有无限的测量上限,能测量接触式无法测量的温度。如超过热电偶允许的温度的测量,高压线的温度测量,转动物体温度的测量或其他无法接触或危险物体的温度测量;能测量导热系数或热容量很小的物体的温度;能测量要求响应时间很短的温度。其光学特性可使瞬时温度测量几乎没有动态误差,能测量很微小或很大面积上的温度,不破坏、不干扰被测介质的温度场,因此该方法得到了较快的发展和应用。

4.5.1　温度测量的辐射学方法

1. 基本概念

1)热辐射

根据电磁波动理论,辐射就是由电磁波来传递能量的过程。任何物体的温度只要高于绝对零度时,其内部带电粒子热运动就会向外发射出不同波长的电磁波,该电磁波的传播过程称为热辐射。对于热辐射来说,物体的温度是物体内部带电粒子运动的根本原因,所以热辐射主要取决于温度。温度辐射的波长主要在肉眼看不见红外光谱区,高温时也包含可见光区域。不同的温度范围物体的热辐射波段不同。图 4.58 是电磁辐射光谱中的可见光和红外光谱,可见光波长 0.39 ~ 0.76 μm。红外辐射中的近红外波长 0.76 ~ 1.5 μm、中红外波长 1.5 ~ 40 μm、远红外波长 40 ~ 1 000 μm。不过这种划分只不过是大体的分类,并不是很严格的定义。辐射温度探测器所能接受到的热辐射波段约为 0.3 ~ 40 μm,大部分工作在可见光和红外光的某波段或波长下。中红外光以上波长的热辐射波长范围为 0.75 ~ 1 000 μm,此时的热辐射需要用红外探测器进行检测。

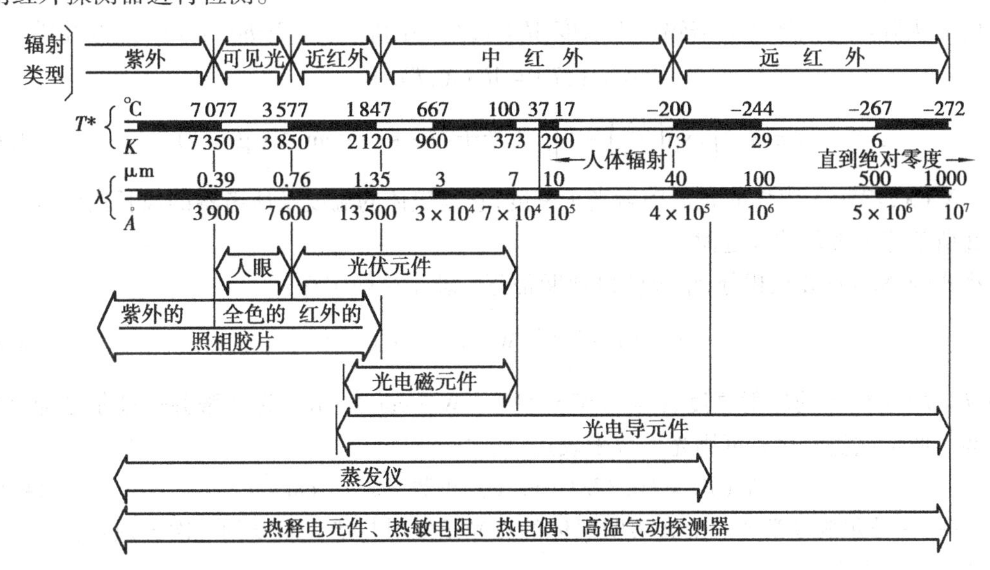

图 4.58　可见光及红外光谱和相应的辐射探测器(T^* 为相应光谱辐射峰值的温度)

2)辐射学基本定律

①普朗克定律与维恩公式

普朗克定律给出了绝对黑体在任何温度 T、任何波长 λ 下的光谱辐射亮度:$L^b(\lambda,T)$:

$$L^b(\lambda,T)=\frac{c_1}{\pi}\lambda^{-5}\left[\exp\left(\frac{c_2}{\lambda T}\right)-1\right]^{-1}\ (\mathrm{W\cdot cm^{-2}\cdot sr^{-1}\cdot \mu m^{-1}}) \tag{4.86}$$

式中　$c_1=2\pi hC^2=3.748\times10^{-12}\,\mathrm{W\cdot cm^2}$,称为第一辐射常数;

$c_2=hC/r=1.438\ 8\ \mathrm{cm\cdot K}$,称为第二辐射常数。

普朗克定律亦可用光谱辐出度表示,此时上式中便没有因子 $\frac{1}{\pi}$。

当 λT 的乘积较 c_2 小得多时(例如对于可见光和 $T<3\ 000$ K),普朗克公式(4.86)可用维恩公式近似:

$$L^b(\lambda,T)=\frac{c_1}{\pi}\lambda^{-5}\exp\left(-\frac{c_2}{\lambda T}\right) \tag{4.87}$$

用维恩公式(4.87)计算的百分误差可用下式计算：

$$\frac{L_{普}-L_{维}}{L_{普}}=\exp\left(-\frac{c_2}{\lambda T}\right)$$

式(4.86)或式(4.87)是用能量形式表述的。当辐射探测器是能量探测器，即它探测的是辐射能的能量大小时，使用上述公式是方便的。而如果辐射探测器是光子探测器，即它探测的不是辐射能的大小而是光子数目，则将上述两式转为用光子数的形式来表述使用起来更方便一些。

光子的能量与光的频率成正比，即

$$E=hv$$

式中 E——一个光子的能量，J；

v——光的频率，1/s；

h——普朗克常数，$h=6.6256\times10^{-34}\,\mathrm{J\cdot s}$。

用 E 去除绝对黑体的光谱辐射出射度 $M^b(\lambda,T)$，并利用 $c_1=2\pi hc^2$，$v=C/\lambda$ 可得到

$$N^b(\lambda,T)=M^b(\lambda,T)/E$$

$$=2\pi c\lambda^{-4}\left[\exp\left(\frac{c_2}{\lambda T}\right)-1\right]^{-1}\quad(光子数\cdot s^{-1}\cdot cm^{-2}\cdot \mu m^{-1}) \tag{4.88}$$

式中 $N^b(\lambda,T)$——黑体的光谱辐射光子密度，它是黑体的温度及所考察的波长的函数。

②斯蒂芬—玻尔兹曼定律

将式(4.86)对波长积分，结果就得到斯蒂芬－玻尔兹曼定律：

$$L^b(T)=\frac{\sigma}{\pi}T^4\,(\mathrm{W\cdot cm^{-2}\cdot sr^{-1}}) \tag{4.89}$$

式中，$L^b(T)$是黑体的辐射亮度，$\sigma=5.673\times10^{-12}\,\mathrm{W\cdot cm^{-2}}\cdot K^{-4}$为斯蒂芬—玻尔兹曼常数。斯蒂芬—玻尔兹曼定律亦可用光子数来表达，此时

$$N^b(T)=(0.37/k)\sigma T^3\,(光子数\cdot s^{-1}\cdot cm^{-2}) \tag{4.90}$$

式中 k——玻尔兹曼常数。上式表明黑体的总光子发射与绝对温度的三次方成正比。

③克希霍夫定律

克希霍夫定律确定了热辐射体的发射与吸收之间的关系，即

$$L(\lambda,T)/\alpha(\lambda,T)=L^b(\lambda,T) \tag{4.91}$$

它说明：任何热辐射体，只要它们的温度相同，那么它们的光谱辐射亮度与光谱吸收率之比值都是相等的而且等于该温度下绝对黑体的光谱辐射亮度。因为 $\alpha(\lambda,T)\leqslant1$，所以 $L^b(\lambda,T)$是热辐射体能具有的光谱辐射亮度的最大值。

克希霍夫定律还有另一种表达方式：

$$\varepsilon(\lambda,T)=\alpha(\lambda,T) \tag{4.92}$$

此式说明介质的光谱发射率和它的光谱吸收率在数值上是相等的。发射能力越强，吸收能力也越强。

如果我们考虑包含所有波长的全辐射能量的发射与吸收，则克希霍夫定律亦可写成

$$L(T)/\alpha(T)=L^b(T) \tag{4.93}$$

或
$$\alpha(T)=\varepsilon(T) \tag{4.94}$$
式中，$L(T)$，$\alpha(T)$与$\varepsilon(T)$分别为温度为T的热辐射体的辐射亮度、吸收率与发射率。$L^b(T)$是温度为T的黑体的辐射亮度。

④维恩位移定律

维恩位移定律给出黑体辐射能量最大值波长λ_m与黑体温度T之间的关系：
$$\lambda_m T=2\ 898\ \mu\text{m}\cdot\text{K}\approx 2\ 900\ \mu\text{m}\cdot\text{K} \tag{4.95}$$
由普朗克公式求极大值即可得到维恩位移定律。利用此定律可以方便地估计出任何物体的温度辐射所处的波长区域。例如人的体温为310 K，辐射能量的峰值波长为9.3 μm。

同以前一样，若从光子计数的角度来考虑，则黑体发射光子的峰值波长为
$$\lambda_m=3\ 663/T(\text{m}) \tag{4.96}$$
可见黑体的光子发射峰值波长比能量发射峰值波长大25%。

2. 测量固体表面温度的辐射学方法

1)辐射高温计的分类

辐射高温计有三种基本形式，它们的研制与发展都是依据于辐射学的基本原理。依据普朗克定律研制的光学高温计，可以测量物体单色辐射力而得到与物体辐射强度成正比的亮度温度；依据维恩公式研制的比色高温计，通过测量物体在两个波长下辐射强度的比值而得到比色温度；依据斯蒂芬—玻尔兹曼定律研制的全辐射高温计，通过测量物体的全部辐射能而得到的辐射温度。

2)全辐射高温计

全辐射高温计的理论基础是斯蒂芬—玻尔兹曼定律，即$E_b=\sigma_0 T^4$（式中σ_0为斯蒂芬—玻尔兹曼常数）。因此，问题归结为如何将被测物体的全部辐射能E_b测量出来。为此，需要用绝对黑体来接收被测对象发出的一切波长的全部能量。全辐射高温计原理图如图4.59所示，其中一块面积一定、表面粗糙并涂黑的金属铂片可以看成是近似绝对黑体。如果铂片的热容量一定，则接收到一定热量将使铂片升高一定的温度，于是铂片就成为全部辐射能热量—温度的转换器。如果测出铂片的温度，就可以测出被测对象的温度。铂片温度（当然不等于被测对象的温度）可以用热电偶堆感受，通过二次仪表毫伏计或电位差计。全辐射高温计就可以连续地、自动地指示被测对象的温度。

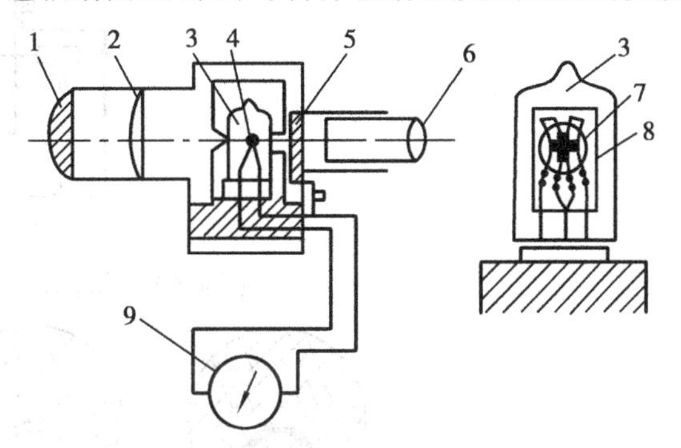

图4.59 全辐射高温计示意图
1—物镜；2—光阑；3—玻璃泡；
4—热电偶堆；5—灰色滤光片；6—目镜；
7—铂箔；8—云母；9—二次仪表

3)单色辐射温度计

根据某种波长的单色辐射能与温度变化的规律制成单色辐射温度计比全辐射温度计具有更高的准确度。而选择波长要根据不同的被测对象及其温度的高低，同时要考虑到仪表使用时光通路上介质对该种波长的吸收特性等多种因素。

单色辐射温度计有光学高温计、光电高温计和比色高温计等。

根据维恩定律，物体的单色亮度和温度及波长有一定的关系。当波长一定时，物体的亮度

只与温度有关。光学高温计就是利用 $\lambda=0.65\ \mu m$ 的单色辐射能和温度的关系来测温的。

光学高温计是一种精密的温度指示仪表,因其精度较高而常用为 1 064.43 ℃以上温度测量时的标准仪器。当物体被加热至高温时,由于热辐射度不同,其颜色逐渐改变,温度愈高愈亮。因此可用物体的亮度代表物体被加热而放射出的热辐射强度的大小。光学高温计就是利用经过温度刻度的钨丝灯发出的单色亮度和被测物体的单色辐射亮度一样时,由钨丝灯的温度确定被测物体的温度。

单色辐射光学高温计的一种典型结构是隐丝式光学高温计,其原理图见图 4.60。高温计的核心元件是一标准温度灯,利用被测对象单色辐射亮度与这个可调电流的温度灯的亮度进行比较。高温计钨丝灯作为亮度比较的标准,其灯丝亮度、加热电流与温度的关系已知,因此可以用电流来表示亮度进而表示温度。如图 4.61 所示,当(a)、(b)两者的亮度相同时,灯丝的轮廓就隐灭于被测物体的影像中,如图 4.61(c)。此时测量电表所指示的电流值就是被测物体温度的读数。

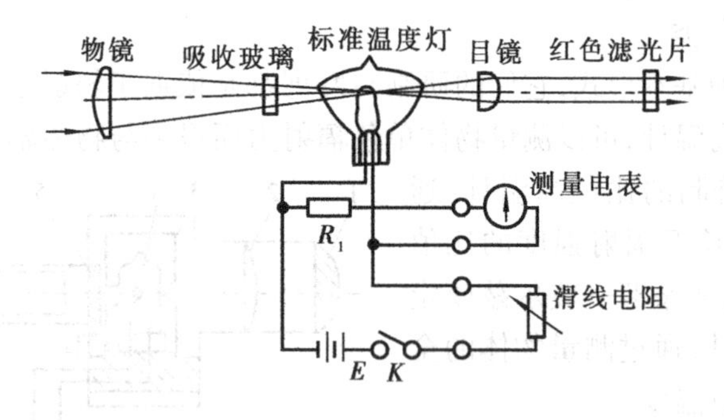

图 4.60 隐丝式光学高温计原理图

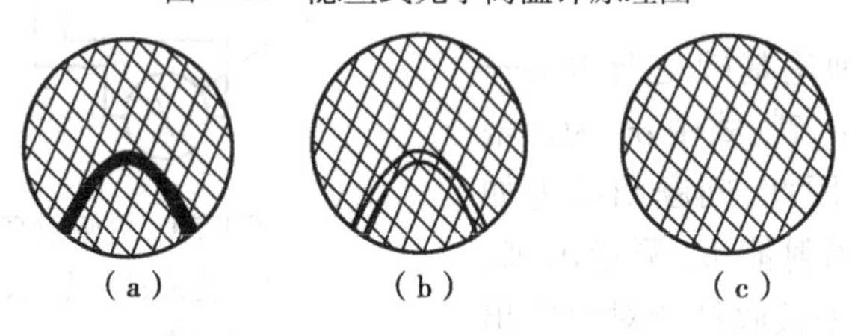

图 4.61 亮度对比的三种情况

(a)灯丝太暗;(b)灯丝太亮;(c)隐丝

光学高温计除由黑度影响测量外,被测对象与高温计之间的介质对辐射的吸收也会给测量结果带来误差。距离远,中间介质的厚度大,造成的误差也大。

隐丝式的基准光学高温计在所有的辐射式温度计中精度最高,在 1 000 ~ 1 400 ℃约有不超过 ±14 ℃,在 1 200 ~ 2 000 ℃范围(此时需加装波长为 0.65 μm 的红色滤光片)允许误差则为 ±20 ℃。

隐丝式光学高温计主要用人眼睛来判断亮度平衡状态,所以测量温度是不连续的,而且只能利用可见光,使测量较低温度时(低于 800 ℃)受到限制,又不能实现自动测量。随着光电检测元件性能的提高和干涉滤片、单色器的发展,能自动平衡亮度并对被测温度做自动连续记录的光电高温计得以发展和应用。作为基准仪器,它正逐步取代光学高温计来复现国际温标,并且随着价格下降,光电高温计已逐步进入生产测量领域。

4)光电高温计

光电高温计是自动的光学高温计。它用光电器件代替人眼进行亮度平衡,因而能准确、客观地测量出受热物体的温度,并可连续自动地测量动态过程的温度,同时显示记录下来。目前应用的光电器件有光敏电阻和光电池两种,前者用于测低温(100 ~ 700 ℃),后者用于测高温(700 ℃以上)。

光电器件是把物体的辐射能转换成与之成一定比例的电信号的元件。光电器件的光电流与被测物体的亮度成正比,因而可以用光电流的大小来判断被测物体温度的高低。

5)比色高温计

光学高温计和全辐射高温计是目前广泛应用的非接触式测温仪表,它们共同的缺点是受实际物体黑度和辐射途径(光路系统)上各种介质的选择性吸收辐射能的影响。而比色高温计较好地解决了这一问题,它是利用物体在波长 λ_1 和 λ_2 下,两种单色辐射强度比值随温度变化而变化的特性作为其测温原理的。

比色高温计又称双色高温计,它是一种自动显示仪表。图4.62单通道光电比色高温计的工作原理图。这是一种自动光电比色高温计,采用透镜聚焦辐射的单通道光路系统。光电检测器透过光栏,交替接受经同步电动机带动的调制盘而来的波长为 λ_1(λ_1 滤光片)和 λ_2(λ_2 滤光片)的单色辐射,向比值运算器输入信号,经比较运算后输至显示仪表。目镜通过反射镜接收平行平面玻璃反射来的一部分辐射,以便瞄准目标和调整成像的大小。

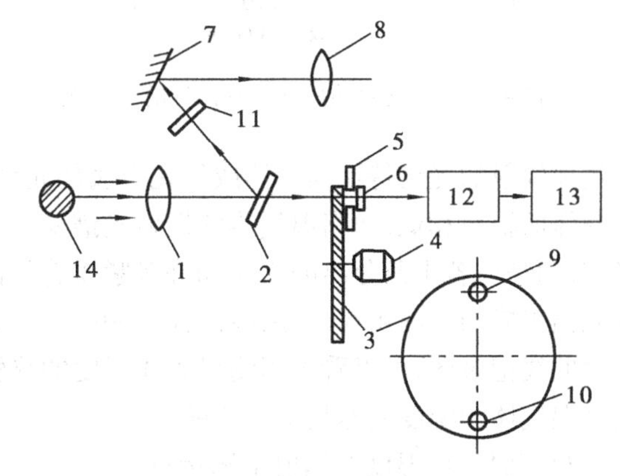

图4.62　单通道光电比色高温计工作原理图

1—物镜;2—平行平面玻璃;3—调制盘;4—同步电动机;5—光栏;6—光电检测器;7—反射镜;8—目镜;9—λ_1 滤光片;10—λ_2 滤光片;11—分划板;12—比值运算器;13—显示仪表;14—目标

这种系统由于采用一个光电元件(如硅光电池、InSb光电管等),所以光电变换输出的比值较稳定。这类单通道比色高温计的测量范围为900 ~ 1 200 ℃,仪表基本误差为±1%,如果采用PbS光电池代替硅光电池作为检测器,则测温下限可达400 ℃。

3. 测量高温气体温度的辐射学方法

1)概述

工业生产和科学研究中,往往会遇到高温气体温度测量的问题,这里所说的高温,大约在1 500 ~ 3 000 ℃。如对燃烧气体温度的测量,电弧加热气体的温度测量等。

显然,接触测温法测量已难以实现。于是人们转而利用气体的其他性质:如利用气体对光的折射率;利用气体本身辐射的性质;利用气体离子对光的散射等非接触测温的光学方法。

利用气体辐射的特性采用辐射学方法,对高温气体的温度进行测量。由前述可知,气体与其他物体一样,只要其温度高于绝对零度,都会因分子运动而产生热辐射。高温气体的热辐射为红外辐射,波长为0.75 ~ 1 000 μm(微米),包括在热辐射范围内0.38 ~ 1 000 μm中,而且其辐射的能量将随着温度的升高而增强。

辐射学测温方法就是利用物体的辐射特性而达到测温的目的。下面研究是否能利用测量固体温度的热辐射仪器来测量透明的无尘埃或尘埃比较少的高温气体的温度。用一台光谱仪器对高温气体和固体温度进行测量。输出的测量信号用看谱镜观察和用摄谱仪摄制。

首先用看谱镜观察温度超过 1 300 ℃的高温固体。由于它的辐射波长包含可见光部分，此时可见赤橙黄绿青蓝紫的连续光谱。再用看谱镜观察高温气体，由于它的辐射波长没有可见光部分，此时看谱镜前一片漆黑。

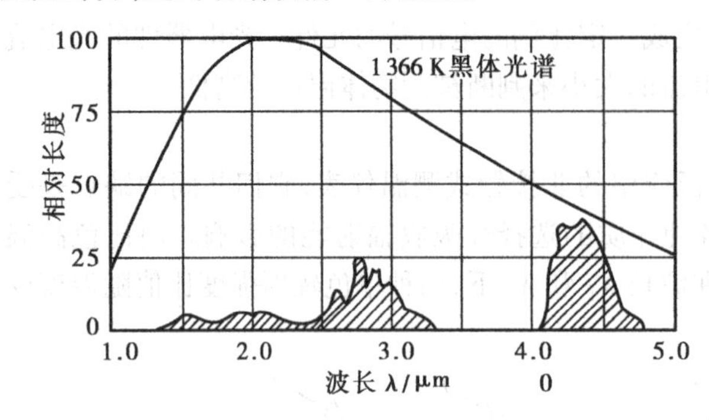

图 4.63　喷气发动机燃烧室排气的红外光谱

用摄谱仪摄制高温固体或熔化金属和高温气体，其输出的光电信号将记录在摄谱仪底片上。观察高温固体或熔化金属的光谱照片，可以看出该物体发出的辐射能在胶片上为一连续的光谱；而观察高温气体的光谱照片，照片上显示的是在某些波长段连续、某些波长段不连续的、由若干条分离谱线和由许多紧挨着的谱线组成的谱带而形成的光谱图。通过两者光谱照片的对比，可以看出气体辐射的光谱特性与固体或熔化金属的光谱特性差异极大。高温固体或熔化金属与黑体或灰体的辐射相似，而高温气体的发射光谱要复杂得多，它不是全波长范围即 0 ~ ∞ 内的连续光谱，而是由若干条分离的谱线和许多紧挨着的谱线组成的谱带以及在某些波长范围内的连续光谱组成的。图 4.63 是用摄谱仪摄制喷气发动机燃烧室排气的红外光谱与 1 366 K 黑体光谱曲线记录图，可以看出用测量固体温度的热辐射仪器来测量透明的无尘埃或尘埃比较少的高温气体的温度显然是不合适的。

2）高温气体温度的辐射学测量特点

高温固体与高温气体在辐射特性方面有很大的差异，其根本差异在于光谱结构。

高温固体或熔化金属发射的光谱为连续光谱，通过摄谱仪观察到，它的光谱不但在可见光部分连续，而且在红外区（0.76 ~ 1 000 μm）及紫外区也是连续的，而且随着固体温度越高，延续部分越长。从理论上讲，它在 0 ~ ∞ 波长范围内光谱都是连续的。

高温气体的发射光谱，为不连续的谱线、谱带。其分布情况为有的波段有，有的波段没有。用看谱镜观察高温气体，肉眼观察一片黑暗，证明高温气体在可见光波段内没有发射光谱。用摄谱仪得到的光谱照片可以看出其光谱为不连续光谱，仅在位于红外段的范围内出现了二氧化碳和水蒸气的光谱带，见图 4.55。由于该摄谱仪分辨力较低，看不到谱带的线状结构。以上说明高温无烟粒、不发光的燃气的发射光谱为不连续谱，仅在某些波段有一些连续的波带。

①从辐射学测量角度，高温气体既不能作为灰体，更不能作为黑体处理。

由于高温气体的辐射光谱不连续，说明只有在某些波段范围内高温气体具有辐射能力，相应地也只有在同样的波段范围内具有吸收能力，从而决定了不能把它当作灰体，更不能作为黑体处理。

②高温气体的辐射能力比温度远低于它的固体的辐射能力要弱得多。

由于高温气体的辐射光谱不连续，使它的辐射能力比温度远低于它的固体的辐射能力要弱得多。如铁丝在高温气体中灼烧，铁丝的温度远低于燃烧它的高温气体。但就辐射能力而言，铁丝的辐射能力比高温气体要强得多。

③不能用测量固体温度的热辐射仪器来测量透明的无尘埃或尘埃比较少的高温气体的

温度。

由于高温气体的辐射光谱为不连续谱,所以不能用普通的光学高温计或辐射温度计来测量它的温度。对于测量固体温度的热辐射仪器,其输入量为被测固体在一定表面温度下所呈现的辐射强度,而输出量是与该辐射强度成一定关系的物体亮度。这种温度与亮度的关系曲线是用黑体炉,按照绝对黑体辐射来标定刻度的。

严格地讲,测量固体温度的热辐射仪器只有在测量黑体的温度时,它才是准确的。高温固体或熔融金属虽然不同于黑体,但它的发射光源为连续谱,与黑体相差不远,可认为它是灰体。测量所得数值经过修正即可得到被测固体的真实的温度。

由上述分析可知,不能用测量固体温度的热辐射仪器来测量高温气体的温度,必须寻求其他的方法来测量温度。

3)测量高温气体温度的辐射学方法

测量高温气体温度的辐射学方法,主要用于火焰和燃烧气体的高温测量,只涉及物体热辐射的宏观机理,而不涉及物体辐射与吸收的微观机理以及气体粒子能量分布规律的光谱光度法。

辐射学方法的理论依据是根据辐射学原理,使用的辐射学定理中最基本的普朗克定律及克希霍夫定律。其计量的基本测量单位为光谱辐射亮度 $L_\lambda(T)$。其方法可分为:

①单色辐射—吸收法

测定高温气体在某一波长下的光谱辐射亮度与光谱吸收率来确定其温度。

②积分—辐射吸收法

测定对整个光谱积分的辐射亮度与光谱吸收率来确定温度。

③反转法

包括单色辐射—吸收法与积分—辐射吸收法,是辐射吸收法的特例。

④色温法

此法基于将气体发射光谱的外形或者将外形的一部分与黑体发射光谱的外形做比较而确定其温度。本节仅讨论前三种方法。

4)测量高温气体温度的基本思想

①高温气体辐射元的辐射特点

从高温气体中取出一个辐射元进行分析,可以看到辐射元的辐射特点:整个辐射元全部表面都向外辐射各种波长的能量。在空间的辐射能分布在 4π 立体角内,由 4π 球面度向四面八方传递辐射能。

②测量要求

a. 测量对辐射元的要求

面对高温气体辐射元的辐射特点,由于测量的角度和测量仪器本身的限制,只能测量到在“规定方向”上、在某一“波长”或某一“波段”上、在很小的测量表面上单位立体角的辐射能。

当测量仪器的位置一定后,就涉及“规定方向”上辐射功率的问题,因此必须将可见面积考虑进去。

b. 测量中的有关物理量

如图4.64所示,在测量辐射元的辐射能量时,选用光谱辐射亮度 $L_\lambda(T)$ 作为计量的基本单位。其定义式为

$$L_\lambda(T)=\frac{\mathrm{d}p}{\cos\theta\mathrm{d}A\mathrm{d}\Omega\mathrm{d}\lambda}(\mathrm{W\cdot cm^{-2}\cdot sr^{-1}\cdot \mu m^{-1}})\tag{4.97}$$

式中 $L_\lambda(T)$——光源上某一点在给定方向上波长为 λ 的光谱辐射亮度。一般说来光谱辐射亮度是光源温度 T 和波长 λ 的函数；

$\mathrm{d}p$——面积元 $\mathrm{d}A$ 在 $\mathrm{d}\Omega$ 立体角内，波长为 λ，辐射的光功率，W；

θ——辐射光束与 $\mathrm{d}A$ 表面法线的夹角；

$\mathrm{d}A$——光源表面上的面积元 cm^2；

$\mathrm{d}\Omega$——立体角微元，球面度 sr；

$\mathrm{d}\lambda$——微小波长间隔，μm。

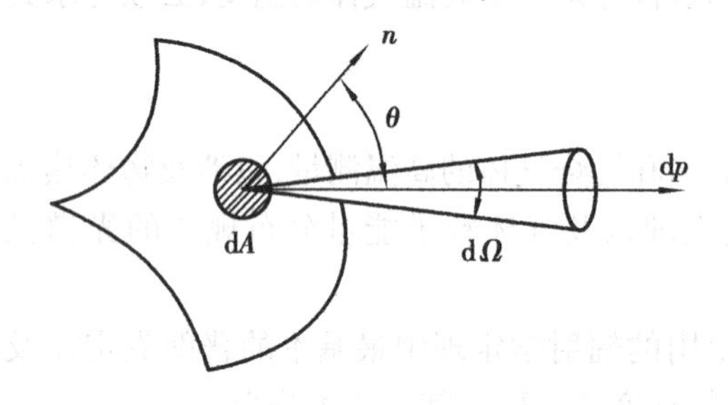

图 4.64　辐射亮度的定义

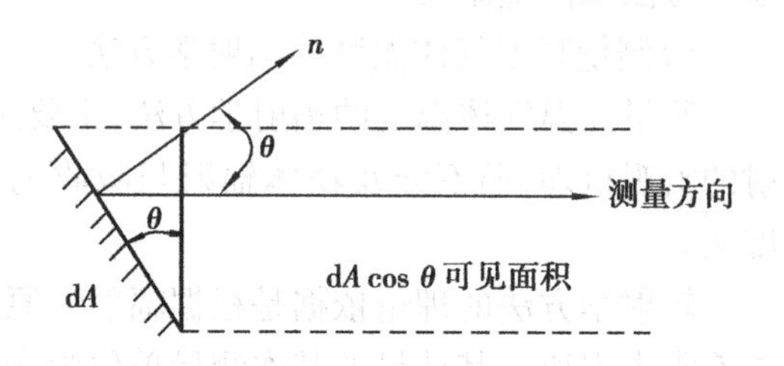

图 4.65　光谱辐射亮度与可见面积

c. 测量的基本单位

ⓐ光谱辐射亮度 $L_\lambda(T)$

用 $L_\lambda(T)$ 作为测量单位是因为它满足测量的基本要求，表达了“光源在规定方向上”的单位投影面积、通过单位立体角、在波长为 λ 处单位波长间隔的发射的辐射功率，如图 4.65 所示。

光谱辐射亮度在光线传播的过程中，如果没有吸收和散射，$L_\lambda(T)$ 是保持不变的，反射、折射对其没有影响。因此用 $L_\lambda(T)$ 作为测量的基本单位是合适的。

ⓑ光谱辐射出射度

$$M_\lambda(T)=\frac{\mathrm{d}p}{\mathrm{d}A\mathrm{d}\lambda}(\mathrm{W\cdot cm^{-2}\cdot \mu m^{-1}})\tag{4.98}$$

将 $L_\lambda(T)$ 在 2π 球面度内积分，则可得 $M_\lambda(T)$，相当于固体辐射的单色辐射力 E_λ。若光源的光谱辐射亮度 $L_\lambda(T)$ 各向同性与方向无关，近似认为服从兰贝特定律，则

$$M_\lambda(T)=\pi L_\lambda(T)\tag{4.99}$$

d. 光谱辐射亮度 $L_\lambda(T)$ 与高温气体温度的关系

如果用相应的仪器测量出辐射元的光谱辐射亮度 $L_\lambda(T)$，但 $L_\lambda(T)$ 与高温气体温度间有何联系呢，可从辐射学的基本定律找出它们的内在联系。

ⓐ普朗克定律与维恩公式

普朗克定律揭示了黑体的光谱辐射亮度随波长 λ 和温度 T 变化的函数关系。其意味着，只要测出黑体的 $L_\lambda^b(T)$，确定在某一波长下，高温气体的温度值可以通过下式求得：

$$L_\lambda^b(T)=\frac{C_1}{\pi}\lambda^{-5}\left[\exp\left(\frac{C_2}{\lambda T}\right)-1\right]^{-1}(\mathrm{W\cdot cm^{-2}\cdot sr^{-1}\cdot \mu m^{-1}})\tag{4.100}$$

式中 $L_\lambda^b(T)$——黑体的光谱辐射亮度（$\mathrm{W\cdot cm^{-2}\cdot sr^{-1}\cdot \mu m^{-1}}$）；

$C_1 = 2\pi hc^2 = 3.741\ 8 \times 10^{-12}\ \mathrm{W \cdot cm^2}$,称为第一辐射常数;

$C_2 = hc/k = 1.438\ 8\ \mathrm{cm \cdot K}$,称为第二辐射常数;

$c = 2.997\ 525 \times 10^{10}\ \mathrm{cm/s}$,光速;

λ——辐射波长,μm;

T——黑体绝对温度,K

上式比通常的普朗克定律多一个$1/\pi$,这是因为光谱辐射出射度与光谱辐射亮度的关系如式(4.99)所示。将式(4.100)代入得

$$M_\lambda(T) = C_1 \lambda^{-5}\left[\exp\left(\frac{C_2}{\lambda T}\right) - 1\right]^{-1} \tag{4.101}$$

当λT的乘积与第二辐射常数C_2相比小得多且辐射在光学辐射范围内:波长在紫外区0.2 μm~红外区25 μm,$T<3\ 000$ K时,普朗克定律可用维恩公式近似,即

$$L_\lambda^b(T) = \frac{C_1}{\pi}\lambda^{-5}\exp\left[-\frac{C_2}{\lambda T}\right] \tag{4.102}$$

但是,高温气体由于发射光谱为不连续光谱,不能当作灰体,更不能当作绝对黑体处理。因此式(4.100)、式(4.101)不适用于高温气体。为了找到高温气体光谱辐射亮度与温度之间的关系于是引进克希霍夫定律。

ⓑ克希霍夫定律

克希霍夫定律确认:任何热辐射物体,只要它们的温度相同,那么它们的光谱辐射亮度与光谱吸收率的比值都是相等的,而且恒等于同温度下绝对黑体的光谱辐射亮度。热辐射物体的发射和吸收之间的关系为

$$L_\lambda^b(T) = \frac{L_\lambda(T)}{\alpha_\lambda(T)} \tag{4.103}$$

式中　$L_\lambda(T)$——高温气体的光谱辐射亮度;

$\alpha_\lambda(T)$——高温气体的光谱吸收率。

因此测量的基本思想是:如果要知道高温气体的温度,只要测出高温气体的光谱辐射亮度$L_\lambda(T)$与高温气体的光谱吸收率$\alpha_\lambda(T)$,再测量出同温度下黑体的光谱辐射亮度$L_\lambda^b(T)$,由$L_\lambda^b(T)$则可在波长λ一定的条件下,求得高温气体的温度T。

5)常用的测量高温气体温度的辐射学方法

① 单色辐射—吸收法

单色辐射—吸收法又称为普朗克—克希霍夫法,又因为其工作范围大部分在红外光谱区域,所以又称为红外单色辐射法,燃烧产物CO_2和H_2O的辐射光谱位于这一区域。如果高温气体在某一合适波长下并不辐射,可向气体中加入某些添加物,使气体发出辐射。

单色辐射—吸收法将测量高温气体温度的问题,归结为测量$L_\lambda(T_g)$与$\alpha_\lambda(T_g)$的问题。高温气体的光谱辐射亮度$L_\lambda(T_g)$,即高温气体的辐射能可以测量,但高温气体的光谱吸收率$\alpha_\lambda(T_g)$怎样进行测量?

a. 光谱吸收率

由传热学可知,实际物体的吸收率除与吸收表面的性质和温度有关外,还与投入辐射能的物体表面性质和温度有关。而对于气体,其吸收率与气体本身容积、气体形状、体积平均射线行程等复杂因素有关。所以要定量地直接测量、计算气体的光谱吸收率比较困难,因此改为间

接测量。

间接测量高温气体的光谱吸收率 $\alpha_\lambda(T_g)$ 的测量原理如图 4.66 所示。在高温气体左边有一个具有宽广辐射波长范围的参考光源，其波长范围包含了高温气体的特征发射波长。参考光源发出的一束辐射能穿过高温气体射向检测系统，其截面积逐渐缩小，表示由于高温气体对它的吸收而引起的能量衰减。同时高温气体本身也具有辐射能射向检测系统，这样两束光都进入单色仪，单色仪要调整得只让波长为 λ 的狭窄段的光透射出来进入辐射探测器。辐射探测器将光—电信号放大后进行记录。

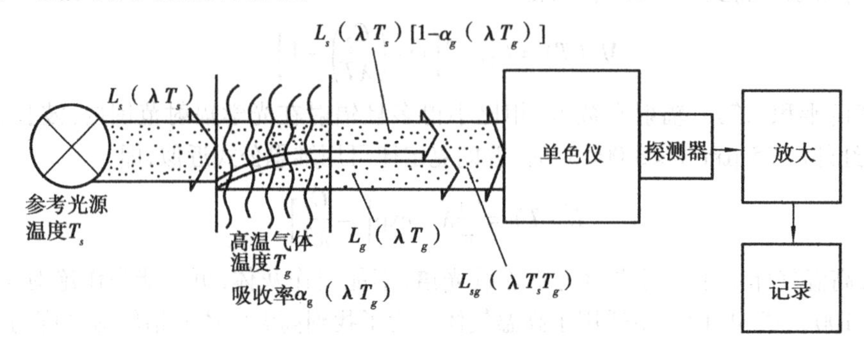

图 4.66　单色辐射—吸收法原理图

由图可见，到达单色仪的综合光谱辐射亮度应该等于高温气体本身发射的光谱辐射亮度加上参考光源的光谱辐射亮度在通过高温气体后被吸收的剩余部分的光谱辐射亮度。即：

$$L_{sg}(\lambda,T_s,T_g)=L_g(\lambda,T_g)+L_s(\lambda,T_s)[1-\alpha_g(\lambda,T_g)] \tag{4.104}$$

式中　$L_{sg}(\lambda,T_s,T_g)$——到达单色仪的综合光谱辐射亮度；

$L_g(\lambda,T_g)$——高温气体的光谱辐射亮度；

$L_s(\lambda,T_s)$——参考光源的光谱辐射亮度；

$\alpha_g(\lambda,T_g)$——高温气体的光谱吸收率。

由式(4.104)可得

$$\begin{aligned}\alpha_g(\lambda,T_g)&=\frac{L_s(\lambda,T_s)+L_g(\lambda,T_g)-L_{sg}(\lambda,T_s,T_g)}{L_s(\lambda,T_s)}\\&=1+L_g(\lambda,T_g)/L_s(\lambda,T_s)-L_{sg}(\lambda,T_s,T_g)/L_s(\lambda,T_s)\end{aligned} \tag{4.105}$$

由式(4.105)可见：将测量高温气体的光谱吸收率 $\alpha_\lambda(T_g)$ 的问题转变成测量 L_s,L_g,L_{sg} 三个不同的光谱辐射亮度和它们的两个比值 $L_g/L_s,L_{sg}/L_s$ 的问题，从而间接得到高温气体的光谱吸收率。这样，用简捷的方法解决了高温气体 $\alpha_\lambda(T_g)$ 测量困难的问题。

由式(4.103)克希霍夫定律可得：

$$\frac{L_g(\lambda,T_g)}{\alpha_g(\lambda,T_g)}=L_\lambda^b(T_g) \tag{4.106}$$

再由普朗克定律来计算高温气体温度 T_g。如果波长属可见光部分 $\lambda=0.4\sim0.7\ \mu m$ 范围，并且气体温度不太高，如 3 000 K 以下，就可以用维恩公式代替普朗克定律计算相应的高温气体温度 T_g。如果波长范围位于红外波段时，是使用普朗克定律还是用维恩公式要视条件和要求精度确定。

如果使用维恩公式，则由克希霍夫定律可得：

$$\frac{L_g(\lambda, T_g)}{\alpha_g(\lambda, T_g)} = L_\lambda^b(T_g) = \frac{1}{\pi}C_1\lambda^{-5}\exp\left(-\frac{C_2}{\lambda T_g}\right) \tag{4.107}$$

式(4.107)使用中比较麻烦，希望得到 T_g 的显函数表达式。

b. 参考光源的光谱辐射亮度与参考光源的亮度温度

一般说来，使用的参考光源必须有对应波长下的确定的亮度温度。亮度温度的温度标尺是用黑体炉标定好的光学高温计对参考光源进行标定，常用的参考光源为“标准钨带灯”，其温度标尺就是用光学高温计标定的。

回忆一下“亮度温度”的概念：

如果某一物体在波长为 λ 时的单色辐射亮度与温度为 T^b 的绝对黑体在同一波长下的单色辐射亮度相等，则黑体温度 T^b 就称为该物体的亮度温度。

由此可得参考光源的亮度温度 $L^b(\lambda, T_{sb})$ 与参考光源的光谱辐射亮度 $L_s(\lambda, T_s)$ 间的关系：

$$L_s(\lambda, T_s) = L^b(\lambda, T_{sb}) = \frac{C_1}{\pi}\lambda^{-5}\exp\left(-\frac{C_2}{\lambda T_{sb}}\right) \tag{4.108}$$

由式(4.105)变形，两边乘以 $L_g(\lambda, T_g)L_s(\lambda, T_s)$

可得：

$$\frac{L_g(\lambda, T_g)}{\alpha_g(\lambda, T_g)} = \frac{L_s(\lambda, T_s)L_g(\lambda, T_g)}{L_s(\lambda, T_s) + L_g(\lambda, T_g) - L_{sg}(\lambda, T_s, T_g)} \tag{4.109}$$

将式(4.107)代入式(4.109)等式左边得

$$L_g^b(\lambda, T_g) = \frac{C_1}{\pi}\lambda^{-5}\exp\left(-\frac{C_2}{\lambda T_g}\right)$$

将式(4.109)等式右边变形整理得

$$\frac{L_s(\lambda, T_s)L_g(\lambda, T_g)}{L_s(\lambda, T_s) + L_g(\lambda, T_g) - L_{sg}(\lambda, T_s, T_g)} = L_s\frac{L_g}{L_s + L_g - L_{sg}}$$

$$= \frac{C_1}{\pi}\lambda^{-5}\exp\left(-\frac{C_2}{\lambda T_{sb}}\right)\left[\frac{L_g}{L_s + L_g - L_{sg}}\right]$$

代回式(4.109)并两边取对数：

$$-\frac{C_2}{\lambda T_g} = -\frac{C_2}{\lambda T_{sb}} + \ln\frac{L_g}{L_s + L_g - L_{sg}}$$

最后得：

$$\frac{1}{T_g} = \frac{1}{T_{sb}} + \frac{\lambda}{C_2}\ln\frac{L_s + L_g - L_{sg}}{L_g} \tag{4.110}$$

或

$$T_g = T_{sb}\left(1 + \frac{\lambda T_{sb}}{C_2}\ln\frac{D_s + D_g - D_{sg}}{D_g}\right)^{-1} \tag{4.111}$$

式中，D_s，D_g，D_{sg} 是分别与 L_s，L_g，L_{sg} 成正比的电信号。

c. 单色辐射—吸收法测试过程

采用维恩公式后，由式(4.110)中出现的是辐射亮度的相对比值，而不是绝对比值。完全可以用任意的单位去测量光谱辐射亮度，这给测量带来很大方便。

如图 4.66 所示为测量高温气体温度的单色辐射—吸收法测试过程。在高温气体左边放有一标准钨带灯作为参考光源，右边为光电检测器。光电检测器中的光电倍增管将经单色仪透射后到达的光信号转变为电信号输出到记录仪。测量中,若气体温度 T_g 是稳定的,则到达光电检测器的三个光谱辐射亮度量可以依次测得:

实验前,首先检测出标准钨带灯到达光电检测器的光谱辐射亮度 $L_s(\lambda,T_s)$,并在 $L_s(\lambda,T_s)\sim T_{sb}$ 标定曲线查到该光谱辐射亮度对应的亮度温度 T_{sb};熄灭钨带灯,测得高温气体到达光电检测器的光谱辐射亮度 $L_g(\lambda,T_g)$;开启钨带灯测量高温气体温度,此时测得到达光电检测器的综合光谱辐射亮度 $L_{sg}(\lambda,T_g)$。用式(4.110)或式(4.111),即可计算得到高温气体的温度 T_g。

若气体温度在一个测试周期内是不变的,可认为气体温度 T_g 变化不太快。实验时用挡光板去调制参考光源的光束。使该光束在需要时交替地通过和切断,则可快速测出高温气体的光谱辐射亮度 $L_g(\lambda,T_g)$ 和综合光谱辐射亮度 $L_{sg}(\lambda,T_g)$,再事先测出标准钨带灯的光谱辐射亮度 $L_s(\lambda,T_s)$ 和亮度温度 T_{sb},则可计算出气体的温度。这样可以保证测量与温度变化在时间上的统一性。

②积分—辐射吸收法

积分—辐射吸收法适宜的被测对象必须是带有大量烟粒的火焰,烟粒的主要作用是吸收辐射而不是散射辐射。因此常常假定该火焰属灰体发光火焰,并利用全辐射的克希霍夫定律和斯蒂芬—波尔兹曼公式确定气体温度。测量基本原理与单色辐射—吸收法类似,测量中用相同的方法确定气体的辐射亮度 $L(T_g)$ 和吸收率 $\alpha(T_g)$。

积分—辐射吸收法所检测的量是对所有波长的光谱辐射亮度积分。检测仪器不再使用仅使某一个波长或某一窄小波段进入的单色仪而用能将 $0\sim\infty$ 的所有波长的辐射能全部感受的检测器。

③谱线反转法

谱线反转法是单色辐射吸收法的特例。

a. 反转条件的意义

观察式(4.105),光谱吸收率 $\alpha_g(\lambda,T_g)$ 的计算式。若使:

$$L_s(\lambda,T_s)=L_{sg}(\lambda,T_s,T_g) \tag{4.112}$$

则式(4.105)变为:

$$\alpha_g(\lambda,T_g)=\frac{L_g(\lambda,T_g)}{L_s(\lambda,T_s)} \tag{4.113}$$

应用克希霍夫定律

$$\frac{L_g(\lambda,T_g)}{\alpha_g(\lambda,T_g)}=L^b(\lambda,T_g)$$

则

$$L_s(\lambda,T_s)=L^b(\lambda,T_g) \tag{4.114}$$

利用维恩公式及“亮度温度”的定义:

$$\frac{C_1}{\pi}\lambda^{-5}\exp\left[-\frac{C_2}{\lambda T_{sb}}\right]=\frac{C_1}{\pi}\lambda^{-5}\exp\left(-\frac{C_2}{\lambda T_g}\right)$$

得

$$T_{sb}=T_g \tag{4.115}$$

从推导而得的式(4.115)可以看出,在运用单色辐射—吸收法测量高温气体温度时,如果到达光检测器的综合光谱辐射亮度正好等于钨带灯的光谱辐射亮度条件成立,则参考光源的亮度温度就等于高温气体的真实温度。此时高温气体犹如不存在似的,将 $L_{sg}(\lambda,T_s,T_g)=L_s(\lambda,T_s)$ 称为反转条件。那么“反转”的物理意义是什么呢?

改写式(4.113)得到

$$L_g(\lambda,T_g)=\alpha_g(\lambda,T_g)L_s(\lambda,T_s) \tag{4.116}$$

可以看出在到达反转点时,高温气体吸收掉的辐射能正好等于它本身向外发射的辐射能。

b.“反转”法的测量意义

显然,利用谱线反转法测量高温气体的温度十分诱人。这意味着在测量高温气体温度时,只要建立反转条件,使到达光检测器的综合光谱辐射亮度正好等于钨带灯的光谱辐射亮度。此时只要知道钨带灯的亮度温度 T_{sb},就可以测量出对应波长下的气体真实温度 T_g。而钨带灯的亮度温度,则可以用光学高温计标定的“亮度—温度”曲线查出。

c.反转条件的建立及反转点的判别

ⓐ反转条件的建立

根据反转条件的定义,使高温气体向外的辐射能要等于它本身吸收的辐射能,此时反转条件就建立了。如图 4.67 所示,用钨带灯作为参考光源。将一束光通过高温气体,使到达光检测器的综合光谱辐射亮度 $L_{sg}(\lambda,T_s,T_g)$ 正好等于钨带灯的光谱辐射亮度 $L_s(\lambda,T_s)$。这里要提请注意的是,高温气体本身完全存在着辐射与吸收,只不过在反转条件下使它的辐射刚好等于它的吸收。

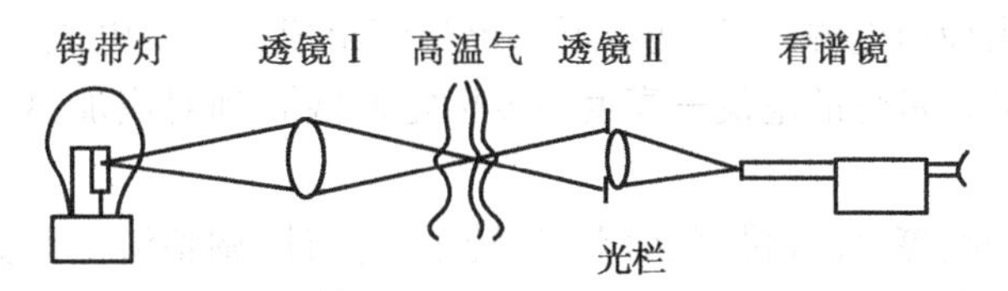

图 4.67　看谱镜目视反转法测温装置光路图

ⓑ反转点的判别

在达到反转点时,高温气体发射的辐射能等于它所吸收的辐射能,但是如何来判断反转点呢?

一般的光检测器都能判断反转点。为说明问题,常用较普遍的看谱镜在可见光范围进行肉眼判别。由前所述,高温不发光的透明火焰,其发射光谱为不连续光谱,尤其在可见光部分不发射光谱。如果我们用看谱镜观察,眼前一片漆黑,无法进行“反转点”判别。由于可见光部分几乎没有发射光谱,相应地它对参考光源钨带灯的投入辐射也无吸收能力。显然,用看谱镜在可见光部分,无法测量它的温度。

为解决这个问题,通常的办法是向高温气体或火焰中,添加一些激发电位低的元素,即外层电子容易受激发射的元素,如钾、钠、铯等。将这些元素加入高温气体中,元素中的原子受热后很容易被激发而发出它们的特征谱线。

实用的方法是向高温气体或火焰中通入钠蒸汽。在一般性的实验中还可采用更简单办法,即直接在火焰中加入食盐(氯化钠)。

加入食盐后,食盐被高温气体加热、蒸发、分解。其中的钠原子被激发而发出明亮黄色的特征线 D 双线,其波长为 5 890Å,5 896Å 位于可见光黄色部分。

加了食盐后,高温气体或火焰不再无色透明而是呈现黄色。此时的高温气体在可见光部分就具有了辐射和吸收的能力。也就是说,到达看谱镜的综合光谱辐射的亮度,既取决于高温气体的光谱辐射亮度又取决于钨带灯的光谱辐射亮度。

ⓒ在可见光部分,建立和判别反转点

由反转点的定义，高温气体发射的辐射应该等于它所吸收的辐射能，使到达看谱镜上的光谱辐射亮度等于钨带灯的光谱辐射亮度，此时高温气体犹如不存在似的。

具体方法是，将进入看谱镜的钨带灯光谱调整成为黄色，用肉眼看谱镜观察高温气体或火焰。镜头里的黄色背景上有两条明亮黄色的特征线 D 双线。若特征线 D 双线在黄色背景上比背景亮，说明高温气体的发射大于气体本身的吸收。于是调节钨带灯加热电流，使钨带灯的光谱辐射亮度增加。整个过程一直要调整到背景亮度与特征线 D 双线的亮度接近，直至 D 双线隐没在背景中而看不见，此时认为达到了反转点。反之，若特征线 D 双线较背景暗，应减小钨带灯加热电流，也使 D 双线隐没在背景中直到消失，此时为反转点。

ⓓ谱线反转法测温装置

具体实施装置如图 4.67 所示。设备有钨带灯、调压器、电流表、透镜 Ⅰ、Ⅱ，看谱镜、高温燃烧气体。

光路系统：透镜Ⅰ将钨带灯中的钨带成像于待测火焰或气体之中，透镜Ⅱ将高温气体中的钨带实像成像在看谱镜的狭缝上。光栏的作用是使钨带灯和高温气体以相同的立体角进入探测系统。

参考光源系统：由稳压电源、调压变压器与钨带灯组成。改变电流电压，调整钨带灯的加热电流，并由标定好的钨带灯的电流—亮度温度标定曲线查到对应加热电流下的钨带灯亮度温度。

燃烧系统：由燃烧喷嘴、煤气罐、压缩空气、转子流量计、调整流量开关组成。使煤气与空气成比例进入烧嘴，点燃后调整成淡蓝色透明不发光火焰。

实验步骤：

ⓐ不设高温气体（即不点燃火焰），点亮钨带灯并将电流加大到一定值。用看谱镜观察钨带灯的光谱为赤橙黄绿青蓝紫的连续光谱，说明钨带灯的辐射与黑体相近。

ⓑ熄灭或挡住钨带灯，点燃火焰并调整为淡蓝色透明火焰。用看谱镜观察火焰的光谱。镜头内一片黑暗。说明高温燃烧气体在可见光部分无发射光谱。

ⓒ拿开挡板，使钨带灯与火焰的光谱辐射亮度同时投入看谱镜狭缝，观察到的现象与ⓐ的情况一样，无变化。

ⓓ向淡蓝色透明火焰中加入适当的食盐，挡住钨带灯，用看谱镜观察，此时在黑暗的背景上有两条明亮的钠原子特征 D 双线。

ⓔ将看谱镜对准加了钠盐的火焰和钨带灯，观察二者同时发光时的情景。可以看到在钨带灯连续光谱的背景上，叠加了明亮的钠原子特征 D 双线。它的亮度既取决于高温气体的单色辐射亮度，又取决于钨带灯在此波长下的单色辐射亮度，即取决于到达看谱镜光栏的综合光谱辐射亮度 $L_{sb}(\lambda, T_s, T_g)$。而钠双线背景的连续光谱仅仅取决于钨带灯的单色辐射亮度$L_s(\lambda, T_s)$。

ⓕ调节钨带灯的加热电流，使钨带灯的温度由低到高，则可以观察到钠双线开始比背景亮，此时证明在该波长下，高温气体的发射大于它的吸收；然后亮度逐渐与背景接近而隐没于背景之中，此时高温气体的吸收与它的发射相等，就像高温气体不存在似的，证明已达到反转点。此时读出钨带灯的加热电流，再由钨带灯的“加热电流—亮度温度”标定曲线上查出钨带灯的亮度温度 T_{sb}，就得到气体的真实温度 T_g。如果再加大钨带灯加热电流，隐没的 D 双线又出现在背景上，不过它比背景要暗，证明此时气体的吸收大于它的发射。

由此可见,反转点就处于:“明→消失→暗”过程的消失那一点上。观察到反转点,由钨带灯的亮度温度 T_{sb}则可求得高温气体的真实温度 T_g。

钠线反转法的测温上限受到钨带灯温度上限的限制。一般钨带灯的测温上限是 2 500 ℃,如果换用碳弧阳极斑做参考光源,则测温上限可提高到 3 500 ℃。

如果高温气体中的温度不一致,那么谱线反转法测得的是光路上的加权平均温度。高温区的权要比低温区大,因为受激钠原子数密度是随温度成指数曲线上升的。

积分辐射反转法是积分—辐射吸收法的特例。首要条件是要将高温气体看做是灰体。不过此时气体发射出的 0 ~ ∞ 波长的总辐射能应该等于气体所吸收的总辐射能。

4.5.2　温度场的光学测量技术

1. 概述

工程应用和科学研究中,要确切地掌握热工设备的运行情况以及深入研究其内部工作过程的规律,还要确切地掌握传热过程的温度分布以及深入研究其内部机理的进程,必须对研究区域的温度场进行试验测定。例如压气机转子出口的温度分布,各型炉窑、燃烧室或炉膛的高温气体的温度分布,各种固、液、气物质在热过程中的温度场状况等,为此需要温度场测试技术来完成测试任务。

温度场测试技术又称为温度场显示技术。它的可视化特点,将温度场分布情况,等温线走向及与温度相关的密度场、浓度场展现给研究者,为定性分析和定量研究工作提供了极大的帮助。工程实践的迫切需要以及近代光学、激光技术、计算机技术、信息处理技术的发展,为温度场测试技术的发展带来生机和活力。

用接触式感温元件测量温度场,不仅测量点众多,工作量大,而且常由于被测对象的热变化而影响测量的准确度。更大的问题是多点接触被测对象,破坏了原有的温度场,堵塞流道,造成温度输出信号失真。

温度场的光学测试技术与温度的光学测量方法一样,不会对被测对象的温度场产生干扰,以光速传递的信息基本上认为无惯性影响,可以研究、测量极快的瞬态过程变化。温度场光学测试技术将点的测量扩大为场的测量,通过对各种温度场的测试,可以了解复杂的传热现象,探索其物理机制,为人们发现新的热现象,建立新的概念和物理模型提供依据,为解决实际工程问题提供重要手段。

1)温度场的热成像测试技术

物体表面温度场及热状态的测量称为热成像测量。热成像测量技术主要工作在红外波段,故而又称为红外热成像。

由辐射学原理可知,任何物体只要其温度高于绝对零度都会因分子热运动而发射红外线。该红外辐射能量与物体绝对浊度的 4 次方成正比。热成像技术依据这一特性利用红外波段的扫描来测量物体的温度场,得到被测热辐射体的温度和温度分布值以及温度场图——热像图。

2)温度场的折射率测试技术

在测量透明介质,一般是气体或液体的温度场时,折射率测试技术是很有实用价值的。通过测量透明介质中折射率的变化以及由此引起的通过测试区的光束的效应可分成三种测量方法。阴影法测试折射率沿光束线方向的变化产生线位移得到图像的对比度来显示折射率场;纹影是测定光线通过不均匀折射率而产生角偏转来显示折射率场;干涉法可以直接测定光线在通过不均匀折射率而产生的光程差而测定折射率场。

三种方法由测量介质的折射率或折射率的空间导数,由此推出温度场。

3)温度场的全息干涉测量技术

全息干涉法测量介质的温度场是根据两次曝光全息图上干涉条纹的错位数来确定其温度场。第一次曝光是在测量对象不被加热条件下进行,底片上记录无扰动状态下物光的振幅和相位。第二次曝光是在对原光路系统中被测对象加热条件下进行的,底片上记录有测试扰动的物光振幅和相位。第二次曝光时因被测对象加热而改变了物光光路中介质的密度,引起物光光程和相位的变化,它和第一次曝光的物光产生干涉,在底片上记录了要测的干涉条纹。

本节主要介绍前两种温度场光学测试技术。

2. 温度场的热成像技术

利用红外技术研制的热像仪测量物体表面的温度分布,是通过摄取来自被测物体各个部分射向热像仪的红外辐射通量分布而实现的。由于采用光学量测试技术,具有比其他测温技术更为显著的优越性。

1)热像仪工作原理

热像仪是按普朗克定律,以黑体为参考,利用红外成像原理来测量物体的表面温度分布。也就是说,它摄取来自被测物体各部分射向仪器的红外辐射通量的分布,由红外探测器直接测量物体各部分发射出的红外辐射,综合起来就得到物体发射红外辐射通量的分布图像,这种图像称为热像图。

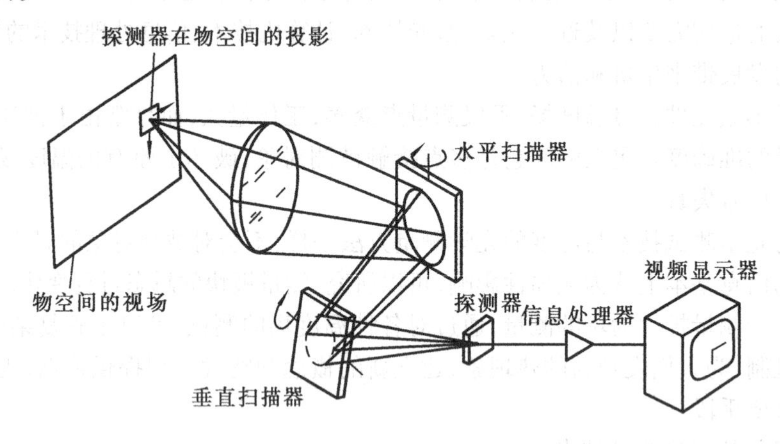

图 4.68　扫描式热像仪原理示意图

图 4.68 为扫描式热像仪原理示意图。它由光学会聚系统、扫描系统、探测器、视频信号处理器、显示器等几个主要部件组成。目标的辐射图形经光学系统会聚和滤光,聚焦在焦平面上。焦平面内安置一个探测元件,在光学会聚系统与探测器之间有一套光学—机械扫描装置,它由两个扫描反射镜组成,一个用作垂直扫描,一个用作水平扫描。从目标入射到探测器上的红外辐射随着扫描镜的转动而移动,按次序扫过物体空间的整个视场。在扫描过程中,入射信号红外辐射使探测器产生响应,而输出与红外辐射能量成正比的电压信号。扫描物体过程使二维的物体辐射图形转换成一维的模拟电压信号序列。该信号经过放大、处理后,由视频监视系统实现热像显示和温度场测量。

2)热像仪基本成像类型

热成像系统可分成光机扫描和非光机扫描两种类型。

①光机扫描型热成像系统

光机扫描型热成像系统的组成方框图如图4.69所示,成像系统图如图4.70所示。它的特点是通过光机扫描使红外探测器依次接收被测物体表面各面积上的红外辐射。在进行二维扫描后,获得被测物体的二维热像图。光机扫描方式有两种,即物扫描和像扫描。

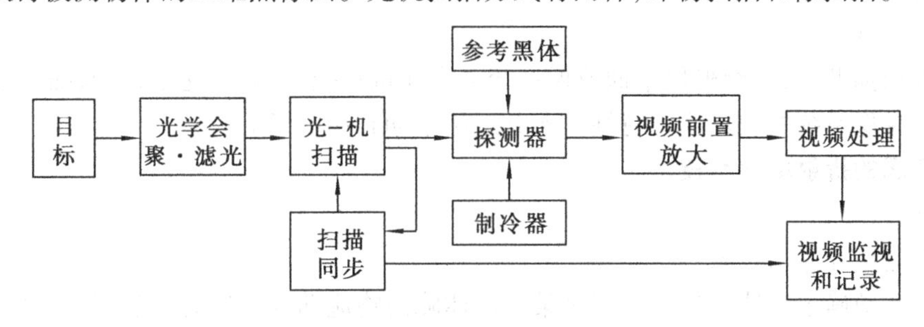

图4.69　基本热像仪系统框图

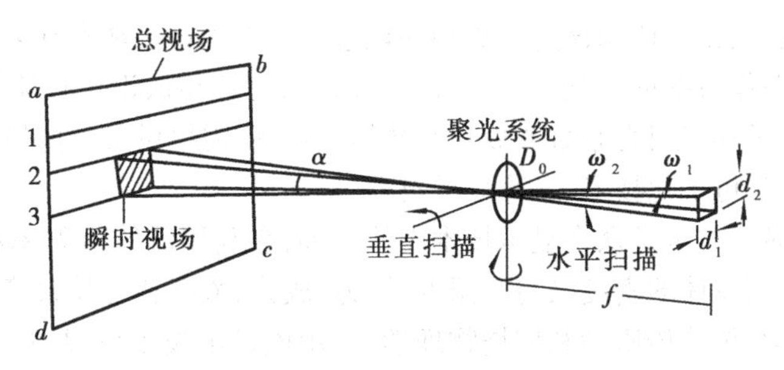

图4.70　光机扫描成像系统

a.物扫描

物扫描方式,扫描光学系统放置在聚焦的光学系统之前,直接对来自被测物体的辐射能进行摆动或转动扫描。图4.62是物体扫描方式的工作原理示意图。由于来自被测物体的辐射是平行光,经扫描反射镜的光束进入聚光镜后光强会下降。为此要提高聚光后的光强就必须增大光束,而增大光束势必增大扫描反射镜,这就使扫描速度的提高受到限制。

b.像扫描

像扫描方式,扫描光学系统置于聚焦光学系统与探测器之间。如图4.63(a)所示。摆动和转动扫描光学系统实现被测物体的像扫描。像扫描方式扫描速度很高,但扫描角度有限制。

②非扫描型热成像系统

非扫描型热成像系统又称凝视焦平面成像系统。

这种成像是获取红外辐射图形信息的一种新概念。主要是采用了焦平面阵列(Focal Plane Array,简称FPA)技术。其在物镜成像的焦平面上具有上千个单元红外探测器,每个单元探测器的尺寸都足够小,一个单元探测器只有一个响应元,这就是一个像点。这样,由许多小的面元构成了多元阵列式焦平面探测器,用它代替了前面所说的光机扫描装置。它像"眼睛"一样凝视着目标物的整个视场,从而能使系统灵敏度获得极大提高。应用FPA技术的典型系统,在目标温度为30 ℃时的灵敏度可以达到0.04 ℃,而采用光机扫描装置系统的典型值为0.1 ℃。阵列式焦平面探测器的像素点目前能达到320×240,这样高的几何分辨率能获得高清晰度的红外图像。

目前,在FPA技术中所用的最新单元红外探测器是非致冷的微量辐射热型探测器,其工作原理类似于热敏电阻，有金属型与半导体型两种。为了取得高的响应度，通常采用半导体型辐射热探测器。由于现代微电子技术的高速发展，单元辐射热探测器的尺寸可做到 50 μm × 50 μm 的大小，从而使研制出的微量辐射探测器的焦平面阵列（FPA）器件，真正达到凝视焦平面成像的高性能要求。现在所用的微量辐射探测器的工作波段为 7.5 ~ 13 μm，成像帧速能达到 50 ~ 60 帧/秒。

与光机扫描型相比，凝视焦平面成像系统无需光机扫描机构，简化了结构，缩小了体积，大大提高了热成像系统的快速响应特性。尤其适用于动态温度场的测量。

3. 温度场的折射率显示技术

1）概述

①光学测量和显示技术

为了定性地确定流体在流道中绕过某一固体障碍物流动的流体力学过程或找出流体与固体之间的热交换规律，常常要定性地确定过程的数学模型。而数学模型的正确与否在于能否通过有效的实验方法去正确认识该过程的物理现象。如果能直接观察到某一物理过程或与这种物理过程相关的图像或图形，就能加深对这一过程的理解和认识。在流体的流动和传热过程中，为了认识流体运动对阻力系数或放热系数的影响，就需提供某种能使流动与传热状况变成可见的技术，这就是可视化技术，又称显示技术。

流体折射率场显示技术是众多显示技术中的一种，它利用流体折射率和流体的密度存在着一定的函数关系，而流体的密度又与其温度、压力、成分、浓度和马赫数等具有确定的函数关系。因此在流体力学、传热传质学和燃烧物理学中，用该显示技术可以对流体的速度场、温度场和浓度场进行有关的测量和研究。对流体的热力学状态参数，如密度和温度等参数的空间分布进行定性和定量的测量。

②折射率场的显示技术

一只用电加热器进行内部加热的铜管圆柱体，将其置于空气中，通电后加热器内部发热，铜管与空气呈自然对流状态。此时铜管与空气的热状况如何，温度分布如何，用流场显示技术能否将该换热状况显示出来，均值得研究。

如图 4.71（a）所示，首先使铜管处于未加热状态。此时光线通过未受铜管加热影响的均匀折射率场，在屏幕上和照片上显示的是除了铜管外形轮廓线外的均匀照度。

如图 4.71（b）所示，通电后铜管被加热置于空气环境中，处于自然对流换热状态。

要了解铜管与空气的换热过程中表面及其周围的温度是如何分布的，需要定性或定量测量出铜管表面及其周围的温度场。

测量铜管加热后表面及其周围的温度场，用接触式测温的方法不仅会破坏铜管表面的温度场而且实施起来十分困难，准确度又极低。而采用折射率场的显示技术可以清晰地看到铜管表面及其周围的等温线和温度场的温度分布。用光束 1 通过铜管所在的测试段，由于铜管被加热，铜管周围的空气密度发生变化。空气密度的变化使折射率随之变化。此时光束 1 是通过了一个不均匀的密度场或者说不均匀的折射率场。光束 1 在通过不均匀的折射率场时将被扰动，相对于未受扰动的光束 2 二者之间会产生光线偏转或者相位变化出现光程差。采用图示的光学测量装置就可得到铜管表面及其周围的等温线和温度场分布照片，如图 4.71（b）所示。

a. 测量的基本原理

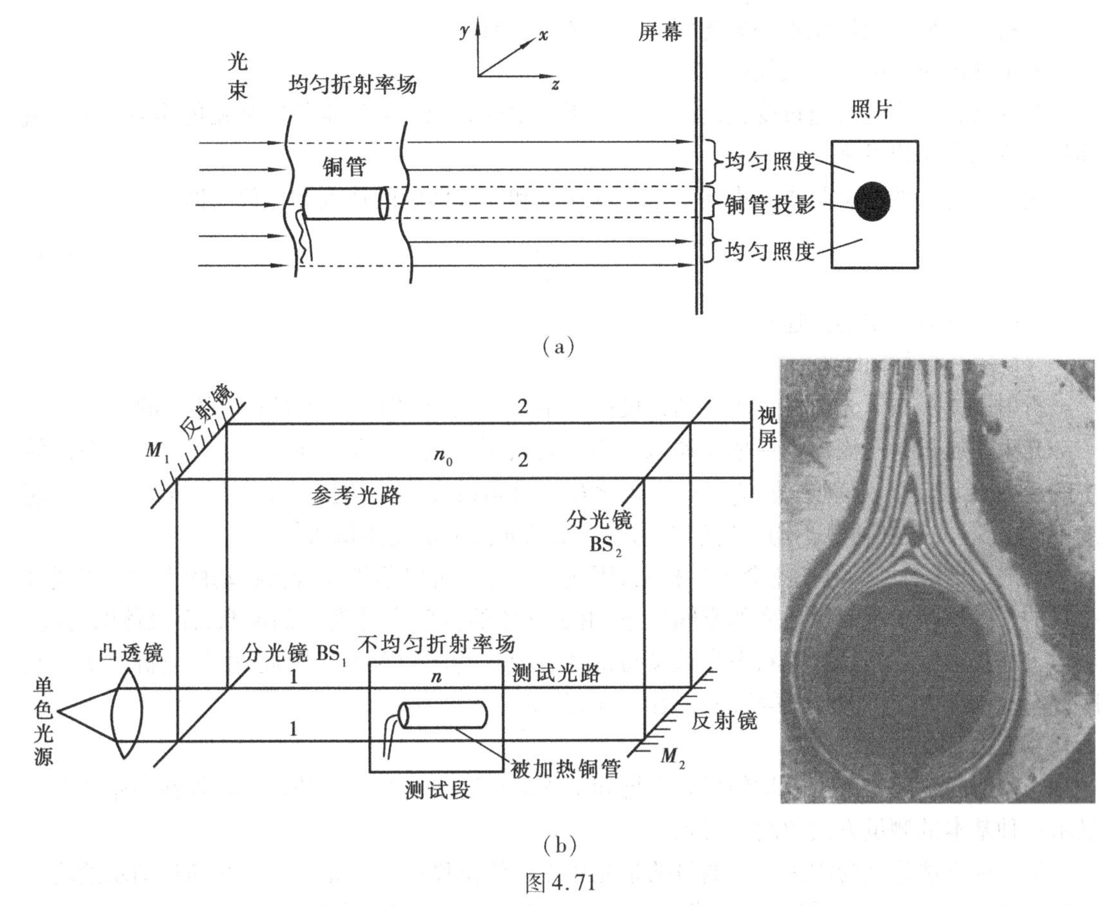

图4.71

(a)光线通过未加热铜管的流场显示图;(b)光线通过加热铜管的流场显示图

利用气体的光学性质,即气体的折射率会因气体的密度、浓度、温度变化而发生变化进行测量。

ⓐ简单的物理现象

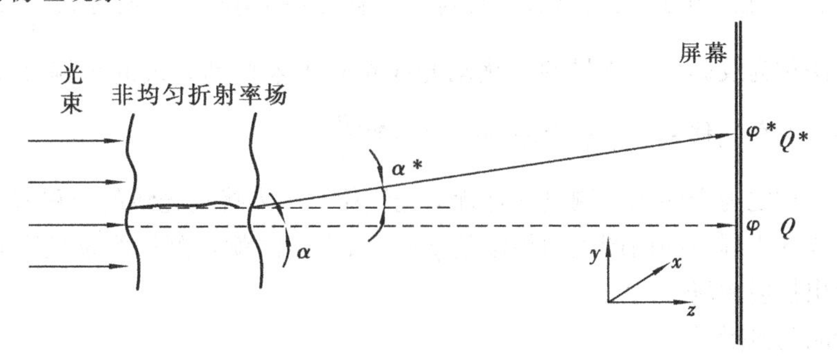

图4.72　光线在通过测试段的变化示意图

如图4.72所示,将一束光通过测试段。此时测试段未受扰动,即没有温度或密度变化的影响。测试段内的折射率处于均匀分布状态。光束在通过均匀的折射率场到达屏幕上的 Q 点,在屏幕上呈均匀的光的照度,其初相位为 φ。当测试段内受实验元件的影响,元件周围介质温度或密度发生变化,段内的折射率处于不均匀变化状态。光束在通过不均匀折射率场时,发生偏转,此时到达屏幕上的 Q^* 点,相位变化为 φ^*。用相应的光学仪器可以发现投射光束发生偏折。在屏幕上出现不均匀光强的亮区和暗区照度。

ⓑ流体的折射率与光束偏折

为什么会发生光线通过受扰动的不均匀折射率场时光线会发生偏转和相位移呢？可由流体折射率的定义出发来进行研究。

流体折射率的定义是指光束在真空中的速度和在流体中的速度的比值。即

$$n=\frac{C_0}{C} \tag{4.117}$$

式中　C_0——真空中的光速；

C——流体中的光速。

折射率 n 反映了光在气体中传播速度的大小，知道了 n，即可求出光在流体中的速度 C。

光束在通过某一流体折射率 n 递减的不均匀折射率场时，即 $n_1>n_2>n_3>n_4$。光在流体中的速度 C 将会呈现递增，即 $C_1<C_2<C_3<C_4$。换句话说流体的折射率不同，光在其中的速度不同，于是光束在通过不均匀折射率场时光束的光波前沿发生偏折。

总之，光线通过折射率场会产生扰动，用光学的方法可以鉴别光线被扰动的程度。光线被扰动的程度反映了气流折射率的空间分布，由于气体的折射率是密度的函数，而气体的温度、压力、成分、浓度和马赫数等状态参数又与密度有确定的函数关系。因此，由气流折射率的空间分布，可以测定气体热力学状态参数的空间分布。

ⓒ三种基本的测量方法

为说明问题将光束通过均匀折射率场和不均匀折射率场时光线的行程叠加在一张图上并显示三种基本的测量方法的测量要点。

第一种方法称之为阴影法。测量的是光线光点的位移量。首先将一束光通过图示的均匀折射率场。由于光线未受扰动，光线到达屏幕上的 Q 点；再将光束通过受扰动的不均匀折射率场，由光线折射定理可知光线通过稳定的非均匀折射率场时会发生偏转。由于气体的折射作用，使光线偏离原来的方向，而到达记录平面上的 Q^* 点。测量光线光点在记录平面上的位移量$\overline{QQ^*}$。或者说，根据光线在投影面上的偏移量来确定折射率的二阶导数$\frac{\partial^2 n}{\partial y^2}$。

第二种方法称为纹影法。测量的是扰动光线相对于未扰动光线的角偏移 $\alpha-\alpha^*$。根据光线在投影面上的角偏移来确定折射率的一阶导数$\frac{\partial n}{\partial y}$。

第三种方法称之为干涉法。测量的是扰动光线相对于未扰动光线的光程差。由于扰动光线与未扰动光线的光程不同而产生的相位差 $\varphi-\varphi^*$，干涉法就是测量两束光线的光程差后基本上就直接给出折射率场。

b. 光学诊断与测量

纹影法、阴影法、干涉法都可在某一瞬间记录一定面积范围内各点的参数分布。可以用于温度、浓度、密度场的测量。由于测试内容不同，三种方法的灵敏度并不相同。干涉仪常用来研究温度梯度很小的自然对流附面层，而纹影仪和阴影仪用来研究存在着较大温度梯度或密度梯度的激波和火焰现象。

三种方法的测量，本质上都是积分形式。它们将沿光束前进方向的被测量加以积分。由于这个缘故，纹影法、阴影法、干涉法适用于一维、二维场的测量，在测量中认为沿光束前进方

向没有折射率或密度的变化,只考虑光束在进入测试段时有突然的不连续的变化。

2)折射率与密度与温度的关系

①气体折射率 n

纹影仪、阴影仪、干涉仪测量的基本量是气体的折射率 n 或它的空间导数,因此必须了解折射率 n 的定义以及折射率 n 与密度之 ρ 间的关系。

气体折射率可以写成真空中的光速和气体中光速的比值或者写成真空中的波长和气体中波长的比值。

$$n = \frac{C_0}{C} \tag{4.118}$$

或

$$n = \frac{f\lambda_0}{f\lambda} = \frac{\lambda_0}{\lambda} \tag{4.119}$$

由于气体的非常接近于1,$n \approx 1$,因此 n 又可以写成

$$n = 1 + \delta \tag{4.120}$$

δ 的物理意义在于表示光速或波长的相对变化率。

光速的相对变化率　$n = \frac{C_0}{C} = \frac{C + \Delta C}{C} = 1 + \frac{\Delta C}{C} = 1 + \delta$

波长的相对变化率　$n = \frac{\lambda_0}{\lambda} = \frac{\lambda + \Delta\lambda}{\lambda} = 1 + \frac{\Delta\lambda}{\lambda} = 1 + \delta$

δ 的数量级一般在 10^{-4} 左右,为一很小的量。

例如空气在标准状态下:$\delta = 0.000\ 293$　$n = 1.000\ 293$。

②气体的折射率与密度的关系——Gladstone-Dale 公式

对于均匀的透明介质,由经典电动力学可以得到它的折射率是介质密度的函数。用 Lorenz-Lorentz 关系式表示为:

$$\frac{1}{\rho}\frac{n^2 - 1}{n^2 + 2} = \text{常数} \tag{4.121}$$

a. 单一均匀气体的 Gladstone-Dale 公式

对于气体,由于 $n \approx 1$,因此,式(4.121)可以简化成为 Gladstone-Dale 公式:

$$\frac{n - 1}{\rho} = k \tag{4.122}$$

式中　k——Gladstone-Dale 常数;

n——透明介质折射率;

ρ——透明介质的密度。

Gladstone-Dale 公式对气体符合得很好。公式中的 k 值为气体种类的函数,随气体不同而不同;对同一种气体,k 值随波长略有变化。现将空气在不同波长下的 k 值列于表 4.12 中,将各种气体在温度为 273 K,波长为 0.589 μm 时的 k 值列于表 4.13 中。

流体的折射率主要是温度的函数,为了有准确的结果,折射率数值依靠测量得到。表4.14 列出空气和水在 20 ℃ 和 0.1MPa 下,用汞光,波长为 0.546 1 μm 或用氦氖激光器,波长为 0.632 8 μm 是测量所得的折射率的值。

表 4.12　空气在温度为 288 K 和不同波长的 k 值

k 值/($cm^2 \cdot g^{-1}$)	波长 λ/μm	k 值/($cm^2 \cdot g^{-1}$)	波长 λ/μm
0.223 0	0.912 5	0.228 1	0.480 1
0.225 0	0.703 4	0.228 0	0.447 2
0.225 5	0.644 0	0.230 4	0.407 9
0.225 9	0.607 4	0.231 8	0.380 3
0.228 4	0.667 7	0.233 0	0.356 2
0.227 4	0.509 7		

表 4.13　温度为 273 K，波长为 0.589 μm 时各种气体的 k 值

气　体	k 值/($cm^3 \cdot g^{-1}$)	气　体	k 值/($cm^3 \cdot g^{-1}$)
O_2	0.190	H_2	0.196
N_2	0.238	CO_2	0.229

表 4.14　20 ℃和 0.1 MPa 下空气和水的折射率

波长/μm	$n_{空气}$	$n_{水}$	$\left(\frac{dn}{dT}\right)_{空气}$ (℃)$^{-1}$	$\left(\frac{dn}{dT}\right)_{水}$ (℃)$^{-1}$
0.546 1	2.732×10^{-4}	1.334 5	-0.932×10^{-6}	-0.895×10^{-4}
0.632 8	2.718×10^{-4}	1.331 7	$-0.928 \times 10 - 6$	-0.880×10^{-4}

b. 混合气体的 Gladstone-Dalt 公式

$$n_c - 1 = k_c \rho_c = \sum_{i=1}^{n} k_i \rho_i = k_1 \rho_1 + k_2 \rho_2 + \cdots + k_n \rho_n \tag{4.123}$$

式中　n_c——混合气体的总折射率；

k_c——混合气体的 *Gladstone-Dale* 常数；

ρ_c——混合气体的密度。

③气体折射率与温度的关系

由理想气体状态方程式导出气体密度表达式：

$$\rho = \frac{MP}{RT} \tag{4.124}$$

式中　P——气体压力；

M——气体分子量；

R——通用气体常数；

T——气体温度。

在认为气体是理想气体时,由式(4. 122)、式(4. 124)把气体的密度与温度二者联系起来了。即

$$n-1=k\rho=\frac{kMp}{RT} \tag{4.125}$$

此时,取某个已知状态为 0 状态,同样满足

$$n_0-1=k\rho_0=\frac{kMP_0}{RT_0} \tag{4.126}$$

将式(4. 125)除以(4. 126)则有:

$$\frac{n-1}{n_0-1}=\frac{PT_0}{TP_0} \tag{4.127}$$

则有:

$$T=\frac{n_0-1}{n-1}\left(\frac{P}{P_0}\right)T_0 \tag{4.128}$$

如果压力 P 为常数,即 $P=P_0$,则式(4. 128)为

$$T=\frac{n_0-1}{n-1}T_0 \tag{4.129}$$

由式(4. 129)可知,若参考点的折射率 n_0 与温度 T_0 确定了,测量被测点的折射率 n,则得到该点的温度 T 值了。该式指出了折射率点的测量到温度点的测量的关系式。

折射率点的测量转换到温度点的测量可用式(4. 129)。那么折射率场的测量和温度场的测量如何进行。

对方程式(4. 125)两边对 y 求导,即求 y 方向上的折射率场与温度场的变化关系。

$$\frac{\partial n}{\partial y}=-\frac{kMP}{RT^2}\frac{\partial T}{\partial y}=-\frac{k}{T}\rho\frac{\partial T}{\partial y} \tag{4.130}$$

将式(4. 126)代入上式得

$$\frac{\partial n}{\partial y}=-\frac{n_0-1}{T}\frac{\rho}{\rho_0}\frac{\partial T}{\partial y} \tag{4.131}$$

或者写成:

$$\frac{\partial T}{\partial y}=-\frac{T}{n_0-1}\frac{\rho_0}{\rho}\frac{\partial n}{\partial y} \tag{4.132}$$

式(4. 132)将被测透明气体的折射率与温度场有效地联系起来。是纹影仪测量的理论基础。它表明了温度梯度和所测量的折射率梯度的一阶导数有着比较简单的关系。作为定性测量有着一定的意义。

$$\frac{\partial^2 n}{\partial y^2}=k\left[-\frac{\rho}{T}\frac{\partial^2 T}{\partial y^2}+\frac{2\rho}{T^2}\left(\frac{\partial T}{\partial y}\right)^2\right] \tag{4.133}$$

式(4. 133)是阴影仪测量基础,用确定折射率的二阶导数来测量温度场的分布情况。

④气体的折射率与密度的关系

将气体的任意状态式(4. 125)和某一已知状态的 Gladstone-Dale 公式(4. 126)相比,可得密度与折射率的关系:

$$\rho=\rho_0\frac{n-1}{n_0-1} \tag{4.134}$$

式中　n——气体任意状态下的折射率;

n_0——气体已知状态下的折射率；

ρ——气体任意状态下的密度；

ρ_0——气体已知状态下的密度。

密度场的显示：用纹影仪确定折射率的一阶导数：

$$\frac{\partial\rho}{\partial y}=\frac{\rho_0}{n_0-1}\frac{\partial n}{\partial y} \tag{4.135}$$

用阴影仪确定折射率的二阶导数：

$$\frac{\partial^2\rho}{\partial y^2}=\frac{\rho_0}{n_0-1}\frac{\partial^2 n}{\partial y^2} \tag{4.136}$$

3）气体折射率与浓度的关系

对于浓度场的测量，可以应用混合气体的 Galdstone-Dale 公式：

$$n_{c-1} = \sum_{i=1}^{n} k_i\rho_i \tag{4.137}$$

式中　n_c——混合气体的折射率；

k_i——第 i 组分的 Gladstone-Dale 常数；

ρ_i——第 i 组分的质量密度。

式(4.123)将混合气体看做一个整体，则由式(4.137)可见：

$$k_c\rho_c = \sum_{i=1}^{n} k_i\rho_i,\quad k_c = \sum_{i=1}^{n} k_i\frac{\rho_i}{\rho_c} = \sum k_i a_i,\quad a_i = \frac{\rho_i}{\rho_c} \tag{4.138}$$

其中 a_i 为混合气体中第 i 组分的百分含量，又称质量百分比。

如果假定：混合气体是由 a，b 两种成分组成。其中 a 为主要成分，b 为次要成分。混合过程中，在纯 a 气体成分中掺进 b 气体，此时该混合气体的折射率为（由混合气体的 Gladstone-Dale 公式得）：

$$n_c-1=k_a\rho_a+k_b\rho_b \tag{4.139}$$

若混合前，测试段全部是纯 a 气体，其折射率、密度为 n_0，ρ_0，其表达式为

$$n_0-1=k_a\rho_0$$

然后在测试段掺进 b 气体，此时折射率由 n_0 变化到 n_c，变化了 Δn。

$$\begin{aligned}\Delta n&=n_c-n_0=k_a\rho_a+k_b\rho_b-k_a\rho_0\\&=k_a(\rho_a-\rho_0)+k_b\rho_b\end{aligned} \tag{4.140}$$

由热力学可知，混合前与混合后单位体积的分子数目应保持不变。即

$$\frac{\rho_0}{M_a}=\frac{\rho_a}{M_a}+\frac{\rho_b}{M_b} \tag{4.141}$$

整理上式得：

$$\rho_0-\rho_a=\frac{M_a}{M_b}\rho_b \tag{4.142}$$

代入式(4.140)得

$$\Delta n=k_b\rho_b-k_a\frac{M_a}{M_b}\rho_b=\left(k_b-k_a\frac{M_a}{M_b}\right)\rho_b \tag{4.143}$$

分析式(4.142)、式(4.143)，其中混合前后气体的折射率变化 Δn 可测，查表可知气体的分子数目 M_a，M_b 和 Gladstone-Dale 常数 k_a，k_b，于是可求得 b 气体的密度 ρ_b，再求得 a 气体的密

度 ρ_a 和 i 组分的质量百分比 $a_i = \dfrac{\rho_a}{\rho_b}$。

4）光线在非均匀折射场中的偏转

在光线通过测试介质行进的路线中，折射率是空间的函数。为便于分析，假定光线最初只沿 z 轴方向通过介质传播；介质的折射率只在 y 方向上发生变化；光线传播的距离等于在 Δt 时间内与介质中光速 C 的乘积。

由于介质不均匀折射率的影响，光束在传播过程中其波前将发生偏折。由于光线偏析反映为光强的明暗变化，然后通过测量偏析，导出光线偏折与折射率的关系式。下面从几何关系方面来加以讨论。

由图 4.73 可见，光线沿 z 轴方向在折射率沿 y 轴方向变化的不均匀折射率场中行进，光束的波前在 Δt 时刻内发生偏转。其中 B 点的折射率为 n_y，A 点折射率为 $n_{y+\Delta y}$。分析光线到达 A，B 两点行走的路程。

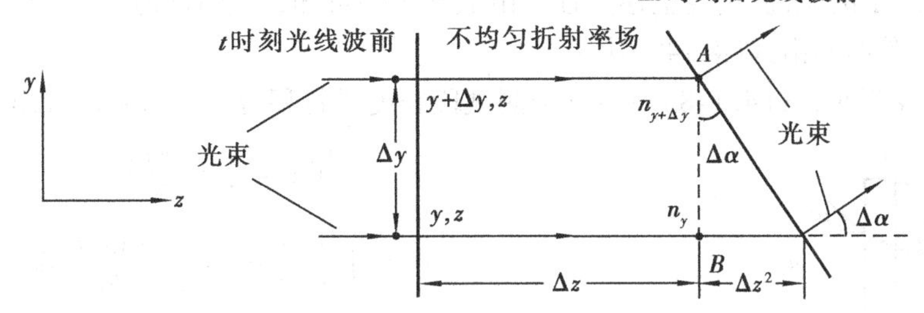

图 4.73　光线在非均匀介质中的偏转

A 点：

$$\Delta z = C\Delta t = \frac{C_0}{n_{y+\Delta y}}\Delta t \tag{4.144}$$

B 点：

$$\Delta z + \Delta z^2 = C\Delta t = \frac{C_0}{n_y}\Delta t \tag{4.145}$$

式(4.144)、式(4.145)相减得

$$\begin{aligned}\Delta z^2 &= \frac{C_0}{n_y}\Delta t - \frac{C_0}{n_{y+\Delta y}}\Delta t = C_0\Delta t\left(\frac{1}{n_y} - \frac{1}{n_{y+\Delta y}}\right)\\ &= -C_0\Delta\left(\frac{1}{n}\right)\Delta t\end{aligned}$$

而 Δz^2 由图 4.72 可见：光线的偏转角 $\Delta\alpha$ 为

$$\Delta\alpha \approx \tan\alpha = \frac{\Delta z^2}{\Delta y} = -C_0\frac{\Delta\left(\frac{1}{n}\right)}{\Delta y}\Delta y \tag{4.146}$$

由于 Δz 与 Δy 都很小，而 Δz^2 更小，则改写成微分的形式

$$\begin{aligned}\mathrm{d}\alpha &= -C_0\frac{\partial\left(\frac{1}{n}\right)}{\partial y}\mathrm{d}t = -C_0\left(-\frac{1}{n_2}\right)\frac{\partial n}{\partial y}\mathrm{d}t\\ &= \frac{C_0}{n}\frac{1}{n}\frac{\partial n}{\partial y}\mathrm{d}t = \frac{1}{n}\frac{\partial n}{\partial y}\mathrm{d}z\end{aligned} \tag{4.147}$$

改写式(4.147)，得

$$\mathrm{d}\alpha = \frac{\partial(\ln n)}{\partial y} = \mathrm{d}z \tag{4.148}$$

式(4.148)将折射率的变化与光线的偏转角联系起来。

以上分析可以说明由于介质不均匀折射率场影响导致光线传播时波前产生偏折,受扰动光线相对于未扰动光线间存在偏转角。测量光线的偏转角,则可测量出介质的不均匀折射率场。然后由 Galdstone-Dale 公式,用介质密度ρ为媒介得到T,ρ,P浓度等热力学参数。

上面公式推导是假定介质不均匀折射率场仅在y方向上有变化,固有$\dfrac{\partial n}{\partial y}$表达式。若不均匀折射率场在只$x$方向上变化则写成$\dfrac{\partial n}{\partial x}$。如果介质不均匀折射率场在$y$方向上和$x$方向上均有变化则需要导出折射率与偏转角的二维关系表达式。

偏转角α反映光线偏转的斜率,即$\alpha=\dfrac{\mathrm{d}y}{\mathrm{d}z}$,则式(4.148)改写为

$$\frac{\mathrm{d}\alpha}{\mathrm{d}z}=\frac{\mathrm{d}}{\mathrm{d}z}\left(\frac{\mathrm{d}y}{\mathrm{d}z}\right)=\frac{\mathrm{d}^2y}{(\mathrm{d}z)^2}=\frac{1}{n}\frac{\partial n}{\partial y} \tag{4.149}$$

说明光线所走的轨迹,满足上述方程。由数学知识可知,光线在经过一个不均匀折射率场时发生了弯曲,其曲率由式(4.149)决定。

若偏转角α很小,式(4.148)可沿整个测试段长度进行积分。此时测试段出口角度为

$$\int \mathrm{d}\alpha=\int\frac{1}{n}\frac{\partial n}{\partial y}\mathrm{d}z$$

$$\alpha=\int\frac{1}{n}\frac{\partial n}{\partial y}\mathrm{d}z=\int\frac{\partial(\ln n)}{\partial y}\mathrm{d}z \tag{4.150}$$

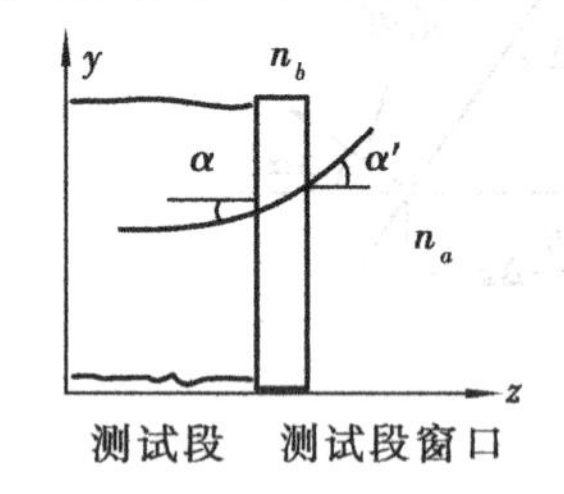

图 4.74　光线离开测试段的折射

如果测试段是用玻璃窗所包围,则测试段内的折射率与室内的空气的折射率相差较大。光线在通过玻璃窗时,根据折射定律会发生附加的角偏转。如图 4.74 所示。测试段内的折射率为n_c,测试段内的折射率为n_a,玻璃窗的折射率为n_b。光线在玻璃窗内和出玻璃窗时的偏转角分别为α和α'。用折射定律可以证明光线经过测试段由窗口出射的其偏转角为

$$\alpha'=\frac{n}{n_a}\int\frac{1}{n}\frac{\partial n}{\partial y}\mathrm{d}z \tag{4.151}$$

5)两种诊断气体中密度场、温度场、浓度场的光学装置

①纹影仪

a. 纹影仪

由前所述纹影仪测量的是从光源发出的光线在通过不均匀折射率场时,受扰动的光线相对于未扰动光线的偏转角α。这个偏转角α的大小由式(4.150)确定。

在测量到光线的偏转角α后,通过偏转角来确定折射率的一阶导数。即不均匀折射率场的折射率梯度$\partial n/\partial y$。进而再确定测试段温度场T、密度ρ及浓度场的分布。

但问题是光线的偏转角α如何测量,而且偏转角太小,无法测量。此时如果用一块屏幕放在离光源足够远的地方,离开测试段的光线曲率将发生了很大变化。纹影仪是用刀口去切割光源像。因此设置相应的光路布置,在光源焦点处放置一个刀口去切割光源像,由刀口放的位置与屏幕上的光强分布,即亮、暗程度来判断偏转角α角的大小,再由α来决定不均匀折射率场的折射率梯度$\partial n/\partial y$。

b. 典型的双凸透镜纹影仪光路结构

典型的双凸透镜纹影仪光路结构如图4.75所示。光路主要结构由三个部分:光源、两个成像系统和刀口(又称光刀)组成。

ⓐ光源 S

双凸透镜纹影仪采用的光源是用白炽灯聚焦到狭缝上构成的矩形光源。与几何光源,点光源不同。矩形光源的长度要比宽度大得多。

ⓑ两个成像系统

双凸透镜纹影仪有两个成像系统。一个是光源成像系统;另一个是测试段成像系统。

当测试段无扰动,意思是指测试段内介质的密度和温度等参数没有变化时,纹影仪光路中的平行光线不会产生角偏转。此时分析两个成像系统的工作原理。

光源成像系统,如图4.75所示。光源 S 放在凸透镜 L_1 的左侧焦点上,刀口放在凸透镜 L_2 的右侧焦点上。凸透镜 L_1,L_2 将光源 S 成像于 L_2 的焦平面上,即刀口安放位置处。工作时,光源 S 发出的光通过 L_1 成为平行光进入测试段。由于测试段无扰动,平行光线不发生偏转,通过 L_2 聚焦于刀口上。此时屏幕上 a—b 段内的光强(照度)分布应是均匀的。

如果测试段内介质的密度和温度等参数发生变化时,光线在通过有扰动的测试段时将发生偏转。此时刀口处的光源像会随光线的角偏转向上移动或向下移动。导致屏幕上的照度发生变化。如图4.75所示,以测试段内 A 点为例,此时光线的角偏转向上移动。但由于透镜 L_2 的作用,使 A 点仍成像于 A' 处。整个光源像向上的移动了一定的距离,屏幕上的 A' 点的照度将变亮。如果光线的角偏转向下,光源像向下移动,刀口切割后挡住光源像一部分,A' 点则变暗。

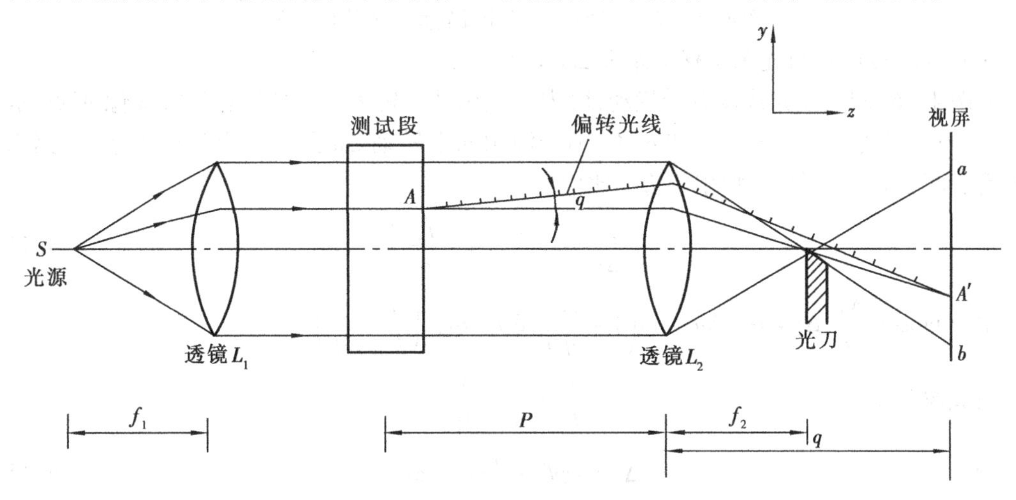

图4.75 典型的双凸透镜纹影仪光路结构图

测试段成像系统是由凸透镜 L_2 和测试段组成。为此双凸透镜纹影仪的屏幕必须放在测试段 A 点的共轭焦点处。这样无论光线有扰动或无扰动,测试段各点的像均成像在无扰动的位置上。如 A 点有扰动,无扰动,均由 L_2 成像在 A' 点上。屏幕上记录的光线没有发生位移,如果屏幕不放在 L_2 的共轭焦点处,将会发生光线在屏幕上相对原光线的位移。产生阴影效应叠加在纹影图上,这是应该避免的。

ⓒ刀口

刀口又称光刀或孔径光栏,相当于照相机的光圈。如前所述,若光线向上偏转,刀口切割光源像面积小;光线向下偏转,刀口切割光源像面积多。屏幕上照度发生变化。以测试段 A 点为例,无论光线向上或向下偏转都成像于 A' 点,但 A' 处有照度的明暗变化。

c. 纹影仪的测量原理

如上所述,纹影仪是通过测量屏幕上照度的变化来确定光线偏转角的大小。那么通过光路系统如何实现将光线受扰动时的微小的角偏转($\alpha \approx 10^{-3} \sim 10^{-6}$ rad)转换成可在记录平面上记录的对比度值。

如图 4.76 所示,凸透镜 L_1 的焦点处设置的光源 S 为矩形光源。其尺寸为:高 $a_s \times$ 宽 b_s。如果在测试段内无干扰的情况下,光束在凸透镜 L_2 的焦点处,即刀口安放位置处将得到如图 4.76 所示 $a_0 \times b_0$ 的矩形光源像。此时将刀口挡住光源像高度 a_0 的一半,由共轭像的对应关系,屏幕上共轭像亮度将均匀地减少一半。

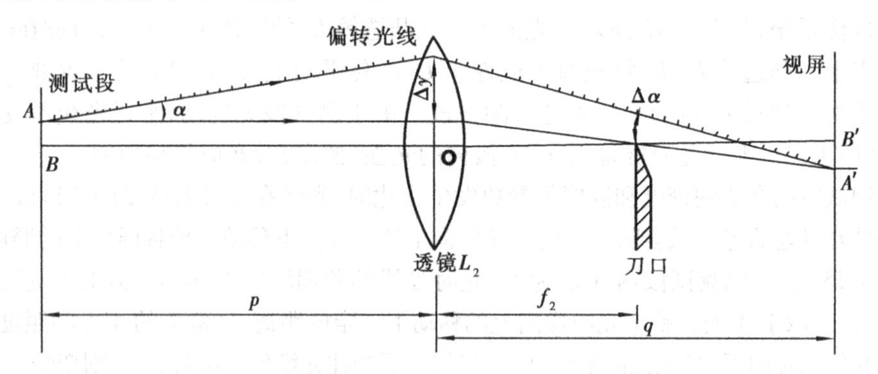

图 4.76 在刀口处对应给定偏转角的光线位移图

ⓐ光线偏转角 α 与光源像移动距离 Δa 间的关系

如图 4.76,测试段光线没有受扰动,段内 A 点由凸透镜 L_2 过刀口焦点处,成像 A' 点,成均匀照度;当光线受扰动时向上偏转 α 角,则光源像向上转动 Δa 距离。由几何关系,光路系统近似看成两个相似三角形,则相应边的比值有

$$\frac{\Delta a}{\Delta y} = \frac{q - f_2}{q} = 1 - \frac{f_2}{a} \tag{4.152}$$

由于 $\tan\alpha = \dfrac{\Delta y}{p}, \Delta y = \alpha q, \Delta a = ap\left(1 - \dfrac{f_2}{q}\right), \Delta a = \alpha p f_2\left(\dfrac{1}{f_2} - \dfrac{1}{q}\right)$

由成像关系:
$$\frac{1}{p} + \frac{1}{q} = \frac{1}{f_2}$$

则
$$\Delta a = \alpha p f_2 \times \frac{1}{p} = \pm \alpha f_2 \tag{4.153}$$

由式(4.153)可见:当光线向上偏转,光源像向上移动,偏转角 $\alpha > 0$,光源像移动距离 Δa 为正;当光线向下偏转,光源像向下移动,$\alpha < 0$。光源像移动距离 Δa 为负。光源像移动距离 Δa 仅与透镜 L_2 的焦距 f_2 和偏转角 α 有关,而与物距 P 无关。

ⓑ光源像移动距离 Δa 与照度 I_d 的关系

如图 4.77 所示。矩形光源像的短边与刀口垂直。刀口上部 a_k 高度的光束可以通过。刀口下部被光刀所遮挡而不能通过。调节刀口的高度,达到调节 a_k 的大小。

当测试段没有被扰动时,假定未放置刀口,于是光源像未被刀口切割,此时屏幕上的光强分布为均匀照度 I_0。将刀口放在凸透镜 L_2 的焦点处,要求切割光源像的一半,此时屏幕上的

光强分布为均匀照度 I_k。无论光路中有无刀口，屏幕上单位面积上的照度应相等，即

$$\frac{I_k}{a_k b_0}=\frac{I_0}{a_0 b_0};I_k=\frac{a_k}{a_0}I_0 \tag{4.154}$$

式中　　$a_k=a_0/2$

当测试段受扰动时，光源像向上或向下移动 Δa，此时屏幕上的照度 I_d 在 I_k 的基础上均匀变亮或变暗。

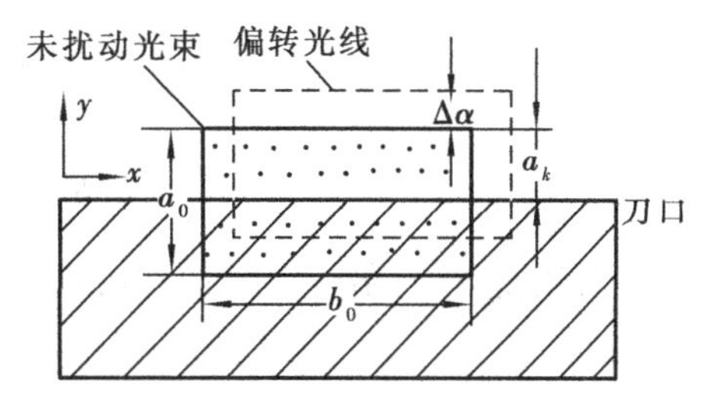

图4.77　在刀口光源像示意图

$$\frac{I_d}{(a_k\pm\Delta a)\times b_0}=\frac{I_k}{a_k b_0};I_d=I_k\left(1+\frac{\Delta a}{a_k}\right) \tag{4.155}$$

仍以图4.76测试段中 A 点为例，当测试段受扰动时，如果光线向上偏转，光源像向上移动距离 Δa，为正，屏幕上 A' 点呈亮区；如果光线向下偏转，光源像向下移动距离 Δa，为负，屏幕上 A' 点呈暗区。于是有

$$I_d=I_k\left(1\pm\frac{\alpha f_2}{a_k}\right) \tag{4.156}$$

ⓒ对比度 R_c 与光线偏转角 α 的关系

由于光强一般用相对变化量对比度来表示，记为 R_c。其定义式为

$$R_c=\frac{\Delta I}{I_k}=\frac{I_d-I_k}{I_k}=\frac{\Delta a}{a_k}=\pm\frac{\alpha f_2}{a_k}$$

$$\alpha=\pm\frac{R_c}{f_2}a_k \tag{4.157}$$

由式(4.156)可知，纹影仪实际上是将光线受扰动时产生的微小角偏转转换成记录平面上的对比度。将微小角偏转的测量转换成光学量对比度的测量。

ⓓ对比度 R_c 与折射率梯度 $\partial n/\partial x,\partial n/\partial y$ 间的关系

若测试段为一个二维场。光线沿 z 轴方向通过介质传播；介质的折射率在 x,y 方向上发生变化，则由式(4.157)得

$$R_{cx}=\pm\frac{f_2}{a_k}\alpha_x=\pm\frac{f_2}{a_k}\int\frac{1}{n}\frac{\partial n}{\partial x}\mathrm{d}z$$

$$R_{cy}=\pm\frac{f_2}{a_k}\alpha_y=\pm\frac{f_2}{a_k}\int\frac{1}{n}\frac{\partial n}{\partial y}\mathrm{d}z \tag{4.158}$$

折射率梯度在沿 z 方向测试段长度 L 上具有恒定的值。式中，± 号代表光线在直角坐标系中的偏转方向，对于空气 $n\approx1$。于是对比度可写成

$$R_{cx}=\pm\frac{f_2}{a_k}\frac{1}{n}\frac{\partial n}{\partial x}L\approx\pm\frac{f_2}{a_k}\frac{\partial n}{\partial x}L$$

$$R_{cy}=\pm\frac{f_2}{a_k}\frac{1}{n}\frac{\partial n}{\partial y}L\approx\pm\frac{f_2}{a_k}\frac{\partial n}{\partial y}L \tag{4.159}$$

ⓔ对比度 R_c 与密度梯度 $\partial\rho/\partial x,\partial\rho/\partial y$ 间的关系

与二维折射率场一样，介质的密度在 x,y 方向上发生变化，密度梯度在沿 z 方向测试段长度 L 上具有恒定的值。于是对比度可写成

$$R_{cx}=\pm\frac{f_2}{a_k}\frac{n_0-1}{\rho_0}\frac{\partial\rho}{\partial x}L$$

$$R_{cy}=\pm\frac{f_2}{a_k}\frac{n_0-1}{\rho_0}\frac{\partial\rho}{\partial y}L \tag{4.160}$$

ⓕ对比度 R_c 与温度梯度 $\partial T/\partial x$，$\partial T/\partial y$ 间的关系

$$R_{cx}=\pm\frac{f_2}{a_k}\frac{n_0-1}{\rho_0}\frac{MP}{RT^2}\frac{\partial T}{\partial x}L$$

$$R_{cy}=\pm\frac{f_2}{a_k}\frac{n_0-1}{\rho_0}\frac{MP}{RT^2}\frac{\partial T}{\partial y}L \tag{4.161}$$

上述计算公式可以作为定量计算的根据，但需要测量照相负片上像的照度或对比度。

由于对比度测试技术的问题，标准的纹影仪系统常用于温度场或密度场的定性研究。

d. 纹影仪图像分析

在实际使用中，常常要对用纹影仪测量中得到的图像进行分析，定性了解测试段被测介质的温度场或密度场分布状况。因此学会读纹影图是十分必要的。

如图4.78所示。将一具有内热源圆柱体放在标准纹影仪系统中的测试段内，此时圆柱体未被加热，屏幕上或相机负片上除有圆柱体、导线的影像外，周围均为纹影仪光源投射过来的均匀照度。为分析问题简便起见，在圆柱体周围设 A,B,C,D 四点，观察光线在通过这四个点时，其温度、密度、折射率的变化与对比度的关系。当圆柱体通电加热稳定后，分析其在空气中自然对流换热过程。此时，圆柱体上半部的温度 $T_A>T_B$；密度 $\rho_a<\rho_B$；折射率 $n_A<n_B$。通过 A 点和 B 点的光线向折射率增加的方向离开刀口向上偏转到达视屏 A' 和 B' 点。由于纹影仪只能显示和刀口垂直方向的温度梯度，于是 A' 和 B' 点处于光亮区；而圆柱体下半部的温度 $T_D>T_C$；密度 $\rho_D>\rho_C$；折射率 $n_D<n_C$。通过 D 点和 C 点的光线向折射率增加的方向离开刀口向下偏转到达视屏 D' 和 C' 点。D' 和 C' 点处于黑暗区。

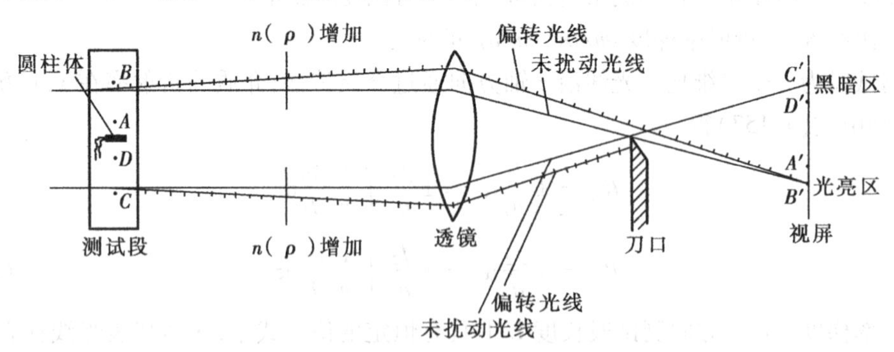

图4.78　折射率梯度对视屏上照度的影响

ⓐ纹影仪图像的对比度与温度梯度

图4.79为具有内热源圆柱体自然对流场的纹影图。图中的三个黑圈为圆柱体影像，黑线为圆柱体内置电加热棒导线影像。圆柱体外径为 φ32 mm，长度为200 mm。圆柱体被加热时基本保持壁温与周围空气温度之差为40 ℃。处于自然对流换热状态。

圆柱体受热后处于空气中，管壁周围的气体温度随离圆柱体的距离增加而下降，而管壁周围的气体密度随离圆柱体的距离增加而上升。同时管壁周围气体的折射率也随离圆柱体的距

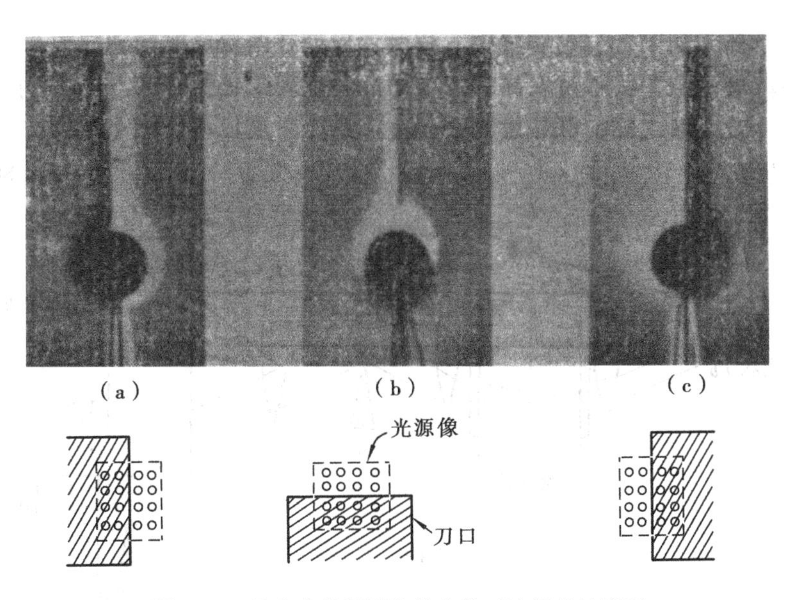

图4.79　具有内热源圆柱体自然对流场的纹影图

离增加而上升。在圆柱体与周围空气的换热过程达到稳定状态时,圆柱体周围就形成了温度场、密度场和折射率场分布。此时如果不采用纹影仪测试系统,圆柱体的自然对流场无法观察。

采用纹影仪测试系统,如图4.79所示。将圆柱体的温度场、密度场和折射率场分布显示在照片上。将温度梯度、密度梯度和折射率梯度变化转换成照片上的对比度。从图4.79中三张照片中可以看出。圆柱体附近存在着与周围均匀照度对比的明显的亮、暗区域。该亮、暗区域即存在着温度梯度的区域。

ⓑ纹影仪图像的对比度与刀口切割方向

由于纹影仪测试系统只能显示与刀口垂直方向的温度梯度,刀口切割光源像的方向不同所得的纹影仪图像的对比度将不相同。

若刀口垂直于纸面,即从 x 轴的正向切割光源像。如图4.79(a)所示。圆柱体右半部分的温度随 x 距离的增加而减小,密度和折射率则随 x 距离的增加而增加。换句话说折射率在远离刀口方向上增加。所以圆柱体右半部分附近图像为光亮区。而圆柱体左半部分的温度梯度向着刀口方向上下降,折射率在向着刀口方向上增加。所以圆柱体右半部分附近图像为黑暗区。若将图4.79(a)所示的刀口切割方向反方向调换过来,观察图图4.79(c)。可以发现(a)图上显示的光亮区变为(c)图上的黑暗区,而(a)图上显示的黑暗区变为(c)图上的光亮区。

如果刀口自下而上沿 y 轴正方向切割,如图图4.79(b)所示。此时圆柱体的上半部分为光亮区,下半部分为黑暗区。将刀口自上而下沿 y 轴负方向切割,圆柱体的光亮区和黑暗区则全部反过来。

总之,纹影仪图像上出现对比度变化的地方,或者是光亮区或者是黑暗区证明该区域存在着温度梯度;纹影仪图像上的光亮区和黑暗区与刀口切割方向有关。折射率在远离刀口方向上增加时,纹影图变亮,反之则变暗。

e.纹影仪的光学结构形式

纹影仪系统,按光线通过测试段的形式,分为平行光纹影仪和锥形光纹影仪。在热工测量中常用平行光纹影仪。该类仪器能真实地反映被测气流场密度的变化,因而得到了广泛的应用。

平行光纹影仪可分为投射式和反射式两种。较为典型的三种纹影仪如图 4.80 所示。

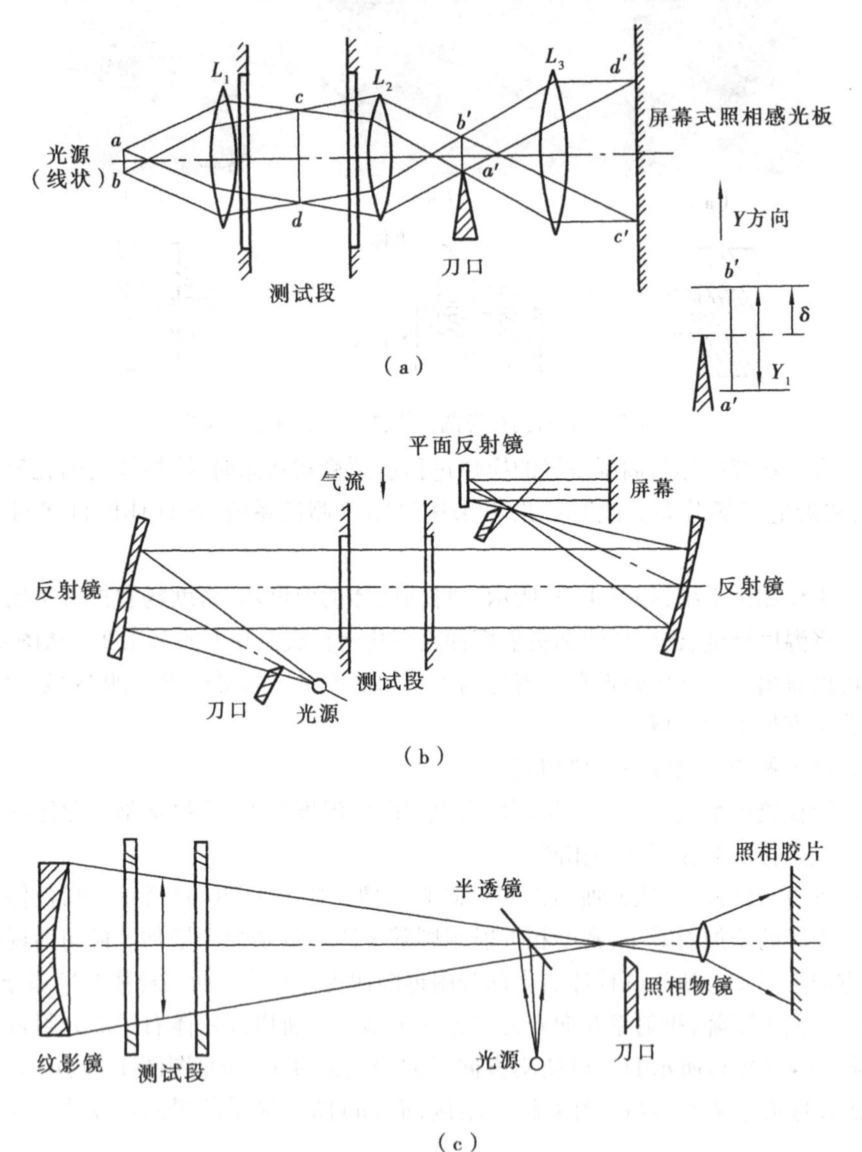

图 4.80 纹影法实验装置光路图

(a)双透镜纹影仪;(b)双反射镜纹影仪;(c)单反射镜纹影仪

②阴影仪

阴影法是流场显示中最简单的一种,不需要复杂的光学系统,只要有一束平行光通过测试段,由于测试段气体的密度、浓度、温度的变化,使测试段的折射率处于不均匀状态,受扰动的平行光将发生偏转。如果将屏幕放在足够远的地方,光线微小的角偏转将在屏幕上产生较大的位移。而这种线位移会转换成光强对比度的变化。分析照片上的对比度就可以知道测试段中气流密度和温度的分布情况。光线进入测试表面的干扰区，在测试段内、外沿 Z 轴方向均无物性变化，仅考虑在 $y—z$ 平面上光线的偏转。

a. 影仪的原理性光路图

阴影仪由光源、透镜或反射镜、显示屏或记录图像装置三部分组成。图 4. 81 为阴影仪实验装置原理图。当光源 S 射出的发散光经过透镜 L_1 时，被会聚成平行光通过气体折射率分布不均匀的测试段，光线将发生偏转，在屏幕上呈现出亮暗不均匀的图像。如果将此图像拍照下来，就可以得到一张照度不均匀的负片，测量对比度 R_c，即可求出折射率的二阶导数。

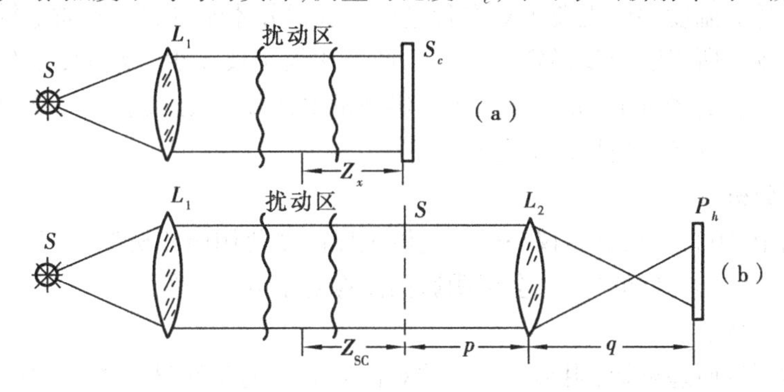

图 4. 81　阴影仪实验装置原理图

b. 阴影仪测量的基本原理

在分析阴影仪测量的基本原理前，首先做如下假定，测试段内的折射率仅在 y 方向上变化；由于测试段很短且光线行进很快，认为光线在测试段内 y 方向上没有明显的线位移仅在出口处偏转了一个微小角度 α。偏转角是 y 的函数，$\alpha = f(y)$。如图 4. 82 所示。光强 I 由出口处 Δy_{SC} 区域内变成了屏幕上 Δy_{SC} 区域内的光强。若原始光强为 I_0，则在屏幕上的光强为

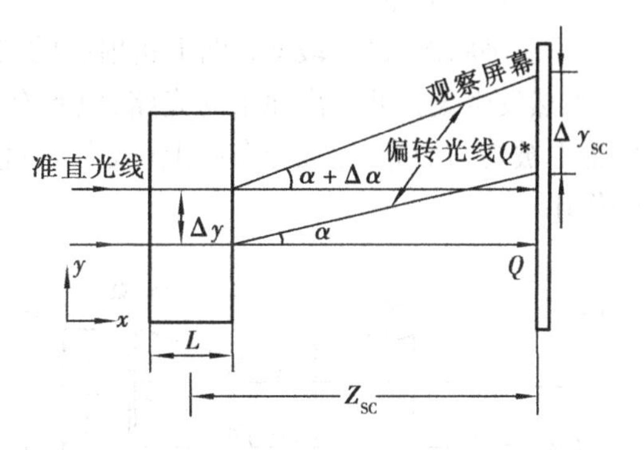

图 4. 82　阴影仪光束位移基本原理图

$$I_{SC} = \frac{\Delta y}{\Delta y_{SC}} \tag{4.162}$$

若 Z_{SC} 是测试段至屏幕之间的距离，则

$$\Delta y_{SC} = \Delta y + \left(Z_{SC} - \frac{L}{2}\right)\Delta\alpha \approx \Delta y + Z_{SC}\Delta\alpha \tag{4.163}$$

由于偏转角 $\Delta\alpha$ 很小，可认为 $\Delta\alpha/\Delta y = \mathrm{d}\alpha/\mathrm{d}y$，于是有 $\Delta\alpha = \mathrm{d}\alpha/\mathrm{d}y\Delta y$，代入式(4. 163)得

$$\Delta y_{SC} = \Delta y\left(1 + Z_{SC}\frac{\mathrm{d}\alpha}{\mathrm{d}y}\right) \tag{4.164}$$

相对光强比值为
$$\frac{I_{SC}}{I_0} = \frac{\Delta y}{\Delta y_{SC}} = \frac{1}{1 + Z_{SC}\frac{\mathrm{d}\alpha}{\mathrm{d}y}} \approx 1 - Z_{SC}\frac{\mathrm{d}\alpha}{\mathrm{d}y}$$

光强对比度 R_c 为

$$R_c = \frac{I_{SC} - I_0}{I_0} = \frac{I_{SC}}{I_0} - 1 = 1 - z_{SC}\frac{\mathrm{d}\alpha}{\mathrm{d}y} - 1 = -z_{SC}\frac{\mathrm{d}\alpha}{\mathrm{d}y} \tag{4.165}$$

将光线的偏转角 $\alpha = \int \frac{1}{n} \frac{\partial n}{\partial y} \mathrm{d}z$ 代入上式,得到光强对比度 R_c 的折射率二阶导数表达式

$$R_c = -Z_{\mathrm{SC}} \frac{\partial}{\partial y} \int \frac{1}{n} \frac{\partial n}{\partial y} \mathrm{d}z = -Z_{\mathrm{SC}} \int \frac{1}{n} \frac{\partial^2 n}{\partial y^2} \mathrm{d}z = -Z_{\mathrm{SC}} \int \frac{\partial^2 n}{\partial y^2} \mathrm{d}z \tag{4.166}$$

通过以上分析可知,阴影仪测量的是阴影图像上的对比度。通过照片上的对比度就可以确定测试段中 y 方向上折射率的二阶导数分布。不过精密测量照片上的对比度是一件十分困难的事。即使得到对比度,还需要将方程两次积分才得到测试段的密度或温度分布。即使在传热研究中感兴趣的温度梯度也要求对方程进行一次积分才能得到。本质上排除了用阴影仪来直接测量温度场。所以阴影仪做定量研究的场合比纹影仪还少。然而,在有非常大的密度梯度或温度梯度存在的场合下,如在激波或火焰测量中,阴影仪跟纹影仪一样就非常有用。通常情况下常常用阴影仪指示边界层的移动。

c. 阴影图像分析

在实际使用中,阴影仪和纹影仪一样是把测试段的变化用照相机拍摄记录下来,作为定性分析用。因此了解阴影图像的特点、会读阴影图图像是十分必要的。

ⓐ阴影图像的特点

由阴影仪的测量原理可知,阴影图像上的对比度显示的是测试段中 y 方向上折射率二阶导数的不均匀性。换句话说,只有在测试段 y 方向上折射率的二阶导数 $\partial^2 n/\partial y^2$ 不是常数才能用阴影仪进行测量。

第一种状况:试验段 y 方向上折射率的二阶导数 $\partial^2 n/\partial y^2$ 是常数。此时光线在通过测试段时,虽然发生偏折并偏离原来的光路,但所有光线的偏折角 α 都相同。如图 4.83 所示。此时屏幕上被均匀照亮,光强分布向上(或向下)移动了一个距离。相当于一个光学元件线性光楔的作用。

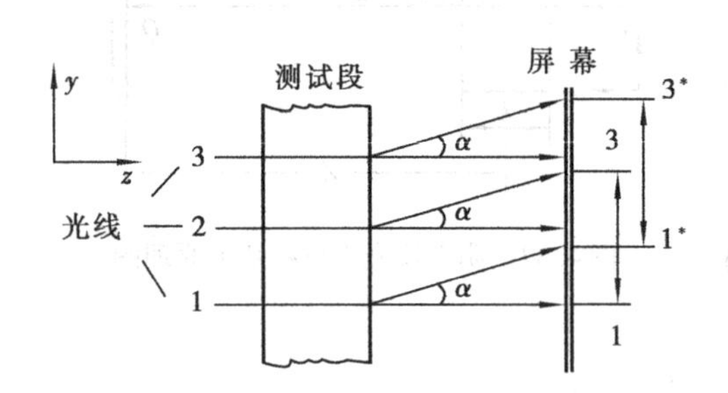

图 4.83 测试段折射率的二阶导数为常数光线图

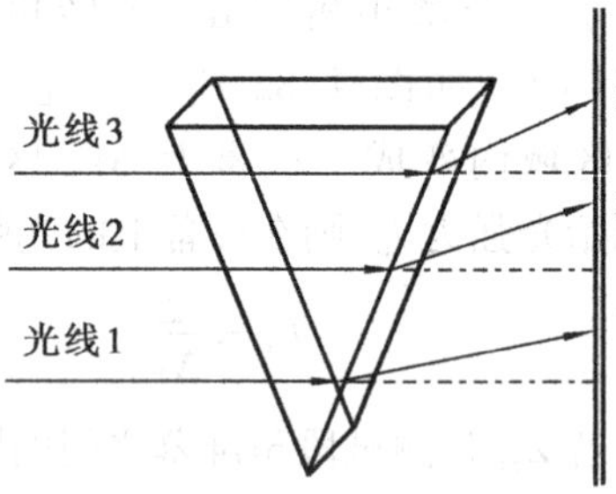

图 4.84 光线经过线性光楔示意图

第二种状况:试验段 y 方向上折射率的二阶导数 $\partial^2 n/\partial y^2$ 是常数。此时光线在通过测试段时,虽然发生偏折并偏离原来的光路,但各光线的偏折角 α 按一定规律线性增加或减小。如图 4.85 所示。光线 1、光线 2 和光线 3 偏转的角度不一样,其数值均匀增加。$\partial^2 n/\partial y^2$ 为常数,等曲率。此时屏幕上被均匀照亮。仍得不到阴影图像。该状况相当于一个圆形光楔的作用。

只有试验段为不均匀的折射率场,如图 4.87,在 y 方向上折射率的二阶导数 $\partial^2 n/\partial y^2$ 处于不均匀状态。如热气流、激波、火焰燃烧等温度梯度非常大的场合下,用阴影仪才是合适的。

如图 4.87 所示。试验段为不均匀的折射率场。光线 2 通过的地方比光线 1 和光线 3 有更大的 $\partial^2 n/\partial y^2$,因此有较大的偏折量。因此照片上的照度 1*—3* 暗区,2*—3* 亮区,由照片负片上的对比度 R_c 就能判断光线被扰动的情况。

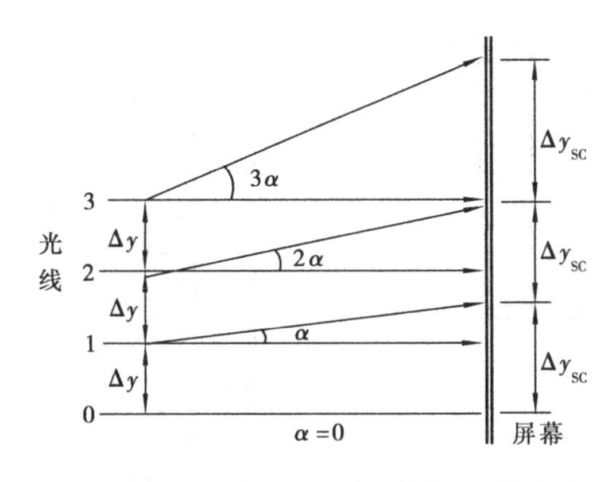

图4.85　测试段折射率的二阶导数线性增加光线图

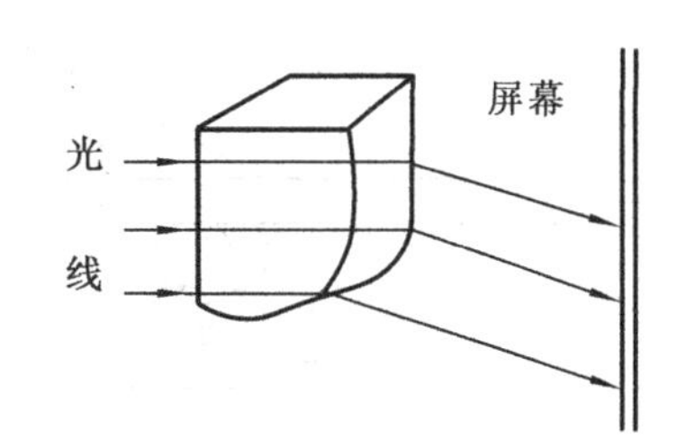

图4.86　光线经过圆形光楔示意图

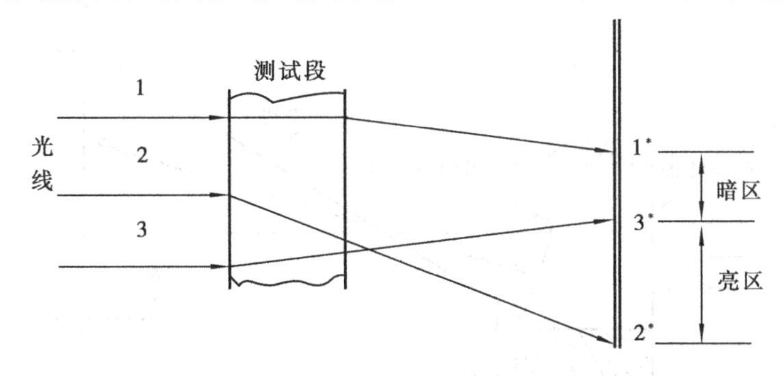

图4.87　测试段不均匀折射率场的二阶导数变化光线图

ⓑ利用阴影图片估算热边界层厚度及表面状况

在传热研究中，常采用一种特殊改进了的阴影仪以获得表面热流的阴影图片，这就是施米特(Schmidt)阴影仪。如图4.88。其使用和计算都比较简单。从阴影图片中可以测量光线在固体—液体界面上的偏转，此偏转正比与折射率梯度。由此偏转还可以获得壁面温度梯度和表面热流。

如图4.88(a)所示，一平板水平放置，内部加热处于自然对流状态。平板上部实验段的温度沿 y 轴方向下降而密度或折射率增加。其边界层温度分布曲线如图4.88(b)所示。

如图4.88(c)所示。此时由阴影仪光源射出的发散光经过透镜被会聚成平行光，光束的波阵面进入平板上部的实验段。由于实验段内受平板加热的影响，气体折射率沿 y 轴方向分布成不均匀的状态。受其影响进入实验段的光线将发生偏转，光束的出射波阵面随之偏转。为分析问题简便起见，从光束中选取三条有代表性的光线进行分析。光线1紧贴平板受热表面，处于温度梯度最大的地方，因而光线偏折最大；光线2次之，光线3未受到扰动，无偏折现象发生。

分析平板水平放置，处于自然对流状态的阴影照片可以发现本应有均匀照度的 δ 区，由于以光线1和光线2为代表的光束偏转，使屏幕上该区的为黑暗区，而也是应该有均匀照度的1′~2′区，由于以光线1和光线2为代表的光束偏转投射到该区域，使其照度比原来明亮，在1′处形成了一条亮线。光线3未受到扰动，平行投射到屏幕上在3′处形成了另一条亮线。由此在该阴影照片上可以定性地看出3′亮线以下的黑暗区为平板的热边界。该亮线到平板表面的距离 δ 为平板在这种换热状况下的热边界层厚度。

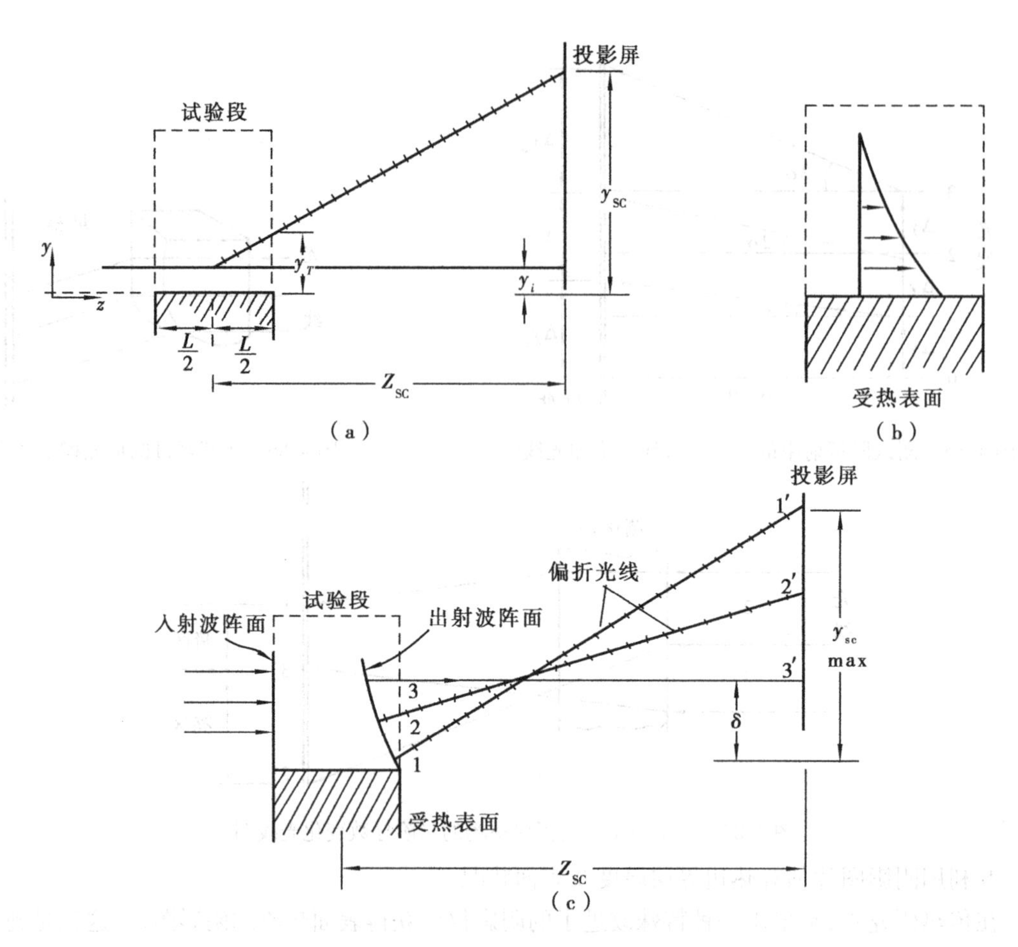

图 4.88　用于测量表面热流的阴影仪

下面进一步分析,估算对处于自然对流状态的平板的表面热流。

首先分析光线在测试段中的轨迹,求得光线方程。

已知光线的斜率也就是偏转角 α 为:$\alpha = \mathrm{d}y/\mathrm{d}z$,式(4.149)也就是光线的曲率:

$$\frac{\mathrm{d}\alpha}{\mathrm{d}z} = \frac{1}{n}\frac{\partial n}{\partial y} \tag{4.167}$$

改写式(4.167)左边:$\frac{\mathrm{d}\alpha}{\mathrm{d}z} = \frac{\mathrm{d}}{\mathrm{d}z}\left(\frac{\mathrm{d}y}{\mathrm{d}z}\right) = \frac{d^2y}{\mathrm{d}z^2}$代入上式,则得到测试段的光线方程

$$\frac{\mathrm{d}^2y}{\mathrm{d}z^2} = \frac{1}{n}\frac{\partial n}{\partial y} \tag{4.168}$$

沿测试段长度 z 方向积分两次解光线方程,得

$$y = \frac{1}{n}\frac{\mathrm{d}n}{\mathrm{d}y}\frac{z^2}{2} + C_1 z + C_2$$

由边界条件确定积分常数,当 $z=0, y=y_i, \frac{\mathrm{d}y}{\mathrm{d}z}=0$,即偏转角 $\alpha=0$。光线无偏转。

求得积分常数　　$C_1=0, C_2=y_i$ 代入上式得

光线方程
$$y = \frac{1}{n}\frac{\mathrm{d}n}{\mathrm{d}y}\frac{Z^2}{2} + y_i \tag{4.169}$$

在光线出口处，将 $z=L, y=y_T$ 代入式(6.46)

光线入口处的光线方程　　$y_T=\frac{1}{n}\frac{\mathrm{d}n}{\mathrm{d}y}\frac{L^2}{2}+y_i$　　(4.170)

如图4.88(a)所示的几何关系求得

$$y_{SC}=y_T+\alpha\left(Z_{SC}-\frac{L}{2}\right)\tag{4.171}$$

将偏转角　$\alpha=\int\frac{1}{n}\frac{\mathrm{d}n}{\mathrm{d}y}\mathrm{d}z=\frac{1}{n}\frac{\mathrm{d}n}{\mathrm{d}y}L$ 与式(4.156)代入式(4.157)，得

$$y_{SC}=\frac{1}{n}\frac{\mathrm{d}n}{\mathrm{d}y}\frac{L^2}{2}+y_i+\frac{1}{n}\frac{\mathrm{d}n}{\mathrm{d}y}L\left(Z_{SC}-\frac{L}{2}\right)=y_i+\frac{1}{n}\frac{\mathrm{d}n}{\mathrm{d}y}LZ_{SC}\quad\text{或写成}$$

$$y_{SC}-y_i=\frac{1}{n}\frac{\mathrm{d}n}{\mathrm{d}y}LZ_{SC}\approx\frac{\mathrm{d}n}{\mathrm{d}y}Z_{SC}L\tag{4.172}$$

方程式(4.172)的测量意义：

对于大多数的热边界层在流体与固体界面处的温度梯度为最大值。也就是折射率梯度的最大值。随着热流从固体到流体，光线通常要向离开固体表面的方向偏折。紧挨固体表面的光线将发生最大的偏折。当屏幕放得离实验段足够远，具有最大偏折的该光线将在屏幕上发生最大的偏移量。在接近固体表面处的$\frac{\partial^2 T}{\partial y^2}$和$\frac{\partial^2 n}{\partial y^2}$值一般很小或甚至为零，所以在接近表面的有效光束将产生同样的最大偏移量。从而在屏幕上产生一个光亮的固体轮廓等值线。这个轮廓图的位置可以十分精确地测量。如图4.88(c)所示。光线1由于紧挨受热表面，它将产生最大的偏转。到达屏幕上的1′处的最大的偏移量为 $y_{SC\max}$。与光线1相同的光束在屏幕上产生一个数值为 $y_{SC\max}$ 光亮的平板轮廓等值线。

由式(4.172)及图4.88(c)可得

$$\left(\frac{\partial n}{\partial y}\right)_w=\frac{y_{s\max}}{Z_{SC}L}\tag{4.173}$$

式中　$\left(\frac{\partial n}{\partial y}\right)_w$——固体壁面处折射率的一阶导数；

$y_{s\max}$——光线在屏幕上的最大的偏移量；

Z_{SC}——平板中心线到屏幕的距离；

L——平板长度。

若流体是气体，则由温度梯度与折射率梯度的关系式(6.14)，得到平板壁面的温度梯度

$$\left(\frac{\partial T}{\partial y}\right)_w=-\frac{T_w}{n_0-1}\frac{\rho_0}{\rho}\frac{y_{s\max}}{Z_{SC}L}\tag{4.174}$$

则平板的表面热流

$$q_w=-\lambda\left(\frac{\partial T}{\partial y}\right)_w=\frac{T}{n_0-1}\frac{\rho_0}{\rho}\frac{y_{s\max}}{Z_{SC}L}\tag{4.175}$$

由此，测量光线在屏幕上的最大的偏移量 $y_{s\max}$；平板中心线到屏幕的距离 Z_{SC}；平板长度 L 三个几何尺寸可定性地估算平板表面热流。

ⓒ圆柱体阴影图像

将置于空气中具有内热源的水平圆柱体，采用与图4.88中相同的光学系统，可得到图

4.89 所示的处于自然对流换热的阴影图片。图中左边一张照片显示出圆柱体及其上部气流的阴影图,而右边一张是圆柱体附近区域的放大照片。环绕圆柱体的心形光环表示圆柱体表面局部换热系数沿圆柱体圆周方向的变化。如果要进行定量测量,首先要定出基准面来测定光线在屏幕上的最大的偏移量 $y_{s\max}$。可先把圆柱体表面本身的位置拍在照片上以该表面作为基准沿径向测定 $y_{s\max}$。由照片可见,在圆柱体的下部,热流密度比较大,因而换热系数也比较大,因为圆柱体的壁温是均匀的。沿圆柱体周边向上,传热系数逐渐减小,在顶点处达最小值。

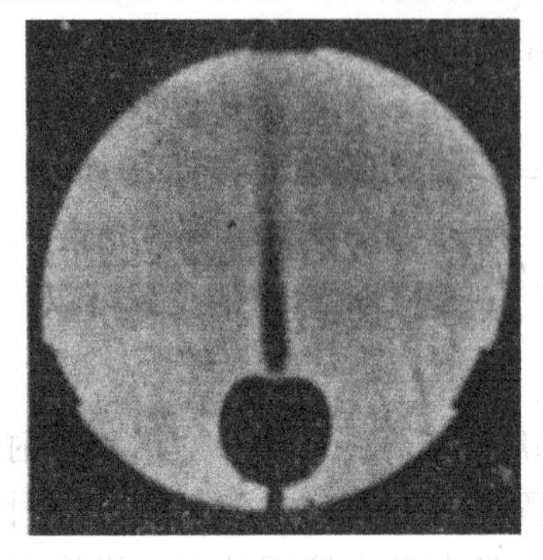
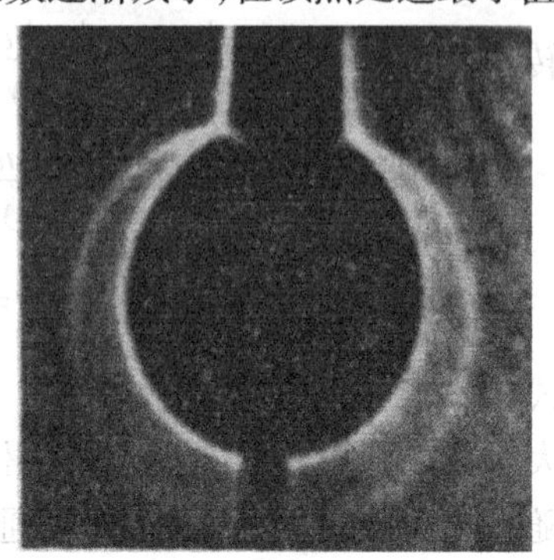

图 4.89　与图 4.71 中相同圆柱体的阴影图

③干涉法—气体折射率场的定量研究

纹影法和阴影法是依靠光线在通过不均匀折射率场发生偏转来确定折射率的分布。前者测量光线的偏转角 $\alpha \sim \alpha^*$ 来确定折射率分布的一阶导数 $\partial n/\partial y$;后者是测量光线由于偏转造成光点在屏幕上的线位移 $\overline{Q \sim Q^*}$ 来确定折射率的二阶导数 $\partial^2 n/\partial y^2$。

由于 $\alpha \sim \alpha^*$,$\overline{Q \sim Q^*}$ 的测量无法实现,而采用相应的光路布置:纹影仪和阴影仪,将 $\alpha \sim \alpha^*$,$\overline{Q \sim Q^*}$ 的测量转换成纹影照片和阴影照片上的对比度 R_c 的测量。

对照片上对比度 R_c 做精密测量,目前还较为困难。从而决定了纹影法和阴影法的测量结果仅作为定性分析,而不能成为定量计算的数据。同时纹影法,阴影法只能测量,如火焰燃烧,激波现象等温度梯度、密度梯度大的地方,从而造成了使用的局限性。

在这种情况下,定量研究气体折射率场的干涉法受到人们的重视。本节以其中一种最基本的、最具代表性的典型仪器 Mach-Zehnder 干涉仪(简称 M-Z 干涉仪)为例进行讲述。通过对 M-Z 干涉仪的测量基本原理、光路基本构成和干涉图形及其有关的量测计算的了解,学习掌握研究气体折射率场的干涉方法。

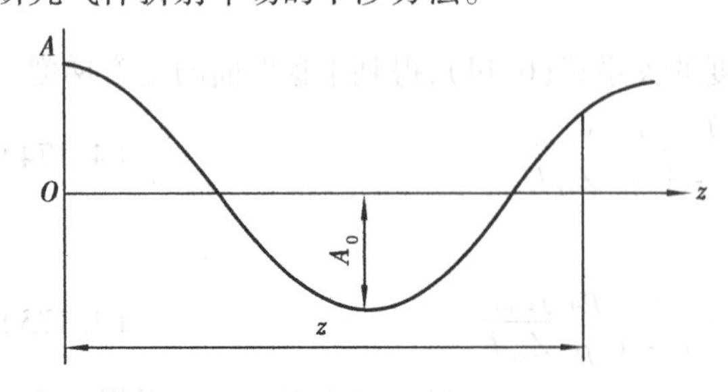

图 4.90　光波沿 Z 轴的传播

利用光线在通过不均匀折射率场产生的相位延迟来测量折射率场的变化,是干涉法测量的基本原理。由前所述,光线在通过不均匀折射率有两个变化。一是光线相对于原光线有偏转;二是光线相对于原光线有相位延迟或者叫相位差。

如图 4.90 所示。若一列光波沿 OZ 轴方向在介质中直线传播。光轴上的某一点 Z 在时间为 t 的时刻的振幅 A 可以用谐振的基本公式表示

$$A = A_0 \sin\left[\omega\left(t - \frac{z}{C}\right) + \delta\right] \tag{4.176}$$

式中　A_0——光波振幅的峰值；

C——光速；

z——距坐标 O 点的距离；

ω——谐振动的圆频率，$\omega = 2\pi f$；

f——振动频率；

δ——坐标原点 O 的初相位，即在 $t=0$ 时坐标原点的初相位。

将光波的振动频率写成光速与光波的比值 $f = C/\lambda$ 代入式(4.176)得

$$A = A_0 \sin\left[\frac{2\pi}{\lambda}(Ct - z) + \delta\right] \tag{4.177}$$

如果时间坐标取得恰当，使 $t=0$ 时，初相位 $\delta = 0$；如坐标原点就取在 z 处，则 $z=0$。式(4.177)平面光波在介质中传播的波动方程取得最简单的形式。

$$A = A_0 \sin\frac{2\pi}{\lambda}Ct \tag{4.178}$$

a. 光波传播中的相位与相位差

如图4.91所示。光线1在测试段无扰动，即测试段内无温度、密度变化的影响。折射率 n_0 为常数时通过。到达屏幕上的1′处。此时其初相位为 φ；然后，测试段内受测试元件的影响，介质的温度、密度变化，折射率 n 发生变化。光线2在同一位置、不同时间通过测试段，受折射率变化的影响；光线发生偏转到达屏幕上的2′处。此时其初相位为 φ^*。扰动光线与未扰动光线的相位将产生相位差 $\varphi^* - \varphi$，用符号 Δ 表示。

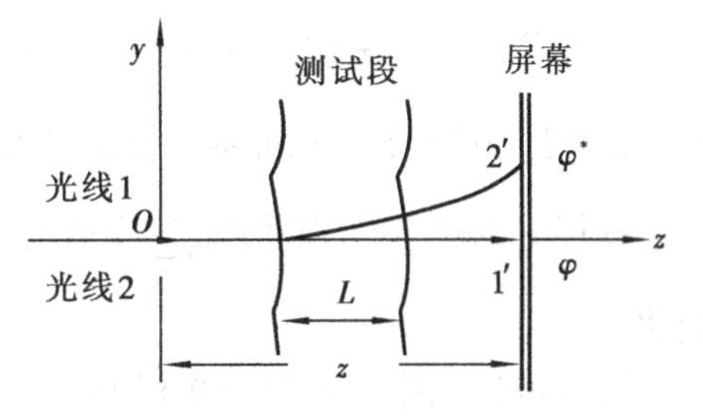

图4.91　扰动光线与未扰动光线的相位

如果未扰动光线1与被扰动光线2是由同一光源分成的两束光，用相应的光学装置将两束光汇聚在同一焦点上，根据菲涅尔原理可知：同一光源发出的两束光波相遇，自动满足相干条件"同频率，同振幅，同振动方向，有固定的位相差"，因此它们必然在焦点处相干，形成明暗相间的干涉条纹。

由式(4.178)表示的固定位置可得未扰动的光束1的振幅：

$$A_1 = A_{01} \sin\frac{2\pi}{\lambda}Ct \tag{4.179}$$

光束2，由于经过的光程与光束1不同，在同一位置上，二者之间会产生相位差。

其振幅：
$$A_2 = A_{02} \sin\left(\frac{2\pi Ct}{\lambda} - \Delta\right) \tag{4.180}$$

将式(4.179)与式(4.180)相加，并假设：$A_{01} = A_{02} = A_0$。叠加后光波的合振幅为

$$A_T = A_0\left[\sin\left(\frac{2\pi Ct}{\lambda} - \Delta\right) + \sin\frac{2\pi Ct}{\lambda}\right] \tag{4.181}$$

利用三角公式　$\sin A + \sin B = 2\sin\frac{A+B}{2}\cos\frac{A-B}{2}$

则式(4.182)写成

$$A_T = 2A_0\cos\left(\frac{\Delta}{2}\right)\sin\left(\frac{2\pi Ct}{\lambda} - \frac{\Delta}{2}\right) \tag{4.182}$$

式(4.182)表示叠加后的新的光波的和是一个频率和波长不变而相位差和波峰值发生变化的新光波。式中$\frac{\Delta}{2}$为新的相位差。

采用光的干涉技术得到的新光波由于满足干涉条件,在视屏上得到一组明暗相间的水平干涉条纹。反映干涉条纹的明暗区别且可以测量和观察的重要量是新光波振幅的平方,即光强量。

$$I \sim \left[2A_0\cos\left(\frac{\Delta}{2}\right)\right]^2 = 4A_0^2\cos\left(\frac{\Delta}{2}\right) \tag{4.183}$$

式中,

当相位差 $\Delta = 2k\pi, k = 0, \pm 1, \pm 2, \cdots$。$\pi$ 的偶数倍时,$\cos^2\left(\frac{\Delta}{2}\right) = 1$,此时光强最大:$I = 4A_0^2$;此时光强的峰值为两光束中每条的四倍。在屏幕上显示的是亮条纹且每相邻的两个亮条纹相位差为 2π。

当相位差 $\Delta = \pm(2k+1)\pi, k = 0,1,2,3,\cdots$。$\pi$ 的奇数倍时,$\cos^2\left(\frac{\Delta}{2}\right) = 0$,此时光强最弱:$I \approx 0$;此时光强为零。在屏幕上显示的是暗条纹且每相邻的两个暗条纹相位差为 2π。

视屏上的组合光强将随$\frac{\Delta}{2\pi}$数值的变化在亮条纹—光强最大和暗条纹—光强最弱之间变化。

b.光波传播中的光程与光程差

什么是光程,由物理学可知,光波在某一介质中行进的几何路程 z 与该介质折射率 n 的乘积称为光程。其表达式为

$$nz = \frac{C_0}{C}z = C_0\frac{z}{C} = C_0 \times t \tag{4.184}$$

为衡量光线的延迟,将光波在介质中的速度折合成真空中的光速,表示为真空中的光速 C_0 与时间 t 的乘积。由此可见,介质折射率 n 的不同,光波在介质中传播用的时间不同。用光程$\overline{PL}$来衡量光线的延迟。

如图4.91所示。光线1在经过测试段时由于折射率 n_0 在 y 方向上均匀分布且等于常数。此时光线1行走的路程,即光程为 n_0z;光线2在经过受扰动的测试段时,段内介质折射率的变化仅在高度方向,即 y 轴方向上变化呈不均匀分布且等于 n。处于一维状态。n 的连续变化使扰动光线在测试段内行进的速度不断变化。此时光线2的光程为 $nL + n_0(z - L)$。扰动光线与未扰动光线的光程将产生光程差 $L(n - n_0)$,用符号 $\Delta\overline{PL}$表示。

由于光束在不均匀介质折射率场中行进时,沿 z 轴方向,即光束前进方向认为没有折射率的变化,所以将对光束沿测试段长度 z 的光程进行积分

$$\Delta\overline{PL} = \int_{L_2} n\mathrm{d}z - \int_{L_1} n_0\mathrm{d}z \tag{4.185}$$

c.光程差 $\Delta\overline{PL}$与相位差 Δ 的关系

如图4.90。将式(4.176)的时间坐标取得恰当。使 $t = 0$ 时,初相位 $\delta = 0$,则可简化为

$$A = A_0 \sin \omega\left(t - \frac{z}{C}\right) \tag{4.186}$$

同时列出在原点 O 的光波振动方程

$$A = A_0 \sin \omega t \tag{4.187}$$

将式(4.186)、式(4.187)相比，两者之间相差 $\omega z/C$。该项表示了由原点 O 和由 z 点开始传播的两列光波由于相隔距离 z 而产生的相位差 Δ

$$\Delta = \frac{\omega z}{C} = \frac{\omega n z}{C_0} \tag{4.188}$$

用图4.91来分析式(4.185)可见，由于两列光波都是从同一光源发出，因此它们具有相同的圆频率 ω，也就是说具有相同的振动频率 f 且统一为在真空中的光速 C_0 和都是从原点 O 出发，具有相同的初相位和离原点 O 的距离同为 z，那么不同的是行进介质的折射率 n。也就是说，虽然光束行进的几何路程相同，但由于所经过的介质折射率不同，在行进的过程中也会产生相位差。

光线1在经过折射率 n_0 在 y 方向上均匀分布且等于常数的未受扰动的测试段时，其相位差为 $\Delta_1 = \frac{\omega n_0 z}{C_0}$；光线2在经过折射率 n 在 y 轴方向上变化呈不均匀分布的扰动的测试段时，其相位差为 $\Delta_2 = \frac{\omega n z}{C_0}$。那么光线1和光线2之间的相位差应该等于

$$\begin{aligned}\Delta &= \Delta_2 - \Delta_1 = \frac{\omega}{C_0}z(n - n_0) = \frac{2\pi}{\lambda_0}\left(\int_{L_2} n\mathrm{d}z - \int_{L_1} n_0\mathrm{d}z\right) \\ &= \frac{2\pi}{\lambda_0}\left(\overline{PL_2} - \overline{PL_1}\right) = \frac{2\pi}{\lambda_0}\Delta\overline{PL}\end{aligned} \tag{4.189}$$

由此将相位差 Δ 与光程差 $\Delta\overline{PL}$ 的关系建立起来了。

当光束1与光束2会聚时，由于光程差 $\Delta\overline{PL} \neq 0$，则按不同的光程组合内而呈现一组干涉条纹。

当光程差 $\Delta\overline{PL} = \pm k\lambda_0, k = 0,1,2,3,\cdots$。波长 λ_0 的整数倍时，相位差 $\Delta = 2k\pi$。此时 $\cos^2\left(\frac{\Delta}{2}\right) = 1, I = 4A_0^2$，光强最大。在屏幕上显示的是亮条纹且每相邻的两个亮条纹光程差为一个真空中的波长 λ_0。

当光程差 $\Delta\overline{PL} = \pm(2k+1)\frac{\lambda_0}{2}, k = 0,1,2,3,\cdots$。波长 λ_0 的奇数倍加 $\frac{1}{2}$ 时，此时相位差 $\Delta = \pm(2k+1)\pi, \cos^2\left(\frac{\Delta}{2}\right) = 0, I \approx 0$，光强为零。在屏幕上显示的是暗条纹且每相邻的两个暗条纹相位差为 λ_0。

视屏上的组合光强将随光程差 $\Delta\overline{PL}$ 数值的变化在亮条纹—光强最大和暗条纹—光强最弱之间变化。

d. 相位差 Δ、光程差 $\Delta\overline{PL}$ 与条纹位移数的关系

将式(4.189)改写成

$$\frac{\Delta}{2\pi} = \frac{\Delta\overline{PL}}{\lambda_0} = \varepsilon \tag{4.190}$$

式(4.190)确定了相位差 Δ 与光程差 $\Delta\overline{PL}$之间的关系。式中 ε 称为条纹位移数。

表 4.15　相位差 Δ、光程差 $\Delta\overline{PL}$与条纹位移数和光强的关系

名称	相位差 Δ	光程差 $\Delta\overline{PL}$	光强 I
亮条纹	$\Delta=\pm 2k\pi$(π 的偶数倍)	$\Delta\overline{PL}=\pm k\lambda_0$($\lambda_0$ 的整数倍)	$4A_0^2$
暗条纹	$\Delta\pm(2k+1)\pi$(π 的奇数倍)	$\Delta\overline{PL}=\pm(2k+1)\dfrac{\lambda_0}{2}$ (波长 λ_0 的奇数倍加$\dfrac{1}{2}$)	0
条纹位移	$\varepsilon=\dfrac{\Delta}{2\pi}$	$\varepsilon=\dfrac{\Delta\overline{PL}}{\lambda_0}$	

e. M-Z 干涉仪的光路图

使用通过扰动光线与未受扰动光线的相互干涉而比较它们的位相来测量可压缩流场的仪器称为干涉仪。常见的干涉仪是将同一光源出来的光,经过合理的光路布置,用光学元件将其分为两束光。起基准作用的一束光称为参考光;另一束称为测试光或者物光。两束光在分开后又会聚干涉,在光路实现上一般有两种情况。一种是参考光与测试光在同一时间通过不同空间再会聚发生干涉;一种是参考光与测试光在不同时间通过同一空间产生干涉。M-Z 干涉法采用的是前一种光路布置。将参考光与测试光在同一时间通过固定的空间路程而空间位置不同。参考光通过的空间其折射率 n_0 均匀分布且为常数;测试光通过的空间,一般称为测试段。段内折射率 n 随空间位置变化而变化。通过测试参考光与测试光相干后的干涉条纹得到测试内容。

全息干涉法采用后一种光路布置。参考光与测试光(物光)在不同的时间通过同一空间。首先参考光通过时,该的空间其折射率 n_0 均匀分布且为常数。然后测试光通过时,该空间折射率 n 随空间位置变化而变化。通过的同一空间的参考光与测试光由全息干板记录且在干板上会发生干涉。通过测试相干后的干涉条纹得到测试内容。

如图 4.92 为 M-Z 干涉仪的光路布置简图。该干涉仪采用高亮度、高方向性、高单色性、

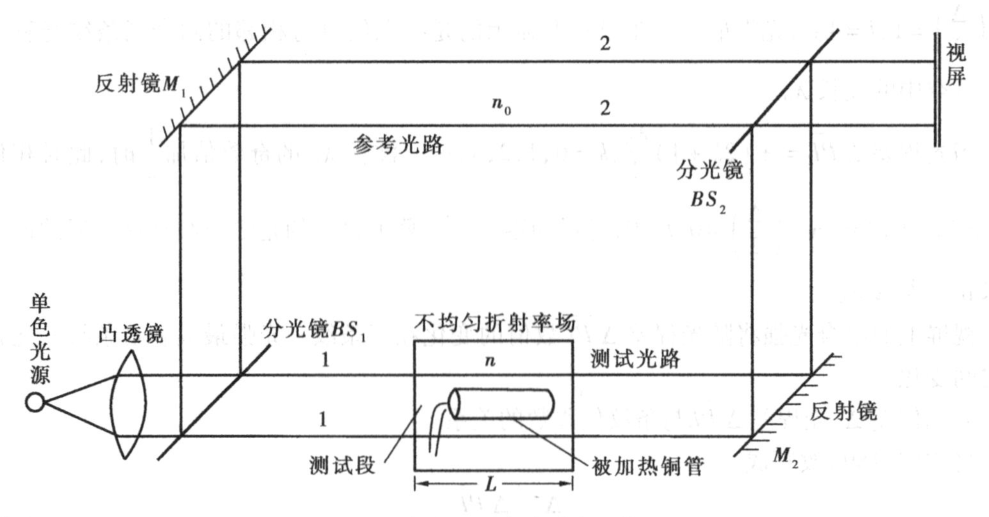

图 4.92　M-Z 干涉仪光路布置简图

高相干性的激光作为光源,光源的相干性能及光强得到了极大地改善。

M-Z 干涉仪的基本元件是两块平面全反射镜 M_1 和 M_2,两块平面半透半反的分光镜 BS_1 和 BS_2。这四块镜子构成矩形光路布局。测试段置于分光镜 BS_1 和反射镜 M_2 之间。经扩束准直的平行光入射到分光镜 BS_1 上。由于 BS_1 是部分镀银的镜子,当入射光投射到镜子上时,允许约一半的入射光直接透过,另一半反射。于是入射的平行光被分成两束相互垂直的光束,图中以 1,2 代表。1 光束先经 BS_1 反射到反射镜 M_1 上,再经反射镜 M_1 反射并到达分光镜 BS_2 上。与分光镜 BS_1 一样,约一半的入射光直接透过 BS_2 而投射到屏幕上,1 光束不穿越测试段,故称为参考光。经分光镜 BS_1 透射的 2 光束,过测试段后再由反射镜 M_2 反射到分光镜 BS_2 上,BS_2 将约一半的 2 光束反射并投射到屏幕上。由于 2 光束穿越测试段,将该光束称之为测试光或物光。参考光与测试光在同一接受屏幕上会聚而产生干涉现象。

由光路图可见 M-Z 干涉仪光路要求参考光与测试光(物光)二者间有较大的距离。因此,参考光能不受干扰的经过均匀的折射率场,起到基准作用;二是两块反射镜与两块分光镜位于光路系统长方形的四个顶点。四面镜子要求光学性质好且相互平行并和由透镜来的平行光成 45°角度。由此保证了干涉图像清晰和光程容易确定。

f. M-Z 的干涉图形及有关的量测计算

通过以上分析可知,M-Z 干涉仪是通过测量屏幕上参考光与测试光各点的组合光线所形成的黑白相间的干涉条纹来测量光程差后计算出条纹位移数 ε。然后根据 ε 得到测试段的温度场或密度场分布状况。

ⓐ无限宽条纹干涉图

如图 4.93 所示,光束 1 和 2 通过均匀介质。已将光路调整为最佳状态,使到达屏幕上的光束 1 和 2 的波面严格平行和正确组合,由于测试段没有受到扰动,此时屏幕上将呈现一个非常明亮且亮度处处均匀的光场,似乎看不到干涉条纹。实际上该光场上干涉条纹的宽度为无限,将该条纹称为无限宽干涉条纹。如果 1 光和 2 光两光束的光程差 $\Delta\overline{PL}=0$,此时屏幕上得到的是光强最大的零级无限宽干涉条纹;如果 1 光和 2 光两光束的光程差 $\Delta\overline{PL}$不等于零而为波长的整数倍时,屏幕上得到的是光强较弱的移相无限宽干涉条纹。受肉眼观察和 M-Z 干涉仪调整等限制,要使 1 光和 2 光两光束的光程差调整为零或波长的整数倍较为困难,实际上只是在比较接近的范围内。

如果测试段受到扰动,产生密度场或温度场的变化。虽然光束 1 和光束 2 行进的几何路程完全相等,但测试光 1 光束经过了受扰动的测试段,导致两光束各点的光程差 $\Delta\overline{PL}$不再等于零。在屏幕上最初均匀光亮的光场上出现了一系列按光程差为波长 λ_0 的整数倍或波长 λ_0 的奇数倍加 1/2 数值,所呈现的明暗相间的干涉条纹。每一条黑或白的条纹代表了一条等光程(差)曲线。在合成光束断中的任何位置(忽略折射),可以写出以真空波长为单位的光程差

$$\varepsilon=\frac{\Delta\overline{PL}}{\lambda_0}=\frac{1}{\lambda_0}\int(n-n_0)\,\mathrm{d}z \tag{4.191}$$

式中 n_0 为折射率的参考值,即参考光束 2 所行进的介质中的折射率。由于该介质未受扰动,介质中各点的折射率值相等且为常数。最常见的情况是参考光经过的介质场是空气,折射率 $n_0\approx1$。式中条纹位移数 ε 表示的是相邻的两条相同条纹的光程差为一个真空中的波长 λ_0。在无限宽干涉场中得到的干涉条纹图中,两条条纹的差值是正值还是负值无法区分,不过在各种热物理场的测量中,折射率梯度与温度梯度的方向判断是比较容易的。用经验可以确

定 ε 的正负值。

如图4.93,测试段内的折射率在 x,y 方向处于变化状态。为二维折射率场。而在光束前进的 z 方向上,沿测试段长度 L 折射率是相同的,仅在进、出测试段时有突变产生。根据式(4.191)可得条纹位移

$$\varepsilon = \frac{\Delta \overline{PL}}{\lambda_0} = \frac{(n - n_0)}{\lambda_0} L \tag{4.192}$$

对于气体,代入格拉德斯通—戴尔经验公式

$$\varepsilon = \frac{k}{\lambda_0}(\rho - \rho_0) L \tag{4.193}$$

移项整理得气体密度

$$\rho = \frac{\lambda_0 \varepsilon}{kL} + \rho_0 \tag{4.194}$$

式中若 $\rho < \rho_0$,则 ε 取负值。反之取正值。

如果压力为常数,$p = p_0$ 时,应用理想气体定律

$\rho = \frac{p}{RT}$代入上式化简得

$$\frac{p}{RT} = \frac{\lambda_0 \varepsilon}{kL} + \frac{p}{RT_0};$$

$$T = \frac{pkLT_0}{pkL + \lambda_0 \varepsilon RT_0} \tag{4.195}$$

如果计算温差式(4.195)改写成

$$T - T_0 = \left(\frac{-\varepsilon}{pkL/\lambda_0 RT_0 + \varepsilon}\right) T_0 \tag{4.196}$$

对于液体中的二维场,若温差很小可将式(4.190)改写成

$$\varepsilon = \frac{L}{\lambda_0}(n - n_0)\frac{\Delta T}{\Delta T} = \frac{L}{\lambda_0}\frac{\mathrm{d}n}{\mathrm{d}T}(T - T_0) \tag{4.197}$$

式中液体的折射率 n 和参考折射率 n_0 与温度必须有确定的函数关系。或写成温差的形式

$$T - T_0 = \frac{\varepsilon \lambda_0}{L}\left(\frac{\mathrm{d}n}{\mathrm{d}T}\right)^{-1} \tag{4.198}$$

如果M-Z干涉仪用汞光作为光源,其真空中的波长546.1 μm。已知温度 $T = 20$ ℃和压力 $P = 0.1$ MPa,条纹数 $\varepsilon = 1$。分别用上述计算空气与水的温差公式得到:介质为空气,每一条纹将代表温差大约为2 ℃;介质为水,每一条纹将代表温差大约为0.02 ℃。

ⓑ无限宽条纹的特点

如图4.93、图4.94、图4.95所示的无限宽条纹干涉图。可以非常直观地看出每一条条纹都是二维场中折射率和密度及温度为常数的光束各点的轨迹。因而每一条干涉条纹既是等光程线和等光程差线又是等密度线和等温线(在 $p = p_0$)。在传热过程研究中,表示等温线的条纹可定性描绘温度场中热附面层内的温度分布的轮廓线,使温度场定性研究可视化及定量研究都很有用。

图中的每一条纹干涉条纹具有如下特点。

等光程线：1 光束的 N 条光程相等的光线和 2 光束 M 条光程相等的光线在同一条干涉条纹上。

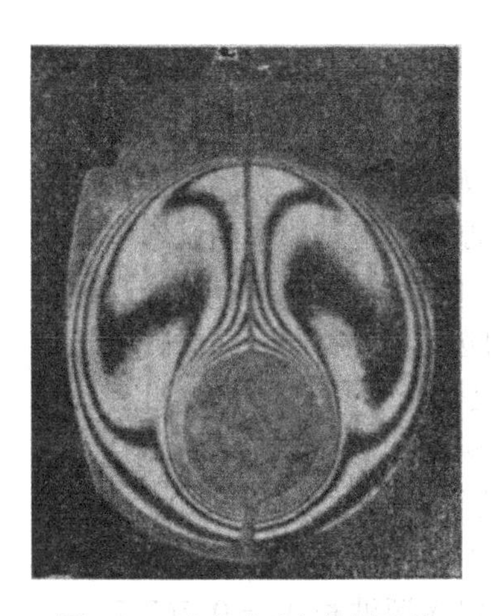

图 4.93　空气在内加热圆柱体和外冷却圆筒之间的环形间隙内

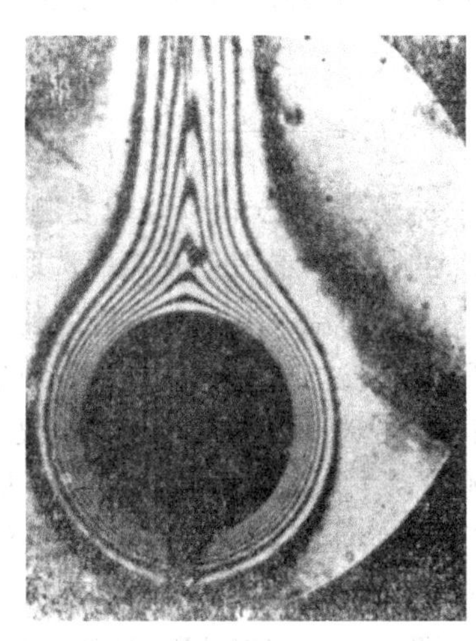

图 4.94　空气绕流加热的水平圆柱体自然对流时的等温线

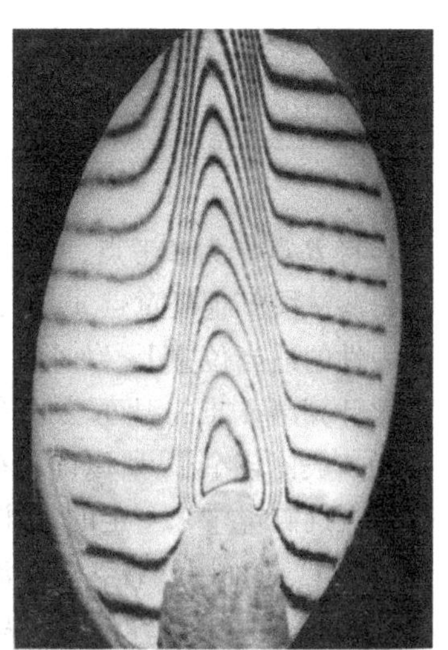

图 4.95　燃烧火焰的干涉图自然对流时的等温线

即 1 光束 N 条测试光光程　$\int_1 n\mathrm{d}z = \int_2 n\mathrm{d}z = \int_3 n\mathrm{d}z \cdots = \int_N n\mathrm{d}z$,

2 光束 M 条参考光光程　$\int_1 n_0\mathrm{d}z = \int_2 n_0\mathrm{d}z = \int_3 n_0\mathrm{d}z \cdots = \int_M n_0\mathrm{d}z$

等光程差线：1 光束的 N 条光线和 2 光束的 M 条光线光程差相等的在同一条干涉条纹上。

$$\left(\int_1 n\mathrm{d}z - \int_1 n_0\mathrm{d}z\right) = \left(\int_2 n\mathrm{d}z - \int_2 n_0\mathrm{d}z\right) = \cdots = \left(\int_N n\mathrm{d}z - \int_M n_0\mathrm{d}z\right) = (\Delta\overline{PL})_{N-M}$$

等密度线：每条条纹是二维场密度为常数的各点轨迹。

由式(4.194)
$$\rho = \frac{\lambda_0\varepsilon}{kL} + \rho_0$$

式中当条纹位移数 ε 测定后，λ_0, ρ_0, k, L 均为定值，由此确定的测试段中的密度 ρ 值均相等在同一条干涉条纹上。

等温线：当 $p = p_0$ 时，每条条纹是二维场温度为常数的各点轨迹。

由式(4.195)
$$T = \frac{pkLT_0}{p_0kL + \lambda_0\varepsilon RT_0} \tag{4.199}$$

式中当条纹位移数 ε 测定后，$\lambda_0, p_0, T_0, k, L$ 均为定值，由此确定的测试段中的温度 T 值均相等并在同一条干涉条纹上。

无限宽条纹的参考点选取一般取在参考光束中，在实际测量时也可在测试段的适当位置上选取。现设在测试段中有 A，B 两点，采用式(4.194)可得

$$\rho_A = \frac{\lambda_0\varepsilon_A}{kL} + \rho_0$$

$$\rho_B = \frac{\lambda_0\varepsilon_B}{kL} + \rho_0 \tag{4.200}$$

上两式相减得

$$\rho_A = \frac{\lambda_0(\varepsilon_A - \varepsilon_B)}{kL} + \rho_B = \frac{\lambda_0 \varepsilon_{AB}}{kL} + \rho_B \tag{4.201}$$

式中令 $\varepsilon_{AB} = \varepsilon_A - \varepsilon_B$ 表示由 A 点到 B 点之间相隔的条纹位移数。同样与式(4.193)相当，也可写出

$$T_A = \frac{pkLT_B}{p_0 kL + \lambda_0 \varepsilon_{AB} RT_B} \tag{4.202}$$

将 B 点作为参考点，由于 λ_0, p_0, k, L 为已知，所以只要测量 B 点的参数：n_B, ρ_B, T_B 就可以求得测试段其他任意点 n_A, ρ_A, T_A 的数值。参考点 B 点的选取，原则上应选取在测试段中具有代表性的适当位置上。如将一只微型测温探头取在黑或白的干涉条纹上，测出 B 点的温度，由此计算出 A 点的温度，如此等等。不过实际测量时参考点的选取较为困难，这是由于光学视场一般比较窄小，所以确定在测试段末受干扰时的干涉亮度是否处于最大值往往难以判断，这给正确测量带来一定的不准确度。下面以一具体测量实例来说明问题。

例1 如图4.94空气绕流加热的水平圆柱的无限宽条纹干涉图照片。已知圆管长度 $L = 300$ mm，附面层外的空气温度，即参考点温度 T_0 为 20 ℃；水平圆柱处于空气自然对流换热状态，即测试段内外压力相等，即 $p = p_0 = 101$ kPa；M-Z 干涉仪光源波长 $\lambda_0 = 0.5677$ μm。现求离圆管最近的一条暗条纹上的空气温度。

解 现忽略圆管两个端面处的非二维性影响。将其作为二维场看待，因此可用式(4.199)求解

$$T = \frac{pkLT_0}{pkL + \lambda_0 \varepsilon RT_0}$$

由已知条件代入：$p = p_0 = 101$ kPa；查表4-13得 $k = 0.2264$ cm^3/g；

$L = 30.00 = 273 + 20 = 293$ K，$\lambda_0 = 0.5677$ μm $= 0.5677 \times 10^{-4}$ cm；气体常数 $R = \frac{R_m}{M}$；式中，通用气体常数 $R_m = 8047$ cm^3 · kPa/(mol · K)，空气相对分子质量 $M = 28.6$。由图可知条纹位移数 $\varepsilon = -8.5$。ε 为负值是因为测试点的温度 T 大于参考点 T_0。最后代入式(4.202)计算，结果 $T = 311$ K。

实际在使用 M-Z 干涉仪时往往受仪器精密调整的限制，分光镜使 BS_2 与入射光并非精确地倾斜45°角度，而是差一个微小角度 θ。换句话说，参考光束与测试光束并不是以完全平行的两束光束再次组合而使用。此时尽管测试段未受到扰动，即经过测试段的光束未受到扰动。测试光与参考光之间的光程差 $\Delta \overline{PL}$ 不再等于零而呈现一个固定的光程差。下面对来自测试光路1的光束与来自参考光束2的光束的传播过程进行研究。

如图4.96所示，光束1与光束2在其传播方向的法线方向都是均匀的。也就是说光波在垂直于光前进方向的断面上都是同相位的。不过相互间有一个微小角度 θ。两束光以各自的波列按图中画出的实线前进。图中画出通过每个波线各峰值点的垂直于光线传播方向的垂线。图中的虚线表示两束光束在最大波幅相同的位置发生相长相干。如果将屏幕放在近似垂直于两束光束的位置上，那么屏幕上相干光束的照度分布将遵循光强分布的余弦平方规律。当密度场或温度场都没有扰动时，在屏幕上将出现平行的、等间距的交替暗和亮的一组干涉条纹，称之为楔形条纹。

设图中光线 AB 和 CD 的光程变化以其夹角的平分角线为对称轴而处处对称相等，这样在

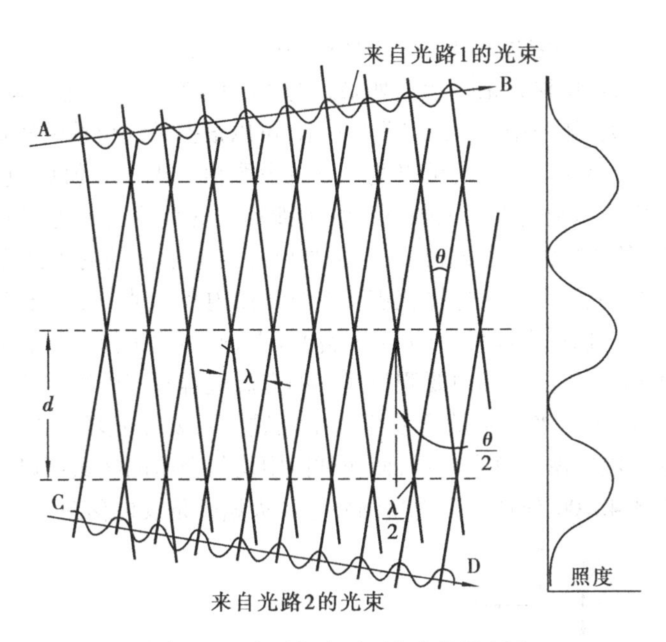

图4.96　由两相交平面光束的照度图

场中只有一个条纹代表着二束光组合时的光程长度绝对相等，即此两倾斜光线夹角的平分角线所对应的那一条干涉条纹。此干涉条纹称为“零级条纹”。随着远离零级条纹，其条纹位移数将逐条增加为 +1 或 -1。如 AB 和 CD 线的位置对换（即两束光相交的方向改变），此时 ε 值的正负号也对换（原来正的变负，负的变正）。这里相邻条纹间的光程差有正负之分，这样在用于测量计算时，由于 ε 值有正负的差别，就能分清折射率和温度梯度的方向，就克服了上面说过的在用无限宽条纹场测量时不能分辨折射率和温度梯度方向的缺点。

由图可得条纹之间的间隔为

$$d=\frac{\frac{\lambda}{2}}{\tan\frac{\theta}{2}}=\frac{\lambda}{\theta} \tag{4.203}$$

要观察到条纹，θ 角必须非常小，例如，设 d 大约为 5 mm，如用绿色汞光（$\lambda=546.1\ \mu m$），则 θ 角大约是 10.4 弧度。随着 θ 角减小到 0°，条纹相距越来越远，接近于在二光束平行时所发现的“无限宽条纹”图形。对于已调好在无限宽条纹的 M-Z，只要将二块反射镜中的任意一块沿通过其镜面中心的垂直于图纸面的轴（下文中简称为水平轴）或平行于图纸面的轴（下文中简称为垂直轴），就可以分别改变二平行光束在图纸平面内或垂直于图纸平面内的夹角，从而可分别获得水平或垂直方向的楔条纹干涉图。所以根据二光束交角方向的不同还可以得到其他不同方向的棒条纹。现将楔条纹图形示出于图 4.97 中。

图4.97　垂直楔条纹图

当测试段内有干扰时，则光程在光束 2 中就不再是均匀的。条纹不再是直的而是弯曲的，如图 4.98 所示。图中未被干扰的条纹的原来位置用虚线表示。一般在测试中未干扰的诸条纹应该对准(即平行于)所予期的温度梯度最大的那个方向。在有干扰和无干扰时光程长度差值之变化在图形上可以条纹位移 ε 来表示。如果总的条纹位移是大的,通常就测量 ε 的整数值,否则,如条纹位移值不大,如图中"A"和"B"点所示,可以根据条纹位移的距离近内插法求得 ε 的分数值。楔条纹的主要优点之一是可以测量 ε 的分数值。求得 ε 值后,它同样代表着测试段内折射率的变化,仍可以利用上述无限宽条纹干涉场时的计算公式进行有关的计算。对于无限宽条纹干涉场下的测量图形来说,其缺点是难以肯定未干扰场的干涉亮度是否处于最大值。因而参考点的位置就不肯定。这样就需要在测试段内找到某一个具有代表性的特定点作为参考点,例如把参考点选在干涉条纹的某一等温线上,而不能选择在具有大片均匀亮度的范围内。这样在变化的不均匀温度场内要测量局部的点温就容易产生误差而影响测量参数的正确性。对于楔条纹干涉图形来说不就会发生这个问题。只要在光场中有已知均匀性质的区域,等光程长度线就可以用楔条纹来表示,而测试段中均匀介质的区域可以平行的楔条纹区域来表示。图 4.99 和图 4.100 分别示出受热圆柱体和火焰的条纹位移图。

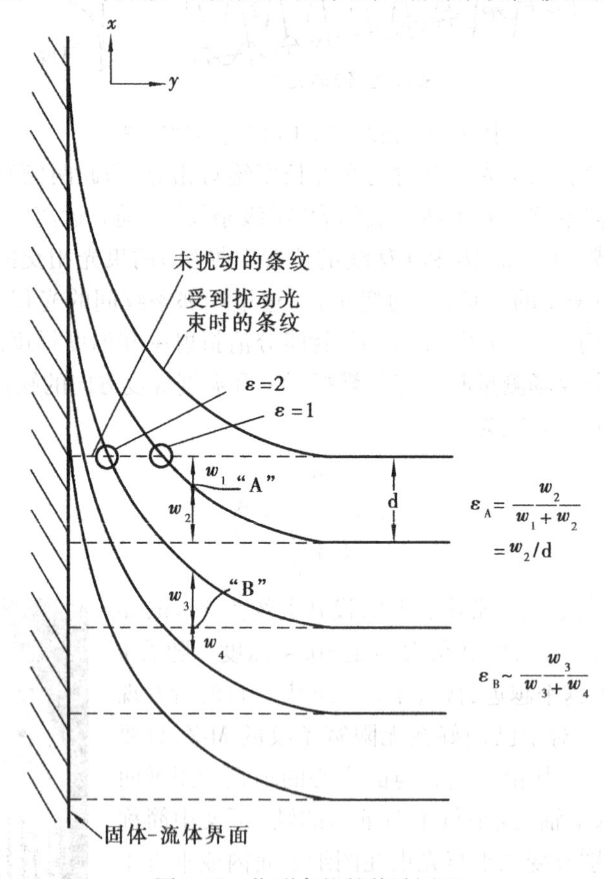

图 4.98 楔形条纹的偏移图型

在图 4.98 中示出了 $\varepsilon=1$ 和 $\varepsilon=2$ 的两个圆点,分别表示条纹位移数为 1 和 2 的点,此系无干扰时的楔条纹线和有干扰时偏移条纹线的交点。现设有二张底片,一张拍的是未干扰前的楔条纹图,另一张是有干扰时的楔条纹偏移图。当二张底片叠加在一起时,就相当于图4.98 所示的情况,设图中的黑线系代表底片上透明度较大的线,则在交点处的透明度要比附近不是交点处的地方要明亮,这样所有 $\varepsilon=1$(或 2,3,…)的亮点就会形成一条名为莫尔(Moire)条纹

图4.99　受热圆柱体的楔条纹位移图

图4.100　火焰的楔条纹位移图

的灰白色线，通常代表二维测试段中的等温线。图4.98示出了受热垂直薄板两侧的莫尔条纹图。这是由双底片的叠加后而取得的。它示出了在水中受热垂直薄板两侧自然对流温度场的分布情况。如果由于光学部件的缺陷而存在有未干扰的图像的不规则性，那么，这种叠加方法仍可用来得到定量的结果。

由上述分析可知，用光干涉仪实际上是测定视场中介质的折射率。由于折射率是介质密度的函数，利用适用于任何物态的洛伦斯—洛伦兹方程式(4.121)，或适用于流体的格拉德斯通—戴尔经验公式(4.122)，就可以由折射率换算成密度值，即可求得介质的密度场。对于气体可再应用气体状态方程式，把密度和压力、温度值联系起来。这样就可以分析可压缩气体等熵高速流动的问题，如用其他方法测出压力数值，则可算出高速气流的速度，滞止温度等数值。在对流传热的领域里，如压力变化可予忽略，则由干涉图就可直接测定温度场。气体在燃烧时，除非有冲击或爆炸现象，横过火焰的压力变化是很微小的，因此亦可直接从干涉图得到火焰的温度场。

例2　设M-Z已调好在水平楔条纹干涉场下使用，对垂直受热平板自然对流散热的温度场进行测量，拍得干涉图形如图4.98所示。测得平板长度（沿光线前进方向）为30.00 cm。具有水平平行楔条纹均匀温度场处的温度实测为20.0 ℃，空气压力为101.3 kPa，采用光波波长为$\lambda_0 = 0.5677\ \mu\text{m}$，试求图中$A$点处的温度和密度值。

解　忽略平板端面处的非二维性，就可用二维场的公式进行求解，即仍可采用式(4.195)进行计算温度值。

由图实测求得A点处的w_1和w_2值为

$$w_1 = 0.647\ \text{cm}, w_2 = 0.865\ \text{cm}$$

故
$$\varepsilon = -\frac{w_2}{w_1 + w_2} = -\frac{0.865}{0.647 + 0.865} = \frac{0.865}{1.512}$$

气体常数
$$R = \frac{R_m}{M} = \frac{8\ 047}{28.96}$$

将所有已知值代入式(4.195)得

$$T = 294\ \text{K}$$

查得标准状态下的空气密度：

$$\rho_0 = 1.293\ \text{kg/m}^3\ \text{故}\ \rho = \rho_0 \times \frac{273}{294} = 1.293 \times \frac{273}{294} = 1.2\ \text{kg/m}^3$$

ⓒM-Z 干涉仪的轴对称干涉图分析

M-Z 干涉仪一般仅用于二元场的测量,即在沿光束前进的方向上要求折射率没有变化,呈均匀状态。如果在前进方向上有变化,则只能测得沿该方向长度上的平均值。但对于轴对称场,如圆管内的流动场,圆管喷射流,圆柱形喷射火焰等,均对其长轴来说具有对称性,在这种特殊情况下,M-Z 干涉仪也可用于三维场。通常情况下,将 x 轴视为长轴,也就是对称轴,光束前进的方向仍定为 Z 轴,它垂直于 x 轴。另一个直角坐标轴即为 y 轴。将轴对称场轴直于 x 轴做任意剖面。其中任一个特定的剖面,即 x 为常数的横断面场上,场中各点的折射率仅仅是轴对称场半径 r 的函数,并可能是横断面的位置 x 的函数,这样它把所测量的作为 y 的函数的条纹位移和所要求的作为径向位置 r 的函数的折射率并联起来了。

g. M-Z 干涉仪的误差及其校正

ⓐM-Z 干涉仪可能产生的误差

折射率误差——光线在经过由温度梯度造成的不均匀折射率场进行时,实际上存在着折射现象。由此现象使光线的射出角不再为零,而具有一定数值,导致所得到的干涉图形产生位移误差。折射率误差还反映在光线在进入和离开测试段玻璃窗厚度内产生的折射。折射率误差为干涉图计算中最大的误差,尤其是在热边界较薄,温度梯度较大时,误差可达 25% 左右。

条件误差——在数学物理模型的建立与实际实验装置之间的差异,带来的误差。

景测误差——测量干涉条纹图上的条纹位移 ε 时产生的景测误差 $\Delta\varepsilon$。

分析误差——在具有轴对称的三维场的分析中,采用数值分析法代替积分法带来的分析误差。

系统误差——M-Z 干涉仪的光学部件由于其光学性能和技术指标,不完善而带来的误差。

ⓑM-Z 干涉仪主要误差校正

端部效应校正。端部效应的校正,以最简单的水平效益的加热平板的温度场显示。当光线进入和离开加热平板上部的测试段时,要进行端部效应校正。如果不进行修正得到的壁面温度比实际壁面温度偏高。

干涉图位移误差校正。干涉图位移误差的校正应合理选择成像面,使共轭定焦面落在测试段的中断面上,则位移误差基本上可以清除,并且能获得比较清晰的干涉图形。

h. 其他类型的干涉仪

ⓐ几种其他类型的经典干涉仪

双镜激光干涉仪。与 M-Z 干涉仪一样,双镜激光干涉仪同样广泛地应用于热工测试中。由于探测光两次通过测试段,所以在其他条件相同时,其灵敏度将比 M-Z 干涉仪提高一倍。该干涉仪结构简单,调节方便,很容易调得干涉条纹,但在测量的准确度方面要比 M-Z 干涉仪差一些。

迈克尔逊干涉仪。迈克尔逊干涉仪可以用来精确地测量位移或角度。其精度可达半个波长。

与 M-Z 干涉仪相比,迈克尔逊干涉仪的光通量利用率上只有前者的一半。因为迈克尔逊干涉仪中有一半左右的光通量将返回光源方向。

渥拉斯顿棱镜纹形干涉仪。渥拉斯顿棱镜干涉仪与 M-Z 干涉仪代表了双光束干涉仪的两种基本原理,即未扰动参与光束的干涉仪和错位干涉仪。该干涉仪是在以纹影仪装置的光路基础上,以渥拉斯棱镜作为干涉部件设计的空间错位(差分)干涉仪。它与 M-Z 干涉仪相比最突出的特点是可以直接测量出接近物体表面的温度梯度,从而给出热流密度。该干涉仪的灵敏度正比于错位间距以及试验段物体沿光束方向的长度。其缺点之一是要对条纹位移进行积分才能得到密度分布。在任一时刻所测量的仅仅是沿光束错位方向的密度梯度。可以准确测量密度梯度的表面的最近距度约为错位位移的二分之一数量级。

ⓑ现代全息干涉测量

全息干涉技术是利用全息照相,形成和解释干涉图像的技术。借助于对干涉条纹的判读与计数,可以确定被测流场的温度参数。用激光全息干涉技术测量流体的温度与前述的折射率场显示技术一样,通过确定被测介质的折射率场而决定其密度场,在一定压力下,由密度场又决定了被测介质的温度场。

全息干涉测量技术与传统的干涉测量技术原理和测量精度基本相同,但获得相干光的方法不同。M-Z 干涉仪是将光源中发出的光波采用空间分割干涉成像,而全息干涉技术则是将同一光束在不同的时间记录在同一张全息干版上,然后使这些波前同时再现发生干涉。所以全息干涉的相干光波是采用时间分割法而获得的。时间分割法的特点是相干光束由同一光学系统产生,因而消除了系统误差。跟 M-Z 干涉仪相比,全息干涉测量仪对光学元件精度的要求,仪器使用的调试要求以及被测物的稳定性要求均匀降低。大大提高了测量精度和方便使用仪的可靠程度。全息干涉测量技术测量范围大,它不仅可以测量普通干涉法能够测量的透明物体或反射面,还可以测量普通干涉法不能测量的不透明物体。此外,还可以通过表面的变化来检测物体内部的缺陷。同时在检测固体表面时,无需进行抛光处理。

用全息干涉法测量介质的温度场采用离轴全息两次曝光的方法。所消“离轴”是指测试光与参考光是分开的,最后在全息应片上相交成一定夹角。所谓“两次曝光”是指第一次曝光是在测量对象不被加热的条件下进行的,全息应片上记录无扰动状态下测试光的振幅和相位。第二次曝光是在对原光路系统中被测对象加热条件下进行的,应片上记录有测试对象受扰动的测试光的振幅和相位。显然,第二次曝光时因测试对象被加热而改变了测试段内介质的密度,引起测试光光程和相位的变化,使其和第一次曝光的测试光相交而产生干涉。从而在全息应片上产生测量所需的干涉条纹。两次曝光得到的干涉条纹与 M-Z 干涉仪一样,根据光程差的不同,同样可以得到无限宽条纹和楔形条纹。其分析与计算与前述 M-Z 干涉条纹有相同之处。至于全息干涉法在测量三维变化的热物理测试场的原理与应用,因篇幅有限,不再叙述,有兴趣的读者,可参阅相关书籍及文献。

第 5 章 流体速度及速度测试技术

在热工测试中,常常需要测量工作介质在某些特定区域的流速,以研究其流动状态对工作过程和性能的影响,因此,流体速度是描述热物理过程工质运动状态的重要参数之一。流体速度(流量)是指流体质点(或微团)的速度。它是描绘流场的重要参数。速度是一个矢量,它具有大小和方向,流体速度的测量包括流体质点的平均速度和方向,流体脉动速度的均方根以及脉动速度的相关参数。流体速度测量的方法有多种,为便于理解可将在输入量速度量的作用下输出量为何种量,大致分为速度的力学、电学和光学方法。

随着现代测试技术的发展,用电学和光学方法测量流速和由此研制的相应测量仪器也越来越多,常用的流速力学测量方法有皮托管等测速;电学测量方法有热线热膜风速仪等测速;光学测量方法有激光多普勒流速仪和 PIV 粒子图像测速技术等。

5.1 速度测量的力学方法

速度测量的力学方法实质上是将以较高速度流动的流体所呈现出的压力用测压管感受出来通过微压计上的液柱高低示值测量出来。这种将速度量转换为液柱差的方法称为速度测量的力学方法。用力学方法测量流速,速度的大小(速率)可在被测点上分别测得其总压和静压,经计算求得,也可以将总压管和静压管合在一起,组成所谓的动压管来进行测量。气流的方向可用方向管来测量,根据气流速度的二元性或三元性,可以设计成二元方向管和三元方向管。如果将总压、静压和方向管组成一体,成为组合测针,就可以将气流的总压、静压、速度大小和方向一次测量出来。

5.1.1 皮托管流速计

"皮托管流速计"包括两部分:一部分是皮托管,另一部分是微差压计。使用时,将皮托管插入所要测量的流场,然后将皮托管根部的两个输出接头用橡皮管与微差压计连接,这样就可以从微差压计的指示的流体的差压值来求得流速了,如图 5.1 所示。

皮托管是最典型的和最古老的流速计。以其发明者法国工程师 Henri Pitot 的名字命名的,后经普朗特做重大修改再经后人继续研究而成今日之皮托管。

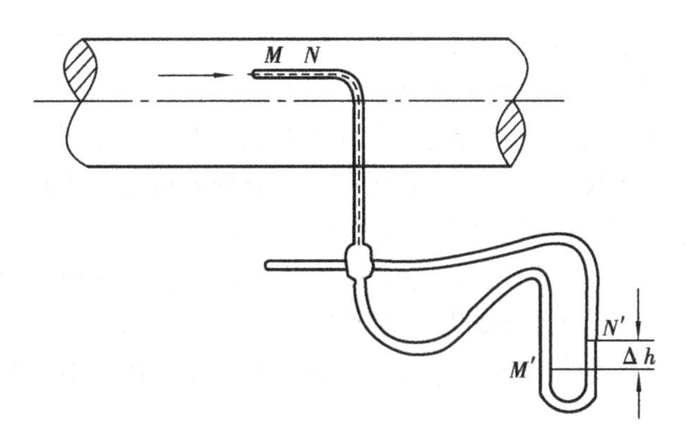

图5.1 皮托—静压管流速计示意图

皮托管是由总压管和静压管同心地套在一起组成。利用流体总压与静压之差,即动压来测量流速,故也称为动压管。皮托管测取的是流场空间某点的平均速度。由于是接触式测量,因而探头的头部尺寸决定了皮托管测速的空间分辨率。受工艺、刚度、强度和仪器惯性等因素的限制,目前最小的皮托管头部直径为0.1~0.2 mm。皮托管的特点是结构简单,制造、使用方便,价格低廉,只要精心制造并经过严格标定和适当修正,即可在一定的速度范围内达到较高的测量精度。所以,虽然皮托管的出现已有两个多世纪,至今仍是热工测试中最常用的流速测量仪表。

1. 皮托管测速原理

要了解皮托管的测速原理,首先需要弄清楚皮托管的构成。皮托管是一根弯成直角形的金属细管,它的内部结构可以简化成如图5.2所示。

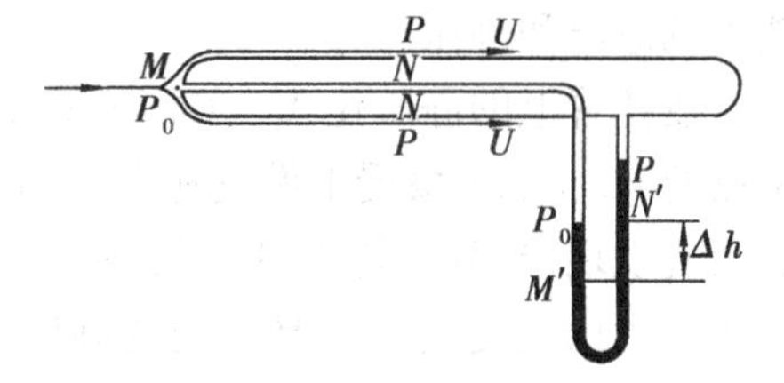

图5.2 皮托管构成原理图

在皮托管头部的顶端,迎着来流开有一个小孔 M,小孔平面与流体流动的方向垂直。在皮托管头部靠下游的地方,环绕管壁的侧面又开了多个小孔 N,这些小孔与顶端的小孔 M 不同,流体流动的方向与这些小孔的孔面相切。需要注意的是,小孔 M 和小孔 N 分别与两条互不相通的管路相连,分别接到微差压计的两端。如果这两条通路之间漏气或堵塞,那么,这根皮托管就不能使用了。在这两条通路中,一条充满从小孔 M 流入的流体,如图5.2中的 MM'。另一条充满从小孔 N 流入的流体,如图5.2中的 NN'。这两部分流体虽然都处于静止状态,但它们传到微差压计两端的压力是不相等的。因为小孔 M 迎着来流的冲击,进入 MM' 内的流体除了它本身原有的压力外,还包含流体被滞止后由动能转变来的那部分压力。小孔 N 并不受流体的冲击,从这里进来的流体压力要小得多。因此,微差压计将出现压差指示,如图5.2中U形管内指示液的液位高差 Δh。

皮托管所测得的流速是皮托管头部顶端所对准的那一点的流速。当皮托管没有插入流场时,设该点的流速为 U,压力为 P。为了测出此点的流速 U,将皮托管顶端的小孔 M 对准此点,并转动皮托管使其头部的轴线与流向平行。这时,由于插入皮托管,M 点的流速被滞止为零,压力由原来的 P 变成 P^*。称此压力为滞止压力或总压。总压 P^* 不仅包含有流体原来就具有的压力 P,更重要的是它还包含有由动能转化为压力的成分。因此,可以说 P^* 中包含有流速 U 的信息。怎样才能将 P^* 中的流速信息提取出来呢?关键是要从中将流体原有的压力 P

去掉。这一任务是由下游的小孔 N 来完成的。流体绕过皮托管的头部流到 N 点，只要经过精心设计，总可以使该点的压力恢复到 P，因而该点的流速为 U。注意，这是未插入皮托管时 M 点的压力和流速值，现在是插入皮托管之后在 N 点出现。如果保证做到这一点，那么，小孔 N 测得的压力便是 P，习惯上称 P 为静压。总压和静压分别通过传压管路 MM' 和 NN' 传递到微差压计上，这样，微差压计的指示就只和流速的大小有关了。

为了从理论上建立总压和静压之差与流速的关系，首先考虑理想情况，即忽略流体的粘性、压缩性，并假设流动是不随时间变化的定常流动。由流体力学可知，皮托管顶端的 M 点和下游的 N 点是同一流线上的两点，因此，根据理想不可压缩流体的伯努利(D. Bernoulli)方程有以下关系式

$$\frac{P^*}{\rho}=\frac{U^2}{2}+\frac{P}{\rho}$$

式中 ρ——是流体的密度。由此得

$$U=\sqrt{\frac{2(P^*-P)}{\rho}} \tag{5.1}$$

式(5.1)是皮托管测速的理论公式。可见，在流体的密度 ρ 已知后，只要测得流体的总压 p^* 和静压 p，或它们之差 p^*-p，即可按上式计算流体的流速，这就是皮托管测速的基本原理。式(5.1)只对皮托管有效，因其总压、静压测点可看作是在同一流线上，且因距离很近，可看作一点。即不可在流场中任意两点分别测取总压和静压，再通过上式计算流速。

2. 皮托管的结构形式

设计皮托管最主要的要求是：尽一切可能保证总压孔和静压孔所接受到的压力真正是被测点的总压和静压。

皮托管上的静压孔 N。怎样才能使它测得的压力是静压呢？从流体绕流皮托管来考虑，N 点的流动状态，既受上游皮托管头部绕流的影响，还受下游皮托管立杆绕流的影响。通过实验研究发现，当静压孔 N 开在某一适当位置，这两种影响有可能互相抵消，使得该处的压力恰好等于未插入皮托管时 M 点处的静压。由于头部绕流而减小的压力恰好等于绕流立杆所增加的压力，当在此位置开静压孔 N，就有可能测得流动流体的静压。

在皮托管设计中，除了要考虑静压孔的位置以外，静压孔的孔数、形状、皮托管的头部形状，总压孔的大小，探头与立杆的联接方式，等等，都会影响皮托管的测量结果。对于这些问题很多人曾进行过仔细的研究，并在此基础上设计和制造了各种形式的皮托管。

5.1.2 探针流速计

探针流速计用于测量气流速度。其中 L 型探针实际上是直角形皮托管。其头部形状对探针的特性影响很大。笛形管探针用于测量较大管道内的平均流速，而吸气式速度探针主要用于含尘量较大的气流速度测量，为防止灰尘堵塞将遮板加在测压孔之间或使两测压孔背靠背。

气流速度的测量与不可压缩流体有所差异，如水、油等流体的密度 ρ 为已知，而气体密度则要根据实测的静压和温度，按气体状态方程求得，即 $\rho=\frac{p}{RT}$。式中，p 是绝对静压，T 是绝对温度，R 是气体常数，对于空气 $R=287.4$ J/kg·K。

如果气体流动的马赫数是 $0.3<Ma<1.0$ 时，应考虑气体的压缩性效应，此时可用下式进

行流速计算

$$U=\sqrt{\frac{2(p^{*}-p)}{p(1+\varepsilon)}} \tag{5.1a}$$

式中　ε 为气体的压缩性修正系数，可查表求取。

式(5.1a)中密度 ρ 需测量，因此除测量压力还要测量温度，即欲测定速度的绝对值只测定总压和静压是不够的，还需测知温度。为了避免测温的麻烦，也可用 Ma 表示气流的速度，即

$$Ma=\sqrt{\frac{2(p^{*}-p)}{kp(1+\varepsilon)}} \tag{5.1b}$$

式中　k 为气体的等熵压缩或膨胀指数，对于空气，$k=1.4$。

如果气体流动的 $Ma>1.0$ 时，为超音速流。因气流在测速管的前端产生一头部激波，必须将所测得的激波后的亚音速流的压力换算成激波前的压力再计算。

1. L型探针

图5.3(a)是直角形(L 型)皮托管，由于皮托管的总压、静压孔不在同一点上，甚至不在流道的同一截面上，所以得到的读数不能准确地反映真实值。考虑到总压和静压的测量误差，利用它们的测量读数进行流速计算时，应作适当的修正。为此，引入皮托管的校准系数，将式(5.1)改写为

$$U=\sqrt{\frac{2}{\rho}(p^{*}-p)}=\sqrt{\frac{2}{\rho}(p'^{*}-p')\xi} \tag{5.1c}$$

式中　p'^{*}，p'是总压、静压的读数，$\xi=\dfrac{p^{*}-p}{p'^{*}-p'}$。

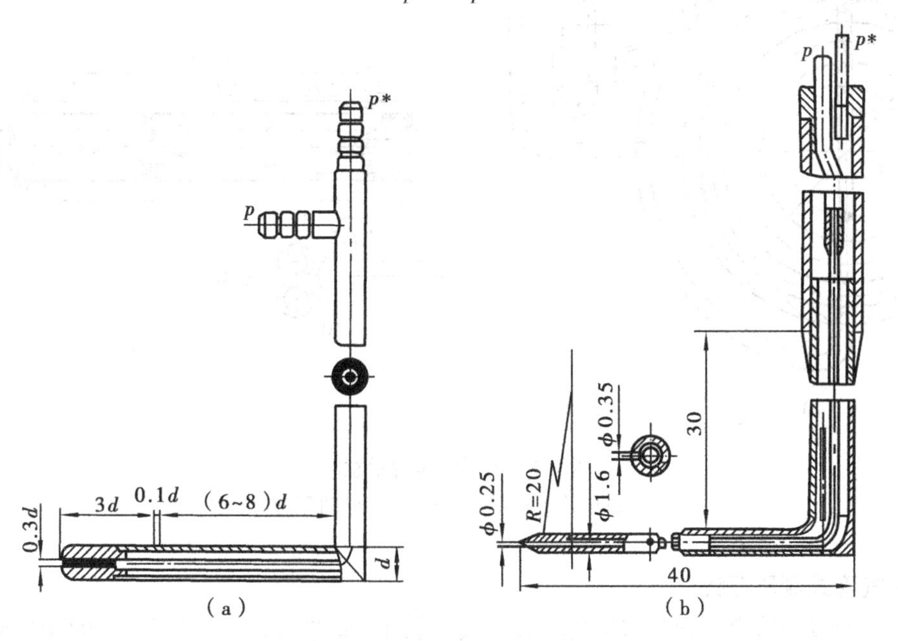

图5.3　直角型皮托管结构成图

(a)半球形头部；(b)锥形头部

对于 $0.3<Ma<1.0$ 时，

$$U=\sqrt{\frac{2(p'^{*}-p')}{\rho(1+\varepsilon)}\zeta} \tag{5.1d}$$

同样,Ma 表示气流的速度

$$Ma=\sqrt{\frac{2(p'^{*}-p')}{kp(1+\varepsilon)}\zeta} \tag{5.1e}$$

合理地调整皮托管各部分的几何尺寸,可使总压、静压的测量误差接近于0。例如,图5.3(a)所示的标准皮托管是迄今为止最为完善的一种,其校准系数为1.02~1.04,且在较大的流动马赫数 Ma 和雷诺数 Re 范围内保持定值。应该注意,用普通皮托管测速时,对于高马赫数 Ma 接近1.0的流动,为避免皮托管的头部附近发生脱体激波,可采用细长的锥形探头,见图5.3(b),这类管子适用于 Ma 在0.8~0.85的流速测量。

2. 笛形管测压探针

为了测量尺寸较大的管道内的平均流速,常常采用笛形测压管,如图5.4。将一根或数根钢管或铜管垂直托入被测的管道内,笛形管上按等面积原则布置了若干小孔,并在笛形的两端通过连接管连接起来,测量孔内感受的总压自动取平均值获得被测管道内的总压,而静压孔就开在被测管道的壁面上,这就是笛形动压管,由于各测量小孔内的总压自动取平均值,人们又称它为积分管。为了尽量减小对被测管道的影响,笛形管直径 d 应取得小些(但必须保证刚度),一般 $d/D=0.04\sim0.09$。总压孔直径 d_0 宜小一些,但要防止尘埃或腐蚀物的堵塞,测孔面积不宜超过笛形管内截面的30%。

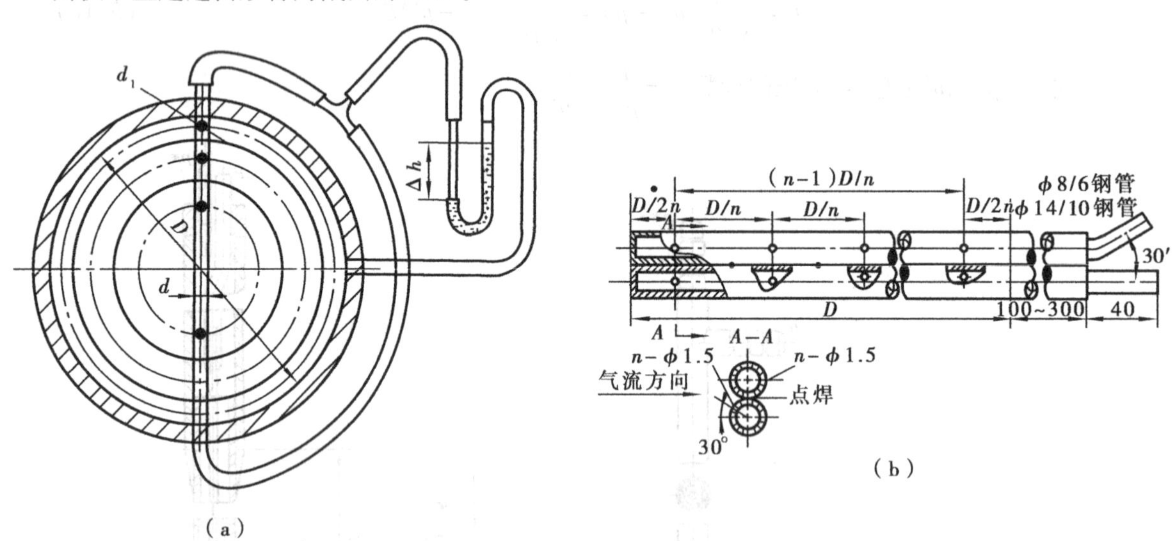

图5.4 笛形测速管示意图
(a)单笛形动压管;(b)双笛形动压管

3. 吸气管式测压探针

对于各种设备管道中含尘浓度比较大的负压管道,如像锅炉、窑炉等设备的相应管道中,使用吸气式速度探针测量此类管道的气体速度和计算流量有其优越性。如图5.5(a)所示。吸气式速度探针由三层套管焊制而成,中心管1通外界大气,但在头部有 $\phi0.5$ 的小孔与管2相通,当吸气式速度探针插入负压管道后,由于 $\phi0.5$ 的小孔距离被测气流很近,管2感受的可以认为是被测总压,静压孔则开在管3的周围,孔径$\phi1$,可开两排。由于管1中始终有清洁空气流向被测负压管道,所以$\phi0.5$的总压孔不易被堵。

4. 遮板式和靠背式测压管探针

为了防止灰尘堵塞,可以用遮板式,如图5.5(b)所示及靠背式测压管,如图5.5(c)所示。前者是依靠遮板来阻止灰尘直接进入测压管,而后者则因测管孔径极大而不易堵塞。需注意的是这些在特殊场合经常用到的测压管使用前都必须经过标定。

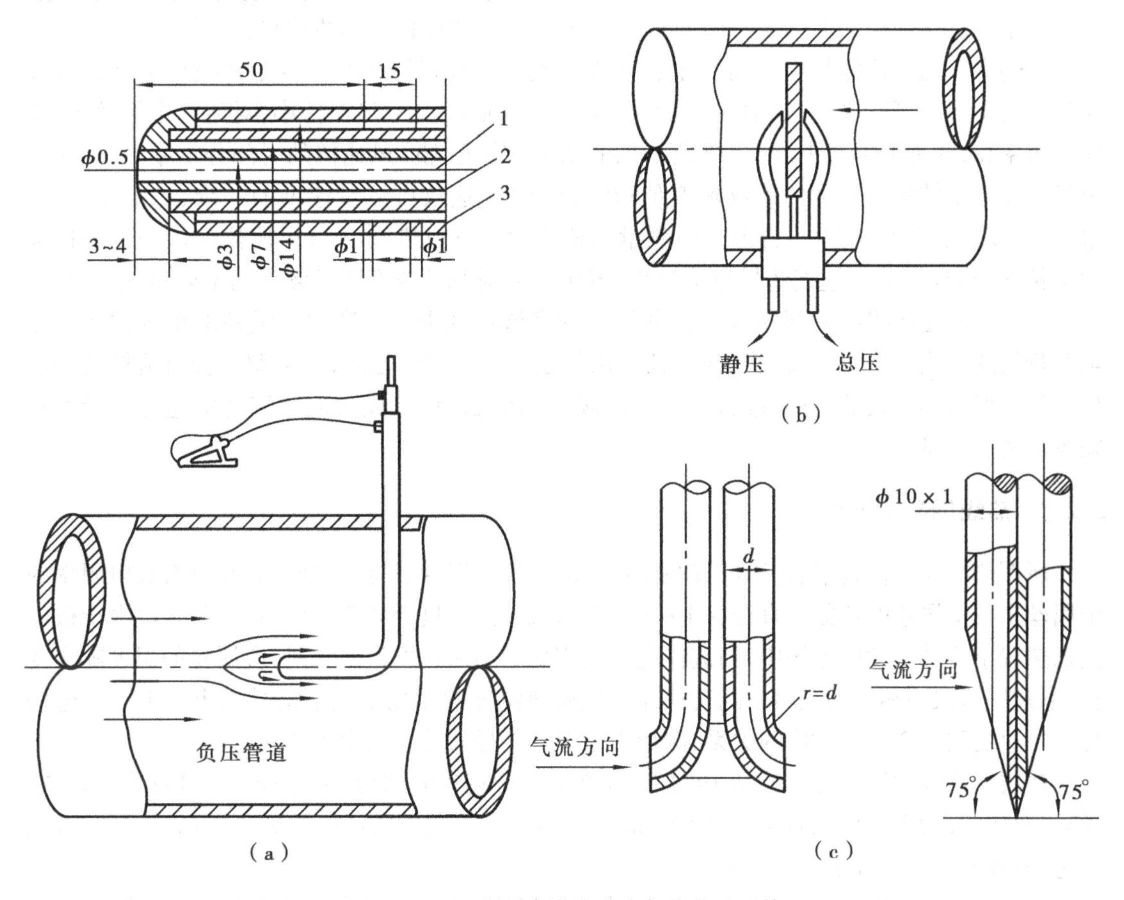

图5.5 用于测量高含尘浓度气流的动压管

(a)吸气式;(b)遮板式;(c)靠背式

5.2 速度测量的电学方法

5.2.1 概述

工业生产和科学实验中遇到的流动过程,常常是非稳态过程。用以皮托管为代表的测压管来测量非稳态过程的流体流动速度,由于测压管是通过测压管上的静压孔和总压孔来感受流体的压强,将被测量流体的速度转换成微压计上液柱高度的变化再通过计算而得到流体的速度值。这种将非电量速度量转换成液柱位移的力学量，显然其输出量反应迟缓、滞后，不适用于非稳态过程的流体流动速度。特别是测量气流的速度时，即使气流的脉动速度频率仅有几赫兹时，测压管也不能给出与实际气流速度接近的脉动速度值而显示的是该状态下的速度平均值。此外在研究流体流动的性质时，如对流体流动的紊流特性及其他流动状况进行研究，就要求对非稳态过程中各种流动参数进行测量。在这方面，用速度测量的力学方法根本无法完成。因此，速度测量的电学方法，一种将非电量速度量转换成电学量的新的测量方法应运而生。其中最有代表性的为热线（膜）风速仪。热线（膜）风速仪以热线或热膜探针为敏感元件，置于流场中。通过流体与热线（膜）敏感元件的换热过程将流体的速度量转换成电量而加以测量。由于热线（膜）风速仪的敏感元件—探针的几何尺寸小，热惯性小，对流动干扰较小，空间分辨率高，能近似地代表流场空间某一点的速度；热线（膜）风速仪的时间分辨率高，能测量出足够高频率的流动速度的连续瞬变值；热线（膜）风速仪可测量速度的一维、二维、三维分量；能在较大的温度、密度组合范围内测量出速度值。目前热线（膜）风速仪公认的平均速度测量精度为1% ~3%，速度测量范围为0 ~300 m/s，对脉动速度测量频率的上限可达1 MHz。尤其要指出的是热线（膜）风速仪对流体流动的紊流特性中紊流度的测量精度至今被认为是最有价值的。当然由于热线（膜）风速仪采用的是接触式测量方法，不可避免会对流体流动产生干扰。但与其强大的测速特点相比热线（膜）风速仪认识已成为流体流动中速度测量不可缺少的测量设备。

5.2.2 热线（膜）风速仪

所谓热线风速仪，就是利用放置在流场中的一根通以加热电流，细且长和具有高电阻率的金属丝来测量风速的仪器。直径为1 ~5 个微米（μm），长度为0.2 ~2 mm 的金属丝由于被电流加热置于流体流动的流场中，与流体进行热交换。当风速发生变化时，金属丝的温度随之变化，通过风速仪内相应的电路中间转换器将金属丝温度的变化变成电信号输出。由于该电信号与风速之间具有一一对应的关系，测量出这个电信号就等于测出了风速。

热线风速仪的原理性实验是1902 年由英国人希克皮爱尔（Shakepear）在伯明翰就完成。随后1909 年，两个英国人肯尼尔墨（Kennelhy）等提出了电子风速仪的概念，尔后不少学者做了进一步的研究，发表了一系列文章。

1914 年，King 英克发表的文章最具有代表性，首次提出了“流体垂直绕流无限长圆柱体时的换热”来对热线的工作过程加以说明，从理论上为热线风速仪奠定了基础，推导出著名的King 公式。为后来热线风速仪的发展提供了依据，指出了方向。

热线风速仪从测量平均速度到测量脉动速度是热线技术发展的一大飞跃；热线风速仪测量线路技术进步的重要标志是由恒流法热线风速仪发展为恒温法热线风速仪；在热线风速仪探头形式上，由单一的一根热线探针发展到V 型探针和X 型探针，由单一的一元探针发展到三元探针，由热线探针发展到热膜探针。

热线风速仪的测量水平：测量平均速度范围1 ~500 m/s；测量脉动速度上限达80 KHz。

目前热线（膜）风速仪在以下几个方面已取得一定进展。如在农业科学、气象科学、劳动保护、环境保护中速度小于1 m/s 极低速度的测量；如在可压缩流体，特别是对 $M>5$ 特超音速流动的速度测量；如在液态金属流、两相流以及非牛顿流体等特殊流动中流体速度测量等问题尚待人们进一步进行研究。

1. 测量的基本原理

1)热线、热膜敏感元件

热线风速仪的探针,即敏感元件的结构型式分为热线和热膜两种。常见的探针型式如图5.6所示。图中(a)为一元热线探针。将一根直径很细的铂丝或钨线,一般直径为1~5个微米(μm),长度为0.2~2 mm的金属丝作为热线,点焊在两根支杆的端面上,支杆固定在绝缘体上,通过绝缘座引出导线就构成一支热线探针。由于热线的机械强度较低,不适合在液体或含尘气流中测量,所以在热线的基础上进而研制出热膜风速仪。图中(b)为热膜探针。在直径为25~75个微米(μm),长度为1~2 mm的石英基体上,用真空蒸镀的方法在基体处于尖劈的前缘形成一层镍膜,两侧再蒸镀上厚膜做为引线。就构成一支热膜探针。热线探针可根据测量要求和测点位置的特点可以设计成各种型式。除常见的一元探针用以测量一维流动速度外,也可组合成二元和三元探针,用以测量平面和空间的速度矢量。图中(c)为三元热线探针示意图。

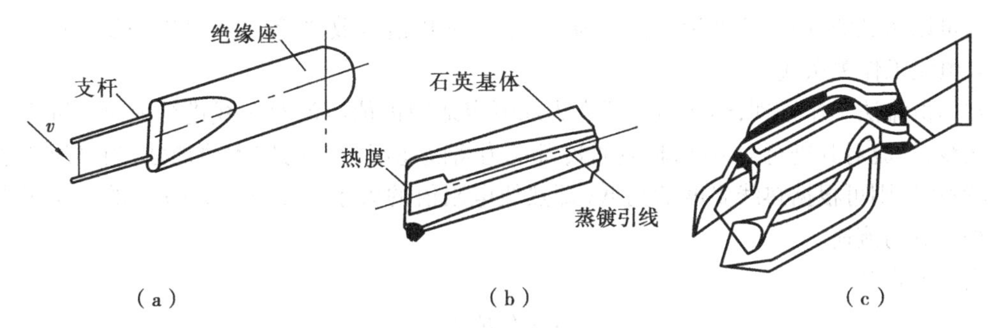

图5.6　热线、热膜探针

(a)一元热线探针;(b)热膜探针;(c)三元热线探针

2)测量机理

将通以工作电流的热线置于气体流动的流场中,使热线的轴线与气流方向垂直。工作中的热线,电阻消耗电能发热而使其温度升高,则相应的电阻值增加。工作电流越大,热线温度愈高。由于热线的壁温 T_w 一般高于气体温度 T_f,于是将发生热线与气流间的换热过程。若热线由于通以工作电流而产生的焦耳热 $I_w^2R_w$,刚好等于气流所带走的热量 Q,则有

$$I_w^2R_w = Q \tag{5.2}$$

式中　I_w——热线的工作电流;

R_w——热线工作电阻;

Q——气体与热线间的换热量。

观察式(5.2),气体与热线间的换热量 Q 与那些因素有关,由传热过程分析可知,气体与热线间的换热量与式(5.3)众多因素有关:

$$Q = f(u, T_w - T_f \text{ 气体物性,热线物性及几何形状等}) \tag{5.3}$$

式中　u——气体流动速度;

$T_w - T_f$——热线壁温与气体主流温度之间的温差;

气体的物性—如导热系数 λ_f、气体的运动粘性系数 υ_f 等;

热线的物性及几何形状—如热线的密度 ρ_w、比热 C_w 等及热线体积 V_w、长度 L_w 及直径 d_w。

通常气体物性，热线物性和几何形状两项可以通过其他方法测量，预先确定 $T_w - T_f$ 项和热线的工作电阻 R_w 又是直接相关的。式(5.3)于是可以简化为 $Q = f(u)$。

①热线风速仪测量速度的基本方程：

由式(5.3)，可得

$$u = f(I_w, R_w) \tag{5.4}$$

式(5.4)揭示了气流速度 u 与热线的工作电流 I_w、热线工作电阻 R_w 存在着确定的函数关系，即 I_w、R_w 与 u 一一对应。

显然，只要确定了流场中热线工作电流和工作电阻，那么气体的速度也就被确定了。这就是热线风速仪测量气体速度的测量机理。热线风速仪将输入量，气体流动的速度量 u 转变成电量加以测量，使测量向前跨越了一大步。

②恒流法热线风速仪测量原理

由式(5.4)可见，速度量 u 与两个变量有关。如果人为地限定一个量为定值，这在技术上是完全可以达到的，而使速度量 u 仅成为 I_w 或 R_w 的单值函数，则问题将又进一步简化。

a. 恒流工作关系式

根据恒流法工作原理，热线风速仪人为地恒定地用恒值电流对热线进行加热。置于流场中的热线，气流对其进行对流冷却，这种冷却能力将随速度量 u 的增大而加强，当气流流速呈稳定状态时，则可根据热线温度的高低(即热线电阻值的大小)，由 $u - R_w(T_w)$ 的对应函数关系求得气流的流速。

当 I_w = 常数，则

$$u = f(R_w) \tag{5.5}$$

上式为热线风速仪恒流工作关系式。

b. 早期的恒流型热线风速仪

如图5.7，$u = f(R_w)$，I_w 为常数。将热线串连在直流回路中，调节可变电阻 R 使加热电流 I_w 保持不变，通过测量热线两端电压就会得到气流的速度值。

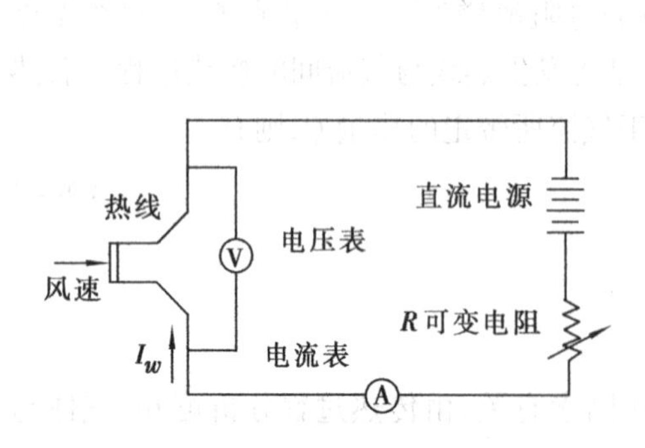

图5.7　恒流型热线风速仪

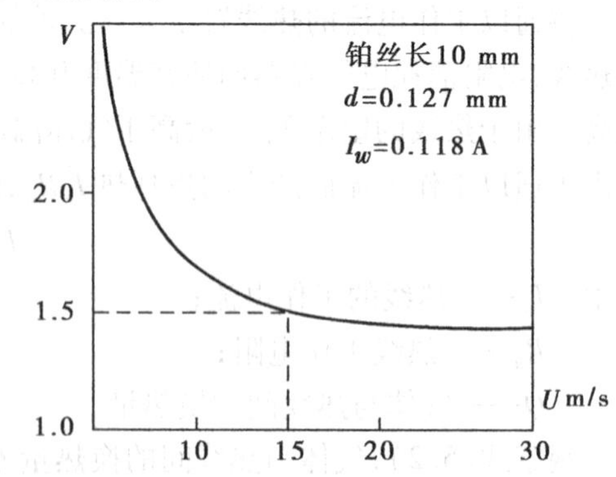

图5.8　恒流型热线风速仪 V—U 标定曲线

测量原理：由恒流型热线风速仪电路中的直流电源提供加热电流 I_w，使热线加热到一定的工作温度 T_w，即热线此时具有一定的工作电阻 R_w。将热线置于气流中，如果气流速度增加时，热线的工作温度 T_w 下降导致热线工作电阻 R_w 下降，R_w 下降，热线两端电压 V 下降，记录该速度工况下的电压 V 值，就可以在预先在校准装置上得到的该热线的电压～速度标定曲线上查得 V 值对应的 U 值。反之如果气流速度下降，则 T_w 上升，R_w 上升，用新的 V 值查得另一风速

U。过程中调节可变电阻 R 使电流表 A 中的示值保持不变，维持恒流。

如图5.8所示。恒流型热线风速仪的热线材料为铂丝，长10 mm，直径 $d=0.127$ mm。热线的工作温度 $I_w=0.118$ A，用于测量气流速度。当该速度工况下的电压 V 值为1.5 V时，由上图恒流型热线风速仪 V—U 标定曲线查得该电压 V 值对应的 U 值为15 m/s。同理，记录不同的电压 V 值，则可得到不同的速度 U 值。

③恒温法热线风速仪测量原理

a. 恒温工作关系式

恒温法又称为恒电阻，恒过热度法。人为地用技术手段使热线风速仪中的热线在工作时保持其工作温度 T_w 恒定不变。实质上是保持热线的工作电阻 R_w 恒定不变。这样热线的工作电流 I_w 与气流速度就建立起 $u \sim I_w$ 的对应函数关系。

当 R_w = 常数，则

$$u=f(I_w) \tag{5.6}$$

上式为热线风速仪恒温工作关系式。

b. 早期的恒温型热线风速仪

如图5.9所示。将热线作为电桥的一个桥臂，接到惠斯顿电桥中。在选定的热线温度下，即恒定热线工作电阻 R_w，调节 R_d 使电桥保持平衡，使检流计输出 $G=0$.

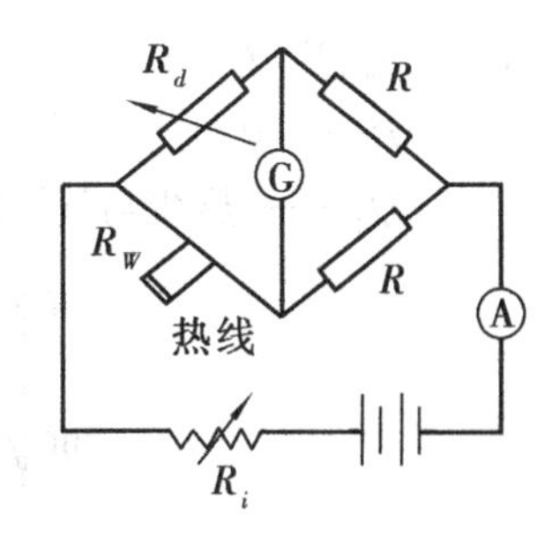

图5.9　桥式恒温型热线风速仪

当热线插入气流，由于气流速度的影响，热线受到冷却，其工作温度 T_w 下降导致热线的工作电阻 R_w 下降，此时电桥的平衡被破坏，检流计输出不为零 $G\neq0$。立即调节可变电阻 R_i 使热线的工作电流增加，I_w 增加则 T_w 增加，R_w 增加。一直调节到电桥恢复平衡，检流计输出 $G=0$ 为止。记录此时热线的工作电流 I_w，由相应的电流~速度 $u \sim R_w$ 标定曲线查得该工况，工作电流 I_w 下的速度值。如此操作，则可得到一系列 $u \sim I_w$ 的对应值。

2. 热线的静态特性和平均速度测量

1）热线在流体中的换热原理

①热线在流体中的换热模型

直径很细而相对长度很长的热线在流体中的换热物理模型与温度计类似。因此对测量一维速度的单根热线而言，可以假定置于流体中的热线的温度变化只沿 x 方向变化，即轴向温度有变化，而径向温度分布均匀。流场中的热线为一维换热问题。

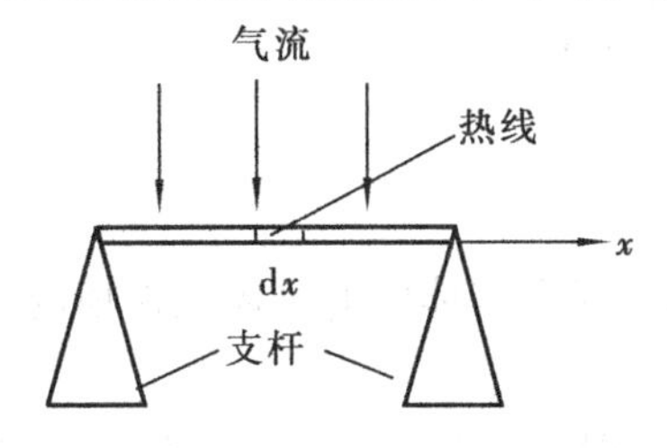

图5.10　热线在流体中的换热模型

②热线在流体中的数学模型

热线在连续流动的气流中的换热过程是一个非常复杂的热耗散现象，因为在同一时刻同时发生几个热物理过程。其中包括了热传导过程，热辐射过程，自然对流过程和强制对流过程。同时通以工作电流的热线由于其电阻原因而产生焦耳热等等。如图5.10，为建立热线在流体中的数学模型，在沿热线 x 轴方向上取一微元 dx。由此建立微元的能量平衡方程式。通过分析可以写出热线的能量平衡文字表达式：

热线中微元内能改变量 = 由热线支杆导热过程改变的热量 + 热线与气流进行自然对流和

强制对流过程改变的热量+热线与可见表面和气体进行的辐射过程改变的热量+由于热线电阻产生的焦耳热等等。

简写成 $$E = -Q_c - 2Q_k - Q_R + Q_J - Q_{自} \tag{5.7}$$

式中 E——微元内能改变量；

Q_c——强制对流热耗散；

Q_k——热传导耗散；

Q_R——辐射热耗散；

Q_J——焦耳热；

$Q_{自}$——强制对流热耗散。

a. 基本方程

与第4章温度测量中，接触式温度计测温分析一样，用简化的换热模型来说明上述过程。于是有

$$\rho_w V_w C_w \frac{\mathrm{d}T_w}{\mathrm{d}t} = -HS(T_w - T_f) - 2\lambda V_w \frac{\mathrm{d}^2 T_w}{\mathrm{d}x^2} - S\varepsilon\sigma T_w^4 + I_w^2 R_w - Q_{自} \tag{5.8}$$

式中 $\rho_w, V_w, C_w, S, \lambda$——热线的密度，体积，比热，表面积，导热系数；

H——热线与气流间的对流换热系数；

$Q_{自}$——热线与气流间的自然对流换热量。

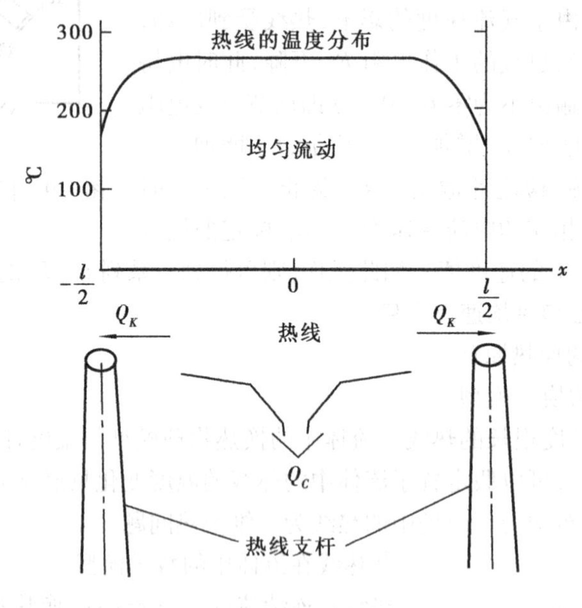

图5.11 热线在流体中热平衡

b. 简化处理

对式(5.7)热线在流体中换热的基本方程进行分析，根据热线在流体中的具体工作情况，抓主要矛盾，进行换热过程分析。

ⓐ由于热线温度与气流温度的差值(过热比)$(T_w - T_f)$，一般不超过300 ℃，可认为辐射热耗散 $Q_R = 0$。

ⓑ由于一般热线的长度/直径比：$L/d = 100 \sim 200$，因此，热线的中部温度变化比较小，如图

5.10 所示，可认为热传导耗散 $Q_k=0$。

ⓒ由于目前恒温型热线风速仪所测量的流速一般大于 1 m/s，对于空气而言，自然对流的流速限制在 0.5 ~1 m/s。由此当空气速度 $U>0.5$ m/s 时，自然对流与强迫对流相比，$Q_{自}$ 可以忽略不计。

方程式(5.8)、式(5.9)简化为：

$$E=Q_J-Q_c \tag{5.9}$$

$$\rho_w C_w V_w \frac{\mathrm{d}T_w}{\mathrm{d}t}=I_w^2R_w-HS(T_w-T_f) \tag{5.10}$$

c.热线风速仪的静态和动态方程

式(5.11)为热线风速仪的动态特性方程。当气流为定常流时，气流的温度不随时间变化 $\mathrm{d}T_w/\mathrm{d}t=0$。由式(5.11)可得热线风速仪的静态方程：

$$I_w^2R_w=HS(T_w-T_f) \tag{5.11}$$

2)稳定的热耗散与热线的静特性方程

热线风速仪的静态特性方程式(5.12)，其物理意义为置于流场中的热线所产生的焦耳热刚好等于流体强迫对流带走的热量。换句话说热线和流体介质之间的热交换处于热平衡状态。

显然式(5.12)没有以显函数的形式将风速 U 表示出来，不过分析方程中的对流换热系数 H，根据传热学原理，由相应的准则方程，就可以将气流的风速表达式显现出来。这方面前人已有经验公式。

1914 年，英国科学家克英 King 提出了具有代表性的准则公式

$$\begin{cases} Nu=A+B\sqrt{Re} \\ H=\dfrac{\lambda_f}{d_w}(A+B\sqrt{Re}) \end{cases} \tag{5.12}$$

式中　A,B——由物性参数所确定的常数。

1946 年，美国科学家 Kramers 也提出了相应的准则方程：

$$Nu=0.42Pr^{0.2}+0.57Pr^{0.33}Re^{0.5} \tag{5.13}$$

该准则方程使用条件：$\begin{matrix} 0.71\leqslant P_r\leqslant 1\,000 \\ 0.01\leqslant Re\leqslant 1\,000 \end{matrix}$；

定性温度：$T=\dfrac{T_w+T_f}{2}$；定性尺寸：热线直径 d_w。

在热线方程的推导中更多地是依据著名的克英 King 准则方程。改写式(5.14)中对流换热系数 H 和式(5.13)中热线工作电阻 R_w 的表达内容并代入式(5.13)

$$H=\frac{\lambda_f}{d_w}(A+B\sqrt{Re})=\frac{\lambda_f}{d_w}\left(A+B\sqrt{\frac{d_w}{v}}\sqrt{U}\right) \tag{5.14}$$

将电阻与温度的关系式 $R_w=R_f[1+\alpha_f(T_w-T_f)]$ 改写成

$$T_w-T_f=\frac{R_w-R_f}{\alpha_f R_f} \tag{5.15}$$

式中　α_f——流体温度为 T_f 时热线的电阻温度系数；

R_f——流体温度为 T_f 时热线的电阻值(又称冷电阻)；

S——热线的表面积，$S=\pi d_w l_w$。

于是有

$$I_w^2 R_w = \left[\frac{\lambda_f}{d_w}\left(A + B\sqrt{\frac{d_w}{v}}\right)\sqrt{U}\pi d_w l_w\right]\frac{R_w - R_f}{\alpha_f R_f}$$

若热线确定后，其物性参数也随之确定了，因此可将 $\lambda_f, d_w, l_w, v, \pi$ 常数项全部归入 A、B 中。

则有

$$I_w^2 R_w = \frac{R_w - R_f}{\alpha_f R_f}(A' + B'\sqrt{U}) \tag{5.16}$$

为书与方便，仍写成

$$I_w^2 R_w = \frac{R_w - R_f}{\alpha_f R_f}(A + B\sqrt{U}) \tag{5.17}$$

因此得到第一次改写后的热线静态特性方程

$$I_w^2 R_w = \frac{R_w - R_f}{R_f \alpha_f}(A + B\sqrt{U}) \tag{5.18}$$

若流体温度随时间变化，则热线风速仪的动态特性方程为

$$I_w^2 R_w = \frac{R_w - R_f}{R_f \alpha_f}(A + B\sqrt{U}) + \rho_w V_w C_w \frac{\mathrm{d}T_w}{\mathrm{d}t} \tag{5.19}$$

①热线风速仪的静态特性

如前面第2章所述，静态特性是指测量环节或系统在稳定不变的静态输入量作用下，输出量与输入量之间的关系。静态特性指标包括线性度、灵敏度、重复性、迟滞度等。热线风速仪的静态特性本节主要研究其线性度与灵敏度。

方程式(5.19)为热线风速仪的静态特性方程。由该方程可以求得热线风速仪在恒流或恒温工作状态下的静态特性。

a. 恒流型热线风速仪的静态特性

ⓐ线性度

根据恒流型热线风速仪恒流工作状态的定义，在工作电流 I_w = 常数的前提下，输入量气流速度 U 与输出量热线的工作电阻 R_w 呈单值关系。则有 $u=f(R_w)$。此时改写式(5.20)得到恒流型热线风速仪的线性度表达式。

$$R_w = \frac{-R_f(A + B\sqrt{U})}{I_w^2 R_f \alpha_f - (A + B\sqrt{U})} \tag{5.20}$$

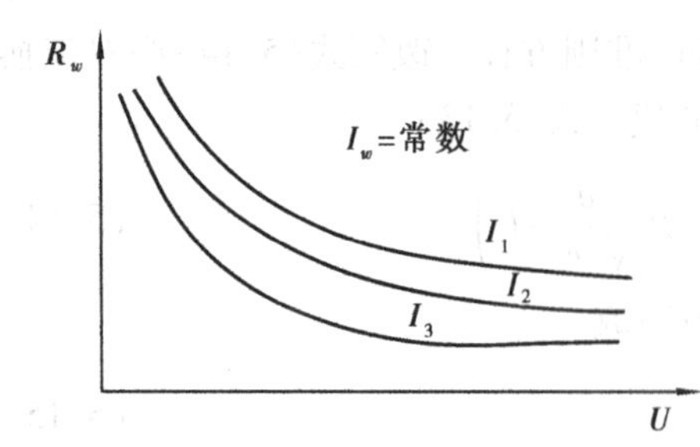

图 5.12 恒流型热线的线性度

以热线的工作电阻 R_w 为纵坐标，气流速度 U 为横坐标。

恒定某一个工作电流 I_w，描点做出输出量热线工作电阻与输入量气流速度 $R_w \sim U$ 间的线性度曲线。由图5.12可见恒流型热线风速仪的线性度关系关不好，必须加以校正。

ⓑ灵敏度

对于线性传感器其灵敏度的定义为输出量的变化量与输入量的变化量的比值。用系数 K 表示。而对于非线性传感器灵敏度的定义为输出

量的变化量对输入量的变化量的微商。即$K=\frac{\mathrm{d}f(x)}{\mathrm{d}x}=f'(x)$。任选图5.10上的某一曲线其斜率也就是灵敏度$\left(\frac{\partial R_w}{\partial U}\right)_{I_w=常数}$为负值。

由于热线风速仪为非线性传感器。由灵敏度定义可知，恒流型热线的灵敏度，即输出量热线工作电阻R_w对输入量气流速度U的微商。于是由式(5.20)得

$$\left(\frac{\partial R_w}{\partial U}\right)_{I_w=常数}=\frac{-BR_f^2/\alpha_f I_w^2}{2\left(R_f-\frac{A}{\alpha_f I_w^2}\right)^2 U^{\frac{1}{2}}-4\left(R_f-\frac{A}{\alpha_f I_w^2}\right)\left(\frac{B}{\alpha_f I_w^2}\right)U+2\left(\frac{B}{\alpha_f I_w^2}\right)U^{3/2}} \tag{5.21}$$

在I_w恒定不变的前提下，以$\left(\frac{\partial R_w}{\partial U}\right)$为纵坐标，$U$为横坐标，作出恒流型热线风速仪的灵敏度与气流速度$U$之间的关系曲线。任选图5.13上的某一曲线其斜率也就是灵敏度$\left(\frac{\partial R_w}{\partial U}\right)_{I_w=常数}$为负值。

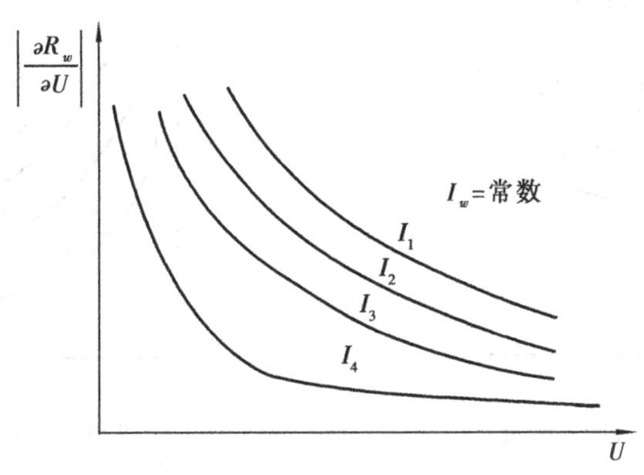

图5.13　恒流型热线灵敏度与速度的关系曲线

由图5.11可见，当气流速度趋于0时，$\left(\frac{\partial R_w}{\partial U}\right)_{I_w=常数}=\infty$，当气流速度趋于$\infty$时，$\left(\frac{\partial R_w}{\partial U}\right)_{I_w=常数}=0$。

由图5.13说明气流速度越低，热线风速仪的灵敏度$\left|\frac{\partial R_w}{\partial U}\right|$越高。反之气流速度越高，其灵敏度$\left|\frac{\partial R_w}{\partial U}\right|$越低。

b.恒温型热线风速仪的静态特性

ⓐ线性度

根据恒温型热线风速仪恒温即恒电阻工作状态的定义，在工作电阻R_w=常数的前提下，输入量气流速度U与输出量热线的工作电流I_w呈单值关系。则有$u=f(I_w)$。此时改写式(5.20)得到恒温型热线风速仪的线性度表达式。

$$I_w=\sqrt{\frac{(A+B\sqrt{U})(R_w-R_f)}{R_w\alpha_f R_f}} \tag{5.22}$$

以热线的工作电流 I_w 为纵坐标，气流速度 U 为横坐标。恒定某一个工作电阻 R_w，描点做出输出量热线工作电流与输入量气流速度 $I_w \sim U$ 间的线性度曲线。由图 5.14 可见恒温型热线风速仪的线性度较恒流型热线有所改善，但仍需加以校正，进行线化处理。任选图 5.14 上的某一曲线其斜率也就是灵敏度 $(\partial I_w/\partial U)_{R_w=\text{常数}}$ 为正值。

ⓑ灵敏度

根据非线性传感器灵敏度的定义，由式(5.22)写出恒温型热线的灵敏度，即输出量热线工作电流 I_w 对输入量气流速度 U 的微商。

$$\left(\frac{\partial I_w}{\partial U}\right)_{R_w=\text{常数}} = \frac{\dfrac{B(R_w - R_f)}{\alpha_f R_w R_f}}{\sqrt{\dfrac{(R_w - R_f)}{\alpha_f R_w R_f} U(A + B\sqrt{U})}} \tag{5.23}$$

在 R_w 恒定不变的前提下，以 $\left(\dfrac{\partial I_w}{\partial U}\right)$ 为纵坐标，U 为横坐标，做出恒温型热线风速仪的灵敏度与气流速度 U 之间的关系曲线。

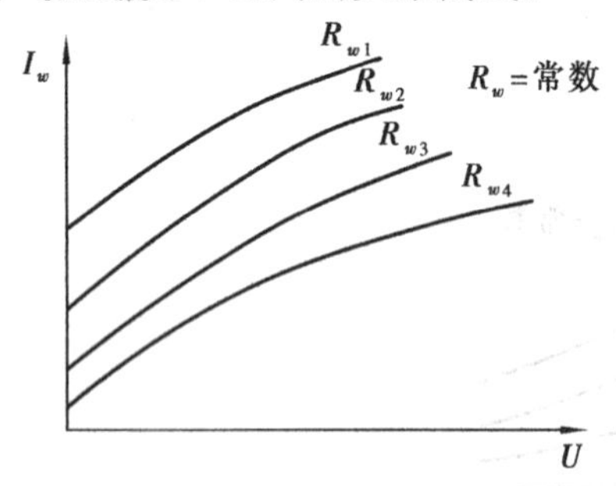

图 5.14　恒温型热线的线性度

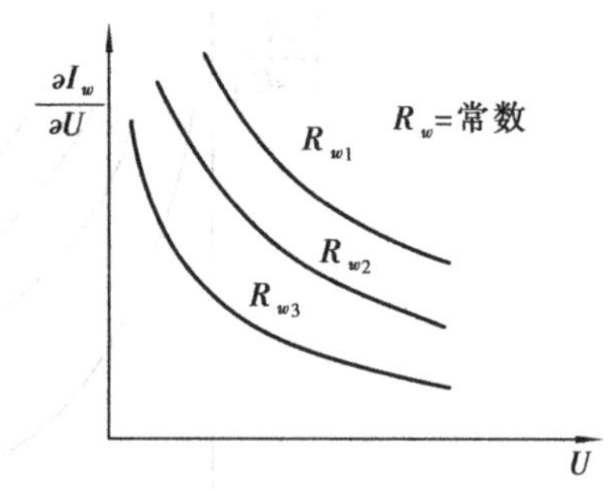

图 5.15　恒温型热线灵敏度与速度的关系曲线

由图 5.12 可见，当气流速度趋于 0 时，$\left(\dfrac{\partial I_w}{\partial U}\right)_{R_w=\text{常数}} = \infty$，当气流速度趋于 ∞ 时，$\left(\dfrac{\partial I_w}{\partial U}\right)_{R_w=\text{常数}} = 0$。

由图 5.15 说明气流速度越低，恒温型热线风速仪的灵敏度 $\dfrac{\partial I_w}{\partial U}$ 越高。反之气流速度越高，其灵敏度 $\dfrac{\partial I_w}{\partial U}$ 越低。与恒流型热线风速仪的灵敏度相比恒温型热线的灵敏度始终为正值。

3）非稳定的热耗散与热线的动态特性方程

由热线的稳定的热耗散和静态响应，解决了稳定状态下气流平均速度测量的问题。但是大量的流动问题是属于非稳态流动，而非稳态流动就涉及脉动速度的测量问题。从“平均速度测量”到“脉动速度测量”，将非电量—速度量转换为电量进行测量是热线技术的重大发展。它完成了速度力学测量技术，如皮托管、笛形管等想完成而无法完成的脉动速度测量问题。

①热线的非稳态热耗散规律和动态特性方程

热线的静态特性是基于热线在流体中稳定的热耗散。即通以电流的金属线产生的热量刚好等于气流强制对流带走的热量。二者处于热平衡状态。但是实际测量中对于绝大多数情况下热线产生的热量并不等于气流强制对流带走的热量，也就是说“热线向周围流体传递热量的速率常常跟不上流体速度的变化率”。它们之间的热交换处于不平衡状态。对于热线风速仪而言，当输入量流体的速度随时间变化很快，由大到小时，由于热惯性的原因，热线将贮存部分能量，产生热滞后。该物理过程反映在热线风速仪的输出量，即输出的电信号上，出现了振幅的衰减和相位滞后。因此可以确定用热线风速仪测量气流的脉动速度是一个动态测量问题。

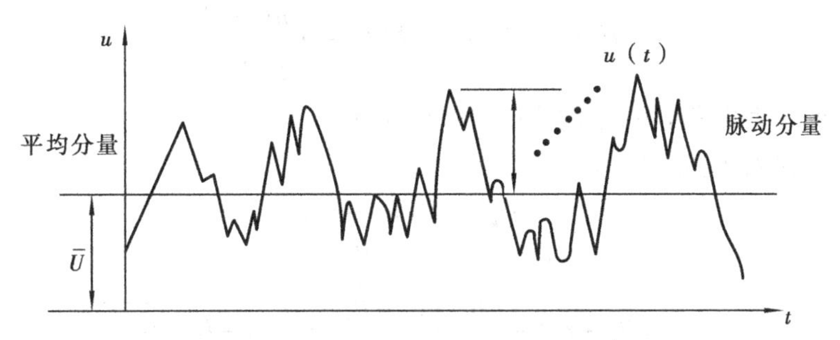

图 5.16　脉动速度的平均分量与脉动分量

根据电阻与温度的关系式 $R_w=R_f[1+\alpha_f(T_w-T_f)]$ 得到 $T_w-T_f=\dfrac{R_w-R_f}{R_f\alpha_f}$ 并对时间求导得 $\dfrac{dT_w}{dt}=\dfrac{1}{\alpha_f R_f}\dfrac{dR_w}{dt}$。代入式(5.23)热线的动态方程，同时令 $m=\rho_w V_w$ 得

$$\frac{mC_w dR_w}{\alpha_f R_f dt}=I_w^2 R_w-\frac{R_w-R_f}{R_f\alpha_f}(A+B\sqrt{U}) \tag{5.24}$$

由于热线风速仪存在的非线性因素，反映在数学模型上必然是一个非线性微分方程。在前述动态测量基础的讨论中可知，研究系统或环节的动态特性，限制在线性系统内，因此必须把热线的动态特性方程式(5.25)进行线性化处理。

②热线的动态特性方程线性化处理

a. 将变量写成平均分量和微小变量之和

微分方程的线性化处理，一般情况下，需把方程中的每一个变量都写成：平均分量（或者称为直流分量）+ 微小变量（或者称为交流分量）之和。

根据这个处理原则，在用热线风速仪测量脉动速度时，首先将脉动速度 $U(t)$ 写平均速度分量 $\bar{U}$ 与脉动速度分量 $u(t)$ 的和。由此引起的热线动态特性方程式(5.25)中的所有变量都写成“平均分量 + 脉动分量”。

于是有：

$$\begin{cases}U(t)=\bar{U}+u(t)\\ H(t)=\bar{H}+h(t)\end{cases}\quad\begin{cases}I_w(t)=\bar{I}_w+i_w(t)\\ R_w(t)=\bar{R}_w+r_w(t)\\ R_f(t)=\bar{R}_f+r_f(t)\end{cases} \tag{5.25}$$

式(5.25)中，平均对流换热系数 $\bar{H}$ 和脉动对流换热系数 $h(t)$ 由式(5.14)克英准则方程式导得

$$H(t)=A+B\sqrt{U(t)} \tag{5.26}$$

将 $U(t)=\bar{U}+u(t)$ 代入

则
$$H(t)=A+B\sqrt{\bar{U}+u(t)} \tag{5.27}$$

将$\sqrt{\overline{U}+u(t)}$展开仅取前二项，则$\sqrt{\overline{U}+u(t)}=\sqrt{\overline{U}}+\frac{u(t)}{2\sqrt{\overline{U}}}$,代入式(5.27)得

$$H=A+B\left(\sqrt{\overline{U}}+\frac{u(t)}{2\sqrt{\overline{U}}}\right)=A+B\sqrt{\overline{U}}+B\frac{u(t)}{2\sqrt{\overline{U}}};$$

则

$$\overline{H}=A+B\sqrt{\overline{U}},\quad h(t)=B\frac{u(t)}{2\sqrt{\overline{U}}} \tag{5.28}$$

b. 在速度小脉动的情况下,平均分量≪微小变量。

将式(5.27)代入式(5.28),则

$$\frac{mC_w}{\alpha_f(\overline{R}_f+r_f)}\frac{\mathrm{d}(\overline{R}_w+r_w)}{\mathrm{d}t}=$$
$$(\overline{I}_w+i_w)^2(\overline{R}_w+r_w)-\frac{(\overline{R}_w+r_w-\overline{R}_f-r_f)}{(\overline{R}_f+r_f)\alpha_f}(A+B\sqrt{\overline{U}+u}) \tag{5.29}$$

式中

$$\frac{i_w(t)}{\overline{I}_w}\ll 1,\frac{r_w(t)}{\overline{R}_w}\ll 1,\frac{r_f(t)}{\overline{R}_f}\ll 1,\frac{u(t)}{\overline{U}}\ll 1$$

c. 对式(5.31)进行代数运算,并注意:

ⓐ$\overline{R}_w$ 为常数。即$\frac{\mathrm{d}\overline{R}_w}{\mathrm{d}t}=0$,即$\overline{I_w^2}\overline{R_w}=\frac{\overline{H}}{\alpha f\overline{R}_f}(\overline{R}_w-\overline{R}_f)$;

ⓑ略去 r_w,r_f,u,h 微小变量的交叉项与平方项;

ⓒ将方程整理成无量纲方程,即脉动分量与平均分量的比值关系。则式(5.31)整理后得:

$$\frac{mC_w\tilde{R}}{\overline{H}}\frac{\mathrm{d}}{\mathrm{d}t}\left(\frac{r_w}{\overline{R}_w}\right)+\frac{mc\tilde{R}}{\overline{H}}\cdot\left(\frac{r_f}{\overline{R}_f}\right)\frac{\mathrm{d}}{\mathrm{d}t}\left(\frac{r_w}{\overline{R}}\right)+\frac{r_w}{\overline{R}_w}=2(\tilde{R}-1)\frac{i_w}{\overline{I}_w}-(\tilde{R}-1)\frac{h}{\overline{H}}+\tilde{R}\left(\frac{r_f}{\overline{R}_f}\right) \tag{5.30}$$

式中

$\tilde{R}=\frac{\overline{R}_w}{\overline{R}_f}$称为电阻比,式中 $\overline{R}_f$ 为热线在流体温度为 T_f 时所具有的阻值。一般情况,流体的温度 T_f 被认为无变化,此时热线的冷电阻 R_f 无脉动,即 $r_f\cong 0$。于是式(5.32)可简化为

$$\frac{mC_w\tilde{R}}{\overline{H}}\frac{\mathrm{d}}{\mathrm{d}t}\left(\frac{r_w}{\overline{R}_w}\right)+\left(\frac{r_w}{\overline{R}_w}\right)=2(\tilde{R}-1)\frac{i_w}{\overline{I}_w}-(\tilde{R}-1)\frac{h}{\overline{H}} \tag{5.31}$$

式(5.33)为经过线性化处理并有普遍意义的热线的动态特性方程。由此可以讨论热线风速仪在恒流和恒温状态下的动态特性方程和动态响应过程。

③恒流型热线的动态特性方程和动态响应过程

a. 恒流型热线的动态特性方程

由式(5.31)热线动态特性方程在恒流的工作方式下,I_w = 常数,即 $I_w=\overline{I}_w,i_w=0$。则恒流型热线动态响应方程为

$$\frac{mC_w\tilde{R}}{\overline{H}}\frac{\mathrm{d}}{\mathrm{d}t}\left(\frac{r_w}{\overline{R}_w}\right)+\left(\frac{r_w}{\overline{R}_w}\right)=-(\tilde{R}-1)\frac{h}{\overline{H}} \tag{5.32}$$

将$\begin{cases}\bar{H}=A+B\sqrt{\bar{U}}\\ h=\dfrac{Bu}{2\sqrt{\bar{U}}}\end{cases}$代入则

$$\frac{mC_w\tilde{R}}{\bar{H}}\frac{\mathrm{d}}{\mathrm{d}t}\left(\frac{r_w}{\bar{R}_w}\right)+\left(\frac{r_w}{\bar{R}_w}\right)=-(\tilde{R}-1)\frac{Bu}{\left(A+B\sqrt{\bar{U}}\right)2\sqrt{\bar{U}}} \tag{5.33}$$

观察上述方程，整理变形成$u(t)=f(r_w)$的形式

式(5.33)两边同乘以$\bar{R}_wI_w$则

$$\frac{mC_w\tilde{R}}{\bar{H}}\frac{\mathrm{d}}{\mathrm{d}t}(I_wr_w)+(r_wI_w)=-(\tilde{R}-1)\frac{BI_w\bar{R}_wu}{\left(A+B\sqrt{\bar{U}}\right)2\sqrt{\bar{U}}}$$

热线由脉动速度引起的脉动电流与脉动电阻的乘积等于脉动电压，即$I_wr_w=\mathrm{e}$。将其代入

$$\frac{mC_w\tilde{R}}{\bar{H}}\frac{\mathrm{d}e}{\mathrm{d}t}+e=-(\tilde{R}-1)\frac{BI_w\bar{R}_wu}{\left(A+B\sqrt{\bar{U}}\right)2\sqrt{\bar{U}}} \tag{5.34}$$

令$M_{cc}=mC_w\dfrac{\tilde{R}}{\bar{H}}$。其表达式的量纲为时间$t$，因此$M_{cc}$称为恒流型热线的时间常数；

令$K=-(\tilde{R}-1)\dfrac{BI_w\bar{R}_w}{\left(A+B\sqrt{\bar{H}}\right)2\sqrt{\bar{H}}}$。当热线及所测流体确定后式中各量均为常数。$K$称为静态灵敏度。

于是恒流型热线的动态特性方程式(5.34)写成

$$M_{cc}\frac{\mathrm{d}e}{\mathrm{d}t}+e=Ku \tag{5.35}$$

b. 恒流型热线的动态响应过程

如图5.17所示，当脉动速度U作用于热线上时，由于速度脉动$U=\bar{U}+u$，引起热线温度脉动$T_w=\bar{T}_w+t_w$，由于热线温度脉动引起热线工作电阻脉动$R_w=\bar{R}_w+r_w$，而热线工作电流恒定。最后导致热线工作电压脉动。即$u\to t_w\to r_w\to e$。结合第2章动态测量基础知识，分析式(5.37)可发现。

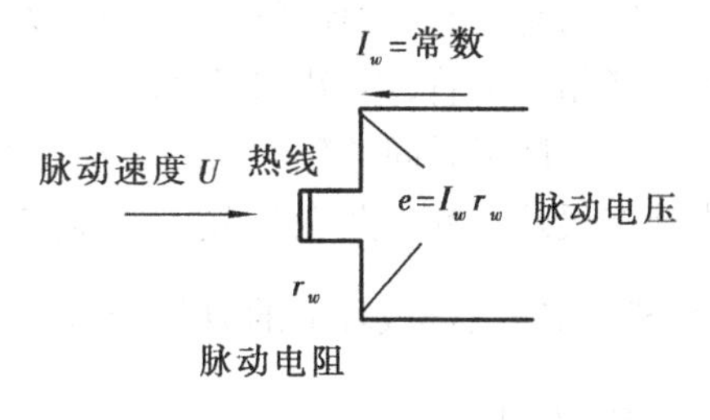

图5.17　恒流型热线的动态响应过程

ⓐ热线的动态响应过程为一阶惯性环节。一阶惯性环节的动态特性参数为时间常数M_{cc}。

ⓑ用正弦输入考察热线环节的动态响应过程

当输入量为一正弦脉动速度：$u(t)=u^*\sin\omega t$。可写成$u(t)=u^*e^{\mathrm{j}\omega t}$。根据式(5.37)环节的输出为一正弦脉动电压。$e(t)=u^*\dfrac{K}{1+\mathrm{j}\omega M_{cc}}e^{\mathrm{j}\omega t+\varphi}$。分析输出量脉动电压的幅值、相位与输入量脉动速度的幅值、相位可以发现

振幅发生衰减：$e/u^*=\dfrac{K}{\sqrt{(1+M_{cc}\omega)^2}}$；相位上有延迟：$\varphi=-\arctan(M_{cc}\omega)$。

由于热线环节的热惯性，使输出量脉动电压幅值衰减，相位滞后，使测量值偏离了实际值。

造成了热线在测量脉动速度时的动态误差。

例 某恒流型热线风速仪，探针为钨丝材料，直径 $d_w=5\mu$，用它来测量脉动频率 $f=250$ Hz的脉动速度时会产生多大的动态误差？

已知 $\bar{U}=30$ m/s $\bar{T}_w-T_f=115$ ℃ $\bar{I}_w=76$ mA $M_{cc}=3\times10^{-4}$ sec

经计算在上述状态下，输出量的幅值仅达到输入量幅值的 $e/u^*=80\%$，相位延迟 $\varphi=25°$。可见在脉动频率 $f=250$ Hz 时，幅值就有 20% 衰减，若速度脉动频率再高，动态误差将愈大，以至使测量结果失真而不可信。因此，必须想办法减小动态误差。

ⓒ修正和减小时间常数 M_{cc}，减少热线环节的动态误差

一阶环节动态响应特性的好坏，取决于时间常数 M_{cc}，因此修正或减小动态误差必须从减小 M_{cc}入手。

要修正和减小时间常数 M_{cc}，首先分析 M_{cc}的组成。由式(5.36)M_{cc}的表达式

$$M_{cc}=\frac{mC_w\tilde{R}}{\bar{H}}=\frac{\frac{\pi}{4}d_w^2l_w\rho_wC_p\tilde{R}}{A+B\sqrt{\bar{U}}} \tag{5.36}$$

可见有众多因素影响着时间常数 M_{cc}。它不仅取决热线探针材料的热物性 ρ_w，C_p，几何尺寸 l_w，d_w，而且和工作条件、流体流动状态 $\tilde{R}$，$\bar{U}$ 有关。

减小时间常数 M_{cc}以减小动态误差。由式(5.36)中可知直径 d_w 粗，长度 l_w 长，物性 ρ_w，C_p 大的热线，则 M_{cc}大，测量时动态误差必然大。能否从材料、几何尺寸上着手达到减小 M_{cc}？答案是有限的甚至是无法进行。这是因为用做热线的材料必须耐高温、抗腐蚀、抗冲刷，从而限定了只能用有限的几种材料如钨、铂等几类金属；受制造工艺限制，热线直径 d_w 只能小到一定尺寸，更为重要的是热线的长度与直径比 l/d 受条件限制，只能取某一合适值。从热线传热的角度，希望 l/d 要大，热线细且长以减小终端损失，忽略热线支杆导热，其换热过程才可简化成是一维问题。而从测量角度，希望 l/d 要小，热线粗且短，热线测量的空间分辨率才愈高。因此二者相互矛盾，不能顾此失彼。

也可修正时间常数 M_{cc}，减小动态误差。用电子线路组成补偿环节，修正时间常数 M_{cc}，减小动态误差。其思路在于用一个动态校正环节与热线环节相串连，进行串连校正。由式(5.37)可写出热线环节的 D 算子传递函数：$e/u(D)=\dfrac{K}{M_{cc}D+1}$，而动态校正环节的传递函数：$\dfrac{e_{sc}}{e_{sr}}=\dfrac{M'_{cc}D+1}{MD+1}$。将两环节串联起来

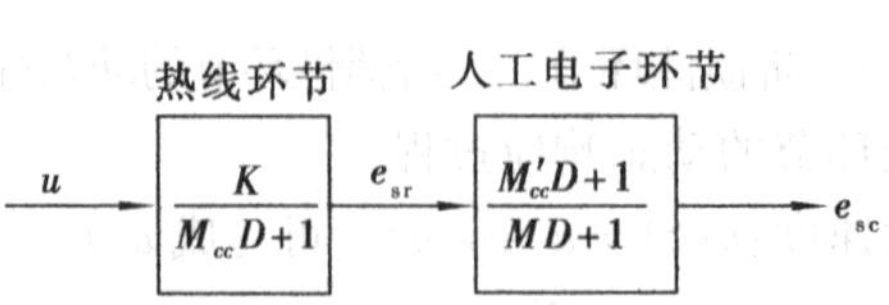

热线环节　人工电子环节

$$u\rightarrow\boxed{\frac{K}{M_{cc}D+1}}\xrightarrow{e_{sr}}\boxed{\frac{M'_{cc}D+1}{MD+1}}\rightarrow e_{sc}$$

图 5.18 恒流型热线的动态校正环节

串连环节，总的传递函数等于各环节传递函数相乘。于是有

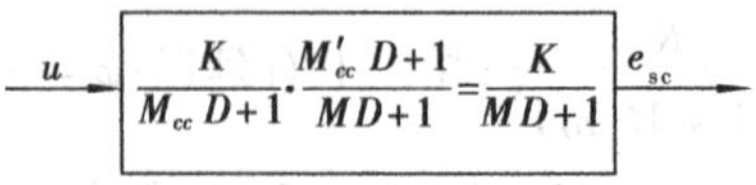

$$u\rightarrow\boxed{\frac{K}{M_{cc}D+1}\cdot\frac{M'_{cc}D+1}{MD+1}=\frac{K}{MD+1}}\rightarrow e_{sc}$$

图 5.19 恒流型热线的传递函数

用人工电子校正环节的时间常数去接近热线的时间常数 $M'_{cc} \approx M_{cc}$，而剩下的时间常数 M 可以做得很小，从而"用一个易调整且小的 M 代替了热线的 M_{cc}"。减小了测量中的动态误差。

实例：常用的人工电子校正环节有电阻电感式、电感电容式、微分放大式等等。

实例Ⅰ：用电阻电感组成的四端网络

如图 5.19。由分压定理，输出 e_{sc}

$$\dot{e}_{sc} = \frac{R + j\omega L}{R_0 + R + j\omega L}\dot{e}_{sr} = \left(\frac{R}{R_0 + R}\right)\frac{1 + j\omega \dfrac{1}{R}}{1 + j\omega \dfrac{L}{R_0 + R}} = K\frac{1 + j\omega M'}{1 + j\omega M}$$

则
$$\frac{e_{sc}}{e_{sr}}(D) = K\frac{1 + DM'}{1 + DM}$$

若使 $M' = M_{cc} = \frac{L}{R}$ 则补偿可以成立。用电阻电感组成的四端网络进行校正存在以下问题：加入四端网络使 $K = R/(R_0 + R) < 1$，如图 5.20 所示。也就是说热线环节的动态特性变好了，而静态灵敏度 K 下降。解决的方法可在环节后面放一个放大器，放大电子仪器的频带宽度。人工电子校正环节的重要的问题在于要使 $M' = M_{cc}$，做到这一步，需事先知道热线的时间常数 M_{cc} 的值，才能调节电感、电阻使其等于热线的时间常数 $\frac{L}{R} = M'$，但 M_{cc} 仅在流体流动的某一工况下为常数，其他状况下其确切的数据无法知道，基本上是随机的，因此，使 $M' \doteq M_{cc}$ 是无法办到。

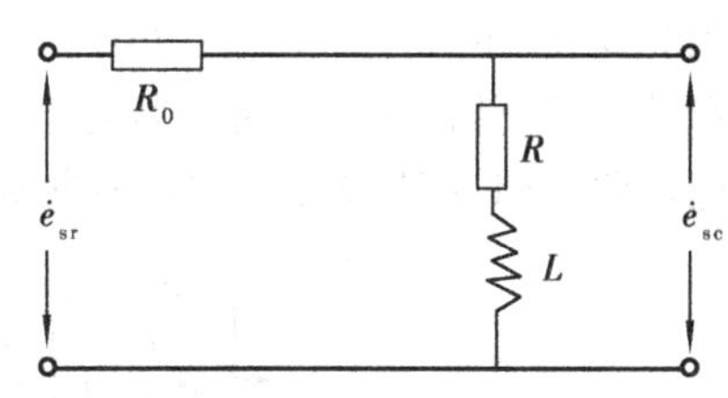

图 5.20　电阻电感式四端网络

实例Ⅱ：微分补偿放大器

$$F = F_0 e^{j\omega t} \rightarrow \boxed{\text{微分电路}} \rightarrow \frac{dF}{dt} = j\omega F_0 e^{j\omega t}$$

由微分电路可知，输入量经过微分达到两个作用：振幅随角频率 ω 线性增加，每微分一次振幅增加 ω 倍；由于虚数 j 的作用，每微分一次相位向前移动 $\frac{\pi}{2}$。利用这一性质来修正热线的 M_{cc}。

如图 5.21，由一放大器和微分器并连。并连环节传递函数等于各环节传递函数相加。

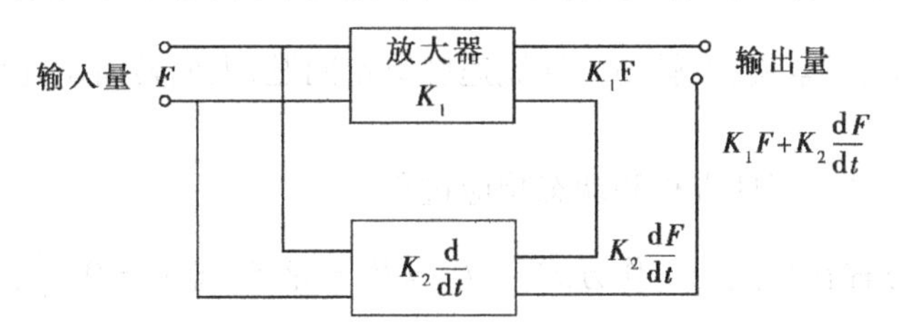

图 5.21　微分补偿放大器电路

当输入量为 $F = F_0 e^{j\omega t}$ 时，经微分补偿放大器输出：

$$K_1 F + K_2\frac{dF}{dt} = K_1\left(F + \frac{K_2}{K_1}\frac{dF}{dt}\right) = K_1(F_0 e^{j\omega t} + F_0 M_{cc} j\omega e^{j\omega t})$$

$$= K_1F_0(1+j\omega M_{cc})e^{j\omega t} = K_1F_0(1+DM_{cc})e^{j\omega t}$$

式中
$$M_{cc} = K_1/K_2$$

微分补偿放大器存在着补偿电路的频率不能做得很宽的不足，如果流体速度的脉动频率大于补偿频率时，微分补偿放大器不但不能补偿而且人为放大了噪音，降低了信噪比，使测量失真；同时还会放大了由流体速度的大脉动频率引起的高次谐波，使测量系统的非线性因素增加。用放大器和微分器的灵敏度系数比值模拟时间常数 $K_1/K_2 = M_{cc}$ 与四端网络同样存在 M_{cc} 随流体流动状态变化的问题。

实例Ⅲ：方波电路补偿

方波电路补偿原理如图 5.22 所示。用方波电路产生方波电流叠加到热线产生的电信号上。加入方波，由于时间常数的影响，输出方波将会随热线 M_{cc} 大小而形成不同的失真状态。如图 5.23 所示。图中的(a)、(b)、(c)、(d)、(e)分别表示了方波的未失真状态、失真状态、欠补偿状态、过补偿状态和补偿状态。调节补偿值，使方波补偿到合成后的方波，即说明补偿电路已消除了$(1+M_{cc}D)$的影响，根据所加的补偿元件的参量，就可以确定时间常数。

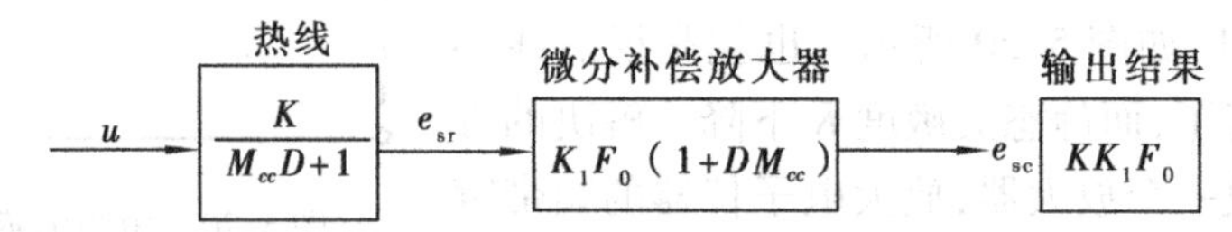

图 5.22　微分补偿放大器并连环节传递函数方框图

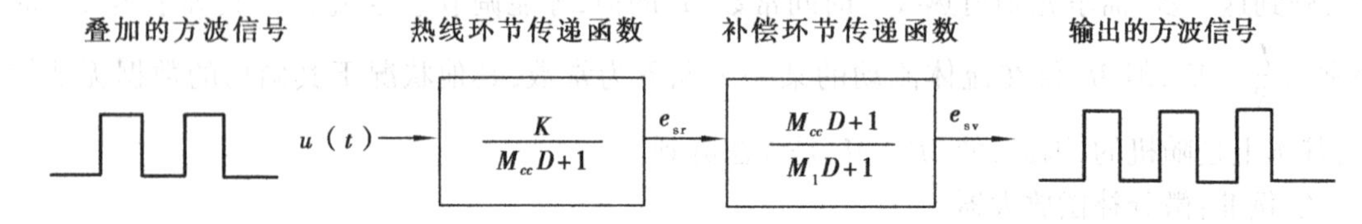

图 5.23　方波电路补偿环节传递函数方框图

方波电路补偿与其他补偿电路相比最突出的特点是对热线的时间常数能进行动态补偿且调节灵活，随机使用。

综上所述，恒流型热线风速仪的时间常数 M_{cc} 与测量系统和流体流动状态有关。确定 M_{cc} 比较困难。更为重要的是，恒流型热线风速仪在气流脉动频率较高的高频区域内，不能精确地对时间常数加以补偿，造成测量的失真。因此，恒流型热线风速仪不适合测量高频脉动和大脉动气流的速度。

为了解决高频率、强紊流、大脉动的气流速度测量问题，人们转而研究另一种热线风速仪。即恒流型热线风速仪。

④恒温型热线的动态特性方程和动态响应过程

热线动态特性方程在恒温的工作方式下，$R_w = \bar{R}_w =$ 常数，即 $r_w = 0$，$\dfrac{d}{dt}\left(\dfrac{r_w}{\bar{R}_w}\right) = 0$。于是方程式(5.33)转化为代数方程

$$0 = 2(\tilde{R}-1)\frac{i_w}{\bar{I}_w} - (\tilde{R}-1)\frac{h}{\bar{H}} \tag{5.37}$$

表面上看，方程式(5.37)为代数方程，但实际上问题并不那么简单，下面研究恒温型热线风速仪的工作方框图和基本工作原理。

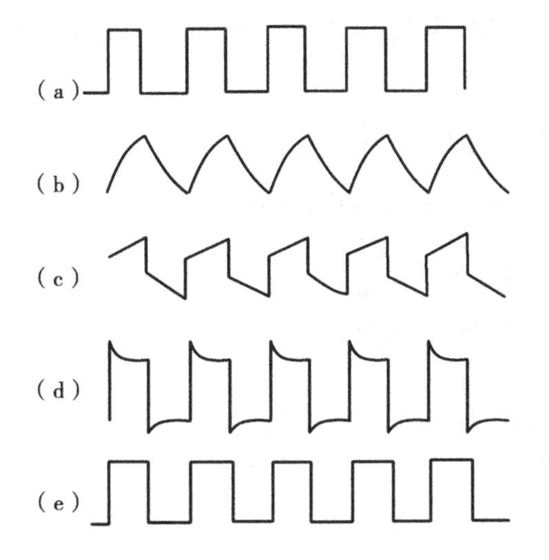

图5.24　补偿的方波调节

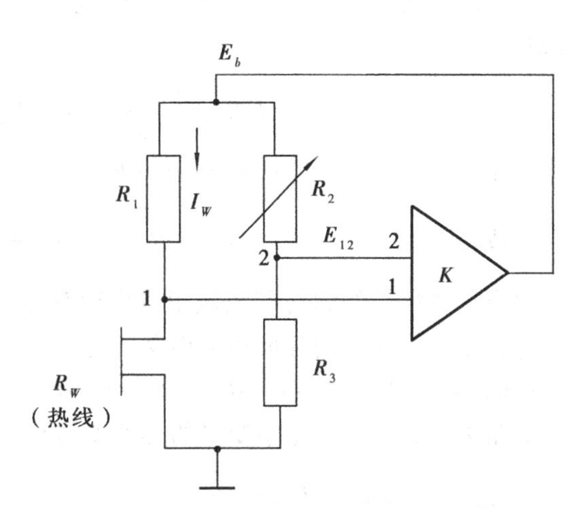

图5.25　恒温型热线风速仪原理图

如图5.25为恒温型热线风速仪原理图。其中热线的工作电阻 R_w 与电阻 R_1、R_2、R_3 构成惠斯顿电桥,电桥对角线的输出送入放大器 K,输出电压 E_b 反馈到电桥顶端。该电路的基本功能就是利用反馈控制电路使得在流速变化热线温度改变而导致电阻 R_w 改变时,能迅速使 R_w 恢复到流速变化前的阻值而使热线温度保持恒定。

恒温反馈控制过程其工作原理分解说明如下:热线为电桥的一个臂,当 U 脉动,$U=\bar{U}+u$,导致热线温度脉动 $T_w=\bar{T}_w+t_w$,引起热线电阻脉动 $R_w=\bar{R}_w+r_w$,由于电阻脉动导致热线加热电流$I_w=\bar{I}_w+i_w$ 脉动,此时电桥平衡被破坏,有一电压信号 $E_{12}=\bar{I}_w r_w$ 从1-2端输出。为保持恒温,必须将电桥恢复平衡,即补偿由于 $I_w=\bar{I}_w+i_w$ 脉动所造成的电阻脉动导致的热线温度脉动。因此,放大器输出导致电桥电压 E_b 脉动,以电流负反馈的形式去制止热线温度的改变,维持恒温,使电桥又恢复平衡,此时反馈信号的大小就代表了流动量的改变。

如果假设气流速度增大时,上述过程可用箭头图示如下:

$$U\uparrow \to R_w\downarrow \to E_{12}\uparrow \to E_b\uparrow \to I_w\uparrow \to E_{12}\downarrow$$

通过以上分析,可以发现恒温型热线风速仪工作时,速度脉动使得热线的温度脉动而引起热线电阻脉动,也就是说 $r_w\neq 0$。这与事先的假定"恒温"条件存在矛盾。实际上"恒温"条件是有前提的,这就是说恒温反馈控制过程必须要瞬时、同步发生;反馈过程必须极为迅速,反馈效率必须很高,真正做到同步瞬时补偿。那么才可以认为该动态测量过程不存在能量积累,热线无热惯性造成的热滞后。只有达到此条件:$r_w=0,\dfrac{\mathrm{d}}{\mathrm{d}t}\left(\dfrac{r_w}{\bar{R}_w}\right)=0$,式(5.39)才能成立。

换句话说,若气流速度 U 脉动,热线 T_w 不变,R_w 也不变,$r_w=0$,电桥则永远处于平衡,试问,此种恒温对测量又有何意义呢?恒温是人为的技术做法,使热线在过程中保持恒温,而不是永远不变的恒温。

事实上,恒温反馈控制过程效率不可能很高,瞬时、同步补偿难以完全实现。因此热线仍然具有热惯性,过程中也仍然存在着热滞后,恒温型热线风速仪在测量时仍存在着动态误差,振幅会有衰减,相位会有滞后。所以仍得重新考虑恒温型热线的动态响应。

a. 恒温型热线的动态特性方程

式(5.38)显然不能反映恒温型热线的动态特性,为此仍回到最初动态特性方程式(5.21)。

$$\bar{I}_w^2 R_w = \frac{R_w - R_f}{R_f \alpha_f}(A + B\sqrt{U}) + \rho_w V_w C_w \frac{\mathrm{d}T_w}{\mathrm{d}t}$$

由于气流温度一般变化不大,$R_f = \bar{R}_f =$ 常数,将 $\alpha_f R_f$ 归入 A, B 中,令 $m = \rho_w V_w$

写成 $$I_w^2 R_w = (R_w - R_f)(A + B\sqrt{U}) + mC_w \frac{\mathrm{d}T_w}{\mathrm{d}t} \tag{5.38}$$

对方程式(5.40)进行与恒流型热线动态方程同样的线性化处理。

ⓐ将变量写成平均分量和微小变量之和

$U = \bar{U} + u \to T_w = \bar{T}_w + t_w \to R_w = \bar{R}_w + r_w \to I_w = \bar{I}_w + i_w$,分别代入式(5.38)

ⓑ略去 r_w, u, t_w, u_w 微小变量的交叉项与平方项

ⓒ注意 $\sqrt{\bar{U} + u} = \sqrt{\bar{U}} + \dfrac{u}{2\sqrt{\bar{U}}}$; $\bar{I}_w^2 \bar{R}_w = (\bar{R}_w - R_f)(A + B\sqrt{\bar{U}})$

得到 $$\bar{I}_w^2 r_w + 2\bar{I}_w \bar{R}_w i_w = (\bar{R}_w - R_f)\frac{Bu}{2\sqrt{\bar{U}}} + r_w(A + B\sqrt{\bar{U}}) + mC_w \frac{\mathrm{d}t_w}{\mathrm{d}t} \tag{5.39}$$

ⓓ将方程式(5.41),整理变形成 $u(t) = f(i_w)$ 的形式

由于 $R_w = R_f[1 + \alpha_f(T_w - T_f)] = R_f[1 + \alpha_f(\bar{T}_w + t_w - T_f)]$ 且 $R_w = \bar{R}_w + r_w$;

$\bar{R}_w = R_f[1 + \alpha_f(\bar{T}_w - T_f)]$ 故 $r_w = R_w - \bar{R}_w = \alpha_f R_f t_w$ 写成 $t_w = \dfrac{r_w}{\alpha_f R_f}$ 代入式(5.39)。

引入反馈系统跨导 g_{tr} 的概念。将反馈系统输出脉动电流 i_w 与输入脉动电压 $\bar{I}_w r_w$ 的比值定义为跨导 g_{tr}:即 $-g_{tr} = \dfrac{i_w}{\bar{I}_w r_w}$。式中"-"号表示为负反馈。将其写成脉动电流 i_w 的表达形式:$i_w = -g_{tr}\bar{I}_w r_w$ 代入式(5.41)。

得 $$\frac{mC_w}{\alpha_f R_f g_{tr} \bar{I}_w}\frac{\mathrm{d}i_w}{\mathrm{d}t} + 2\bar{I}_w \bar{R}_w i_w + (A + B\sqrt{\bar{U}} - \bar{I}_w^2)\frac{i_w}{g_{tr}\bar{I}_w} = (\bar{R}_w - R_f)\frac{Bu}{2\sqrt{\bar{U}}}$$

最后整理得:

$$\frac{mC_w}{\alpha_f R_f(A + B\sqrt{\bar{U}} - \bar{I}_w^2 + 2\bar{I}_w^2 \bar{R}_w g_{tr})}\frac{\mathrm{d}i}{\mathrm{d}t} + i = \frac{(\bar{R}_w - R_f) g_{tr} \bar{I}_w Bu}{(A + B\sqrt{\bar{U}} - \bar{I}_w^2 + 2\bar{I}_w^2 \bar{R}_w g_{tr}) 2\sqrt{\bar{U}}} \tag{5.40}$$

写成标准形式:

$$M_{CT}\frac{\mathrm{d}i}{\mathrm{d}t} + i = Ku \tag{5.41}$$

式中 $$M_{CT} = \frac{mC_w}{\alpha_f R_f(A + B\sqrt{\bar{U}} - \bar{I}_w^2 + 2\bar{I}_w^2 \bar{R}_w g_{tr})} \tag{5.42}$$

其表达式的量纲为时间 t,因此 M_{CT} 称为恒温型热线的时间常数;

$$K = \frac{(\bar{R}_w - R_f) g_{tr} \bar{I}_w B}{(A + B\sqrt{\bar{U}} - \bar{I}_w^2 + 2\bar{I}_w^2 \bar{R}_w g_{tr}) 2\sqrt{\bar{U}}} \tag{5.43}$$

当热线及所测流体确定后式中各量均为常数。K 称为静态灵敏度。

b. 恒温型热线的动态响应过程

ⓐ恒温型热线的动态响应过程与恒流型一样,是一个一阶惯性环节。其动态特性参数是时间常数 M_{CT}。一阶环节动态响应特性的好坏,取决于时间常数,因此修正或减小动态误差必须从减小入手。为说明问题现将恒温型热线与恒流型热线二者的时间常数做一比较。

恒流型热线时间常数　　$M_{cc}=mC_w\dfrac{\bar{R}}{\bar{H}}=mC_w\dfrac{\bar{R}_w}{(A+B\sqrt{\bar{U}})R_f}$

分析式(5.44)恒温型热线时间常数的分母,将分母中的下列几项变形整理

$$A+B\sqrt{\bar{U}}-\bar{I}_w^2=A+B\sqrt{\bar{U}}-\frac{(\bar{R}_w-R_f)(A+B\sqrt{\bar{U}})}{\bar{R}_w}=(A+B\sqrt{\bar{U}})\frac{R_r}{\bar{R}_w}=\frac{A+B\sqrt{\bar{U}}}{\bar{R}},$$

并将 $\bar{I}_w^2\bar{R}_w=(A+B\sqrt{\bar{U}})(\bar{R}_w-R_f)$ 代入式(5.44)

则　$$M_{CT}=\frac{mC_w}{\alpha_fR_f\left[\dfrac{A+B\sqrt{\bar{U}}}{\bar{R}}+2(A+B\sqrt{\bar{U}})(\bar{R}_w-R_f)g_{tr}\right]}$$

$$=\frac{mC_w\bar{R}}{\alpha_fR_f(A+B\sqrt{\bar{U}})\left[1+2\left(\dfrac{\bar{R}_w-R_f}{R_f}\right)\bar{R}_wg_{tr}\right]}=\frac{M_{cc}}{1+2\left(\dfrac{\bar{R}_w-R_f}{R_f}\right)\bar{R}_wg_{tr}}\qquad(5.44)$$

由式(5.46)可以看出,$M_{CT}\ll M_{cc}$。因此恒温型热线风速仪的动态特性大大优于恒流型。

例2　若气流温度 $T_f=0$,热线工作温度 $\bar{T}_w=300$ ℃ ,工作电阻 $\bar{R}_w=10\ \Omega$,跨导 $g_{tr}=10$,电阻温度系数 $\alpha_f=3.5\times10^{-3}$。$\dfrac{\bar{R}_w}{R_f}=\dfrac{R_f[1+\alpha_f(\bar{T}_w-T_f)]}{R_f}=2.05$。

则 $M_{CT}=\dfrac{M_{cc}}{1+2\left(\dfrac{\bar{R}_w-R_f}{R_f}\right)\bar{R}_wg_{tr}}=\dfrac{M_{cc}}{200}$;即 $M_{cc}=200M_{CT}$。

跨导的意义在于加大负反馈,使恒温型热线的时间常数大大小于恒流型 $M_{CT}\ll M_{cc}$

从式(5.46)可见:当 $g_{tr}=0$,$M_{cc}=M_{CT}$

若 $g_{tr}\neq0$,$M_{CT}\ll M_{cc}$,g_{tr}愈大,M_{CT}越小于 M_{cc},动态响应则愈好。

综上所述,在测量高频率、大脉动、强紊流的气流速度时,采用恒温型热线比恒流型,动态误差要小得多,测量的准确度要高得多。

ⓑ恒温型热线的动态误差

恒温型热线作为一阶惯性环节,由于其热惯性必然存在着热滞后效应。测量中的动态误差按照第2章动态测量基础知识进行分析

式(5.44)为恒温型热线标准方程式:　$M_{CT}\dfrac{\mathrm{d}i}{\mathrm{d}t}+i=Ku$

写出 D 算子型传递函数:　　　$i/u(D)=\dfrac{K}{1+M_{CT}D}$

频率型传递函数:　　　$i/u(\mathrm{j}\omega)=\dfrac{K}{1+M_{CT}(\mathrm{j}\omega)}$

动态误差反映在:幅值比 $B/A=\dfrac{K}{\sqrt{1+(M_{CT}\omega)^2}}$和相位滞后 $\varphi=-\arctan(\omega M_{CT})$上。

ⓒ减小动态误差的方法

对于一阶环节减小动态误差的方法是减小时间常数或确定时间常数加以补偿修正。

从目前的工艺水平，减小时间常数 M_{CT} 是困难的，而且 M_{CT} 与 M_{cc} 一样是一个受众多因素影响的“常数”。因此只有确定 M_{CT} 加以修正。

确定某一流态下的时间常数 M_{CT} 并进行补偿修正。确定一阶环节时间常数的办法，通常把阶跃信号 $x(t)$ 作为环节的输入量，记录环节的输出量 $y(t)$ 的响应曲线，然后在输入量的 63.2% 处做平行于横轴的直线与响应曲线相交，过交点平行于纵轴与横轴相交，横轴上的交点数值即为时间常数的数值。该方法一样用于确定的热线时间常数。理想的确定热线的时间常数的方法，是给热线一个突增（突减）的阶跃风速，由响应曲线求得 M_{CT} 值，实际上产生阶跃风速目前还比较困难，取而代之是向电桥提供方波信号。

如图 5.26 所示，如果要提供一个风速突减的阶跃信号，相对而言就要提供一个电压突增的方波信号。

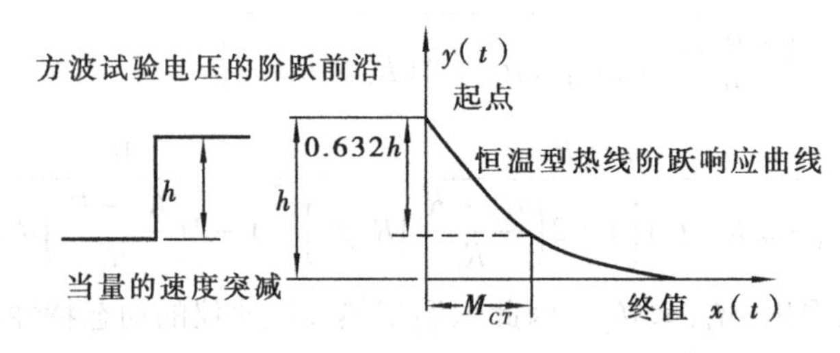

图 5.26 恒温型热线风速仪阶跃响应曲线

因为用方波电压突增模拟气流速度突减时，热线的工作温度 T_w 上升，则热线的工作电阻 R_w 也上升，要维持热线恒温过程，只有增加电压 E_b 加大反馈电流 I_w，使 T_w、R_w 下降恢复到恒温状态。具体工作过程如下：外加的方波信号经功率放大器供给电桥，热线被方波阶跃电压加热，相当于当量速度突减，电桥失去平衡，记录电桥输出的不平衡信号，并调节电桥臂上的相应的电感、电容，使其得到如图 5.26 所示的最佳响应曲线，由该曲线则可求得恒温型热线在该工况下，近似的时间常数 M_{CT} 数值。通过计算得到截止频率 $f_c = \dfrac{1}{2\pi M_{CT}}$。即在该频率范围内，热线的动态误差最小。

在推导热线的动态特性方程和分析动态响应过程时，是在理想条件下进行分析。即不考虑热线探针引线的电感和电桥中补偿电感的影响。如果要进一步分析请参考相关文献资料。

4）热线的校准和修正

①热线的校准

热线为什么要校准，简而言之是为避免和减小误差。前面已经叙述了热线风速计的基本原理。但是单靠这些原理是不够的，理论只是为分析问题指明了方向，找出方法。在实际使用中，还必须依靠对每一条热线所作的具体校准。这是因为探针的外在与内部条件与实际有一定的差距。第一，理论上的差距，热线的理论是建立在克英“流体跨越圆柱体的对流换热”公式上。而实际中，由于热线细（几个 μm），长（mm 数量级），工艺上很难完全保证它是圆柱体，同时气流流态上也很难保证与热线处于跨越圆柱体的对流换热；第二，探针的内在性能是随制造工艺、探针尺寸和金属材料不同，而性能不同，即使用相同的工艺用同一种材料制作成相同的形状，也不可能使每个探针具有相同的性能；第三，探针的性能也和流体的温度、密度等紧密相关。同时探针的性能还和污染情况、速度范围等其他外部条件有关。第四，探针在测量中并不是孤立的系统，而是和电子仪器结合在一起使用，探针并不是孤立的，它与放大器、线化器等组成测量系统，尤其是探针引线较长时，引线电感、电桥电感的影响不能忽略，所以必须对整个测量系统进行校正。因此真正的动态响应关系是建立在热线风速计仪器的输出电压 E 和流动速度 U 之间的。

鉴于以上种种原因，对于每一根具体的探针，为了获得其真实的响应关系，就必须将热线风速仪仪器和被测流场进行现场校准，并且这种校准应该在测量的过程中反复地进行。

一般地说，校准工作应该在低湍流度的流场或校准设备中进行。这是因为在强湍流场中，必须有足够长的积分时间才能获得其真实平均值；而且还会有非线性误差影响测量结果，从而使校准曲线部分地偏高。

a. 校准表达式

将风速计的输出电压 E 和流动速度 U 直接联系在一起，以便给出实用的校准表达式。

对于接近于大气压条件下的大多数实用情形，可以忽略气流密度变化的影响。于是就连续流而言可引用克英公式来获得如下校准表达式：

$$E^2 = A + BU^n \tag{5.45}$$

式中 E——风速计输出电压；

A,B——依赖于热线尺寸、流体物理特性和流动条件的常数。

指数 n 在一定的速度范围内恒定，在大范围内随速度而变。图5.27显示了 n 随速度而变的情况。由图可见，当流速小于1 m/s和大于80 m/s时，克英公式的 n 值不能取0.5而必须相应增大到0.6或减小到0.4。

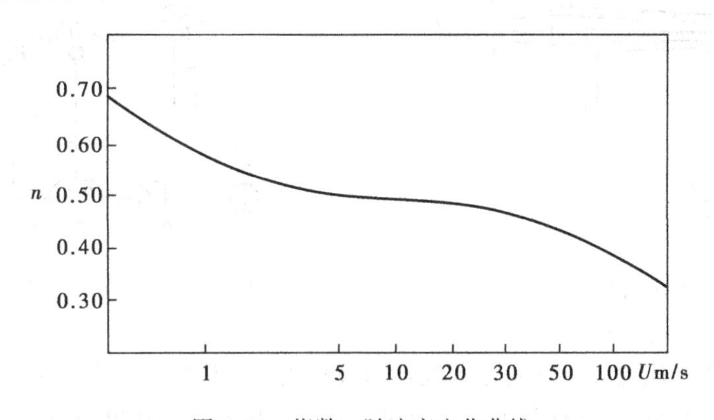

图5.27 指数 n 随速度变化曲线

n 值可由下式确定：

$$n = \frac{Ln\dfrac{E_1^2 - E_0^2}{E_2^2 - E_0^2}}{Ln\dfrac{U_1}{U_2}} \tag{5.46}$$

式中 U_1,U_2——被测点附近的两个速度值；

E_1,E_2——相应于 U_1,U_2 的风速计输出电压；

E_0——零风速时的风速计输出电压。

零风速，即热线没有置于流场前，即速度 $U=0$ 时，所对应的电压值。

式(5.46)并不是唯一的校准表达式，实际使用中，可根据不同的实验要求和实际情况的不同选择不同的校准表达式。关于这一点请参阅相关文献资料。

b. 校准装置

在使用热线风速仪测量未知速度时，仪器显示的是与速度对应的电压值，这时通过探针的速度与电压 $U \sim E$ 曲线，即校准曲线就可以知道所测量的风速值。对每一根热线探针而言，它的校准曲线完全不同，如何做出它的实用的校准曲线，就必须有一个产生已知流动速度的装置。这样就可以按一个已知速度 U_1，对应地在风速计上读出一个电压值 E_1，依次逐点来做出 $U \sim E$ 校准曲线。产生这种已知速度 U 的装置就称之为校准装置。

校准装置的种类很多，但归纳起来有两大类：一类叫直接速度传递装置；另一类叫间接速度传递装置。

直接速度传递装置的特点是流体不动，而让探针按预定速度在流体中运动；间接速度传递装置的特点是探针不动，而流体则按预定的流速运动。

属于直接速度传递的校准装置有经典的旋臂机，牵引机，旋转槽等。属于间接速度传递的校准装置有校准风洞，射流喷咀等。下面重点介绍当前较为流行的间接速度传递装置。

ⓐ校准风—U 型压力计

图 5.28 是风洞—U 型压力计装置的示意图。图中的 U 形压力计是用来测量风洞收缩段两端的压差的。这种装置的校准范围大约为 1 m/s 至 150 m/s 左右。但是由于 U 形压力计在速度小于 3 m/s 时，ΔP 的值变得很小，约小于 1 毫米水柱。用这种方法在低速时难于获得精确的速度结果。如果采用精密式压力传感器测量 ΔP 值，测量精度将会得到提高。

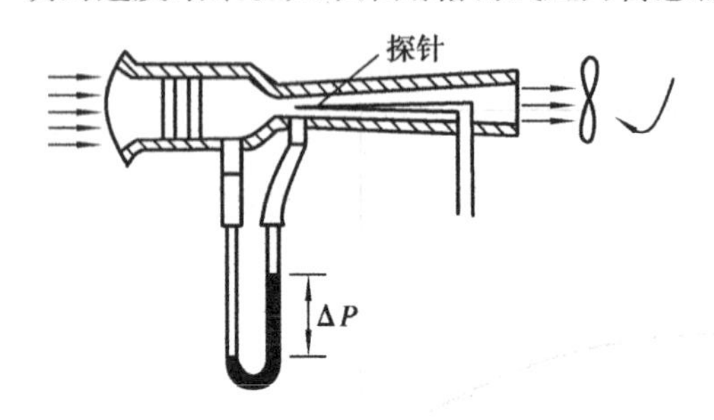

图 5.28 校准风洞示意图

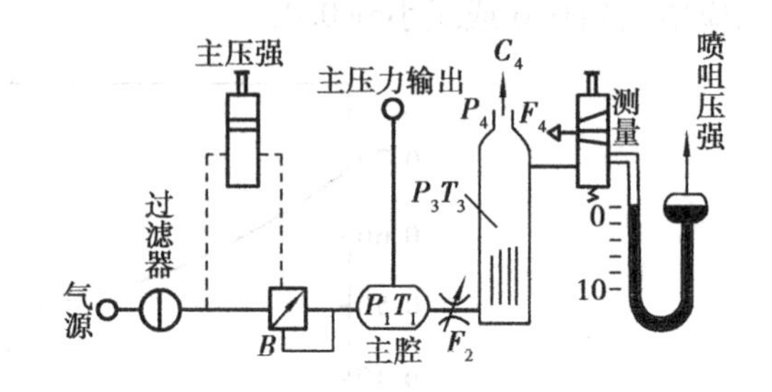

图 5.29 喷嘴—U 型压力计式校准装置

ⓑ校准风洞—激光风速计

校准风洞—激光风速计装置实际上就是用激光风速计代替 U 形压力计来直接测量速度。由于激光风速计的测量范围很广，因此只要风洞能够产生多宽的速度范围，它就能够校准多宽的速度范围。当然测量精度要受激光流速计和风洞品质因素的制约。如果要求具有较高的测量精度，就必须要求风洞本身的湍流度要低，风速稳定度要高，流场梯度要小。

ⓒ喷嘴—U 型压力计

图 5.29 为喷嘴—U 型压力计装置的功能示意图。来自空气瓶或其他气源的气流，经过过滤器滤去水分、油和 0.5 μm 直径以上的尘埃，然后通过压力调节器 B 到达主腔。主腔中的压力是恒定的，但其大小可以由“主压强”阀门装置进行调节。

从主腔一方面将压力送入压力转换器以测量主腔的压力 P_1；另一方面气流经过可调喷管 F_2 调节空气流量，然后进入喷嘴单元，再经过湍流、噪声过滤器和整流器产生低湍流自由射流。喷嘴压力降由 U 形压力计来测量。

当越过“流量”喷嘴 F_4 的压力降为过临界状态时，如果满足理想气体、等熵、稳定流动的条件，则根据气体动力学理论，可求出喷嘴出口处的射流速度 C_4，其值为：

$$C_4 = K\frac{P_1F_2}{P_4F_4}\frac{RT_3}{\sqrt{RT_1}}(1-\alpha) \tag{5.47}$$

式中 α 是对于压缩性的修正因子；K 是常数；R 是气体常数；P_4 是大气压。

由于校准期间 T_1，T_3 和 P_4 实际上保持不变，因而可以和 K 合并在一起。于是有：

$$C_4 = KP_1\frac{F_2}{F_4}(1-\alpha) \tag{5.48}$$

当流量固定后，F_2 随之恒定；而当喷嘴选定时，F_4 也就确定，所以式(5.50)最后可简化为 C_4 和 P_1 之间的线性关系，即：

$$C_4 = KP_1(1-\alpha) \tag{5.49}$$

这样一来，只要读出 P_1 就可知道校准速度 C_4。

丹麦 Dantec 公司的校准装置就是利用这个原理制成的，它可校准 0.5 m/s 到马赫数 1 之间的整个速度范围。校准精度可达 2%。校准装置的背景湍流度，在速度大于 20 m/s 时约为 1%，在较低速度时最大可达 4%。

美国 TSI 公司的校准装置具有两个收缩段，校准范围为 3 cm/s 到 300 m/s。背景湍流度为：在风速为 30 m/s 时小于 0.1%；在低速时可达 5%。校准精度为：在风速大于 3 m/s 时为 ±1%；在风速为 15 cm/s 到 3 m/s 之间时为 ±2%；在风速低于 15 cm/s 时为 ±10%。

②热线风速仪测量结果的修正问题

热线的理论推导是在假定了许多前提之下才推导出理论方程。如认为热线的长度直径比 L/d 非常大，为无限长热线而忽略热线支架的热传导；认为气流来流方向始终与热线垂直，不考虑探针的安装角度；在测边界层流速时没有考虑固体壁面对测量的影响；认为流体温度不变化；认为热线是干净的，没有考虑气流对热线探针的污染；没有考虑热线探针对流场的动力干扰；没有考虑流体大脉动影响等等。当然，更没有考虑热线的时间分辨率，空间分辨率等等精密测量应该考虑的问题。实际测量中，以上这些因素都影响着热线的测量精度。因此必须要研究测量结果的修正问题。由于实际现场的情况是十分复杂的，要想准确测量，需要根据现场具体情况和测量精度要求，抓住主要矛盾，确定修正项目，拟定出测试方案进行测试。

a. 终端修正

理论上讨论的热线热耗散规律只适合无限长和准无限长热线 $L/d>1\,000$。而实际热线出于考虑提高空间分辨率，机械强度、抗冲刷、振动力、加工工艺等方面的因素，一般 $L/d=200\sim500$。实验与理论证明敏感元件的温度分布取决于长度直径比 L/d，流体和敏感元件之间的热传导率比、以及 Nu 数。关注对流热转换与总的热转换（对流加传导）之间的比例关系。热线风速仪在使用时，作为敏感元件的热线的对流热转换在总的热转换中的比例大约占 82.6%，而支架热传导的热转换则占总的热转换的 17%。这就证明，对于有限长的热线来说，支架热传导的影响是不可忽略的。因此必须考虑由支杆导热所带来的误差，进行终端修正。

b. 线倾角的修正

在实际测量中，热线往往与来流成一定的角度，因而就必须研究角度效应。实践表明，对有限长的热线，终端损耗对来流方向极为敏感，影响较大，因此必须对倾角的影响进行必要的修正。

实验证明，只要 L/d 足够大（例如大于 300），并且 $\alpha<60°$，那么实验结果基本上与计算的

结果一致。但对于一般的有限长线,实际上存在着沿轴线方向的热对流转换,此时引进"偏航因子"K_y 进行修正;测量中,有时热线需要围绕线轴线转动,从理论上讲虽不影响热线的热损耗,但是热线的探针体和叉杆,仍然会产生影响。特别是用于三维空间测量的热线,此时又引进了"坡度因子"K_Z 进行修正。

c. 流体温度变化的影响及其修正和补偿

由于流体的导热系数、密度、黏性、以及流体和热线之间的温差都受到流体温度变化的影响,因此流体温度的改变必然会导致热线风速计读数的改变。实验表明,对于直径 5 μm 的热线,当热线在 300 ℃的空气中工作时,典型的速度误差为 1%/℃,当温度从 27 ℃上升到 31 ℃时,温度误差可达 6%;而当温度从 27 ℃上升到 37 ℃时,温度误差则达 15%。温度对湍流度的影响则较小,一般为 0.5%/℃左右,最大误差仅为 5%。因此必须考虑流体温度变化的影响,对其修正和补偿。

d. 固体壁面的影响及其修正

在流体边界层研究中,探针常常非常接近固体壁面,这就会影响热线周围的温度场,从而影响热损耗。实践表明,固体壁面的影响不仅取决于热线与壁面的距离,而且还和流动速度有关。固体壁面影响的修正,一般采用经验公式,引入"层流边界层修正因子" K_U进行修正。

e. 污染的影响

若用热线测量有悬浮微粒、油雾等流体速度时,由于热线对污染物的污染是相当敏感的。一根被污染了的热线探针,不仅它的校准曲线形状发生了变化,而且频率响应也会改变。根据实验结果,一根直径 5 μm 粗的探针,在常规实验室条件下,工作 40 h 以后其读数误差可达 17%左右。其污染的影响是相当严重。判断热线是否被污染可以从探针的冷电阻和校准曲线是否吻合,当冷电阻没有显著变化而校准曲线却发生明显改变时,就可以断定这个探针是已被严重污染了的探针。

解决探针污染问题的有效办法是清除流体中的污染物质。实践证明,在清除了大约五分之一线径粗以上的微粒以后,污染引起的读数漂移就可以认为是微不足道的。

对污染了的探针应该进行清洗。清洗可以在超声溶液盆中进行。清洗以后,探针的特性可以部分地获得恢复。热膜敏感元件的清洗效果较好。

f. 探针的流体动力干扰

探针的流体动力干扰问题,长时期以来是被忽视,直到近年来才被人们所注意。这是因为在相当长时期内,热线法主要被用于低速大流场的流动测量,因而流体动力干扰问题并不十分突出的缘故。随着激光风速计的投入使用,人们才开始研究这一问题。

因为激光风速计属于非接触式测量仪器,它的突出的优点就是不干扰和破坏流场,因而特别适宜于在易变流场和狭窄流场中使用。而热线热膜风速计则属于接触式测量仪器,它在测量流动的同时又干扰和破坏流场的本来面貌。对于单线探针来说,探针的不同部分都是不同的误差源。干扰的大小和流动速度有关,高速时影响大,低速时影响小。此外探针对流体的动力干扰还和探针的放置状态有关。当探针头对准来流方向放置时,显示速度大约比实际速度减少 8%左右。减少的确切数值与探针的形状有关。当探针头与来流方向相垂直时,显示速度大约比实际速度增加 11%左右。增加的确切数值也和探针形状有关。至于热膜的流体动力干扰,估计比热线更加严重。但热膜通常用于低速测量,所以基本上可以忽略。

g. 探针的空间分辨率及其修正问题

前面的讨论中，一直假定沿热线的速度分布是均匀的。然而在湍流场中，即使是在最小湍流尺度的区域里，速度分布都不是均匀的。特别是在高速流动中，最小湍流尺度可能小于毫米级。这就必须考虑空间修正问题。

h. 探针的时间分辨率及其修正问题

热线探针和任何测量工具一样，既具有有限的空间分辨率，也具有有限的时间分辨率。而所谓有限时间分辨率，归根结底是由于热线探针不能够完全做出瞬时反应所引起的，就是说是和热滞后效应紧密相关的。

在研究热线的动态响应中可以得知：热线的滞后现象是和热线的时间常数的大小有关；时间常数通常是在毫秒级的数值上。这样大的滞后值，对大多数的实际应用场合都不能允许的，必须进行补偿，滞后现象是可以用电子线路进行补偿的，因此时间滞后对测量的影响直接取决于仪器的品质因素，所以时间分辨率也和仪器的品质因素有关。

恒温型热线风速仪系统的时间常数取决于使电桥保持平衡的速度，电桥保持平衡的速度取决于系统的反馈因子。由于恒温型热线风速仪具有较大的反馈因子，其时间常数基本上和反馈因子成反比。所以当反馈因子大于1 000的热线风速计系统，其上限频率可以超过300 kHz。这样高的上限频率对于大多数湍流场都是足够的，并不需要做额外的时间修正。

除了上述八种类型的修正外，热线风速仪还有流体大脉动的影响及其修正；流体温度快速变化或缓慢变化的影响及其修正等。并且每一种修正都有相应的经验公式与实验规律，因此了解热线修正的理由，熟悉修正的途径，掌握修正的方法，在热线风速仪的使用中能得到精确的测量结果。

5）各种具体测量

由于热线热膜风速计并不是一种常规的通用仪器，因而使用好这种仪器的先决条件是要懂得这种仪器的原理和特点，并且善于具体问题具体分析，灵活应用仪器的各种组合单元。在测量中不断总结经验，积累经验才会用好用活这种仪器。否则就可能导致严重的误差，甚至得出错误的结论。

热线热膜风速仪是一种研究流动现象、传热过程多用途的测量仪器。它可以测平均速度、脉动速度、速度方向、温度测量。它不仅可以测一维平均速度，还可以测三维空间平均速度；不仅可以测一维脉动速度，还可以测三维空间脉动速度，不仅可以测气流速度，还可以测液体速度等等，能够响应一系列流动量。由于用途广泛，则导致了测量状态的复杂性，这就要求使用者针对各种具体问题灵活利用这一工具。也正因为这们，制造工厂都尽可能生产各种不同型式的探针和组合式的单元仪器，目的就是供使用者针对各种不同的实际问题去进行选择。

实践表明，利用热线热膜风速计解决各种测量问题的一般步骤包括以下几点：第一是要弄清测量要求，得到基本的测试公式。明确测什么量，找出哪些量可直接测，哪些量可间接测量。被测对象有哪些特点？与被测量有关的可变因素有哪些？应该采用什么办法去消除它们的影响？第二是对测量结果做出某些有限的推断或猜测。特别是要选择某些特殊情况或特殊点作为校准点或校准条件。比如校准大气压条件下的标准状态，零风速时风速计的输出值等。第三是选择适当的探针结构和信号处理方法，配制适当的处理装置或处理单元。如测量气流速度用热线探针，液体速度用热膜探针，一元速度可用单根探针，空间速度用X型探针。第四是确定校准要求和校准过程。第五是研究和确定修正项目和修正方案。最后是设计和进行合格试验，以校核试验结果。最好是能够找到某种特殊的已知状态进行比较。

目前紊流理论还是一门不够完整的学科。对紊流的研究需要大量地进行实验研究,通过测量去分析、研究紊流形成的机理与构成。与其他测试仪器相比,热线热膜风速仪具有独特的优势,因此,大量而广泛地应用在紊流参数,如紊流强度、雷诺应力、相关系数等的测量中。下面以紊流强度、雷诺应力为例讲述测量的基本思想。

①紊流强度测量

由流体力学可知,脉动速度 U 在 x,y,z 方向上的速度分量 u,v,w 是一些随机量。作为随机量在研究时常常用它们的统计特征值,如均方根值 $\sqrt{\overline{u}^2}$, $\sqrt{\overline{v}^2}$, $\sqrt{\overline{w}^2}$ 和紊流强度 $\varepsilon_u=\dfrac{\sqrt{\overline{u}^2}}{\overline{U}}$, $\varepsilon_v=\dfrac{\sqrt{\overline{v}^2}}{\overline{U}}$, $\varepsilon_w=\dfrac{\sqrt{\overline{w}^2}}{\overline{U}}$ 来度量,这里仅介绍一元紊流强度 $\varepsilon_u=\dfrac{\sqrt{\overline{u}^2}}{\overline{U}}$ 的测量。

在实际测量中,一元紊流强度表达式中各个量都转换为电学量由相应的仪表进行测量。

式中 $\overline{U}$——脉动速度 $U(t)$ 的平均速度分量 $\overline{U}$ 线性化后转换为电压平均值;

u——脉动速度 $U(t)$ 的脉动速度分量 u 线性化后转换为电压脉动分量;

$\sqrt{\overline{u}^2}$——线性化后脉动速度分量 u 转换为电压脉动分量的均方根值。

测量一元紊流强度 ε_u,恒流型热线风速仪和恒温型热线风速仪所用的方法差别很大。这种差别正好反映了各自的工作特点。下面将分别介绍,这对理解它们的工作原理是有帮助的。

ⓐ恒流型热线风速仪测量一元紊流强度 ε_u

恒流型热线风速仪测量一元紊流强度的原理如图 5.30 所示。

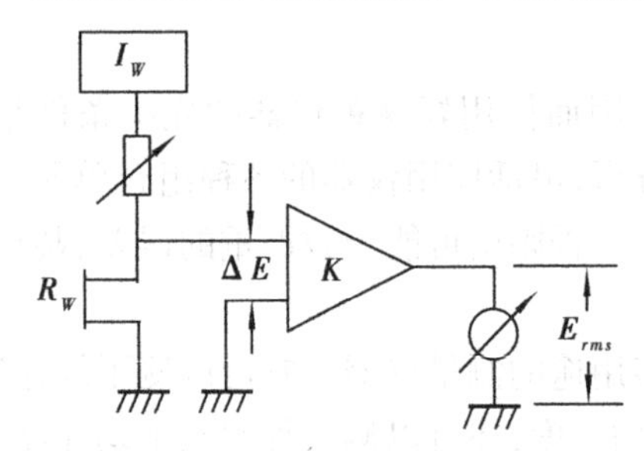

图 5.30 恒流型热线风速仪电路简图

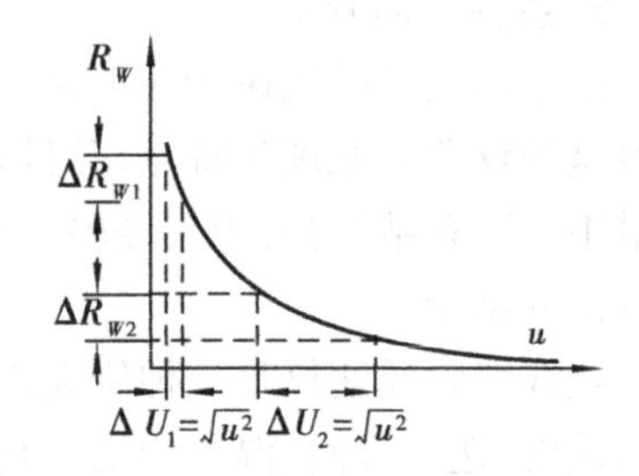

图 5.31 恒流型热线风速仪校准曲线

恒流型热线响应气流脉动速度 u 所引起的电压改变量为 ΔE,经补偿放大器放大 K 倍后输出为 $E_{rms}=K\Delta E$。其中 K 为补偿放大器的放大倍数,E_{rms} 为输出电压的均方根值。

将图 5.31 恒流型热线校准曲线 R_w—U 线性化处理

$$\frac{\mathrm{d}R_w}{\mathrm{d}U}=\frac{\Delta R_w}{\Delta U}=\frac{\Delta R_w}{\sqrt{\overline{u}^2}} \tag{5.50}$$

由热平衡静态方程式(5.50),为简化起见,将 $\alpha_f R_f$ 归入 A,B 中,U 的指数 n 仍取 0.5。

则
$$I_w^2 R_w=(R_w-R_f)(A+B\sqrt{U})$$

写成:
$$R_w=-\frac{R_f(A+B\sqrt{U})}{I_w^2-(A+B\sqrt{U})} \tag{5.51}$$

线性化处理

$$\frac{\mathrm{d}R_w}{\mathrm{d}U}=-\frac{\frac{1}{2}BU^{-\frac{1}{2}}[I_w^2-(A+B\sqrt{U})]R_f-R_f(A+B\sqrt{U})(-\frac{1}{2}BU^{-\frac{1}{2}})}{[I_w^2-(A+B\sqrt{U})]^2}$$

$$=\frac{-R_f(I_w^2-A-B\sqrt{U}+A+B\sqrt{U})B}{2\sqrt{U}[I_w^2-(A+B\sqrt{U})]^2}=\frac{-R_fI_w^2B}{2\sqrt{U}[I_w^2-(A+B\sqrt{U})]^2}$$

由
$$-R_f=\left[\frac{I_w^2-(A+B\sqrt{U})}{A+B\sqrt{U}}\right]R_w,\ \frac{I_w^2}{A+B\sqrt{U}}=\frac{R_w-R_f}{R_w}$$

可得
$$\frac{\mathrm{d}R_w}{\mathrm{d}U}=\frac{B(R_w-R_f)}{[I_w^2-(A+B\sqrt{U})]\times 2\sqrt{U}}\tag{5.52}$$

将式(5.51)写成

$$R_w[I_w^2-(A+B\sqrt{U})]=-R_f(A+B\sqrt{U})$$

将 $A+B\sqrt{U}=\frac{I_w^2R_w}{R_w-R_f}$，代入　$\frac{\mathrm{d}R_w}{\mathrm{d}U}=\frac{-B(R_w-R_f)^2}{2\sqrt{U}R_fI_w^2}$

等式两边同乘以 I_w

$$\frac{I_w\mathrm{d}R_w}{\mathrm{d}U}=\frac{I_w\Delta R_w}{\Delta U}=\frac{\Delta E}{\sqrt{\overline{u}^2}}=\frac{-B(R_w-R_f)^2}{2\sqrt{U}R_fI_w}\tag{5.53}$$

由一元紊流强度的定义：$\varepsilon_u=\frac{\sqrt{\overline{u}^2}}{\overline{U}}=\frac{-2I_wR_fE_{rms}}{BK(R_w-R_f)^2U^n}$　(5.54)

式中　I_w——恒流型热线加热电流；R_f——气流温度 T_f 下的热线电阻；K——放大器放大倍数；

U——气流平均速度；n——U 的指数，此处取0.5；B——待定常数；

E_{rms}——恒流型热线风速仪输出示值。

待定常数 B 的确定，可在图5.28R_w—U 校准曲线上任取两点，一般 U_1 较高，U_2 较低。由 U_1 对应 R_{w1}，U_2 对应 R_{w2} 代入式(5.54)解联立方程，可得

$$B=\frac{I_w^2R_f(R_{w1}-R_{w2})}{(\sqrt{U_1}-\sqrt{U_2})(R_{w1}-R_f)(R_{w2}-R_f)}\tag{5.55}$$

综上所述，用恒流风速计测量湍流度时，首先必须在一定平均速度条件下用方波法对时间滞后给出正确的补偿；其次必须测出热线探针的校准曲线，画出 R_w—U 图；第三必须从校准曲线定出常数 B；第四必须测量出热线的加热电流 I_w；第五必须测定热线的冷电阻 R_f；第六必须确定放大倍数 K；第七必须测出当时的平均速度 U；第八必须读出风速计的输出电压的有效值(即均方根值)E_{rms}。很显然，整个测量过程是相当的繁杂，随后的数据处理也很麻烦。

ⓑ恒温型热线风速仪测量一元紊流强度 ε_u

由定义：$\varepsilon_u=\frac{\sqrt{\overline{U}^2}}{U}$，对于定常流场：$\varepsilon_u=\frac{\mathrm{d}U}{U}$。由热平衡静态方程式(5.50)，为简化起见，将 α_fR_f 归入 A，B 中，在恒温型条件下 R_w = 常数，故 R_w-R_f 等于常数，归入 A、B 中，U 的指数 n 仍取0.5。则有：

$$I_w^2R_w=A'+B'\sqrt{U}\tag{5.56}$$

当 $U=0$，零风速时定出 A'

$I_{w0}^2R_w = A'$,代入式(5.58),则有:$I_w^2R_w = I_{w0}^2R_w + B'\sqrt{U}$。式中各项同乘以 R_w 得 $\dfrac{(IR_w)^2}{R_w} = \dfrac{(I_{w0}^2R_w)^2}{R_w} + B'\sqrt{U}$,则写成 $\dfrac{E^2}{R_w} = \dfrac{E_0^2}{R_w} + B'\sqrt{U}$ 或 $\sqrt{U} = \dfrac{E^2 - E_0^2}{B'R_w}$,微分后

得 $\dfrac{dU}{\sqrt{U}} = \dfrac{4EdE}{B'R_w}$。显然:$\varepsilon_u = \dfrac{dU}{U} = \dfrac{dU}{\sqrt{U}\sqrt{U}} = \dfrac{4EdEB'R}{B'R(E^2 - E_0^2)} = \dfrac{4E}{E^2 - E_0^2}dE$。

对于定常流:$dE_u = \sqrt{\overline{E^2}} = E_{u \cdot rms}$,

则一元紊流强度

$$\varepsilon_u = \frac{4E_u}{E_u^2 - E_{0u}^2}E_{u \cdot rms} \tag{5.57}$$

由图5.32可见,用恒温型热线测一元紊流强度 ε_u 只需要测量:零风速时的电桥输出电压,E_{0u};平均速度 u 下的输出电压 E_u 值;电压脉动下的均方根电压值 $E_{u\,rms}$。

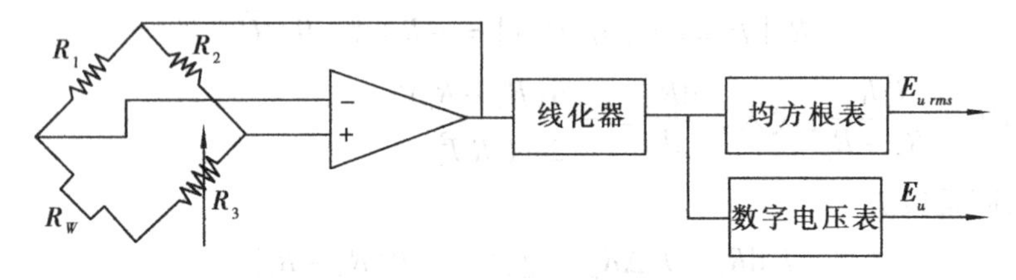

图5.32　恒温型热线风速仪电路简图

由此可见恒温型热线风速仪测量紊流强度过程要比恒流型热线风速计简单得多。单丝探针的缺点是不能同时测量其他速度分量上的紊流强度 ε_v,ε_w,如果要进行测量需要用 V 型或X型探针。

②雷诺应力的测量

由于速度脉动而产生紊流附加应力。称为雷诺应力,并认为紊流附加切应力可以示为:

$$\tau_{uv} = -\rho\,\overline{uv} \tag{5.58}$$

雷诺切应力与黏性应力相当,是流体微团或旋涡之间互相碰撞和掺混情况的表示。

雷诺切应力可以利用X探针来测量。具体办法是利用X探针将热线 A 和 B 的输出信号进行模拟线路运算。X探针的放置如图5.33所示。

由于热线 A 的信号 E_A 反映的是 $a(\overline{U}+u)+bv$,热线 B 的信号 E_B 反映的是 $a(\overline{U}+u)-bv$,并且热线 A 与热线 B 互相垂直,同时与来流成 $\pm 45°$ 角。则 $a=b$,与紊流强度测量的情况类似:$E_A = a(\overline{U}+u+v)$;$E_B = a(\overline{U}+u+v)E_A + E_B = 2a(\overline{U}+u) = E_S$;$E_A - E_B = 2av = E_D$

于是

$$\tau_{uv} = -\rho\,\overline{uv} = -\rho\,\overline{\frac{E_SE_D}{4a^2}} \tag{5.59}$$

显然,只要把X探针的安装位置加以改变,就不难测出其他雷诺切应力的值。

实现上述测量的框图如下:

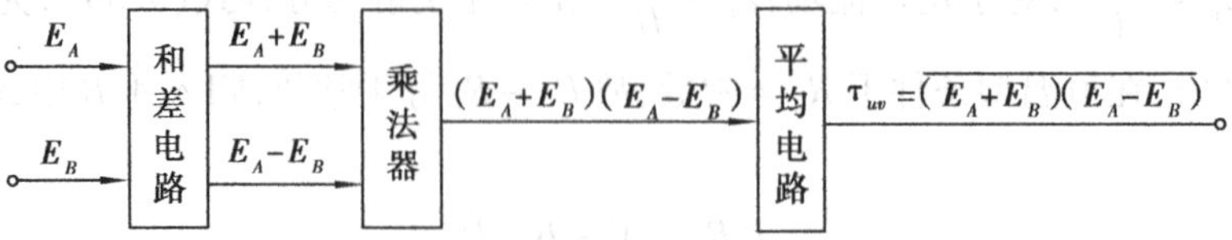

E_A,E_B → 和差电路 → E_A+E_B,E_A-E_B → 乘法器 → $(E_A+E_B)(E_A-E_B)$ → 平均电路 → $\tau_{uv} = \overline{(E_A+E_B)(E_A-E_B)}$

图5.33　雷诺剪应力的测量框图

总之,热线技术至今已有一百多年的发展历史,它为流体速度测量做出了巨大贡献。六十年代以前热线技术似乎垄断了湍流脉动测量领域。至今为止,科学文献上记载的大部分湍流测量结果,仍然是属于热线热膜风速计的。因此,即使在激光流速计技术(简称 LDV 技术)迅速发展的今天,也仍然没有失去它旧日的光彩。何况热线热膜风速计技术(简称 HWA 技术)和 LDV 技术各有特点,无法互相替代,只能相辅相成。可以断定,在今后相当长的历史时期内,它们将会长期共存,互相促进,共同发展测速技术。

5.3　速度测量的光学方法

5.3.1　概述

1. 流体速度的接触式测量

由速度测量的发展可以看出,用机械测量探针来获得流体速度的信息是实验流体力学多年常用的方法。如力学测量的方法是用速度探针接触流体将感受到的速度量转换成微型压力计中的液柱高度差而得到测量结果,如皮托管、笛型管以及其他形式的动压管等力学测量仪器,它们只能测量流体的平均速度。如电学测量的方法之一,是用热线热膜风速仪将速度量转换成电学量后进行测量,它不但可以测平均速度,重要的是可以测量脉动速度和紊流强度、雷诺切应力,以及速度相关量等紊流参数。这种将速度量转化为电学量加以测量的方法使速度测量向前迈出了大大的一步。

但是正如前节所述,用热线热膜风速仪测量时,为使测量结果接近真实值,必须在测量过程中做大量的修正和补偿以消除测量误差的影响。在这里可以说所有误差与影响的来源是因为热线探针接触了流体。与接触式测温一样,接触是测量的基础,同时又是误差产生的主要来源。由于热线探针接触了流体,热线探针对流场的动力干扰、探针物性和流体的性质与工况变化给测量带来误差;由于热线探针接触流体其输出电信号与输入速度量间呈非线性关系;同时由于热线探针接触流体则必须考虑热线探针在流体中的机械强度,抗腐蚀,抗冲刷等因素,因而限制了热线对于高速度 $M>0.5$ 高紊流强度,高脉动流体速度的测量。由于热线要接触流体,那么对于小尺寸,有洄流区的流动速度测量会带来热线探头插入的堵塞问题。由于测量需要接触流体,使热线热膜风速仪限制在低温、低速、低紊流度、常数特性和洄流区以外流动的流体速度测量。

综上所述速度测量中无论"力学"、"电学"的方法绝大多数误差的产生是由于测量元件"接触"了流体。接触是测量的基础,同时又是误差的主要来源。由于接触,干扰和破坏了流体的温度场、速度场;对于热线而言,由于接触使探针与流体间的换热状况趋于复杂化;接触式测量由于测量方法上不可消除的方法误差,使人们寻找流体流速测量的非接触式方法。

2. 流体速度的非接触式测量

流体流速测量的非接触式方法就是利用光学的方法进行测量,称之为速度测量的光学方法。众所周知运动流体中一般有跟随流体一起运动的微粒,将其称之为粒子。如自来水中本身就带有粒子,其直径一般 d = 10 μm。空气中的粒子相对较少,其粒子的直径一般 d = 1 μm。测量时可以在其中加一些粒子。这种与流体一起运动的粒子,可以认为它们运动的速度代表了运动流体的速度,测出它们的速度则可以知道流体的速度。如果将一束光照射在流动的流体上,由于粒子对照射来的光有散射作用,捕捉并检测出包含有粒子速度信息的该散射光的频率,就能检测出流体的速度。

激光多普勒测速属于非接触测量。测量时将激光束照射在流动的流体上,通过检测流体中运动微粒的散射光的多普勒频移来测定运动流体的速度。它可以测量运动流体中示踪粒子的瞬时速度。选用激光作为光源,是因为激光的高亮度性、高方向性、高单色性、高相干性和高平行性等性质。正因为激光光源这些独特的性质,激光多普勒测速技术才有如此巨大的发展,才可能使测量流体速度的方法产生重大突破。

激光的高亮度性反映在:发光时它能将能量在空间和时间上高度集中起来,在单位面积上,向某一个方向的单位立体角内所发射的光功率巨大;激光的高方向性反映在:普通光源发光时,内部大量的发光中心基本上是互相独立的,光向 4π 立体角发散。而激光的发散角仅有 10^{-6} rad,基本上可作为平行光使用;激光的高单色性反映在:衡量光源的单色性是看其谱线宽度。一般情况下的单色光源,发出的光并不是单一波长的光,而是一个波长范围的光,这个范围叫单色光的谱线宽度。单色光源的单色性越好,其谱线宽度越窄。激光测速系统中常用的氦氖激光器,波长 $\lambda_0 = 6\ 328$ Å,谱线宽度为 1×10^{-7} Å。而普通光源中单色性最好的为氪灯,其谱线宽度为 0.009 5 Å。二者相比氦氖激光器的谱线宽度仅是氪灯的九万五仟分之一。在用光学方法测量流体速度时,光源的单色性直接影响到测量结果的精度;激光的高相干性反映在:从物理学可知,两束要产生相干,必须满足三个条件,同频率、同振幅方向,具有固定的相位差。普通光源各发光中心是互相独立的,没有固定的相位关系,不容易出现相干现象。而激光各发光中心是互相密切联系的,遵守叠加原理,可以在较长的时间内,存在恒定的位相差,相干以后测量控制体内能形成长期的稳定的干涉条纹,满足了测量的要求;激光的高平行性反映在:激光的光强分布为高斯型光束,在传播过程中光束的聚焦、扩束和维直中,可视为平行光进行处理。

激光多普勒测速仪,英文缩写为 LDV(Laser-Dopple Velocimeter)发出的激光束经光学元件会焦在运动流体上。其交点称为测量控制体,体积一般为 50 μm × 5 μm。如此微小的激光光束形成的测量控制体是不会干扰和破坏流体的温度场、速度场。反之流体的温度、密度和成分变化也不会对测量控制体产生影响。与接触式测速方法相比,测量控制体仅对流动速度敏感,对流动测量具有可逆性,测量精度高不需要进行流动校正,输出量与速度成线性关系,速度信号经转换后以光速传播,其惯性极小而动态响应极快。由于具有如此显著的特点,激光多普勒测速技术自问世以来就被应用和正在应用于燃烧混合物、火焰、旋转机械、化学反应流动,风洞或循环水洞中流动速度测量。尤其是对小尺寸流道的流速测量,较低温,极低速、高温和高速等困难环境条件下的速度测量更显示出该技术的重要使用价值。

在流体中添加粒子测量流体速度的另一种光学方法是利用粒子的成像技术来测量流体速度。称之为粒子图像测速技术,英文缩写为 PIV(Partcle-Image Velocimetry)。该技术最突出的优点是突破传统单点速度测量的限制,将速度点的测量发展为瞬时非接触测量流场中某个截面上的二维速度分布,测量流体的瞬时速度场,在瞬时把整个速度场上的全部速度矢量描绘出来,且具有较高的测量精度,定量瞬时地测量出全场流速。

5.3.2　激光多普勒测速原理与光学系统

典型的激光测速系统如图5.34所示,由五个部分组成。激光器作为光源将发出的光经入射光学单元按照一定的要求分成多束互相平行的照射光束,通过聚焦透镜会聚到运动流体中的测量点上。运动流体中的微粒在经过测量体时会对入射激光束向四周发出散射光,收集系统光学单元的功能就是收集粒子的散射光再经过光学外差和光电转换过程得到具有多普勒频移频率的光电流信号送入信号处理器。由于运动粒子在经过测量控制体的时间和空间位置是随机变化的。而运动流体中的粒子尺寸大小和浓度也是随机变化的。由此可知其散射光的多普勒频移频率也随之随机变化。最后产生的光电流信号的振幅随机变化。加之运动流体流速脉动和测量控制体内多粒子叠加等因素引起的噪声信号的干扰使信号处理器必须具有相应的特殊功能。采集如此复杂的电信号,通常使用的频率分析仪是难以满足要求的。目前已经有多种LDV的信号处理器,如频率跟踪器、计数式处理器和光子相关器,它们可分别适用于不同的流动场合。从信号处理器经处理后的数据最后进入计算机数据处理系统将各种需要测量的流动参数显示出来。

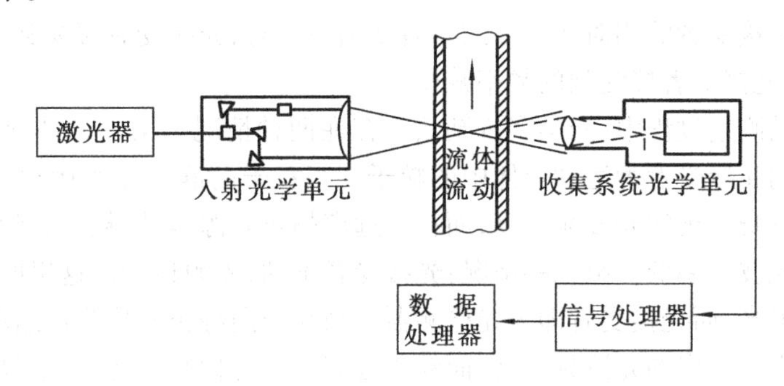

图5.34　典型的激光测速系统

1.多普勒效应

在简单地了解了典型的激光测速系统后可以发现激光多普勒测速依靠运动微粒散射光与照射光之间光波的频差(或称频移)来获得速度信息。这里存在着光波从静止的光源到运动的微粒再到静止的光检测器这三者之间的传播关系。如果f_0为静止光源发出的光波频率,f_p为运动粒子接收到的或者说它散射出去的光波频率,f_s为静止检测器接收到的频率。显然三个频率之间的关系并不相等$f_0 \neq f_p \neq f_s$。也就是说运动粒子接收到的频率f_p并不等于光源的光波f_0,而检测器接收到的频率f_s并不等于运动粒子散射光的频率f_p。由于散射光的频率f_p包含着速度的信息,它的增减,大小与两个因素有关。一是与粒子运动的速度有关,即与流体流动流速有关;二是与照射光和粒子运动方向间的夹角有关。因此,需要研究f_0,f_p,f_s三个频率间的关系,找出它们之间的定量表达式。

总而言之,如果将一束具有单一频率f_0的激光照射到一个运动微粒上时,微粒接收到的光波频率f_p与光源频率f_0会有差异,其增减的大小同微粒运动速度的大小以及照射光与速度方向之间的交角有关。如果用一个静止的光检测器(例如光电倍增管)来接收运动微粒的散射光,那么观察到的光波频率f_s就经历了两次多普勒效应。

1)声学多普勒效应

所谓多普勒效应通常是指声学中的一种现象。这种效应是奥地利物理学家多普勒于十九世纪初发现的。以声源和观测者为例可分为两种情况。第一种情况:声源静止,观测者运动。当观测者向静止声源运动时,他收到的声波频率将比声源本身发出的声波频率高,而观测者远离静止声源运动,他收到的声波频率将比声源本身发出的声波频率低。第二种情况:观测者不动,声源运动。当声源向静止观测者运动时,他收到的声波频率将比声源本身发出的声波频率高,而声源远离静止观测者运动,他收到的声波频率将比声源本身发出的声波频率低。假如你到火车站接人,你静止不动,火车鸣笛由远至近向站内开来,你会发现你收到的汽笛声频率将比火车汽笛声的频率高,笛声尖叫而来。反过来,你到火车站送人,你静止不动,火车鸣笛离站驰去。你会发现你收到的汽笛声频率将比火车汽笛声发出的频率低。笛声沉闷而去。只要观测者与火车之间有相对运动,就有声学中的多普勒效应产生。这种因声波源或观测者相对于传播介质的运动而使观测者接受到的声波源频率发生变化的现象称之为声学多普勒效应。

2)光学多普勒效应

与声学多普勒效应类似光波也具有多普勒效应。1905 年爱因斯坦在其狭义相对论中指出了光学中也存在类似的多普勒效应。其基本思想与声学中类似。

当光源与光接受者处于相对运动状态时,光接受者所接受到的光源发射光的频率将是变化的。当光源与光接受者的相对运动导致两者距离减小时,光接受者接受到的频率增高;反之两者距离增加时,光接受者接受到的频率减少。

在激光多普勒测速过程中,光学多普勒效应存在两种情况。第一种情况:光源静止,光接受者运动。这里的光接受者为运动流体中的粒子。当粒子向静止光源运动时,粒子收到的光波频率将比光源本身发出的光波频率高,而粒子远离静止光源运动,粒子收到的光波频率将比光源本身发出的光波频率低。第二种情况:光接受者不动,光源运动。这里所指的光源即为运动粒子发出的散射光,而光接受者即为光检测器。当粒子向静止光检测器运动时,它收到的光波频率将比粒子本身发出的光波频率高,而粒子远离静止光检测器运动,它收到的光波频率将比粒子本身发出的光波频率低。由此可知,光源发出的光照射到运动物体上,只要物体能够散射光线,就可以利用多普勒效应来测量其速度。

3)LDV 测速中的光学多普勒效应

通过以上分析可知,LDV 测速中,在静止激光光源→运动粒子→静止光检测器三者之间有二次多普勒效应。

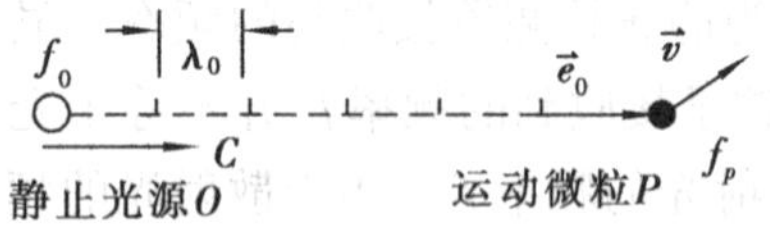

f_0　λ_0　$\vec{e}_0$　$\vec{v}$　C　f_p　静止光源 O　运动微粒 P

图 5.35　静止光源与运动粒子速度矢量图

①静止激光光源与运动粒子间的第一次多普勒效应

a. 运动粒子任意运动方向的频率表达式

如图 5.35 所示。激光光源静止不动,运动粒子以速度 v 相对与介质运动,此时运动粒子接受到的光波频率为

$$f_p = \frac{C - \vec{v}\vec{e}_0}{\lambda_0} = f_0\left(1 - \frac{\vec{v}\ \vec{e}_0}{C}\right) \tag{5.60}$$

式中　f_0——光源光波频率;

C——介质中的光速;

λ_0——光源波长;

$\vec{e}_0$——入射光方向上的单位矢量；

$\vec{v}$——微粒运动速度的单位矢量。

b. 运动粒子反向朝光源运动的频率表达式

如图 5.36 所示。光源传播方向为 x 轴，运动粒子以速度 v，反向沿 O-P 方向朝光源运动。

运动粒子反向朝光源运动，$\vec{v}$ 与 $\vec{e}_0$ 反向，在两矢量间的夹角为 π 的条件下，由矢量数量积的定义，两矢量相乘等于两矢量的模和它们夹角的余弦。即 $|\vec{v}|\,|\vec{e}_0|\cos\alpha = -|\vec{v}|\,|\vec{e}_0|$。代入式(5.61)得

$$f_p = f_0\left(1 + \frac{|\vec{v}|\,|\vec{e}_0|}{C}\right) \tag{5.61}$$

由式(5.62)可见，当运动粒子反向朝光源运动时，接收到的光波频率 f_p 高于光源本身的 f_0。

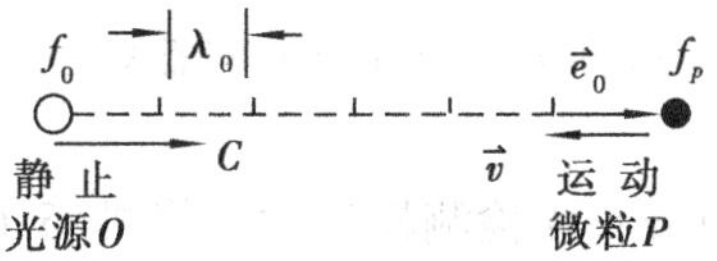

图 5.36　运动粒子反向朝静止光源运动

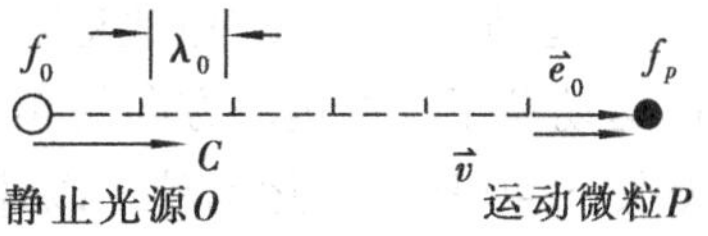

图 5.37　运动粒子正向离静止光源运动

c. 运动粒子正向离光源运动的频率表达式

如图 5.37 所示。光源传播方向为 x 轴，运动粒子正向离光源运动，$\vec{v}$ 与 $\vec{e}_0$ 同向，两矢量间的夹角为 0。由矢量数量积的定义，两矢量相乘等于两矢量的模和它们夹角的余弦。

即 $|\vec{v}|\,|\vec{e}_0|\cos\alpha = |\vec{v}|\,|\vec{e}_0|$。代入式(5.61)得

$$f_p = f_0\left(1 - \frac{|\vec{v}|\,|\vec{e}_0|}{C}\right) \tag{5.62}$$

由式(5.62)可见，当运动粒子正向离光源运动时，接收到的光波频率 f_p 小于光源本身的 f_0。

②运动粒子（散射光光源）与静止检测器的第二次多普勒效应。

a. 运动粒子正向朝静止检测器运动的频率表达式

如图 5.38 所示。光源传播方向为 x 轴，运动粒子以速度 v 沿 P-O 方向朝静止光检测器运动。此时检测器接收到的粒子散射光光波波长 λ_s 为

$$\lambda_s = \frac{C - v}{f_p} = \frac{C}{f_p}\left(1 - \frac{v}{C}\right)$$

此时检测器接收到的散射光光波频率为

$$f_s = \frac{C}{\lambda_s} = \frac{f_p}{1 - \dfrac{v}{C}} \tag{5.63}$$

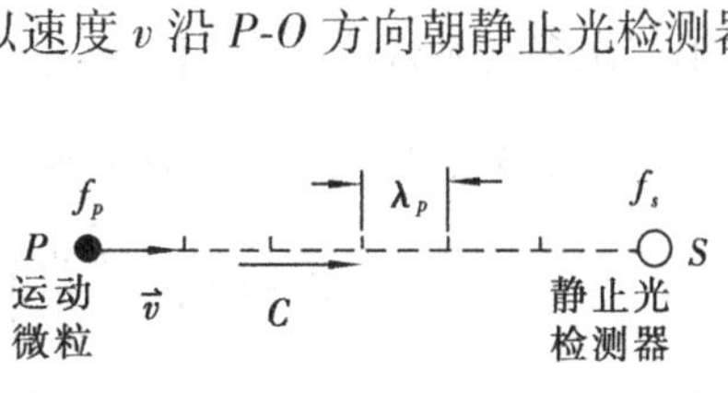

图 5.38　运动粒子正向朝静止光检测器运动

当运动粒子正向朝静止检测器运动时，检测器接收到的散射光光波频率 f_s 高于运动粒子散射光的光波频率 f_p。

b. 运动粒子反向离静止检测器运动的频率表达式

如图 5.39 所示。光源传播方向为 x 轴，运动粒子以速度 v 沿 P-O 方向反向离静止光检测

器运动。此时检测器接收到的粒子散射光光波波长 λ_s 为

$$\lambda_s = \frac{C+v}{f_p} = \frac{C}{f_p}\left(1+\frac{v}{C}\right)$$

此时检测器接收到的光波频率为

$$f_s = \frac{C}{\lambda_s} = \frac{f_p}{1+\frac{v}{C}} \tag{5.64}$$

当运粒子反向离静止检测器运动,检测器接收到的散射光光波频率 f_s 低于运动粒子散射光的光波频率 f_p。

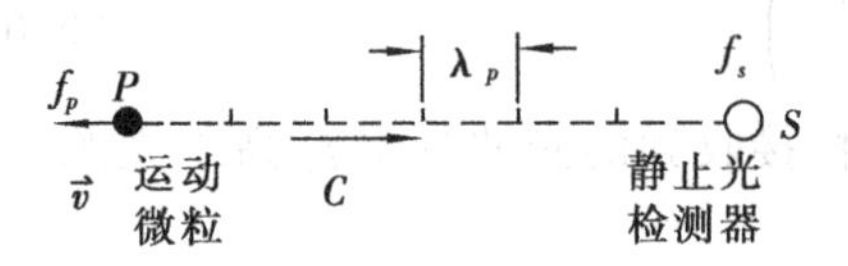

图 5.39　运动粒子正向朝静止光检测器运动

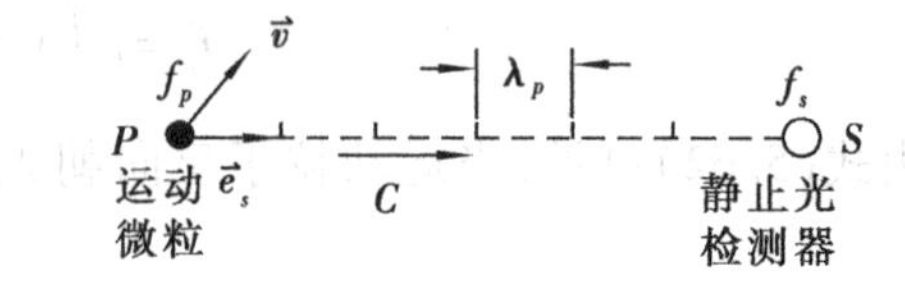

图 5.40　运动粒子与静止光检测器矢量图

c. 运动粒子任意运动方向的频率表达式

如图 5.40 所示。运动粒子以速度 v 沿任意的方向相对静止光检测器运动。将式(5.63)、式(5.64)写成矢量式 $f_s = \dfrac{f_p}{1-\dfrac{\vec{v}\ \vec{e}_s}{C}}$,分子分母同乘以 $1+\dfrac{\vec{v}\ \vec{e}_s}{C}$ 并因 $\dfrac{v^2}{C^2} \ll 1$ 而略去得

$$f_s = f_p\left(1+\frac{\vec{v}\ \vec{e}_s}{C}\right) \tag{5.65}$$

式中 $\vec{v}_s$ 为粒子散射光指向光检测器方向的单位矢量。式(5.62)、式(5.63)矢量式也可根据相对论公式推导而得。

③静止激光光源与运动粒子与静止检测器的两次多普勒效应

由第一次多普勒效应:

$$f_p = f_0\left(1-\frac{\vec{v}\ \vec{e}_0}{C}\right)$$

第二次多普勒效应:$f_s = f_p\left(1+\dfrac{\vec{v}\ \vec{e}_s}{C}\right)$

两次多普勒效应光检测器接收到的信号频率

$$f_s = f_0\left(1-\frac{\vec{v}\ \vec{e}_0}{C}\right)\left(1+\frac{\vec{v}\ \vec{e}_s}{C}\right) = f_0\left[1+\frac{\vec{U}}{C}(\vec{e}_s-\vec{e}_0)\right] \tag{5.66}$$

向量的模 $|\vec{e}_s-\vec{e}_0| = 2\sin\theta/2$ 则

$$f_s = f_0\left(1+\frac{U_y}{C}\sin\frac{\theta}{2}\right) \tag{5.67}$$

由式(5.67)可见,光检测器接受到的运动粒子散射光的频率几乎等于光源的频率 $f_s \cong f_0$。若 LDV 采用氦氖激光器,其波长 λ_0 为 6 328 Å,则光源频率 $f_0 = \dfrac{C}{\lambda_0} = 10^{15}$ Hz,光检测器接受到的频率 f_s 也近似达到 10^{15} Hz。如此高的频率,给检测带来相应的困难。所以将直接检测频率

转向外差检测。

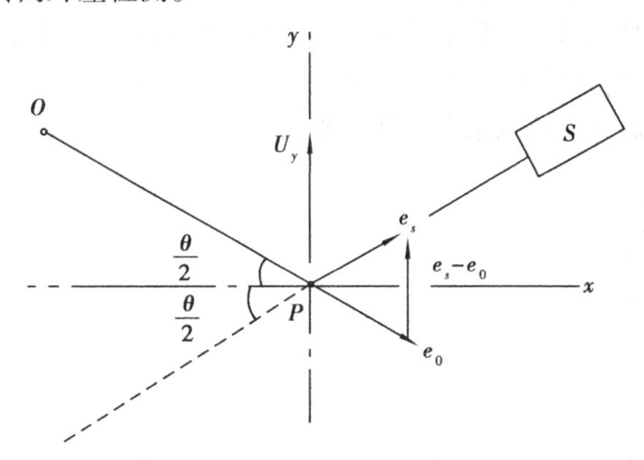

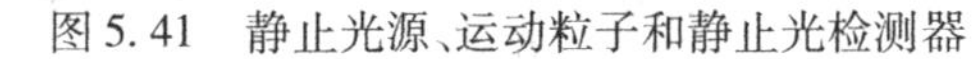
图5.41　静止光源、运动粒子和静止光检测器

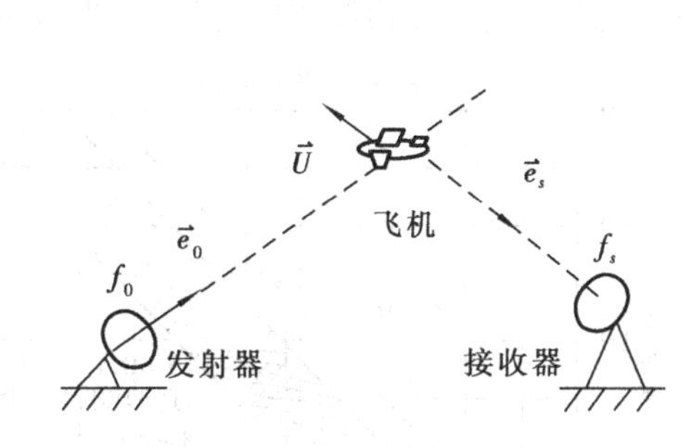

图5.42　静止发射器、飞机和静止接受器

4) LDV 多普勒频率的外差检测

利用固定的检测器接收运动物体散射的无线电波频率,再与固定的无线电发射机发出的无线电波频率之间的差值来测量运动物体的速度,这在航空、天文的遥感、遥测等领域中已有广泛应用。如图5.39所示。测量飞机的飞行速度时由地面发射器发射频率为 f_0 的无线电波,该电波在遭遇飞机时将产生反射。反射的无线电波被地面接受器接受。被接受的无线电波频率为 f_s。将两者的差值进行检测就可知飞机的飞行速度。

$$f_D = f_s - f_0 = f_0\left[\frac{\vec{U}(\vec{e}_s - \vec{e}_0)}{C}\right]$$

同理在测量运动粒子的速度时同样检测多普勒频移。由式(5.65)、式(5.66)可得

$$f_D = f_s - f_0 = f_0 + f_0\frac{\vec{U}(\vec{e}_s - \vec{e}_0)}{C} - f_0 = f_0\frac{\vec{U}(\vec{e}_s - \vec{e}_0)}{C}$$

将上式写成波长的形式

$$f_D = \frac{1}{\lambda}\left|\vec{U}(\vec{e}_s - \vec{e}_0)\right|$$

或

$$f_D = \frac{2\sin\theta/2}{\lambda}\left|U_y\right| \tag{5.68}$$

式中　U——$\vec{U}$ 在 y 方向的垂直分量;

θ——入射光波方向与接收方向的夹角;

λ——是介质中的激光波长。如果粒子在空气中,通常可用真空中的波长 λ_0 来代替。

式(5.68)为激光多普勒测速仪工作原理的基本表达式。只要知道激光光源的波长 λ,适当布置光路,使光源、粒子和光检测器三者之间的相对位置确定,如图5.43所示。那么入射光波方向与接收光波方向的夹角 θ 则随之确定。此时的多普勒频移 f_D 与 U_y,如图5.44呈简单的线性关系。该图是用氦-氖激光器作为光源时的频率-速度特性。图中阴影部分表示流动介质为液体和气体时的典型应用范围。因此测量出多普勒频移,就可以得到运动粒子在相应方向上速度分量的大小。运用激光多普勒测速仪测速时有一个方向模糊的问题。如果已知光源 O、粒子 P 和光检测器 S 三者之间的相对位置,检测出的多普勒频移 f_D 只能确定 $\vec{U}$ 在($\vec{e}_s-\vec{e}_0$)方向上的投影大小。显然,单有一种固定的光路相对位置是不可能确定平面速度向量的。

不过在实际测量中,许多情况下,流体主流的速度方向是已知的。如风洞、管流等。只要将入射光、散射光和流体中运动粒子的方向布置成图 5.43 那样,就可以运用式(5.68)进行计算。在计算时应注意到光检测器和光源应在相同的介质中,否则就要进行光速和波长的修正。当两个光源的光在光检测器中迭加时,光检测器只能检测出多普勒频差 f_D。

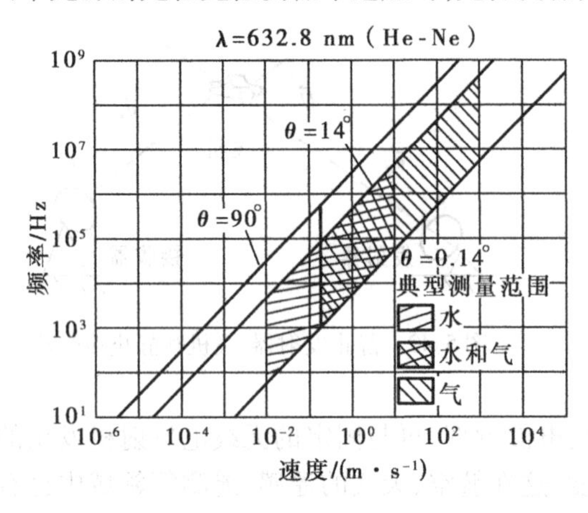

图 5.43 典型的频率-速度曲线

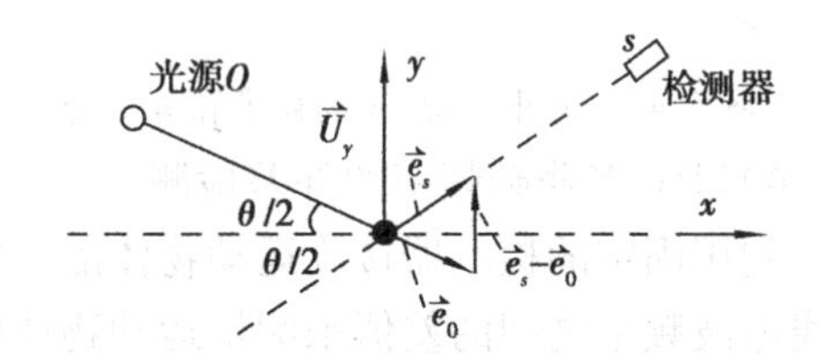

图 5.44 典型的激光多普勒测速光路布置

2. 激光多普勒测速光路系统

激光多普勒测速从原理上讲比较简单,在实际运用时重要的问题是运动粒子如何产生合适的散射光;光检测器又如何检测出散射光;如何通过布置适当的光路光学系统最大限度地检测到散射光。

1)直接检测和外差检测

如前所述,通常可见光波的频率在 10^{14} Hz 左右,而激光多普勒测速中有实用意义的多普勒频移最高也不过 $10^8 \sim 10^9$ Hz。因为常用的光电器件不能响应光波的频率,所以用光检测器直接检测散射光频率是困难的。

使用一种扫描装置法布里-珀罗(Fabray-Perot)干涉仪可以直接检测散射光的多普勒频移。但这种仪器的典型分辨率是 5 MHz,一般只适用于马赫数为 0.5 以上的速度测量,对于大多数低速测量是不适用的,因而限制了它的应用范围。

光学外差检测是一种更通用的激光多普勒检测技术,检测的是两个光源的频率差。当来自同一个相干光源的两束光波按一定的条件投射到光检测器表面时,通过光电转换的平方律效应能得到它们之间的频差。这个频差就是所需要的多普勒频移,其他与光频接近或更高的频率信息都因为远远超过光电器件的频率响应而被滤去。

2)三种常见的外差检测基本模式和光路结构

在激光测速仪中有三种常见的外差检测基本模式,即参考光模式、单光束-双散射模式和双光束-双散射模式。

①参考光束系统(基准光束系统)

参考光束系统要实现外差检测,可以将同一激光光束分光,一束光为参考光通过测量体照射到光检测器上,另一光束也通过测量体照射到运动流体上得到粒子的散射光,将两束光在光检测器上进行外差检测,如图 5.45 所示。参考光束必须取自同一个激光源,但并不一定要与照射光束相交。之所以使它通过测量体并与照射光相交是出于光学上的调准方便,因为这样做可以比较容易实现参考光束与散射光束的共轴对准。这种光路模式叫做参考光模式。在图5.45所示情况下,测得的速度分量垂直于照射光束同参考光束交角的平分线,这平分线通常也就是入射光学单元的光轴。对参考光束系统,若入射光频率为f_0,入射光方向单位矢量为$\vec{e}_0$,运动离子速度为$\vec{U}$,粒子指向光检测器方向单位矢量为$\vec{e}_s$,则根据式(5.66)得到光检测器接受到的散射光频率f_s为

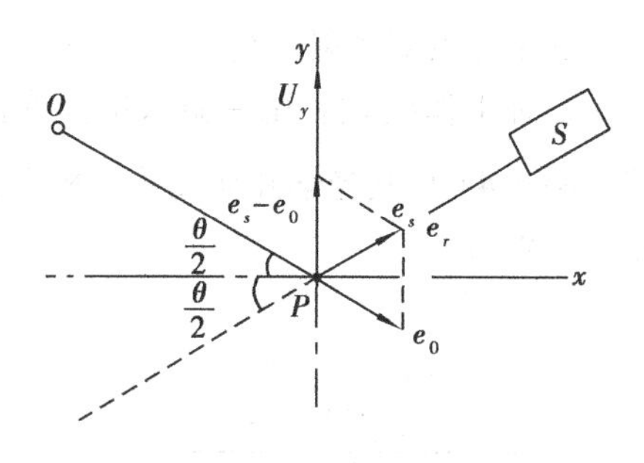

图5.45　侧前向参考光模式光路

$$f_s = f_0\left[1 + \frac{\vec{U}}{C}(\vec{e}_s - \vec{e}_0)\right]$$

式中　C——光速。

于是多普勒频差f_D为

$$f_D = f_s - f_0 = f_0\frac{\vec{U}(\vec{e}_s - \vec{e}_0)}{C} = \frac{\vec{U}(\vec{e}_s - \vec{e}_0)}{\lambda} \tag{5.69}$$

由f_D表达式可见:由于存在单位矢量$\vec{e}_s$,$\vec{e}_0$,f_D与接收光方向和入射光方向有关,即光源与光检测器必须放在合适的方向进行测量。

如图5.46为参考光模式光路图。分光镜S把激光光源发出的光分成信号光和参考光。两束光的光强强度为9:1。光波频率f_0的参考光通过试验段直射到光检测器上,信号光聚焦

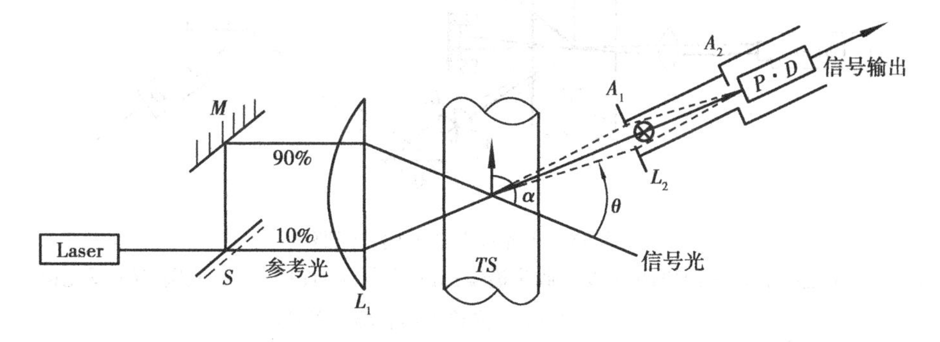

图5.46　参考光模式光路

Laser—激光光源;M—反光镜;S—分光镜;L_1—聚焦透镜;$P\cdot D$—光检测器;L_2—收集透镜;A_1—孔径光阑;A_2—小孔光阑;TS—实验段

到实验段的测量体上,使流经测量体的粒子受到激光照射而产生光波频率为f_s的散射光,同时到达光检测器。因此在光检测器阴极表面上所得到的光波频率信号仍为多普勒频差$f_D = f_s - f_0$。由式(5.69)仍可得到与式式(5.68)相同的多普勒频差表达式

$$f_D = \frac{2\sin\theta/2}{\lambda}|U_y|$$

参考光束系统由于采用不等强度分光,在接受信号散射光时,接收透镜的孔径角对信号频率影响较大,所以不能用太大的孔径,要用孔径光阑A_1加以限制。由于光检测器与光源必须放在特定的位置,并且要使信号光与参考光很好地相干,造成调整困难。参考光束系统适应性不强,常用于运动流体中粒子浓度较高的地方测量流体速度。

②单光束双散射系统

这种工作模式利用一束入射光在两个不同方向上的散射光进行光外差而获得多普勒频移。图5.47是其光学几何关系。根据式(5.66)得到入射光束在 $\vec{e}_{s1}$,$\vec{e}_{s2}$ 两个方向上的散射光频率分别为:

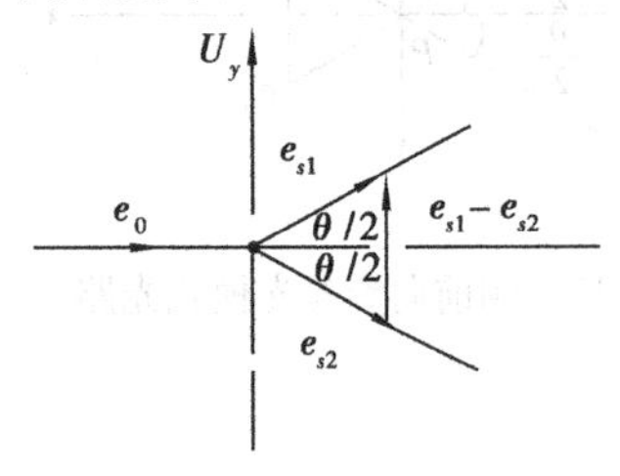

图5.47 单光束双散射模式光路

$$f_{s1}=f_0\left[1+\frac{\vec{U}(\vec{e}_{s1}-\vec{e}_0)}{C}\right]=f_0+\frac{\vec{U}}{\lambda}(\vec{e}_{s1}-\vec{e}_0)$$

$$f_{s2}=f_0\left[1+\frac{\vec{U}(\vec{e}_{s2}-\vec{e}_0)}{C}\right]=f_0+\frac{\vec{U}}{\lambda}(\vec{e}_{s2}-\vec{e}_0)$$

将这两个方向的散射光一起汇集到光检测器中进行光外差检测,仍可得到与式(5.68)相同的多普勒频差表达式

$$f_D=\frac{\vec{U}}{C}(\vec{e}_{s1}-\vec{e}_{s2})f_0=\frac{2\sin\theta/2}{\lambda}|U_y|$$

图5.48为单光束双散射模式光路图。激光光源发出的光束经聚焦透镜聚焦于实验段的测量体上,流经测量体的运动粒子受到激光照射而产生光波频率为 f_s 的散射光。光路系统在两个方向上设置收集透镜收集粒子的散射光,由两束散射光的外差得速度信息。

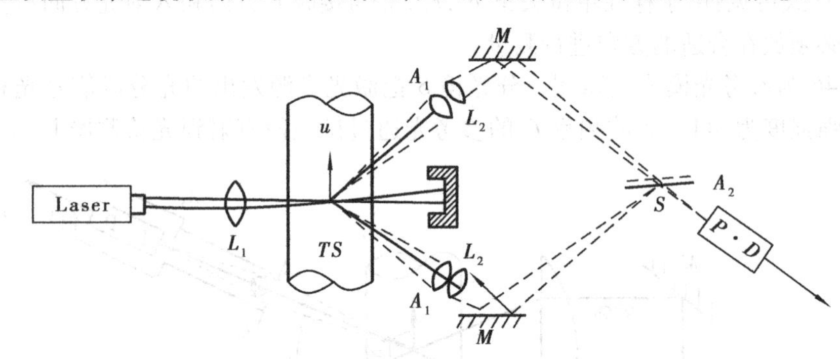

图5.48 单光束双散射模式光路

Laser—激光光源;L_1—聚焦透镜;L_2—收集透镜;A_1—孔径光阑;A_2—小孔光阑;M—反光镜;
S—分光镜;$P\cdot D$—光检测器;TS—实验段

单光束双散射系统的多普勒频移只决定于两束散射光的方向,而与入射光的方向无关。但与光检测器的位置有关。因此如何布置光路系统,使两束散射光很好地到达光检测器,同时环境要避光,避免其他杂散光干扰多普勒频移信号,所以光路调整比较困难。加上运动粒子的散射光较微弱,光能利用率低,到达光检测器两束散射光光能利用率更低,因此信号比较微弱。目前已基本不用这种系统。

③双光束双散射系统(条纹型光路)

这种模式利用两束不同方向的入射光在同一方向上的散射光汇集到光检测器中进行光外差而获得多普勒频移。根据式(5.66)同样可以得到图5.43中两束入射光在 $\vec{e}_s$ 方向上的散射光频率

$$f_{s1}=f_0\left[1+\frac{(\vec{e}_s-\vec{e}_{01})\vec{U}}{C}\right]=f_0+\frac{1}{\lambda}\vec{U}(\vec{e}_s-\vec{e}_{01})$$

$$f_{s2}=f_0\left[1+\frac{(\vec{e}_s-\vec{e}_{s2})\vec{U}}{C}\right]=f_0+\frac{1}{\lambda}\vec{U}(\vec{e}_s-\vec{e}_{02})$$

$$f_D=f_{s1}-f_{s2}=\frac{\vec{U}}{C}(\vec{e}_{02}-\vec{e}_{01})f_0=\frac{1}{\lambda}(\vec{e}_{02}-\vec{e}_{01})\vec{U}$$

最后可得到与式(5.68)相同的多普勒频差表达式：$f_D=\dfrac{2\sin\theta/2}{\lambda}|U_y|$

由双光束双散射系统的频率表达式可见，多普勒频移只决定于两束入射光方向，而与散射光方向无关。这是双光束双散射模式的重要优点，因为光接收器可以放在任意位置，而且可以采用大的收集立体角以提高散射光功率。入射光系统可制成集成化光学单元，大大提高了光学系统的稳固性和易调准性，所以目前国际上几乎所有的激光测速仪都采用这种工作模式。

双光束双散射模式的光学几何布置见图5.49。其系统可分为前向散射和后向散射两种光路。前向散射光路是指入射光路部分与接收光路部分在实验段两侧，散射光与入射光同向，二者之间夹角为0，在同一方向。此时散射光的功率最大，系统输出信号最强。前向散射光路为保证入射光和散射光顺利通过试验段，则要求在测试装置试验段上开两个可透光的窗口；后向散射光路的入射光路部分与接收光路部分都在实验段同一侧。散射光与入射光反向，二者之间之间夹角为π。此时散射光功率最小，信号输出微弱。后向散射光路将入射聚焦透镜 L_1 又作为接收透镜使用，使整个光路结构紧凑，而且实验段也只开一个可透光的窗口。

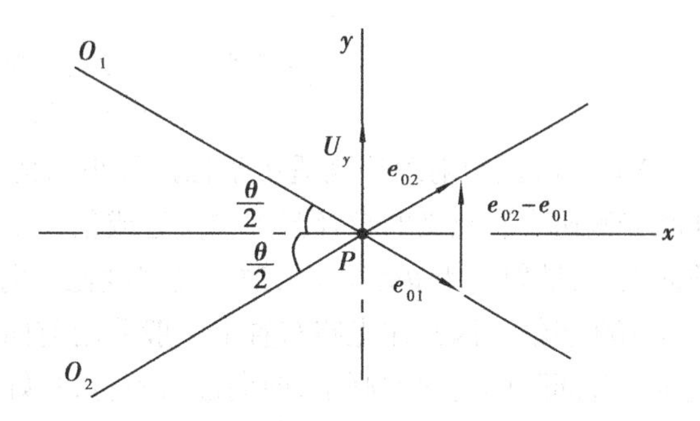

图5.49　双光束双散射模式光路

前向散射和后向散射两种光路布置提出了流体中运动粒子散射光强的问题。1908年G. Mie用电磁场理论导出了Mie(米)氏散射理论：若一束平面单色光波照射到一粒粒子上，若粒子为电介质，它的折射率与周围介质的折射率不同，经过粒子散射后光的相位、光强、振幅、偏振方向均要发生变化。由于激光多普勒测速技术的核心在于检测运动粒子散射光的光强，而光强与哪些因素有关呢？Mie氏认为：第一，粒子散射光的光强与入射光的光功率有关。入射光的光功率越大，散射光越强；第二，散射光的光强与散射光方向(散射角)有关。不同的方向接收到的散射光的光强不同；第三，散射光的光强与周围介质的相对折射率有关；最后一点，也是重要的一点，散射光的光强与粒子的归一化半径有关。粒子的归一化半径定义为

$$q=2\pi r_p/\lambda$$

式中　r_p——粒子半径；

λ——光源波长。

当 $q\ll1$ 时，散射光强度分布如图5.50(a)所示。散射光强度分布对水平轴和垂直轴都是轴对称，且所有方向上的散射光都是线偏振光。

当 $q>1$ 时，散射光强度分布如图5.50(b)所示。散射光强度分布出现一系列极大值，它与粒子的归一化半径 q 和周围介质的相对折射率 n 有关。散射光都是椭圆偏振光，只有在某一特定方向上才可观察到线偏振光。

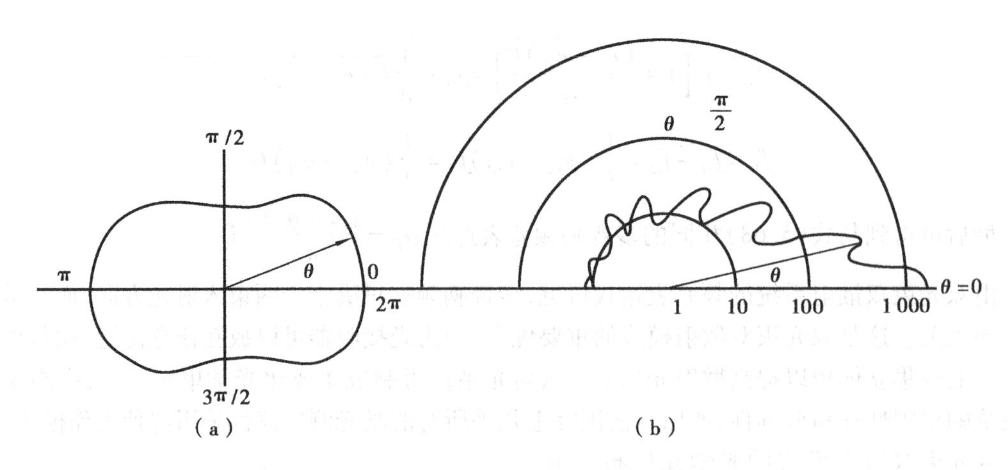

图 5.50　粒子散射光强 3 分布的极坐标图

(a)$q\ll1$;(b)$q>1$

Mie(米)氏散射理论既适用于粒径很小的情况,$r_p\ll\lambda$,也适用于粒径较大的情况,$r_p\gg\lambda$。在激光测速中有意义的粒径范围在接近或稍大于波长的区域内。当粒子的归一化半径 $q>1$,前向散射,散射角为 $\theta\leqslant20°$时,散射光强度比后向散射,散射角在 $160°<\theta<180°$时,散射光强度大 100 多倍。因此在光路布置上一般采用前向散射光路布置。但对于一些特殊情况,如压气机叶片间隔间流速的测量,前向散射不行,只好用后向散射光路布置。采用后向散射光路除需要增大激光器的功率外,还应考虑在流体中添加导电性能好的粒子增加散射光光强。

实际上三种光路系统:参考光束系统,单光束双散射系统和双光束双散射系统都可以采用前向散射和后向散射方式接收粒子的散射光,具体选用哪种散射,根据工作条件和实验要求而定。

双光束双散射系统的多普勒频差 f_D 由于与接收方向无关,光检测器可随意放在任意地方。因此可以用大口径透镜收集散射光,提高散射光的光功率,使信噪比增加。从原理上讲,只要有一个粒子通过该系统测量控制体的相干区,就能测量流体速度,因此特别适合粒子浓度较低的流体速度测量。对双光束双散射系统光路调整时,可用显微物镜观察测量控制体内的干涉条纹的清晰度及平行度,检查聚焦后的相干质量。

3.典型的激光多普勒测速系统-双光束光路系统

双光束光路是目前激光测速中应用最广泛的光路形式。这种光路的两束入射光相交区中存在着一组明暗相间的干涉条纹,因此可以用“条纹模型”来进行理论解释。虽然对于多普勒信号某些特性,如信噪比、可见度等的分析并不完全符合实际,但是它的概念简单明了,并能给出正确的频率值。

在以后的讨论中,将以双光束光路为主要对象,如图 5.51(a)所示。沿光轴从左到右,由激光光源到入射光学单元,到运动流体测量点再到接收光学单元和信号处理系统对各部分的功能和相关的物理现象进行介绍。

1)激光光源

如前所述激光的高亮度性、高方向性、高单色性、高相干性和高平行性等普通光源无法比拟的特点,使激光器广泛而大量的运用在工艺制造,计量科学,国防科学等各个不同的应用领域。尤其是在全息摄影、光学信息、流场显示、医疗、受控热反应和热工测试技术光学测量等方

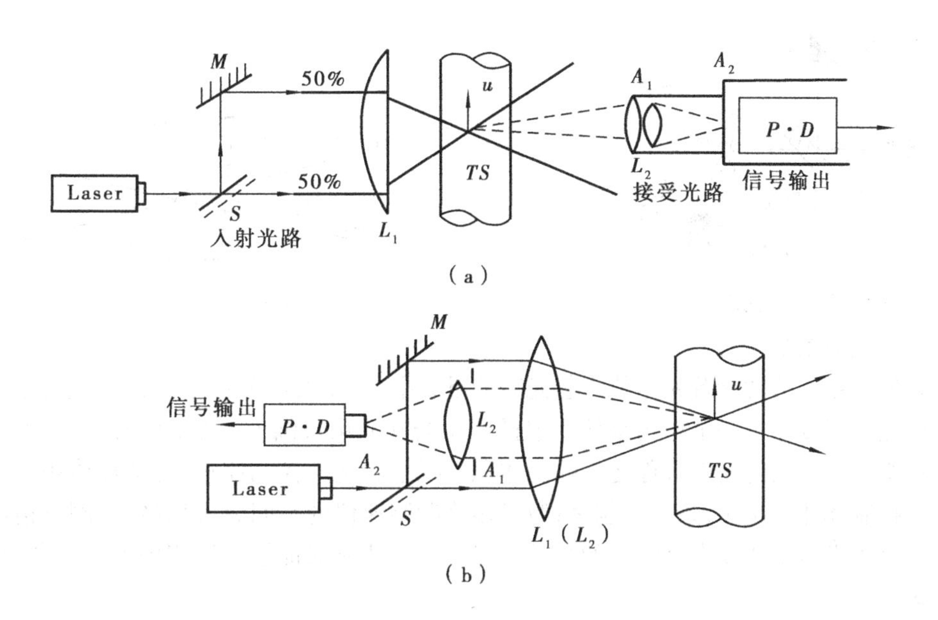

图5.51 双光束双散射模式光路

(a)前向双散射光路;(b)后向双散射光路

Laser—激光光源;L_1—聚焦透镜;L_2—收集透镜;A_1—孔径光阑;A_2—小孔光阑;M—反光镜;

S—分光镜; $P \cdot D$—光检测器; TS—试验段

面更显示出其巨大的使用价值。在激光多普勒测速仪应用方面,为了满足长期测量的需要,所用的激光光源一般都采用连续气体激光器。在一维光路上采用的是小功率的氦-氖(He-Ne)气体激光器。其波长为6 328 Å,功率从几毫瓦至几十毫瓦。二维测量采用从一瓦至十几瓦功率的大功率氩(Ar)离子激光器。它利用氩离子激光器的两种波长为4 880 Å(蓝)和5 145 Å(绿)同时测量流场中两个垂直分速度。

流体中的运动粒子对入射光的散射遵循一定规律。入射光光源的波长越短,散射光光强越强,因此,为了得到较强的散射光,一般使用波长较短的激光器。由于激光为高斯型光束,也就是其光强分布状况近似高斯曲线形状。即光束中心的光强最强,边缘光强最弱。一般把中心光强 $I_0 \times e^{-2}$ 定义为激光光束的直径 $D_{e^{-2}} = I_0 e^{-2}$。

2)入射光学单元

入射光学单元的功能在于将单一的激光光束经分光系统,分成两束同频率等强度或不等强度的光束,经聚焦发射光学系统到达测点位置产生干涉。

①分光系统

分光系统的类型多种多样,根据具体需要而定。双光束系统和参考光束系统的分光系统的功能都在于将同一激光光束分成两束。双光束系统实行的是同频率等强度分光,参考光束系统则要求不等强度分光。分光器是一种高精度的光学部件。要保证被分开的两束光平行,使得这两束光经聚焦发射光学系统到达测点位置产生干涉。分光时,两束光的行程一般保持相等。实验证明等光程分光比不等光程分光,前者输出的信噪比较后者较大。双光束系统采用等光程分光。

图5.52为分光系统简单示意图。图中光楔的作用在于改变光束空间方向,使两束激光的平行度得到改善。

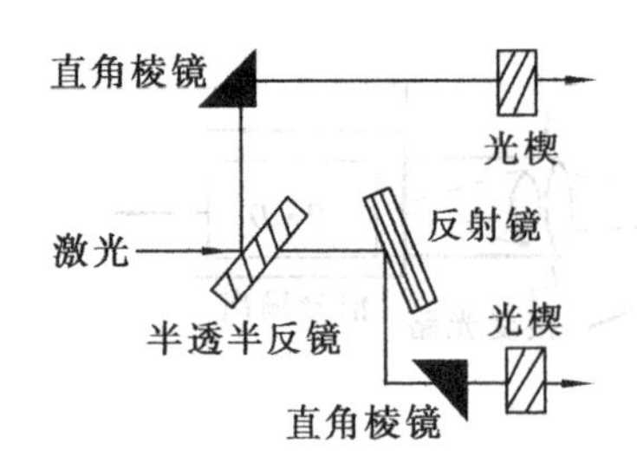

图 5.52　分光系统示意图

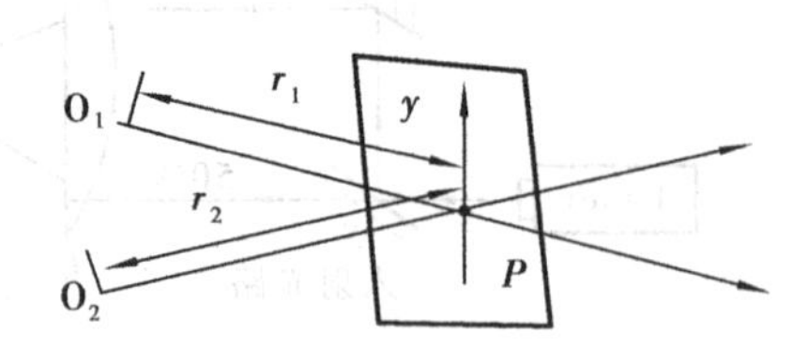

图 5.53　两列光波叠加

②聚焦发射系统

聚焦发射系统的功能首先是使入射光束能量集中，提高入射光的功率密度，同时也提高了散射光的光强强度。另一个作用是使入射的两束光在光束最细处（光腰）透镜的焦平面处相交。该相交区对于入射光而言称之为控制体积。减小相交的控制体积，可增加体积内的相干条纹数。控制体体积越小，条纹数越多；激光多普勒测速仪的空间分辨率越高，测量精度越准确。此外聚焦发射系统要求透镜组的光学性能要好。才能保证控制体积内的干涉条纹清楚，宽度均匀。

3）测量点

测量点是激光多普勒测速仪测量的关键。双光束系统最基本的参数是测量体体积的几何参数，它决定了激光多普勒测速仪的灵敏度系数和空间分辨率。从入射光角度看，两束光的相交区称为控制体体积；从接受散射光角度看，接受到散射光的区域叫测量体积。以下将对在测量点发生的物理现象和技术问题进行分析。首先光干涉的物理现象；第二是测量点的几何尺寸与体积；其次是流经测量点的粒子与散射光的关系等决定测量质量的问题。

①光的干涉现象

a. 两列光波叠加

如图 5.53 所示，O_1，O_2 为激光光源由分光镜分成的两束光，其振幅为 E_{01} 和 E_{02} 并相交在 P 点。r_1，r_2 为 O_1，O_2 到 P 点的距离，取初相位 $\alpha=0$。对于单色球面光波，由麦克斯韦电磁场理论导出两束光的电场表达式

$$E_1=E_{01}\cos\left(\omega t-\frac{2\pi r_1}{\lambda}\right)=E_{01}\cos(\omega t+\alpha_1)$$

$$E_2=E_{02}\cos\left(\omega t-\frac{2\pi r_2}{\lambda}\right)=E_{02}\cos(\omega t+\alpha_2) \tag{5.70}$$

式中　$\alpha_1=-\dfrac{2\pi r_1}{\lambda}$，$\alpha_2=-\dfrac{2\pi r_2}{\lambda}$。

两束光在 P 点相干，则 P 点的光电场为

$$\begin{aligned}E&=E_1+E_2=E_{01}\cos(\omega t+\alpha_1)+E_{02}\cos(\omega t+\alpha_2)\\&=(E_{01}\cos\alpha_1+E_{02}\cos\alpha_2)\cos\omega t-(E_{01}\sin\alpha_1+E_{02}\sin\alpha_2)\sin\omega t\end{aligned}$$

令

$$E_{01}\cos\alpha_1+E_{02}\cos\alpha_2=A\cos\theta,\ E_{01}\sin\alpha_1+E_{02}\sin\alpha_2=A\sin\theta \tag{5.71}$$

将式(5.71)，两边平方再相加得

$$A^2=E_{01}^2+E_{02}^2+2E_{01}E_{02}(\sin\alpha_1\sin\alpha_2+\cos\alpha_1\cos\alpha_2)$$

$$A^2=E_{01}^2+E_{02}^2+2E_{01}E_{02}\cos(\alpha_1-\alpha_2) \tag{5.72}$$

将式(5.72)两式相除得

$$\tan\theta = \frac{E_{01}\sin\alpha_1 + E_{02}\sin\alpha_2}{E_{01}\cos\alpha_1 + E_{02}\cos\alpha_2} \tag{5.73}$$

若 $E_{01}=E_{02}=E_0$,同时令 $\delta=\alpha_1-\alpha_2$

则 P 点的合振幅

$$\begin{aligned} A^2 &= 2E_0^2 + 2E_0^2\cos\delta \\ &= 2E_0^2(1+\cos\delta) = 4E_0^2\cos^2\frac{\delta}{2} \end{aligned} \tag{5.74}$$

由光强的定义可知,相交点 P 点的光强等于合振幅的平方,即

$$\begin{aligned} I &= A^2 = 4E_0^2\cos^2\frac{\delta}{2} \\ &= 4I_0\cos^2\frac{\delta}{2} \end{aligned} \tag{5.75}$$

式中　$I_0=E_0^2$。

由此可见,从激光光源入射的一束光经分光器分成两束光,又由聚焦系统聚集于同一个焦点上。由于两束光出自同一光源,自动满足相干条件"同频率,同振幅,同振动方向和有固定的相位差",因此必然在焦点处相干形成控制体。控制体内产生明暗相间的干涉条纹。为此人们将双光束系统又称为"条纹模型"。自1969年Rudd首次提出了干涉条纹模型概念,在理论与实践中,对于理解双光束系统的光路原理和多普勒信号的产生的背景很有帮助。对于定性检查控制体内的干涉条纹并进行光路调整提供帮助。

b. 控制体内的干涉条纹是由于两束光波相位差而产生

由式(5.76)可知,当相位差为 π 的偶数倍时,即 $\delta=\pm 2m\pi(m=0,1,2,\cdots)$ 时,光强 $I=4I_0$,P 点的光强达最大值;当相位差为 π 的奇数倍时,即 $\delta=\pm(2m+1)\pi(m=0,1,2,\cdots)$ 时,光强 $I=0$,P 点的光强达到最小值;当 δ 位于两者之间,P 点的光强在 $0\sim 4I_0$ 间变化。

c. 控制体内的干涉条纹是由于两束光波光程差而产生

光程是光行走的几何距离 r 与在该介质折射率 n 的乘积,即 rn。两束光波相位差也可用光程差说明。

相位差定义为:$\delta=\alpha_1-\alpha_2$,而 $\alpha_1=-\dfrac{2\pi r_1}{\lambda}$,$a_2=-\dfrac{2\pi r_2}{\lambda}$

将介质中的光波长 λ 换成真空中的光波长 λ_0,即 $\lambda=\dfrac{\lambda_0}{n}$

则相位差可写成

$$\delta=\frac{2\pi}{\lambda}(r_2-r_1)=\frac{2\pi}{\lambda_0}n(r_2-r_1)=\frac{2\pi}{\lambda_0}\Delta \tag{5.76}$$

式中　Δ 为光程差。其表达式为

$$\Delta=n(r_2-r_1) \tag{5.77}$$

由式(5.76)可知,当光程差为波长 λ_0 的整数倍时,即 $\Delta=\pm m\lambda_0(m=0,1,2,\cdots)$ 时,光强 $I=4I_0$,P 点的光强达最大值;当光程差为波长 λ_0 的分数倍时,即 $\Delta=\pm(2m+1)\dfrac{\lambda}{2}(m=0,1,2,\cdots)$ 时,光强 $I=0$,P 点的光强达到最小值;当 Δ 位于两者之间,P 点的光强在 $0\sim 4I_0$ 间变化。

d. 相干条件

如前所述，两列光波叠加产生干涉现象，控制体内出现明暗相间的干涉条纹是要满足“同频率，同振幅，同振动方向和有固定的相位差”三个必要条件。由于入射光波 O_1，O_2 是由同一激光光源经分光系统分光而来，它们的频率 ω 相同，振幅相同 $E_{01}=E_{02}=E_0$，满足同频率，同振幅条件；两束光波都向 P 点方向振动并在 P 点叠加，满足同振动方向的条件；由下面的证明可知，O_1，O_2 两列光波叠加完全满足两叠加光波相位差固定不变的第三个必要条件。

将式(5.73)在观测时间 τ 内积分，求观测时间内 P 点的平均光强

$$\bar{I}=\frac{1}{\tau}\int_0^{\tau}I\mathrm{d}\tau=E_{01}^2+E_0^2+2E_{01}E_{02}\frac{1}{\tau}\int_0^{\tau}\cos\delta\mathrm{d}\tau \tag{5.78}$$

式中　$\delta=\alpha_1-\alpha_2$。

ⓐ在观测时间 τ 内，各个时刻到达 P 点的两束光波位相差迅速而无规律变化。即 δ 不固定，它在 $0\sim2\pi$ 之间任意无规则变化

则
$$\frac{1}{\tau}\int_0^{\tau}\cos\delta\mathrm{d}\tau=\frac{1}{\tau}[\sin\delta]_0^{2\pi}=0$$

观测时间内 P 点的平均光强

$$\bar{I}=E_{01}^2+E_{02}^2=I_1+I_2 \tag{5.79}$$

此时 P 点光强为两叠加光波光强之和，不可能发生干涉现象。

ⓑ在观测时间 τ 内，两列光波的相位固定不变，δ 恒定为常数

则
$$\frac{1}{\tau}\int_0^{\tau}\cos\delta\mathrm{d}\tau=\frac{1}{\tau}\cos\delta\int_0^{\tau}\mathrm{d}\tau=\cos\delta$$

观测时间内 P 点的平均光强

$$\bar{I}=I_1+I_2+2\sqrt{I_1I_2}\cos\delta \tag{5.80}$$

此外两束光相干的条件要求两列光波的光程差最大不超过光波的波列长度。

②控制体体积与几何尺寸

当两束激光被会聚于焦点即测量点处时，具有一定直径的两束激光将相交成一椭球体。这个椭球体对入射光而言称之为控制体积。由于干涉现象发生，控制体内出现一组明暗相交的条纹。研究控制体中的条纹数与条纹的质量对测量是很有意义的。在研究之前，先对控制体的体积，几何尺寸有一了解。

由于激光是高斯型光束，其光强分布呈高斯形分布。光束的直径是以中心光强的 e^{-2} 倍为其直径，那么相交成的椭球体也是以 e^{-2} 光强为周界。此外在激光测速技术中需要使用光束扩束器扩大光束直径和光束间距达到减少控制体体积和提高光强的目的。如图 5.54 所示，双光束光路的控制体的几何尺寸如下所示：

$D_{e^{-2}}$——激光光束中心光强的 $\frac{1}{e^2}$ 处的直径，半径为 r_a；

d——聚焦前光束间距；

f——聚焦透镜焦距；

θ——两根聚焦光束间的夹角；

r_0——激光光腰半径，即焦点处激光光束半径。其定义式 $r_0=\frac{\lambda f}{\pi r_a}$；$d_{e^{-2}}$——光腰直径。

由图 5.54 可见，两束间隔为 d，直径为 $D_{e^{-2}}$ 的激光光束，会聚角为 θ 经聚焦透镜会聚于测量点处，形成了一个椭球体。该椭球体的三个主轴的长度可由下式确定

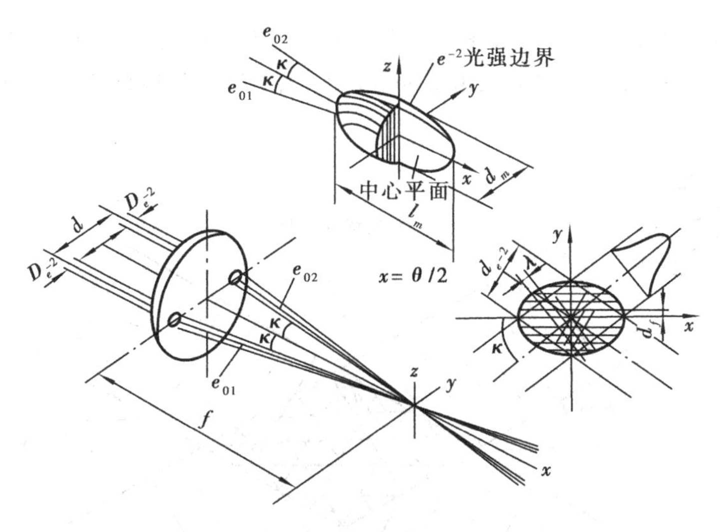

图5.54 双光束光路控制体的主要光学参数

控制体高度

$$\Delta z = d_{e^{-2}} = 2r_0 = \frac{2\lambda f}{\pi r_a} = \frac{4\lambda f}{\pi 2r_a} = \frac{4\lambda f}{\pi D_{e^{-2}}}$$

控制体长度

$$\Delta x = l_m = \frac{d_{e^{-2}}}{\sin(\theta/2)} = \frac{2r_0}{\sin(\theta/2)}$$

控制体宽度

$$\Delta y = d_m = \frac{d_{e^{-2}}}{\cos(\theta/2)} = \frac{2r_0}{\sin(\theta/2)}$$

控制体体积为

$$V = \frac{4}{3}\pi \times \frac{\Delta x}{2} \cdot \frac{\Delta y}{2} \cdot \frac{\Delta z}{2} = \frac{8}{3}\pi\,\frac{r_0^3}{\sin\theta} = \pi d_{e^{-2}}^3/6\cos(\theta/2)\sin(\theta/2) \tag{5.81}$$

图5.55为双光束光路椭球控制体平面投影图。由图可见，粒子随流体主流方向沿y轴运动。流经测量点的部分粒子穿过两束激光相交成椭球控制体。粒子在控制体内以速度U_y穿过明暗相间的干涉条纹区，由于运动粒子对入射光的散射作用，散射光则会向四周空间散射出明暗交替的散射光信号。可以从控制体干涉条纹间的几何关系，很容易证明出式(5.68)激光多普勒测速仪工作原理的基本表达式。

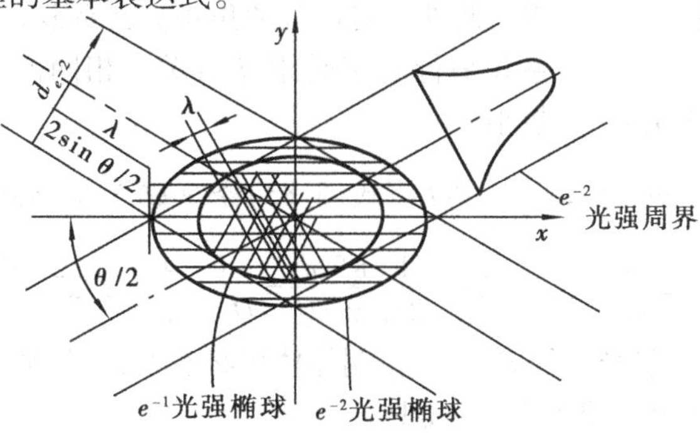

图5.55 双光束光路控制体的干涉条纹

从图5.56椭球控制体干涉条纹图中取出一个三角形 abc。该三角形的高 ad 等于两个条纹宽度 $2d_f$。过中点 d 做垂线相交三角形 ac 边于 e 点，de 的长度即为波长 λ 的长度。见图5.56。

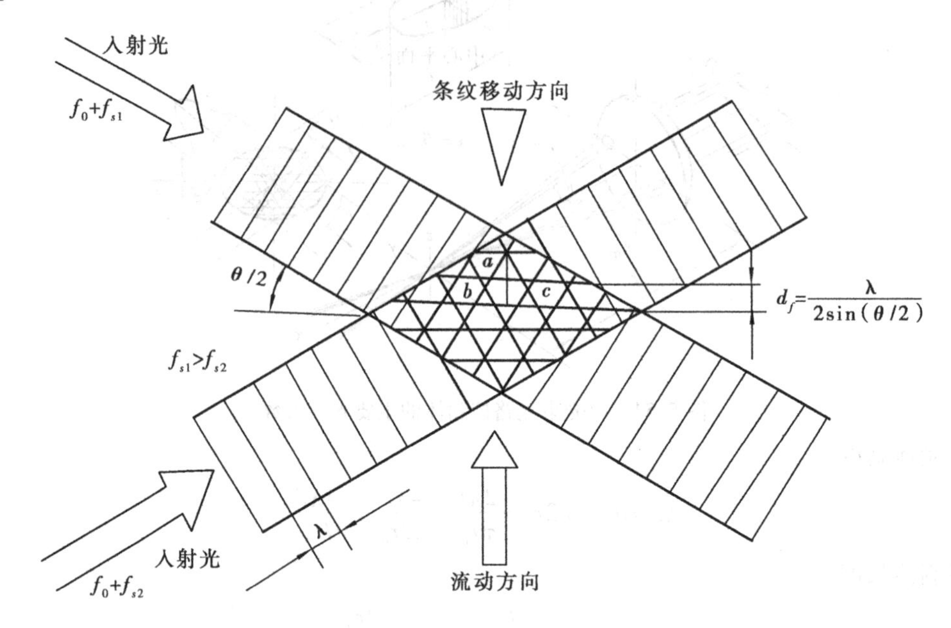

图5.56　双光束光路控制体干涉条纹移动

如图5.57所示：　　$\sin\frac{\theta}{2}=\frac{\lambda}{2d_f}$，则 $d_f=\frac{\lambda}{2\ \sin\ (\theta/2)}$

而多普勒频移 f_D 则表示运动粒子以速度 U_y 在经过一个条纹宽度距离时所需要的时间。

$$f_D=\frac{|U_y|}{d_f}=\frac{2\ \sin\ (\theta/2)}{\lambda}|U_y|$$

③控制体中条纹数 N_{fr}

控制体中条纹数 N_{fr} 等于控制体宽度 d_m 与条纹宽度 d_f 的比值

$$N_{fr}=\frac{d_m}{d_f}=\frac{2r_0\times 2\ \sin\ (\theta/2)}{\lambda\times\cos\ (\theta/2)}=\frac{4r_0}{\lambda}\tan(\theta/2)=\frac{4f}{\pi r_a}\tan(\theta/2) \tag{5.82}$$

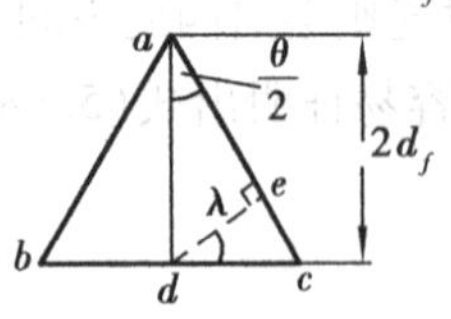

图5.57　干涉条纹几何关系

由式(5.83)可见：控制体中的条纹数 N_{fr} 与入射角 θ 的值有关。当 θ 角减少导致 $\tan\theta$ 值减少，控制体中条纹数 N_{fr} 减少。此外发射透镜的焦距 f 也要影响 θ 角，而两者之间的关系和平行光束间距 d 有关。相同的光束间距，f 越大，θ 角越小。

用光束直径 $D_{e^{-2}}$ 和 $\tan\ (\theta/2)=\frac{1}{2}d/f$ 将式(5.83)条纹数 N_{fr} 表达式变形写成

$$N_{fr}=\frac{4f}{\pi r_a}\tan\ (\theta/2)=\frac{1}{2r_a}\ \frac{8f}{\pi}\ \frac{d}{2f}=\frac{d}{D_{e^{-2}}}\ \frac{4}{\pi}=1.27\ \frac{d}{D_{e^{-2}}} \tag{5.83}$$

由式(5.83)可见：入射光直径 $D_{e^{-2}}$ 大，控制体体积必然大，而测量体中的条纹数却因入射光直径 $D_{e^{-2}}$ 的增加，控制体中条纹数 N_{fr} 减少。

控制体中条纹数 N_{fr} 从理论上而言，希望有一合适的数量。因此，在激光测速技术中用光束扩展器减小激光光束直径以达到减小控制体体积，增加条纹数的目的。

④控制体内干涉条纹质量

a. 干涉条纹的平行度

由相干条件可知，只有当两束光是严格的平面单色波时，相干后产生的条纹组才是一组平行的直线条纹。而激光是高斯光束能否在相干区产生平直的干涉条纹。

图5.54所示。高斯光强分布传播的激光光束实际上是球面波，只有在光腰位置才是平面波。所谓光腰即为激光被聚焦后直径最细的地方，为得到平直的干涉条纹，两束激光必须在光腰处相交。如果不在光腰处相交则会发生控制体内的条纹畸变。如图5.58所示。因此须在入射光系统中使用激光准直器对光束进行准直。使两束激光在光腰处相交，在控制体内产生一组平直的干涉条纹。在平直干涉条纹前提下，图5.59所示的几何和物理关系才能满足。干涉条纹宽度表达式 $d_f=\dfrac{\lambda}{2\sin(\theta/2)}$ 才能成立，以速度 U_y 运动的粒子在通过条纹区才会有多普勒频差 $f_D=\dfrac{|U_y|}{d_f}=\dfrac{2\sin(\theta/2)}{\lambda}|U_y|$。因此使用激光准直器调整两束激光，使其确保在光腰处相交，产生平直干涉条纹，此时粒子的散射光才确实包含速度的信息。

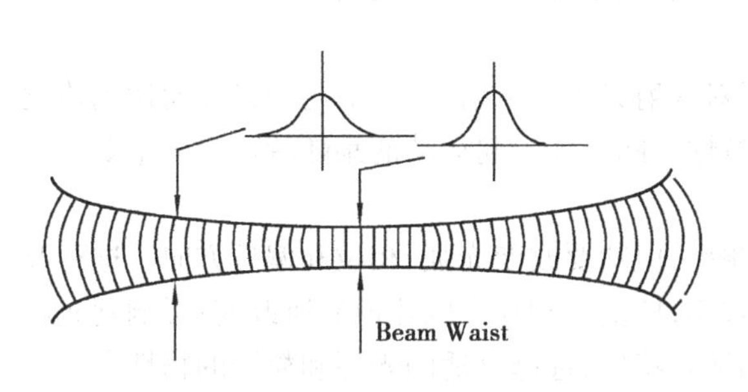

图5.58　激光光束高斯光强分布图

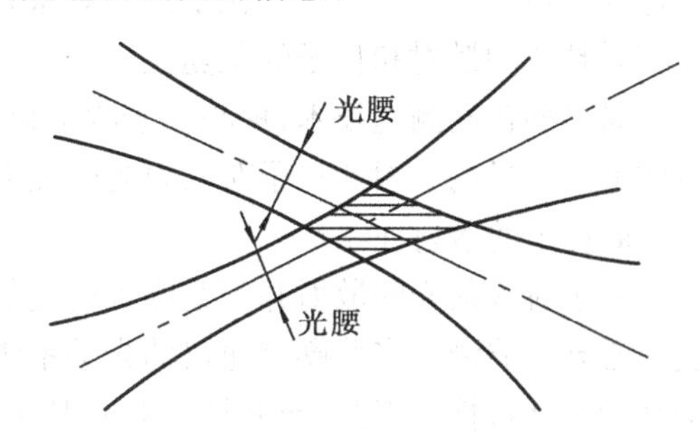

图5.59　控制体的条纹畸变

b. 条纹宽度与粒子尺寸和浓度

在激光多普勒测速中，信号质量的好坏与运动粒子尺寸和控制体干涉条纹宽度之比密切相关。如图5.60所示。设控制体条纹宽度为 d，此时直径为 $d/2$ 的粒子 A 通过控制体，由于 A 粒子直径合适，在通过暗条纹时，反射的散射光弱，在通过亮条纹时，反射的散射光强。A 粒子运动过程反射的明暗的散射光构成了多普勒信号 A。而粒子 B，由于直径为 d。在它通过控制体时，则无论运动到相干区的任何位置，粒子 B 总有一半在亮条纹区，另一半在暗条纹区。散射光的明暗光强互相平均得到的不是多普勒信号，而仅得到粒子截面光强分布变化，得不到速度的信息。粒子 B 直径过大。合适的粒子尺寸一般应该在 $d\leqslant d/2$ 范围之内。

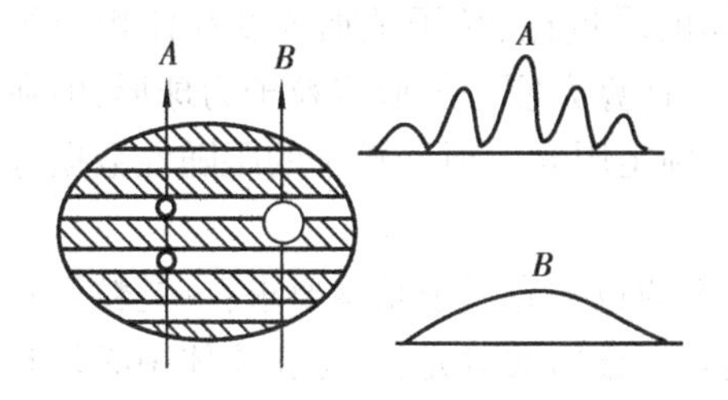

图5.60　条纹宽度与粒子尺寸对LDV的影响

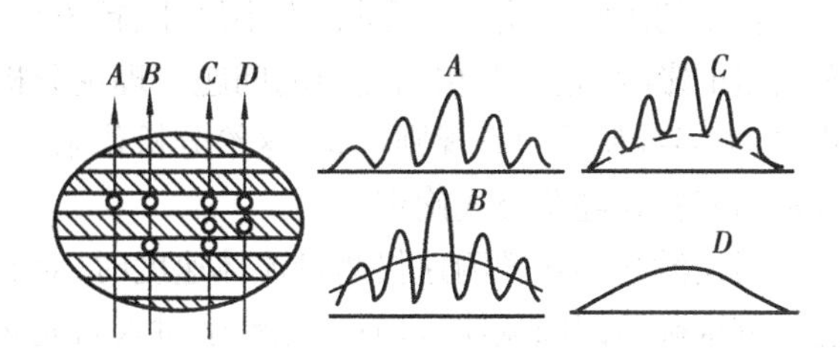

图5.61　粒子浓度及位置对信号质量的影响

如果流体中的粒子尺寸合乎要求，粒子穿过控制体的数量与粒子运动位置与相干区内干涉条纹处于何种关系才能产生合适的多普勒信号。也就是说粒子浓度以及粒子与干涉条纹的相对位置与多普勒信号的质量好坏有关。现假设有四组运动粒子，每组有 n 个大小相等，直径为 $d/2$，运动速度相同，相互位置不变的粒子沿同样的路径穿越控制体。四组运动粒子所产生的多普勒信号有以下几种情况：A 组的情况，只有 1 个粒子穿过条纹区，产生一个多普勒信号；B 组的情况，有两个大小相同的粒子穿过条纹区，同时位于条纹区的亮或暗条纹处。散射光产生的多普勒信号相位相同，互相加强，属于相长干涉。其直流分量比 A 组要多。C 组的情况，有 3 个大小相同的粒子穿过条纹区。由于两个粒子总是在亮条纹区，一个在暗条纹区。亮暗条纹上的两个粒子的散射光相位相反而产生相消干涉，产生的多普勒信号相反，互相减弱。仅剩下亮条纹上一个粒子产生有用的多普勒信号。与 A 组相比，亮暗相消使信号中直流分量增加，信号噪声增加，信号质量下降。D 组的情况，两个大小相同的粒子穿过条纹区。或者在亮条纹区，或者在暗条纹区。散射光产生的多普勒信号相位相反而产生相消干涉，仅剩下直流分量，得不到速度信息。

实际上，流体中的粒子分布是随机的，粒子的大小和相互间的位置都是随机性的。但是，合适的选择粒子尺寸与控制粒子浓度对激光多普勒测量是有重要意义的。

⑤粒子的散射和粒子的跟随性

激光多普勒测速技术，核心在于测量粒子对入射光进行散射后，散射光的光强而达到检测流体速度的目的。因此粒子对入射光的散射特性和随流体一起运动的跟随特性十分重要。

a. 粒子的散射性

粒子对入射光的散射并不改变入射光的频率，但却要改变光强、相位和偏振方向。这种改变势必要影响激光多普勒测速仪的光学系统效率，使信号和噪音的比值有所改变；影响到光电信号的统计特性。因此，研究粒子对入射光的散射特性，选择合适的光源和粒子的物性参数对提高激光多普勒测速系统的性能有重要意义。

在前面讲述的双光束系统前向散射和后向散射两种光路布置说明中，已对 Mie（米）氏散射理论关于粒子散射光光强的一些简单结论做了介绍。值得注意的是该理论适合于所有的微粒散射。

b. 粒子的跟随性

粒子的跟随性是指粒子跟随流体运动的性质。激光多普勒测速仪测得的速度，实际上测得的流体中粒子的运动速度。如果粒子的跟随性好，与流体同步运动，可以把粒子的速度近似地看成是流体的运动速度。在研究紊流时，把粒子跟随紊流脉动速度的能力称为振幅特性，把跟随紊流脉动频率的能力称为频率特性。

粒子的跟随性受粒子形状、大小尺寸、粒子与流体的质量比、粒子填加浓度和体积力等众多因素的影响，是一个相当复杂的问题。理论分析中为计算方便一般假定粒子为球形，但在实践中，大多数粒子为不规则形状，这给分析代来更多不确定因素。所以粒子的跟随性数据分析常常由实验和经验公式确定。

运用激光多普勒测速仪测量流体速度时，对流体中的粒子有三个基本要求：一是粒子必须能足够准确地跟随流体流动；二是粒子对入射光必须有足够的散射光；三是在流体中必须有预期的足够数目的粒子。

如果流体中没有预期足够数目的粒子，往往需要在被测流体中添加粒子。选取添加粒子的原则是有良好的跟随性；良好的光散射性并且制造容易，价格便宜，无毒，不腐蚀，不磨损，不挥发，不气化和化学性能稳定等基本要求。添加粒子通常有一个合适的尺寸范围，如在空气中添加粒子的直径 $d = 1\ \mu m$，激光多普勒测速仪测速系统的响应频率超过 1 kHz，振幅响应达 99%。空气中一般用雾化，蒸发技术产生添加粒子。选用的介质可采用硅油、甘油、氧化镁、卫生香、氨化铵等物质。水中一般都有足够的颗粒，作为散射粒子。如果是纯水或激光功率不足，则可加易溶物质，如脱脂奶粉、涂料粉等。其尺寸一般控制在 $d = 10\ \mu m$。

⑥频移装置

根据激光多普勒测速原理，得到式(5.68)多普勒频移表达式

$$f_D = \frac{2\sin(\theta/2)}{\lambda}|U_y|$$

可以看出速度信号与多普勒频移成正比关系。这里多普勒频移是两个频率之差，它们到底哪一个频率高，无法进行判别。同时频率没有正负，所以方向相反、大小相同的速度得到的频率是一样的。式(5.68)多普勒频移表达式仅仅只能求得速度分量数值的大小，而无法判别速度的方向是正向流动还是反向流动。这种无法鉴别流体速度方向的现象称之为多普勒测速的方向模糊问题。如果流动方向是已知的，那么方向模糊就无足轻重。但是在复杂流动或脉动流动情况下，尤其是在流体流动的回流区，这种无法鉴别流体速度方向的现象会对激光多普勒测速技术产生严重限制。如图5.62，在流体流动过程中出现了反向速度，就会造成速度波形严重失真。

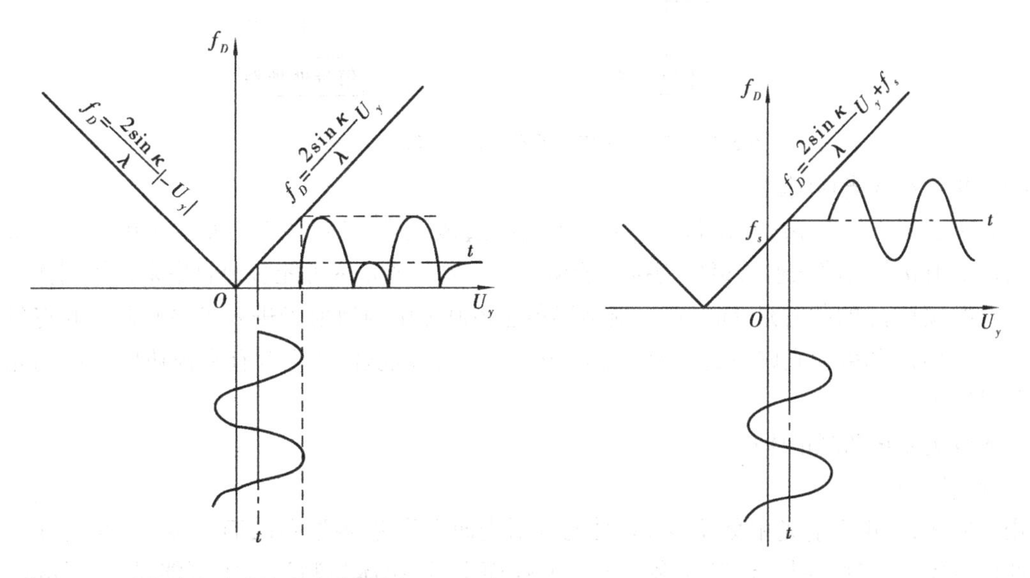

图5.62　反向速度造成波形失真(图中 $\kappa=\theta/2$)　　图5.63　具有频移的速度—频率特性(图中 $\kappa=\theta/2$)

针对多普勒测速的方向模糊问题，研制出如图5.62所示的带频移装置差动式激光多普勒光路。该光路在两束入射光路中插入两个频移器件，使原来与激光器频率 f_0 相同的两束光分别得到频移量 f_{s1}，f_{s2}。从而在控制体中得到如图5.63所示一组移动着的干涉条纹。以图5.63所示的条纹方向为正，可以证明，条纹的运动速度为

$$V_s = \frac{\lambda}{2\sin(\theta/2)}(f_{s1} - f_{s2}) = \frac{\lambda}{2\sin(\theta/2)}f_s \tag{5.84}$$

式中　$f_s = f_{s1} - f_{s2}$ 为总频移量。

当$f_{s1} \geqslant f_{s2}$时，条纹向正方向移动，否则条纹将向反方向移动。由于f_{s1}，f_{s1}均远小于f_0，在计算条纹间距d_f时，可以忽略波长的变化而采用激光光源的波长λ。因而可认为条纹间距d_f基本不变。于是当粒子穿越存在着干涉条纹的控制体时，光电流的多普勒频移与速度的关系式变成

$$f_D = \left| f_s + \frac{2\sin(\theta/2)}{\lambda} U_y \right| \tag{5.85}$$

利用式(5.85)可以判断流动速度的方向。解决多普勒测速方向模糊问题。当流体速度为零时，控制体中存在静止的光散射体，光检测器接收到的是固定的一个频率f_s。如果粒子运动的方向与干涉条纹运动的方向相反，光检测器接收到的频率$f_D \geqslant f_s$，这时粒子运动的速度方向为正；如果粒子运动的方向与干涉条纹运动的方向相同，光检测器接收到的频率$f_D \leqslant f_s$，这时粒子运动的速度方向为负。因此只要适当选择f_s，使最大反向流速对应的多普勒频率大于信号处理器量程的下限，就能避免速度波形失真。采用光学频移后的频率-速度特性如图5.64所示。

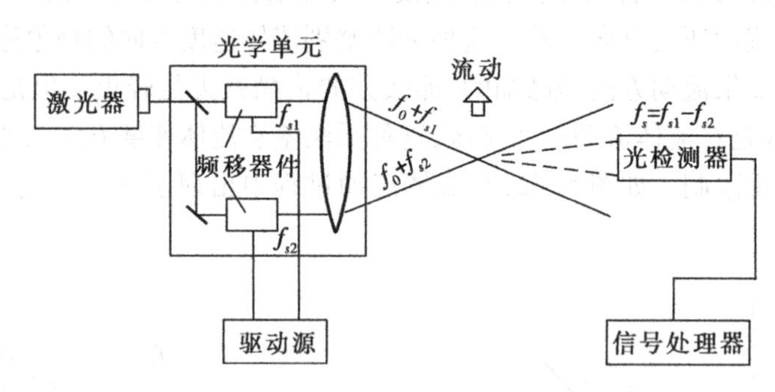

图5.64　带频移装置差动式激光多普勒光路

4）收集系统与光检测器

双光束系统的收集系统是由带孔径光阑的接收透镜、小孔光阑和光检测器等组成一个整体。后向散射接收时将入射透镜作为接收透镜。其主要功能是尽可能多地收集来自控制体的包含多普勒频移f_D的散射光，同时尽可能地避免非控制体中的散射光进入光检测器。并将包含多普勒频移f_D的散射光成像到光检测器阴极表面进行光混合，产生含有多普勒频移f_D的光电流信号输出。

①光收集系统和测量体积

a.测量体积

由前所述，两束入射光相交成的椭球体对入射光而言称之为控制体，而对接收到散射光的区域叫测量体积。对于同一台激光多普勒测速仪而言，控制体与测量体很可能是不一样的。因此有必要对二者加以区分。双光束系统最基本的参数是测量体的几何参数。光收集系统的基本功能就是控制最佳的测量体体积。

在双光束系统中，光收集系统一般有两个光阑。一个是孔径光阑，另一个是小孔光阑。如图5.65所示。孔径光阑在收集系统前部平行光部分。其作用是控制收集散射光的立体角，以改变收集的散射光的功率，控制收集系统的景深，改变激光多普勒测速系统沿光轴方向的分辨率。小孔光阑的作用是限制其他杂散光，防止测量体边缘和测量体外部的散射光进入光检测器，保证信号质量，改善激光多普勒测速系统垂直光轴方向的分辨率。

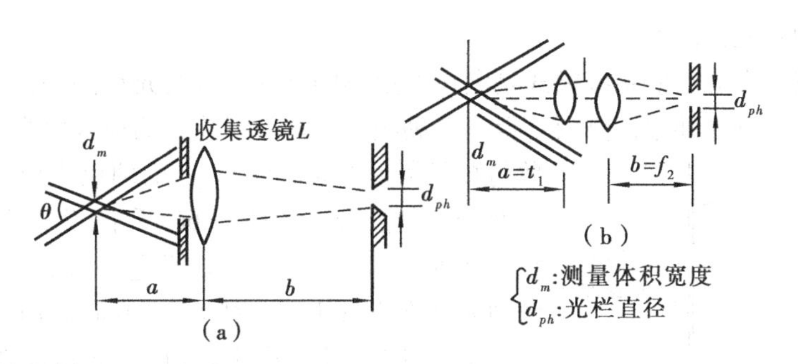

图5.65　光收集系统

b. 孔径光阑

与照相技术中的景深 $F=f/d$ 定义一样，沿光轴方向调节孔径光阑将测量体控制在景深范围内，这样粒子的散射光构成的测量体则在光检测器阴极表面成像清晰。孔径光阑沿光轴方向控制收集系统的景深，调节进入光检测器阴极表面的控制测量体长度。为避免杂光干扰，进入光检测器阴极表面的测量体长度一般情况应该小于实际测量体的长度。实际操作时，加大孔径光阑直径 d，即调大光圈，使接收透镜相对口径 F 减少，景深变小，控制测量体长度 l_{mc} 减小。所以采用大口径孔径光阑可以提高激光多普勒测速系统沿光轴方向的分辨率。

$$l_{mc}=8F^2\lambda=8f^2\lambda/d^2 \tag{5.86}$$

式中　F——接收透镜相对口径；

f——收集系统焦距；

d——孔径光阑直径。

通常也可以选择控制测量体的长度 l_{mc} 为实际测量体的长度 l_m 的五分之四 $l_{mc}\leqslant\frac{4}{5}l_m$ 来确定相对口径。

c. 小孔光阑

小孔光阑的作用在于限制测量体边缘的散射光和测量体外部的散射光进入检测器。其目的在于提高激光多普勒测速的信噪比，保证信号质量。调整小孔光阑，要求最大限度接收可在光检测器阴极表面产生有用的信号的来自控制体的散射光，而尽可能避免接收产生噪音的，来自除控制体散射光之外的其他杂光。要实现这一目的，必须正确选择小孔光阑的直径。

小孔光阑的直径可按单透镜计算确定。由成像公式单透镜接收透镜焦距与测量距离间的关系为

$$\frac{1}{a}+\frac{1}{b}=\frac{1}{f} \tag{5.87}$$

从小孔光阑沿光轴向外看，若测量体中有 N_{fr} 个条纹，而到达光检测器的条纹数，

$$N_{ph}=\frac{4}{5}N_{fr}$$

$$d_{ph}=\frac{b}{a}\frac{\lambda}{\sin(\theta/2)}N_{ph}=\frac{b}{a}d_{mc} \tag{5.88}$$

式中　d_{mc}——光检测器中看到的测量体宽度；

N_{ph}——进入光检测器中的条纹数；

d_{ph}——小孔光阑直径。

②外差检测和光检测器

由前所述双光束双散射系统模式是利用两束不同方向的入射光在同一方向上的散射光汇集到光检测器中进行光外差检测而获得多普勒频移。这就意味着两束入射光被流体中运动的散射粒子散射的频率为f_{s1},f_{s2}的两束光要在光检测器阴极表面产生光混合。如图5.66所示,为简化起见假设散射粒子散射的两束光都是平面单色光波,频率分别为f_{s1},f_{s2}。两列光波在空气中的传播方向相同,波前与光检测器阴极表面平行,即共线到检测表面,无夹角地在光检测器阴极表面产生光混合。

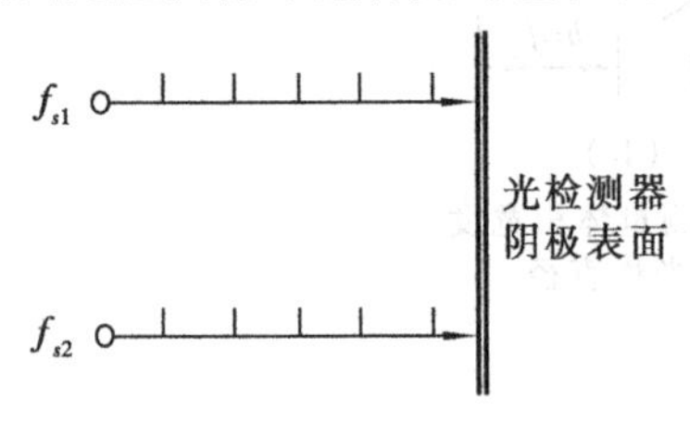

图5.66 光检测器阴极表面光混合

当两束光产生光混合时,波峰叠加时,产生最大值,波谷叠加时产生最小值。两束光在检测器阴极表面混合。

于是它们的合振动为:

两列散射光的电场表达式:

$$E_{01}=E_{01}\cos(2\pi f_{s1}+\varphi_1)$$
$$E_2=E_{02}\cos(2\pi f_{s2}t+\varphi_2) \tag{5.89}$$

则在光检测器阴极表面合成强度为:

$$E=E_1+E_2=E_{01}\cos(2\pi f_{s1}+\varphi_1)+E_{02}\cos(2\pi f_{s1}t+\varphi_2)$$

由于光检测器阴极表面只能感受光功率E^2

则$E^2=(E_1+E_2)^2=E_{01}^2\cos^2(2\pi f_{s1}t+\varphi_1)+E_{02}^2\cos^2(2\pi f_{s2}+\varphi_2)^2+2E_{01}E_{02}\cos(2\pi f_{s1}+\varphi_1)\cos(2\pi f_{s2}+\varphi_2)$

用三角公式将其展开

$$E^2+E_{01}^2\cos^2(2\pi f_{s1}t+\varphi_1)+E_{02}^2\cos^2(2\pi f_{s2}t+\varphi_2)+E_{01}E_{02}\times\cos[2\pi(f_{s1}+f_{s2})t+(\varphi_2+\varphi_1)]+E_{01}E_{02}\cos[2\pi(f_{s1}-f_{s2})t+(\varphi_1-\varphi_2)] \tag{5.90}$$

由式(5.90)可见,有四种频率为f_{s1},f_{s2},$f_{s1}+f_{s2}$,$f_{s1}-f_{s2}$的散射光光波在光检测器阴极表面振动。那么四种频率中只需要检测出多普勒频移$f_D=f_{s1}-f_{s2}=\dfrac{2\sin(\theta/2)}{\lambda_0}|U_y|$就可测量出流体的速度。对于其余的三种频率为$f_{s1}$,$f_{s2}$,$f_{s1}+f_{s2}$的散射光光波而言,仅$f_{s1}$或$f_{s2}$通常都在$10^{14}$ Hz左右振动。它们的和频率更高。目前的光检测器对频率的最快响应时间的为10^{12} Hz。显然它无法检测而只能测到f_{s1},f_{s2},$f_{s1}+f_{s2}$的平均值。

对于频率为f_{s1},f_{s2}散射光光波,光检测器能够响应的入射光能量,即平均光强为

$$E_{01}\cos^2(2\pi f_{s1}t+\varphi_1)=\frac{1}{2}E_{01};\quad E_{02}\cos^2(2\pi f_{s2}t+\varphi_2)=\frac{1}{2}E_{02}$$

对于频率$f_{s1}+f_{s2}$散射光光波,光检测器能够响应的入射光能量,即平均光强为

$$E_{01}E_{02}\cos[2\pi(f_{s1}+f_{s2})t+(\varphi_2+\varphi_1)]=0$$

将f_{s1},f_{s2},$f_{s1}+f_{s2}$平均光强表达式代入式(5.89),则得到光检测器能够检测到的平均光强为:

$$I=E^2=\frac{1}{2}(E_{01}^2+E_{02}^2)+E_{01}E_{02}\cos[2\pi(f_{s1}-f_{s2})t+(\varphi_1-\varphi_2)] \tag{5.91}$$

光检测器的响应时间的倒数叫光检测器的截止频率。对频率比检测器截止频率高的散射

光光波f_{s1},f_{s2},$f_{s1}+f_{s2}$信号,检测器无法检测,也无法响应,于是以直流形式输出。因此在光检测器阴极表面混合产生的光电流中包含着直流分量和交流分量。这种把两种不同频率的光波在光检测器阴极检测出二者的差频技术称之为光混频技术。由式(5.91)可以看到光电检测器是一个平方律混合器或叫平方律检测器。

a. 外差检测条件

如上所述,要获得运动微粒的散射光频移,必须通过光检测器的平方律效应来实现,这就是所谓的外差检测。

并不是任意两束频率不同的光波照射到光检测器上就能实现外差检测。外差检测要求两束外差光的波前在光检测器表面的作用区域内共轴对准到波长的几分之一以内。如图5.67所示。即要满足检测器透镜焦平面中的共轴原则

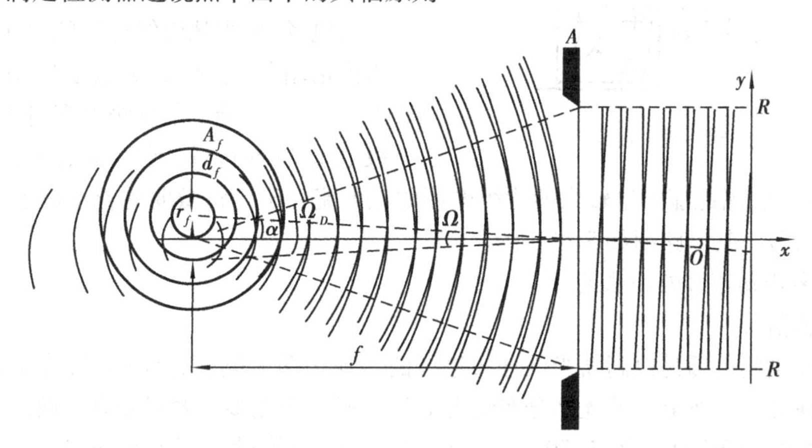

图5.67　平面波的角度共轴准则

$$\lambda^2 \geqslant A\Omega = A_f\Omega_D \tag{5.92}$$

式中　$A=\pi R^2$,R为圆形光阴极表面半径,A为检测器透镜光阑面积;

$\Omega=\pi\theta^2$,Ω为以测量体相干宽度d_f为直径的面积A_f所对应的立体角;

$\Omega_D=\pi a^2$,$a=f\theta$为透镜焦距与入射角的乘积,以面积A与测量体中心所对应的立体角。

式(5.92)的物理意义是:如果要得到较高的外差检测效率,则要求从检测器光阑往测量体方向看过去,测量体的体积对应的立体角Ω与检测器光阑面积A的乘积应小于波长的平方;或者等效地说,从测量体看过去,检测器光阑所对应的立体角Ω_D与测量体相交截面积A_f的乘积应小于波长的平方。只有满足这个条件,在光检测器上才会出现外差检测。

b. 光检测器

光检测器的功能是将混合后的两束散射光,光强按多普勒频移f_D变化的光信号,依据光电转换机理,在光阴极表面转换为频率仍为f_D的光电流信号。光检测器响应平均的入射光能量。

由物理学关于光的粒子性质可知,光可以被看成由一连串具有能量的粒子,称为光子而构成的。当某些金属或半导体表面受到光的照射时,它的表层便受到一连串具有能量的光子的轰击,使这些物质中的电子动能增大,因而产生了电子逸出表面的“外光电效应”,如光电倍增管,光电管等光电转换仪器;产生了物质的导电率发生变化的“内光电效应”,如光敏电阻等光电转换仪器;产生了物质在某一方向产生电动势的“阻挡层光电效应”,如光电池和光电晶体

管等光电转换仪器。

在激光多普勒测速中常采用光电二极管和光电倍增管。光电倍增管一般包括四个部分：光阴极 K，光-电发射器件，若干个被增极 D 和阳极 A。如图 5.68 所示。

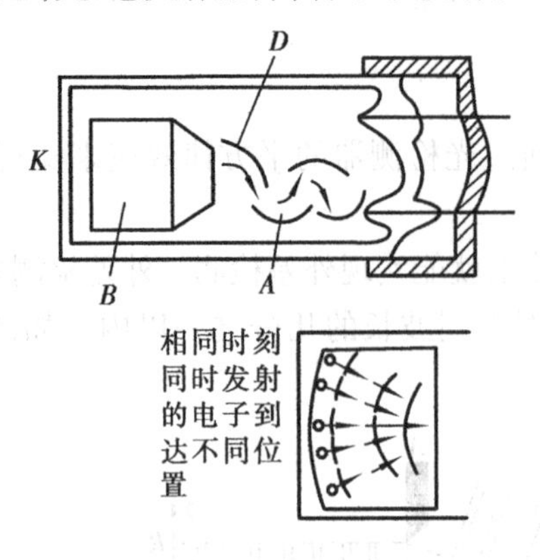

图 5.68 光电倍增管

由于粒子的散射光很微弱，因此必须采用光电倍增管使微弱的光电流逐渐放大。当散射光照射到倍增管的阴极表面 K 上时，阴极将发射电子，聚焦级把光子聚焦到第一被增极。聚焦过程中光电子要加速。此时，各个倍增级电极上均加上了电压，从阴级开始到阳级各倍增级的电位依次升高。由于级间存在电场，使得从阴级逸出的电子逐渐加速，轰击倍增级，引起二次电子发射，每轰击一次，一个电子能从倍增级上多打出 3 ~ 6 个次级电子，如此进行，到达阳级的电子数目是阴级的 $10^5 \sim 10^8$ 倍，因此能产生较大的伏级电压的光电流。于是将微弱的粒子散射光转换成能够测量的电信号。其电路图如 5.69 所示。

5）激光多普勒信号处理系统

①多普勒信号

激光束在空间传播是以高斯光强分布进行的。那么两束偏振方向相同，等功率的高斯激光束相交时在相交区所显示的光强分布情况如何。研究激光多普勒双光束双散射系统中控制体内的空间光强分布图（如图 5.70 所示）和该系统测量体横截面上平面光强分布图（如图 5.71所示）可以发现控制体内的激光光强分布近似高斯分布，中心光强最强而边缘光强最弱。当粒子穿越控制体，首先穿越控制体的边缘，此时粒子对入射光的散射光最弱；而当粒子运动到控制体中心时，粒子的散射光最强。因此粒子在穿越控制体的整个运动过程中，其散射光光强也近似按高斯曲线规律变化。

以速度 U_y 穿越测量体的运动粒子受入射光照射而散射的光在光检测器阴极表面混合后由阳极输出的带有 f_D 的光电流信号 $i(t)$ 如图 5.72 所示。它是在低频脉动频率上叠加许多不连续的高频包络信号。每个包络中带有一个粒子穿过测量体的速度信息，由于粒子在穿过测量体时所需要的时间非常短，因此，在每一个包络内所包含的信号频率一般是不变的。即在很短时间内，粒子速度是常数。但是，从一个包络到另一个包络，各个包络的频率并不一样。

从一组不连续的高频包络信号中取出一个检测信号电流进行分析。可以发现该信号是由两个部分叠加而成的。一部分是由入射光束的高斯光强变化所造成的呈高斯分布最大幅度为 i_d 的基底信号；另一部分是两束散射光相干涉而造成的包络为高斯分布的余弦信号。当粒子在不同位置上穿越测量体时，由于测量体内光强分布不同，造成信号波形各不相同，但是每个信号都包含着这两个部分。可以看出信号幅值 i_a 和 i_d 均与入射光的光强成正比，而两者的比值 i_a/i_d 则与散射特性、入射光偏振特性、光接收器参数及其位置以及两束入射光的光强比等有关。它们决定了检测信号的信噪比特性。

通过对检测信号电流的频谱分析，对于大多数激光测速系统以幅度为 i_d 的基底信号的基底频谱带宽不会超过 $0.14f_D$。因此在流速变化不太大的情况下，通常在信号处理器中采用高

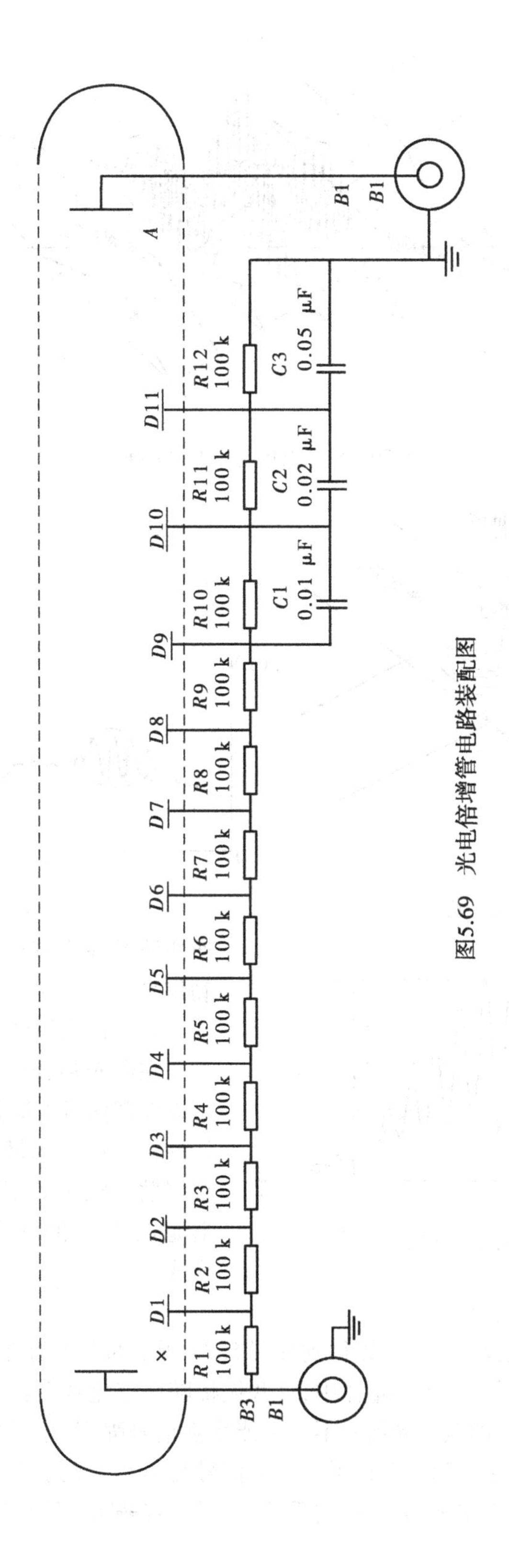

图5.69　光电倍增管电路装配图

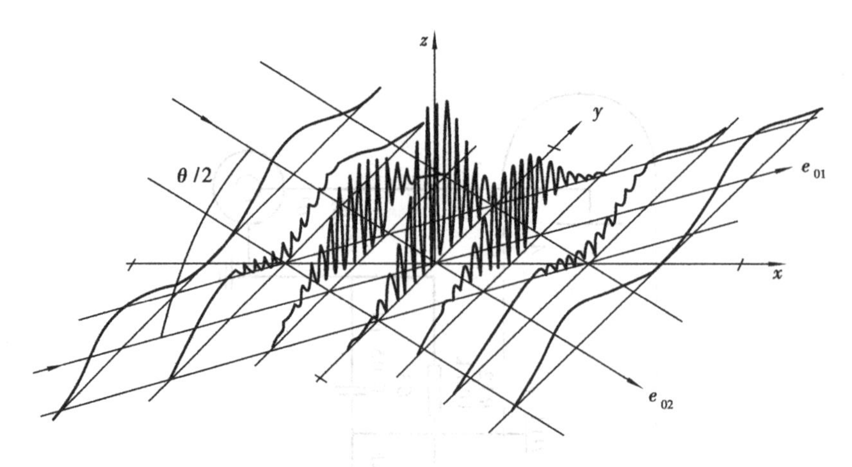

图 5.70　双光束控制体中的光强分布

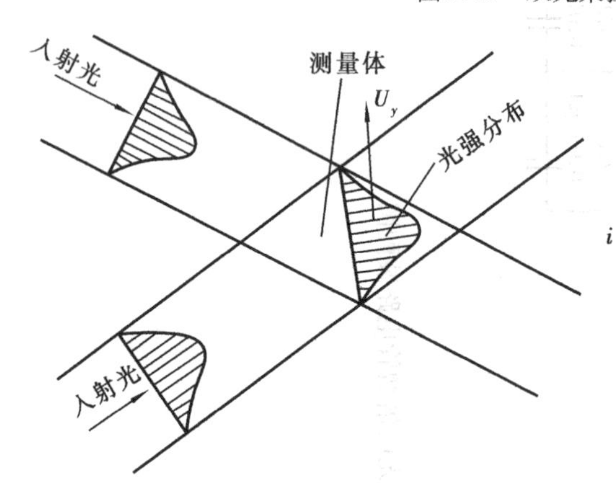

图 5.71　测量体截面上光强分布

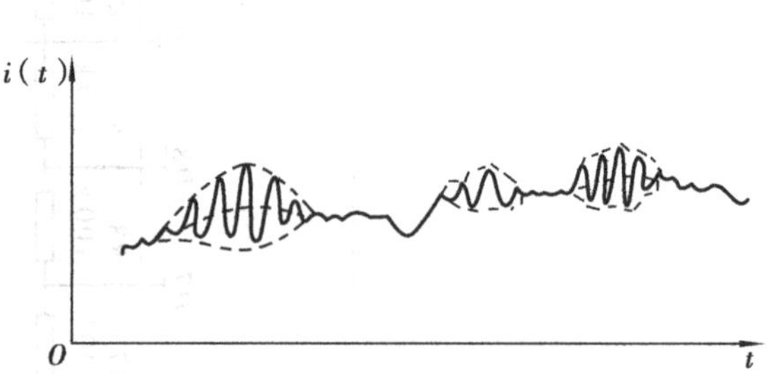

图 5.72　微粒散射的光电流信号

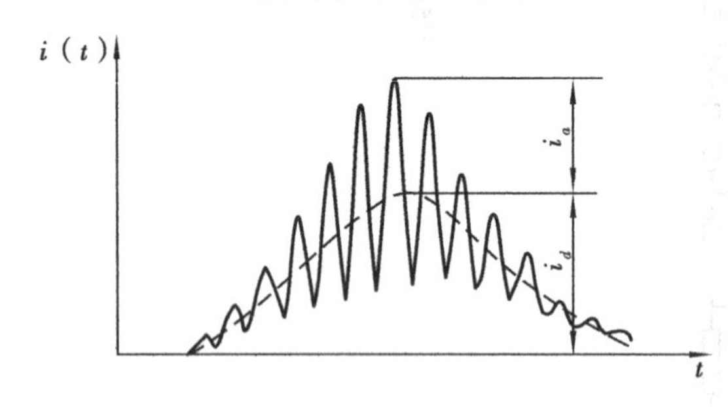

图 5.73　多普勒波群的电流波形

通滤波器滤去基底频谱，保留所需的多普勒信号进行处理。

a. 多普勒信号的形式

在激光多普勒测速仪的实际使用中，可以发现信号电流是由许多随机通过测量体的粒子产生的散射光光电流叠加而成。根据散射粒子的不同情况，经过高通滤波器滤波以后的多普勒信号有以下几种形式。

ⓐ连续的随机振幅波形

如果流体中粒子浓度较大时，可以得到如图 5.74 所示的振幅随机变化的连续的多普勒信号波形。如果有多个粒子存在于测量体中，这些振幅随机变化各个粒子会引起相位噪声和振幅随机脉动。它们所产生的散射光信号不一定能增强信号强度，相反却可能起到振幅相互抵消的作用。如图 5.70 所示。第一个粒子产生的信号与第二个粒子产生的信号合成一个新的信号，新信号不但使相互振幅抵消，合成的重叠部分的多普勒波形周期也发生了变化。

ⓑ间断的信号波形

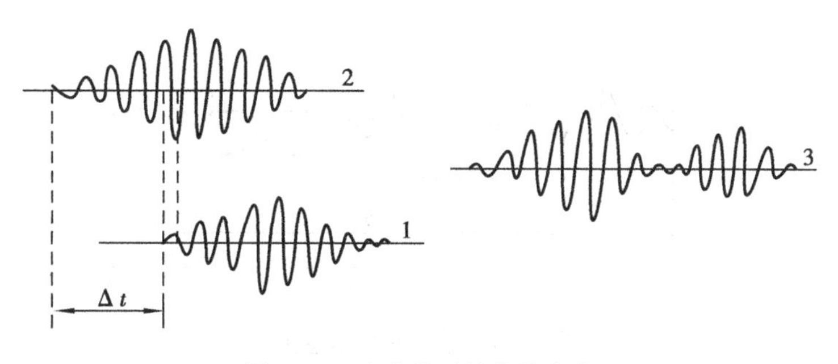

图5.74　多个粒子的信号合成

1—第一个粒子信号;2—第二个粒子信号;3—两个粒子合成信号

在需要人工添加粒子测量气体或火焰的速度时,流体中的粒子一般比较稀少。由于多普勒信号是以单个"波群"出现,引入"波群密度"的概念,用以衡量测量体中粒子数目的多少。

图5.75　低波群密度信号

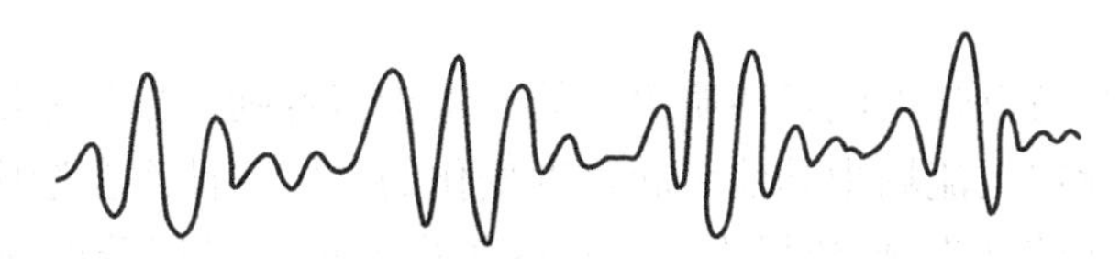

图5.76　高波群密度信号

由于测量体中粒子数目的"波群密度"性质,就要求信号处理器能适应不同的"波群密度"。从而提高测量精度。

ⓒ信号的脱落

发生信号的脱落的原因是由于控制体尺寸小或粒子浓度太低造成的。但有时在某种状态下却因为粒子浓度太高,控制体内多于一个粒子,相互由于振幅抵消作用也会产生信号脱落。常用脱落率D来表示信号间断的程度。其定义式为

$$D=\frac{t}{T}\times 100\% \tag{5.93}$$

式中　t——没有信号的时间;

　　T——总时间。

在实际测量中脱落率D与流体中粒子浓度有关。据文献报道,气体火焰的脱落率可能大于99.99%,而普通水流的脱落率约为2%左右。因此可用人工播粒的方法来控制信号的脱落率。对于水流而言,人工播粒可采用聚苯乙烯小球和牛奶等散射性、跟随性好的材料;空气流中可喷入人工雾化甘油、硅油或烟气;Al_2O_3和MgO的粉末因熔点高常用于火焰测量。图5.77为信号脱落情况示意图。

b.多普勒信号的特点

在选择合适的信号处理器处理从光检测器输出的反映速度的频率信号前,了解多普勒信号的特点是十分重要的。

首先多普勒信号是一个不连续信号。在激光多普勒测速中,多普勒信号是靠跟随流体一

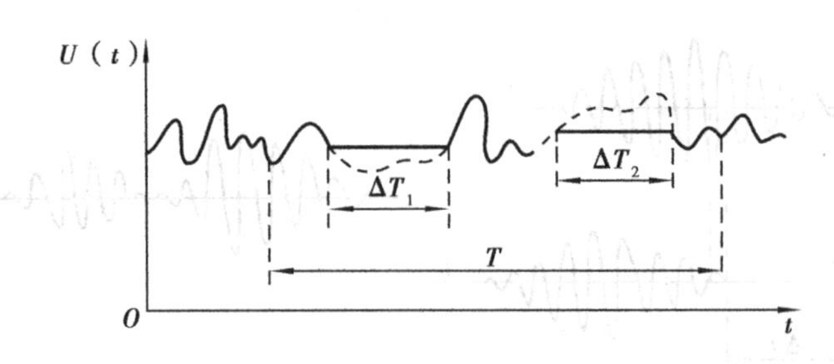

图 5.77　信号脱落示意图

起运动的粒子对入射光散射得到的。在实际测量中由于流体中的散射粒子是不连续的,那么穿越测量体的散射粒子也是不连续的。同时在测量体中的粒子的位置、速度是随机的;进入测量体的粒子个数,是单个粒子还是双个或更多的粒子是随机的;测量体中粒子间的相干现象是相互加强还是相互减弱也是随机的。因此测量过程得到的多普勒信号是不连续的。

多普勒信号的不连续与粒子浓度和测量体大小有关,也就是说和信号的脱落率有关。粒子浓度越低,信号的不连续性越严重,脱落率越高;粒子浓度越高,信号的不连续性和脱落率会得到改善。但是增大测量体体积和粒子浓度往往会影响测量体的空间分辨率或流动特性。因此选择合适的信号脱落率并在信号处理系统中采取适当的措施,例如增设脱落保护线路,以消除信号不连续的影响。

多普勒信号的调频特点是由流场性质决定的。由于多普勒信号与流场速度一一对应。流场中速度发生脉动变化以及流场中其他引起速度变化的不同特性都会造成多普勒信号的相应变化。以一维管内流体流动为例,流场中某一点的轴向速度 u 可以分解成平均速度 $\bar{u}$ 和脉动速度 Δu,脉动速度在平均速度上下波动。对于定常流平均速度 $\bar{u}$ 是常数,脉动速度的大小和方向是时间的函数,即

$$u(x,t)=\bar{u}(x)+\Delta u(x,t) \tag{5.94}$$

则和式(5.94)相对应的多普勒信号 f_D 也可分解成平均多普勒频率 $\bar{f}_D$ 和脉动多普勒频率 Δf_D 或者写成 $|\Delta f_D|\cdot S(t)$ 的形式,即

$$f_D(x,t)=\bar{f}_D(x)+|\Delta f_D|S(t) \tag{5.95}$$

与无线电中的调频信号比较,式中 $S(t)$ 为调制信号。$S(t)\leqslant\pm1$,对应脉动速度幅值相对变化率和变化频率。

f_D——调频信号频率,对应瞬时速度;

$\bar{f}_D$——载波频率,对应平均速度;

$|\Delta f_D|$——最大频偏,对应脉动速度的幅值。

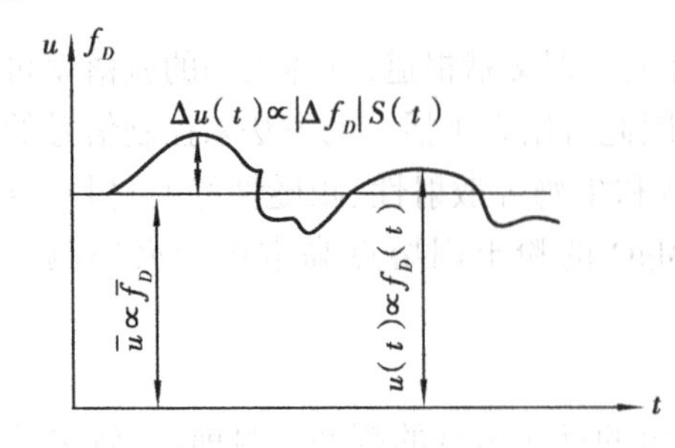

图 5.78　流场中速度和多普勒频率随时间变化曲线

如图 5.78 所示。流场中速度 u 和多普勒频率 f_D 随时间变化曲线。说明了如果流场中某一点存在着一定强度的紊流度,那么对应的多普勒信号就是一个调频信号。如果流场中存在着速度梯度,同样对应的多普勒信号为调频信号。

从图 5.77 控制体内的空间光强分布和

图5.78测量体横截面上平面光强分布可以知道测量体内的光强呈高斯分布。这样粒子在穿越控制体时，其散射光光强也呈高斯分布，到达检测器光阴极引起光电流的变化同样近似按高斯曲线变化。于是就造成了多普勒信号为中心幅值最大而两侧幅值较小的近似按高斯曲线变化的变幅信号。

针对不连续，调频、变幅及其他特性的多普勒信号，选择合适的信号处理器至关重要。

②信号处理器

如上所述由于流体中的运动粒子在通过测量体时的随机性、时间的有限性、干扰噪音的复杂性以及受光学系统参数等原因的影响，使多普勒信号成为一种不连续的调频、变幅的特殊信号。众多复杂的外界影响因素，使多普勒信号的处理显得比较困难。至今还没有哪一种信号处理器能够适用于所有情况。

从基本概念出发，将信号处理器在时间范围内和频率范围内划分，大致有以下几种：时域法信号处理器有频率跟踪器、计数型处理器、滤波器组等；频域法信号处理器有频谱分析仪等。随着数字相关信号处理技术的进步，新型数字信号处理器，如数字相关器、数字FFT以及光子相关器等正在得到广泛的应用。

下面将介绍在激光多普勒测速系统的信号处理器中常用的三种基本方法：频谱分析法、频率跟踪法和频率计数法。

a.频谱分析法

频谱分析法是多普勒信号处理器中最早使用的方法。频谱分析作为一种测量方法，虽然在功能上不如频率跟踪法和频率计数法，但在一定场合和要求下仍不失为一种有价值的测量方法。在流场比较复杂，信噪比很差的情况下，频谱分析仪可以用来帮助搜索信号，便于正确设置跟踪、计数处理器的量程，避免跟踪或记录错误的信号。

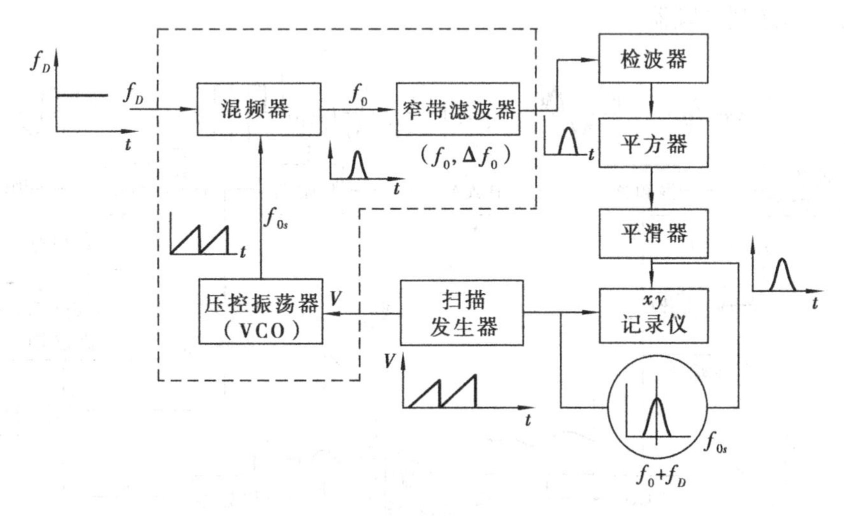

图5.79　频谱分析仪工作原理图

如图5.79所示。从光检测器送来的多普勒信号f_D经高通滤波放大后与电压控制振荡器输出的频率f_{0s}混频后，将两者之间的频差送到一个中心频率为f_0、带宽为Δf_0的窄带滤波器。经窄带滤波器得到的频率处在中频通带范围，幅值与输入信号幅值有关的中频滤波信号，将该信号经检波、平方和平滑器将中频滤掉，送入x-y记录仪记录得到与输入信号幅值成比例的模拟信号。图中的扫描发生器实际上是一个锯齿波震荡器。输出的锯齿波电压一方面供给电压控制振荡器得到与电压成比例的锯齿形频率变化,另一方面同滤波后的信号一起供给 x-y 记录仪的两个输入端,于是在记录仪上就可以得到被测信号的频谱。

用频谱分析仪对输入的多普勒信号进行频谱分析,可以在所需要的扫描时间内给出多普勒频率的概率分布曲线。将频域中振幅最大的频率作为多普勒频移,从而求得测点处的平均流速,而根据频谱的分散范围,可以粗略求得流速脉动分量的变化范围。

频谱分析法仅适用于紊流频率较低,允许添加高浓度粒子的稳定流动测量。因为只有足够多的粒子通过测量体时才可能得到可靠的频谱,获得足够的测量精度。在信号品质很差或者粒子流动非常不连续时,可以用慢扫描或储存示波器记录频谱后进行分析。频谱分析法能够在很宽的频率范围内工作,最高工作频率可达 100 GHz。由于频谱分析仪工作时需要一定的扫描时间,它不适于实时地测量变化频率较快的瞬时流速,只用来测量稳定流动中流场中某一点的平均流速。

b. 频率跟踪法

频率跟踪法的功能是将多普勒频移信号转换成电压模拟量,输出与瞬时流速成正比的瞬时电压。工作时频率跟踪器能捕捉与速度对应的多普勒信号,可以实现自动跟踪多普勒信号频率的变化,并将不连续的多普勒信号处理后变为连续的模拟电压输出或频率输出以供显示、记录之用。频率跟踪器不仅可以处理不连续的频率信号还可以处理信噪比很小的信号,可以实时地测量频率变化较快的流场中某一点的瞬时流速。

图 5.80 为频率跟踪器方框图。由图可见前置放大滤波器将微弱的,混有高低频噪音的多普勒频移信号 f_D 滤波放大后,送入混频器与电压控制振荡器(VCO)输出的信号 f_{0s} 进行外差混频后输出一个包含差频为 $f_{IF}=f_{0s}-f_D$ 的混频信号。混频信号经中频放大器 A 选频、放大,把含有差频 f_{IF} 的信号选出并放大,滤掉和频信号和噪音,再经限幅器 I 消除掉多普勒信号中无用的幅度脉动后送到鉴频器。

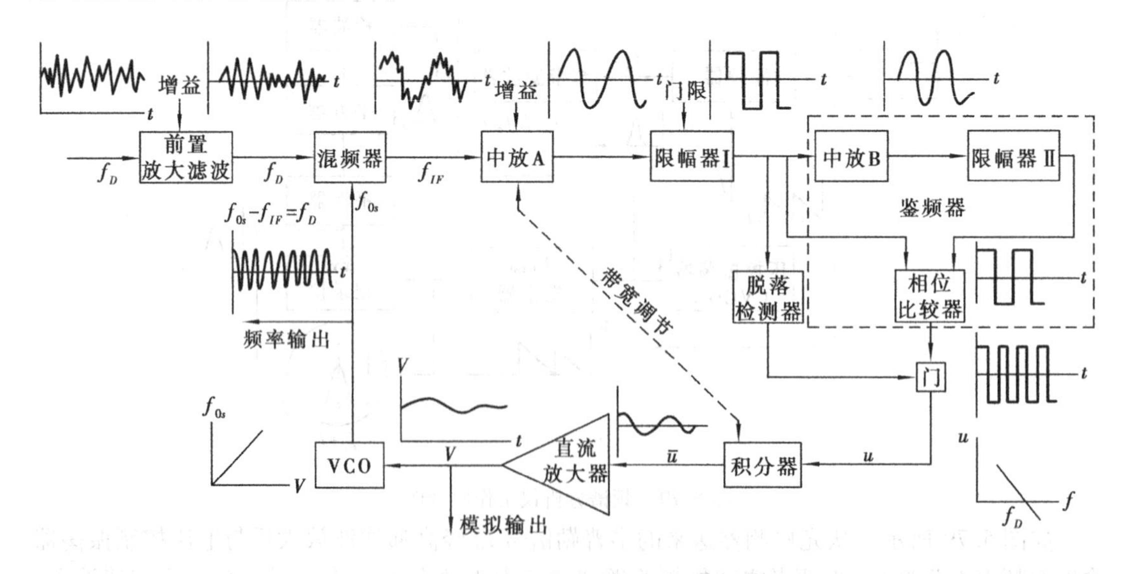

图 5.80　频率跟踪器方框图

鉴频器由中频放大器、限幅器 II 和相位比较器组成。鉴频器的作用是将中频频率转换成直流电压 U,实现频率电压转换。直流电压的数值正比于中频频偏。如果混频器输出的信号

频率恰好是 f_{IF}，则鉴频器输出电压为零。当多普勒频移信号由于被测流速的变化而变化时，混频器输出信号的频率将偏离中频信号 f_{IF}。也就是说，当 f_D 增加时，如果 f_{0s} 不变，则 f_{IF} 必然要减小，这个差值能被鉴频器检测出并转换为直流电压信号 u。信号 u 经积分器积分并经直流放大器放大后变成电压 V，它使电压控制振荡器的输出频率 f_{0s} 也随之增大，促使 f_{IF} 回复到接近原来的状态。反之当 f_D 减少，其过程相同，效果相反。因此电压 V 反映了多普勒频移信号的瞬时变化值，并作为系统的模拟量输出。整个过程就是频率反馈跟踪过程。

信号脱落检测保护电路的作用是防止由于流体中运动粒子浓度不够引起信号中断而产生系统失锁。如图 5.81 所示。当限幅器输出的中频方波消失或方波频率超过两倍中频或频率低于 2/3 倍中频时，信号脱落检测保护电路将会起保护作用。输出指令将积分器锁住，使直流放大器输出电压保持在信号脱落前的电压值上，与此同时电压控制振荡器的输出频率也保持在信号脱落前的频率值上。当多普勒频移信号重新落在一定的频带范围内，信号脱落检测保护电路的保护作用解除，频率跟踪器又重新投入自动跟踪。

频率跟踪法输出的模拟电压与粒子速度呈线性，容易数据化。测量中可以得到正比于速度的，响应时间短的实时信息 $U(t)$，因此它不仅可用数字电压表和均方根电压表得到平均流速 $\bar{U}$ 和均方根脉动速度 $\sqrt{u^2}$，还可以得到与时间有关的统计量。因此常用于非定常流场和脉动流流场的速度测量。

c. 频率计数法

频率计数法和频率跟踪法一样，广泛地用于激光多普勒测速中。采用的频率计数器或称计数式信号处理器基本上是一种计时装置。其工作过程是对经过带通滤波器后的固定数量的多普勒信号周期所对应的时间进行测量。这个时间即是运动粒子横穿测量体是所需的时间。

ⓐ计数器

数字频率测量的基本原理是测量周期性信号在单位时间内变化的次数。测量频率实际上是测量特定条件下的累加数。如图 5.81 所示。

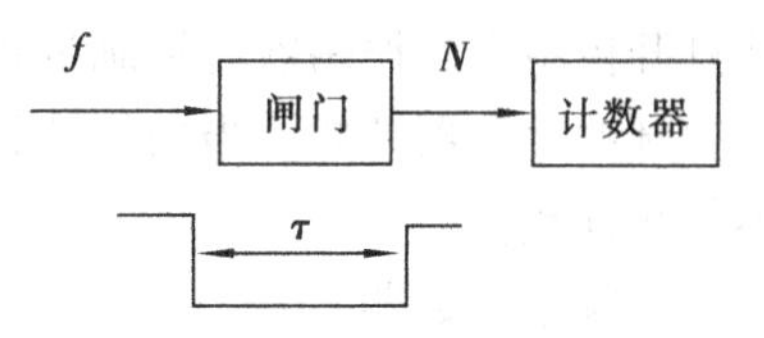

图 5.81　频率计数器示意图

f 为被测信号频率，τ 为标准时间，N 为脉冲个数。在标准时间 τ 内，计数器闸门被打开，频率为 f 的脉冲信号依次进入计数器，如果在 τ 时间内，计数器计得脉冲个数为 N，由频率的定义，被测信号的频率为 τ 时间内的脉冲个数。

$$f = \frac{N}{\tau}$$

由此可见，要测量被测信号的频率，首先要将被测信号整形成脉动方波，才能对脉冲方波数计数。同时要提供一个标准时间。

ⓑ多普勒信号

运动粒子通过测量体时，粒子要穿越测量体内一组明暗相间的干涉条纹。其多普勒闪烁将由光检测器转换成电脉冲信号。由于测量体内的干涉条纹数 N_{ph} 可由式(5.89)计算确定，那么通过对一个运动粒子在穿越 N_{ph} 个干涉条纹的时间进行计数即可计算出频率，进而求得流体速度。如图 5.82 所示，来自光检测器的多普勒闪烁信号经高通滤波器，低通滤波器滤去低频(基底)去和高频(毛刺)噪音，然后由施密特触发器整形，得到脉冲方波。标准时间由石英晶体振荡器(时钟频率)，提供标准时间信号，时间的选择可由分频器完成。其工作方框图

5.83 如下。

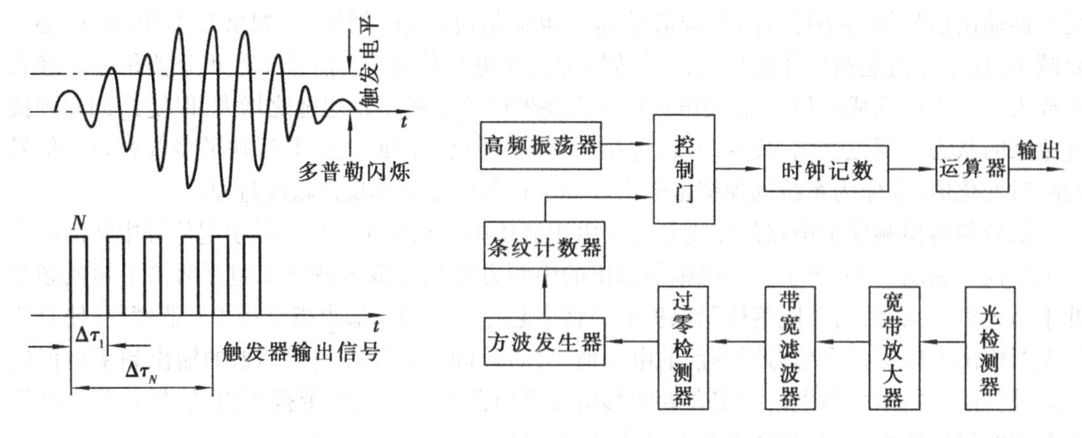

图 5.82　触发器输出信号

图 5.83　频率计数器方框图

来自光检测器的信号进入宽带放大器放大信号后，经带宽滤波器滤去直流和低频、高频分量并除去噪声，剩下对称于零伏线的多普勒频移信号 f_D。f_D 触发方波发生器输出周期为粒子穿过一对明暗相间干涉条纹时间的方波，该方波是将 f_D 信号经整形转变后得到的同频率的矩形脉冲。脉冲进入条纹计数器开始记录条纹数，条纹计数器输出的是单个宽脉冲，其持续时间等于输入脉冲的 N_{ph} 个连续周期，即

$$\tau = \frac{N_{ph}}{f_D} \tag{5.96}$$

时间 τ 表示粒子在通过测量体 N_{ph} 个干涉条纹所需的时间。条纹计数器输出的单个宽脉冲打开控制高频振荡器时钟脉冲的门电路，允许时钟脉冲通过控制门进入时钟脉冲计数器。使钟脉冲计数器计数。当条纹计数器输出的单脉冲消失时，控制门电路被封锁，时钟脉冲计数器停止计数。

ⓒ频率计数器

频率计数器有两种计数方法，一种是固定周期计数法，另一种是固定闸门时间计数法。

固定闸门时间计数法采用测量固定时间 τ 内的多普勒周期数 N，从而得到多普勒频率 $f_D = \frac{N}{\tau}$。粒子穿越测量体时的闪烁数变为电脉冲信号是通过过零检测器变成一个个脉冲数。由于固定闸门时间计数会产生 ±1 的周期计数误差，如图 5.84 所示。

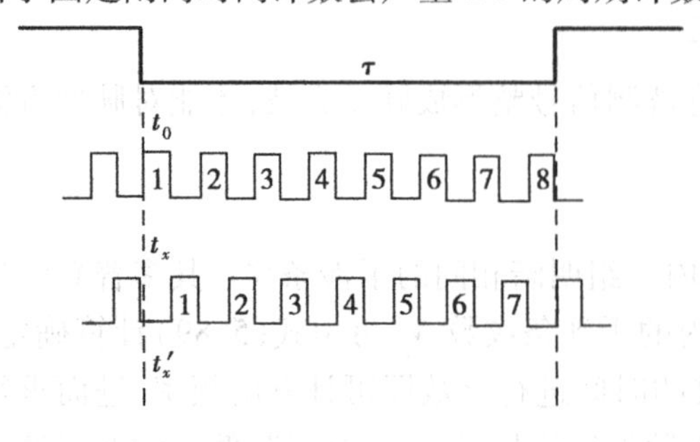

图 5.84　固定闸门时间计数误差

固定闸门时间计数法由高频石英晶体振荡器设置了固定开启、关闭闸门时间 τ。而脉冲方波 f_x 的相位是随机的，无法与闸门开启时间 τ 同步。如果在闸门开启时间 $\tau = t_0 = t_x$ 时，就有方波脉冲进入，则计数即刻开始；但是，在闸门开启时间 $\tau = t_0 = t_x'$ 时，而没有方波脉冲进入。这种对随机出现，间隔均匀的连续脉冲信号计数而产生的计数误差称为周期计数误差。

固定闸门时间计数法的相对误差与多普勒信号 f_D 成反比，f_D 越高，周期计数的相对误差越小；f_D 越小，周期计数的相对误差越大。这种计数方法难以适应实际测量中不同速度的需要，使激光多普勒测速系统中使用固定闸门时间计数法受到限制。因而普遍采用固定周期计数法。

固定周期计数法如图5.85所示。该图是用触发装置从一个多普勒波群得到的触发脉冲信号，其中 $\Delta\tau_1$ 是一个脉冲周期的时间。为了减少测量中的计量误差，一般采用 N 个脉冲周期的时间 $\Delta\tau_N$ 进行计量。因此多普勒频率为

$$f_D = \frac{1}{\Delta\tau_1} = \frac{N}{\Delta\tau_N} \tag{5.97}$$

式中：$\Delta\tau_1 = \Delta\tau_N / N$。如果被测流体中的运动粒子通过测量体的条纹数为 N_{ph}，则信号持续时间为 $\Delta\tau = N_{ph}/f_D$。只要取 $N \leqslant N_{\max}$，f_D 就与 N 无关。$N_{\max}$ 为单个粒子波群闪烁所能得到的最大周期数，它同触发器的阀限电平有关。因此增加测量体内的条纹数，可以减少固定周期计数法的计数误差。

由于多普勒信号 f_D 是一个不连续的变幅信号，用固定周期计数法计数，往往会因为计数周期数 N 相同而计数时间不同造成较大的计数误差。如图5.85所示。图5.85(a)所显示得正是一个多普勒闪烁的 N 个连续周期，满足固定周期数 N 个条纹，则计数正确；但图5.85(b)所显示的 N 个周期数是在两个并不连续多普勒闪烁中间，即刚好落在一个多普勒信号的末尾和另一个多普勒信号的头部。虽然(a)图和(b)图的多普勒闪烁所获得的周期数 N 相等，但粒子通过测量体干涉条纹的时间 τ 却不相等。换句话说在相同的 τ 时刻计量时间内，两种类型的多普勒信号获得的 N 个周期数并不相等。给测量带来较大误差。

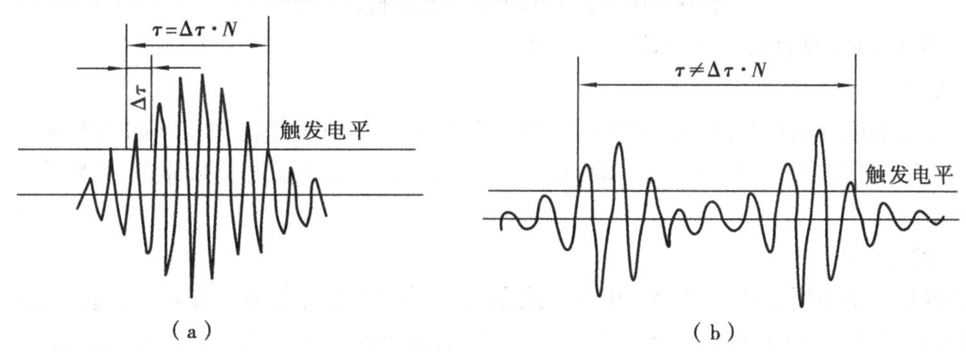

图5.85　固定周期数的计数误差

为了消除固定周期数的计数误差，在信号处理器的计数电路上采用双计数方式。即对过零数 N 也就是固定周期数设置两个计数器，一个是5或者10的低位计数器；另一个为8或者16的高位计数器。二者组合成5/8或8/16判别机构。当多普勒闪烁的 N 个周期数在 τ 时刻计量时间内有：$N_1=5$，计时得 τ_5；$N_2=8$，计时得 τ_8。假如 N_1、N_2 都来自一个多普勒闪烁信号，则判别机构得到 $\tau_5/\tau_8=5/8$ 或8/16，该组数据计数有效。反之判别机构得到 $\tau_5/\tau_8 \neq 5/8$ 或8/16，该组数据计数无效。应予剔除。

ⓓDISA55 L90a型计数式处理器工作原理简介

DISA55 L90a型计数式处理器的测量范围在输入频率为2 kHz～100 MHz范围时，配合适当的光学单元，可测量的最高流速达1 000 m/s。在固定条纹模式下40 MHz时仪器精度为1%，100 MHz时为2.5%。

下面以图 5.86 所示 DISA55 L90a 型计数式处理器工作原理图为例，对其测量工作过程做简要说明。

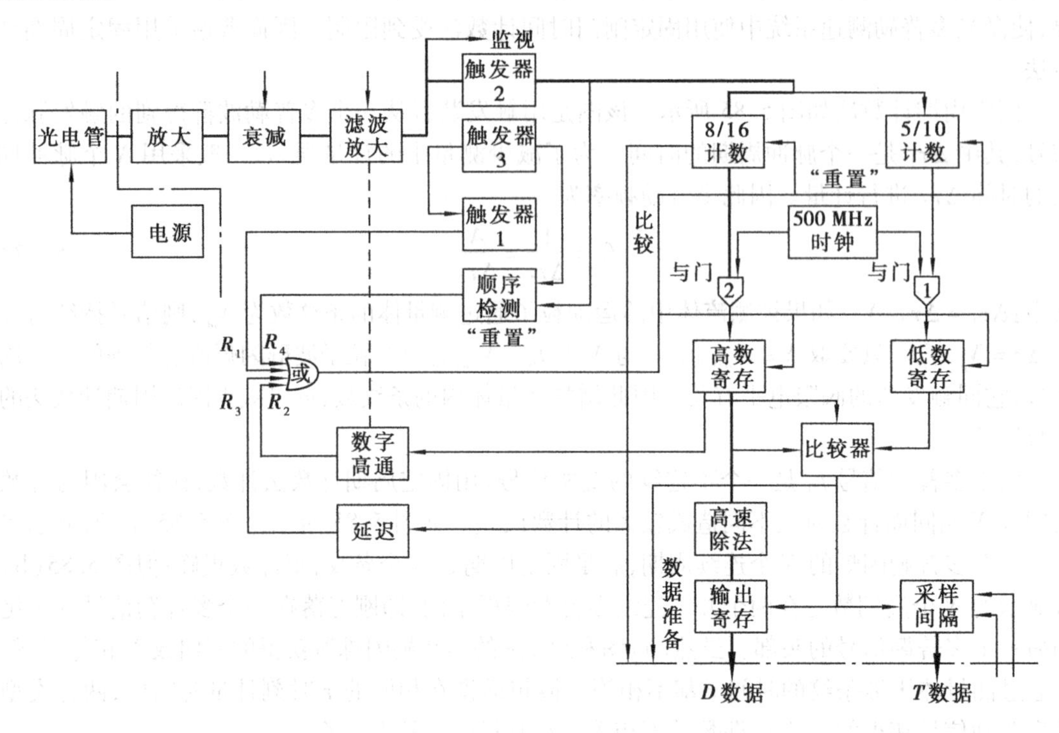

图 5.86　DISA55 L90a 型计数式处理器工作原理图

DISA55 L90a 型计数式处理器工作过程：

ⓐ输入信号适调

由光电倍增管阳极输出的多普勒信号经放大器放大、滤波器组滤波得到如图 5.80 所示的多普勒波群波形。当信号幅值达到 200 mV 时触发器 2 被触发输出一脉冲链，其频率等于多普勒频率。

ⓑ计数器计数

逻辑脉冲链作用于 8/16 和 5/10 两个预先"置零"的条纹计数器。测量时，进入的第一个多普勒周期数使与门 1 和 2 打开。于是，时钟频率脉冲累计在高数寄存器和低数寄存器中。条纹计数器计数了 $N_L(L=5)$ 个周期后，将与门 1 关闭，低数寄存器保持 C^L 数值。与门 2 在条纹计数器计数了 $H_H(H=8)$ 个周期后，将与门 2 关闭，并使高数寄存器保持在 C^H 数值上。与此同时 C^H 数被送到高速除法电路和比较器去。条纹计数器的工作情况如图 5.87 所示。由式(5.68)激光多普勒测速基本公式

$$f_D = \frac{2\sin\ (\theta/2)}{\lambda_0} \mid U_y \mid$$

则

$$U = \frac{\lambda_0}{2\sin\ (\theta/2)} f_D = A f_D \tag{5.98}$$

由　$C^L = \frac{N_L}{f_D} f_c$ 则 $f_D = \frac{N_L f_c}{C^L}$ 或 $C^H = \frac{N_H}{f_D} f_c$ 则　$f_D = \frac{N_H f_c}{C^H}$

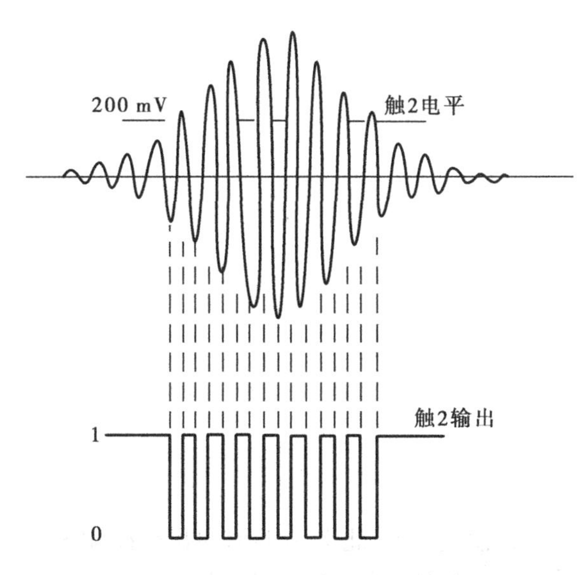

图5.87　触发器2工作原理

代入式(5.99)得 $U=\dfrac{AN_L f_c}{C^L}$ 或 $U=\dfrac{AN_H f_c}{C^H}$ (5.99)

式中 A 为常数。称为光机系数,由激光光源波长 λ_0 与光束会聚角 θ 决定;f_c 为时钟频率。

仅采集一个粒子的多普勒信号所得的测量结果显然会有着较大的误差。因此需根据采样定理,采集 W 个合格的数据,取其平均值才能达到一定的测量精度。按集合宽度要求,所采集到的数据则必须进行数据有效化处理。用 $\delta\%$ 来修正误差。

当采集了 W 个数据后所得的 f_D 则可决定

瞬时速度: $$U_i=\frac{\delta A f_c N_H}{C_i^H} \tag{5.100}$$

算术平均速度: $$\overline{U}=\frac{1}{W}\sum_{i=1}^{W}U_i \tag{5.101}$$

计数器与频率跟踪器比较,常用于粒子浓度较低的场合。这是因为计数器测量多普勒频率,希望一个包络内的频率是单一的。如果测量体中有几个粒子,它们的散射是互相相干相长或相干相消,则会造成一个包络中的 f_D 可能是变化的。因此,在用计数器测量的,希望粒子的浓度要低一些最好。计数法采样时间短。不存在由于粒子在测条件中停留时间长而造成的误差;测量数据不需要模数转换直接与计算机连接;测量精度较高,可以测量均方值,相对紊流强度,绝对紊流强度等参数;测速范围大,常用于高速流动流体速度测量。

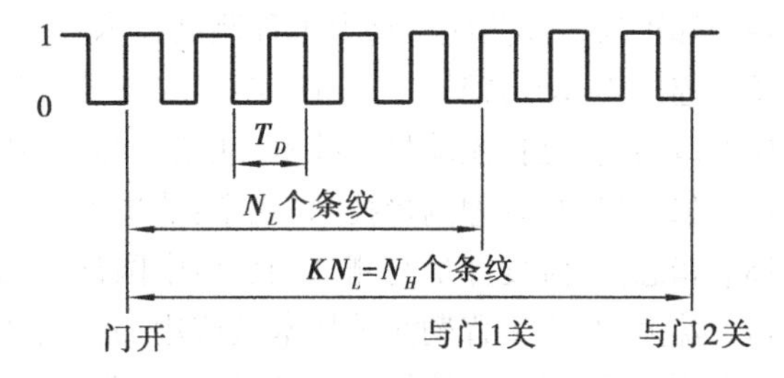

图5.88　条纹计数器的工作原理

参考文献

[1] 张立儒,等. 特殊条件下的温度测量. 北京:中国计量出版社,1987.
[2] 吴正毅,等. 测试技术. 北京:机械工业出版社,1987.
[3] 陈焕生. 温度测试技术及仪表. 北京:水力电力出版社,1988.
[4] 许第昌. 压力计量测试. 北京:中国计量出版社,1988.
[5] 沈观林,等. 电阻应变计及其应用. 北京:清华大学出版社,1983.
[6] E·R·G·埃古特,等. 传热学测试方法. 范章焰,等译. 北京:国防工业出版社,1987.
[7] 丁汉哲. 试验技术. 北京:机械工业出版社,1983.
[8] 陈锦荣,等. 动态参量测试技术. 北京:国防工业出版社,1985.
[9] 宋端,等. 热工测试技术及研究方法. 北京:中国建筑工业出版社,1986.
[10] 盛森芝,等. 流速测量技术. 北京:北京大学出版社,1987.
[11] 吕崇德. 热工参数测量与处理. 北京:清华大学出版社,2001.
[12] 严普强,等. 机械工程测试技术基础. 北京:机械工业出版社,1985.
[13] 杨凤珍. 动力机械测试技术. 大连:大连理工大学出版社,2005.
[14] 郑正泉,等. 热能与动力工程测试技术. 南京:华东科技大学出版社,2004.
[15] 连国均. 动力控制工程. 西安:西安交通大学出版社,2002.
[16] 范洁川. 近代流动显示技术. 北京:国防工业出版社,2002.
[17] 朱德忠. 热物理测量技术. 北京:清华大学出版社,1990.
[18] 崔志尚. 温度计量与测试. 北京:中国计量出版社,1998.
[19] 沈熊. 激光多普勒测试技术及应用. 北京:清华大学出版社,2004.
[20] 周作元. 温度与流体参数测量基础. 北京:清华大学出版社,1988.